"十二五"江苏省高等学校重点教材（编号：2014-1-049）

普通高等教育汽车类专业"十二五"规划教材

汽车构造（下册）

第2版

主　编　许兆棠　刘永臣
副主编　李志臣　刘绍娜
　　　　季　丰
参　编　余文明　朱为国
　　　　陈　勇　王建胜
主　审　范钦满　隽成林

国防工业出版社

·北京·

内 容 简 介

全书分为上、下册，共有26章，系统阐述了现代汽车的构造和工作原理，内容精炼，图例及解释详实，突出实用性和新颖性，力求较多地介绍汽车的新结构。上册内容包括：总论、发动机总体构造、曲柄连杆机构、配气机构、汽油机燃油供给系统、柴油机燃油供给系统、进排气系统及有害排放物控制系统、发动机增压系统、发动机冷却系统、发动机润滑系统、汽油发动机点火系统、发动机起动系统和新型车用动力装置。下册内容包括：汽车传动系统概述、离合器、变速器与分动器、自动变速器、万向传动装置、驱动桥、汽车行驶系统概述、车架、车桥与车轮、悬架、汽车转向系统、汽车制动系统、汽车车身、汽车仪表、照明及附属装置。

本书可作为高等院校车辆工程专业、汽车服务工程专业以及汽车检测与维修专业的本科生教材，也可作为高职、职大、成教等汽车类专业教材，还可供汽车产业工程技术人员和汽车运输、检测、维修部门的工程技术人员参考。

图书在版编目（CIP）数据

汽车构造.下册/许兆棠，刘永臣主编.—2版.
—北京：国防工业出版社，2016.7
"十二五"江苏省高等学校重点教材　普通高等教育汽车类专业"十二五"规划教材
ISBN 978-7-118-10811-8

Ⅰ.①汽… Ⅱ.①许… ②刘… Ⅲ.①汽车—构造—高等学校—教材　Ⅳ.①U463

中国版本图书馆 CIP 数据核字（2016）第130783号

※

国防工业出版社出版发行
（北京市海淀区紫竹院南路23号　邮政编码100048）
腾飞印务有限公司印刷
新华书店经售

*

开本 787×1092　1/16　印张 28¼　字数 658 千字
2016年7月第2版第1次印刷　印数1—4000册　定价57.50元

（本书如有印装错误，我社负责调换）

国防书店：(010) 88540777　　　发行邮购：(010) 88540776
发行传真：(010) 88540755　　　发行业务：(010) 88540717

"十二五"江苏省高等学校重点教材（编号：2014-1-049）
普通高等教育汽车类专业"十二五"规划教材

编审委员会

主任委员

陈　南（东南大学）　　　　　　葛如海（江苏大学）

委　员（按姓氏拼音排序）

贝绍轶（江苏理工学院）　　　　蔡伟义（南京林业大学）
常　绿（淮阴工学院）　　　　　陈靖芯（扬州大学）
陈庆樟（常熟理工学院）　　　　戴建国（常州工学院）
鞠全勇（金陵科技学院）　　　　李舜酩（南京航空航天大学）
鲁植雄（南京农业大学）　　　　王　琪（江苏科技大学）
王良模（南京理工大学）　　　　吴建华（淮阴工学院）
殷晨波（南京工业大学）　　　　于学华（盐城工学院）
张　雨（南京工程学院）　　　　赵敖生（三江学院）
朱龙英（盐城工学院）　　　　　朱忠奎（苏州大学）

编写委员会

主任委员

李舜酩　鲁植雄

副主任委员（按姓氏拼音排序）

吕红明　潘公宇　沈　辉　司传胜　吴钟鸣　羊　玢

委　员（按姓氏拼音排序）

蔡隆玉　范炳良　葛慧敏　黄银娣　李国庆　李国忠　李守成　李书伟
李志臣　廖连莹　凌秀军　刘永臣　盘朝奉　秦洪艳　屈　敏　孙　丽
王　军　王若平　王文山　夏基胜　谢君平　徐礼超　许兆棠　杨　敏
姚　明　姚嘉凌　余　伟　智淑亚　朱为国　邹政耀

前　言

本书是国防工业出版社 2012 年出版的《汽车构造》教材的第 2 版。该书自出版以来，深受广大读者的欢迎，2014 年被评为"十二五"江苏省高等学校重点教材（编号：2014-1-049）。

本书在保持第 1 版的基本体系和内容的基础上，主要在以下方面进行了修订：

（1）删除了总论中的"国产汽车产品型号的编制规则"、第十五章中的"普通齿轮变速器的工作原理"和第二十一章中的"轮胎磨损与换位"。

（2）将第四章中的"典型电控汽油喷射系统"并入"汽油机燃油供给系统的组成及分类"中，并加强了第四章中的缸内直喷电控汽油供给系统的介绍；改写了总论中的"按用途分类汽车"、第三章中的"链传动式配气机构"、第五章中的"泵喷嘴时间控制式电控柴油喷射系统"、第七章中的"螺旋式转子增压器"、第十四章中的"从动盘和扭转减振器"、第十六章中的"辛普森式行星齿轮变速器"和"拉威娜式行星齿轮变速器"、第二十一章中的"转向驱动桥"、第二十二章中的"全主动悬架系统"和"主动液力弹簧"、第二十三章中的"转向系统的分类"和"机械转向系统"、第二十四章中的"概述"、第二十四章中的"制动防抱死系统"。

（3）增加了总论中的"车辆识别代号编码"、第三章中的"转子调节的连续可变配气定时机构"、第七章中的"汽油机上的双增压 TSI 系统"、第十二章中的"液化天然气发动机供气系统"、第十三章中的"混合动力汽车传动系统的布置方案"、第十六章中的"混合动力自动变速器"、第十八章中的"主动控制限滑差速器"和"变速驱动桥"、第二十章中碳纤维增强复合材料的"单壳体车身"、第二十一章中的"支持桥"和"防爆轮胎"、第二十三章中的"主动转向系统"、第二十四章中的"气压盘式制动器"和"电控制动系统"。

本书修订后，内容更合理，更易读，更实用，更紧密结合汽车的新技术与新结构，配套教学课件及课程网站，方便了教学。

全书分为上、下册，上册内容包括：总论、发动机总体构造、曲柄连杆机构、配气机构、汽油机燃油供给系统、柴油机燃油供给系统、进排气系统及有害排放物控制系统、发动机增压系统、发动机冷却系统、发动机润滑系统、汽油发动机点火系统、发动机起动系统和新型车用动力装置。下册内容包括：汽车传动系统概述、离合器、变速器与分动器、自动变速器、万向传动装置、驱动桥、汽车行驶系统概述、车架、车桥与车轮、悬架、汽车转向系统、汽车制动系统、汽车车身、汽车仪表、照明及附属装置。

本书第1版上册由淮阴工学院许兆棠、南京林业大学黄银娣任主编，盐城工学院李书伟、三江学院秦洪艳、淮阴工学院朱为国任副主编，淮阴工学院陈勇、胡晓明、徐红光、王军参编；第1版下册由淮阴工学院许兆棠、刘永臣任主编，金陵科技学院李志臣、盐城工学院刘绍娜、三江学院季丰任副主编，淮阴工学院余文明、朱为国、陈勇、王建胜参编；本书上册由许兆棠统稿，下册由许兆棠和刘永臣统稿，其中刘永臣统稿汽车行驶系统概述、车架、车桥与车轮和汽车制动系统；淮阴工学院范钦满、隽成林担任主审。许兆棠编写总论、第一章、第十三章、第十八章；黄银娣与许兆棠共同编写第五章；李书伟编写第六章、第七章；秦洪艳编写第九章、第十二章；朱为国编写第二章、第十四章、第十五章；陈勇编写第十章、第十一章、第二十三章；胡晓明编写第四章；徐红光编写第三章；王军编写第八章；刘永臣编写第十九章~第二十一章；刘绍娜编写第二十四章中的第一节~第三节；李志臣编写第二十四章中的第四节~第七节；季丰编写第二十二章、第二十五章；余文明编写第十六章、第十七章；王建胜编写第二十六章。本书第2版的修订工作主要由许兆棠、刘永臣、季丰、秦洪艳、李志臣、朱为国、陈勇、余文明、胡晓明、徐红光、王建胜完成，并由许兆棠统稿。

本书在编写及修订的过程中，参考了许多国内出版的书籍、网站的相关内容，得到了许多专家和汽车维修企业技术人员的大力支持，使得编写工作得以顺利完成并在内容上更加新颖、丰富，主审对全书进行了认真审阅，并提出了许多宝贵的修改意见，在此一并致谢。

由于时间仓促和编者水平所限，本书在章节安排和内容上难免存在不足和错误，恳请使用本教材的师生和读者批评指正，以便今后进一步完善。

编者

目 录

第十三章　汽车传动系统概述　1
    思考题……………………… 12
第十四章　离合器　13
    第一节　离合器的功用及其工作原理……………… 13
    第二节　摩擦离合器………… 16
    第三节　离合器操纵机构…… 34
    思考题……………………… 40
第十五章　变速器与分动器　41
    第一节　变速器的功用及类型… 41
    第二节　普通齿轮变速器…… 43
    第三节　同步器…………… 54
    第四节　变速器的操纵机构… 61
    第五节　分动器…………… 67
    思考题……………………… 73
第十六章　自动变速器　74
    第一节　自动变速器的组成及分类…………………… 74
    第二节　液力变矩器………… 77
    第三节　行星齿轮变速器…… 84
    第四节　自动变速器的操纵系统……………………… 97
    第五节　双离合变速器……… 103
    第六节　机械式无级自动变速器……………………… 106
    第七节　混合动力自动变速器……………………… 111
    思考题……………………… 116
第十七章　万向传动装置　117
    第一节　概述……………… 117
    第二节　万向节…………… 118
    第三节　传动轴和中间支承… 129
    思考题……………………… 134
第十八章　驱动桥　135
    第一节　驱动桥的功用及类型……………………… 135
    第二节　主减速器………… 136
    第三节　差速器…………… 147
    第四节　半轴与桥壳……… 164
    第五节　变速驱动桥……… 168
    第六节　电动汽车驱动桥…… 169
    思考题……………………… 173
第十九章　汽车行驶系统概述　174
    思考题……………………… 177
第二十章　车架　178
    第一节　边梁式车架……… 178
    第二节　中梁式车架……… 182
    第三节　综合式车架……… 184
    第四节　承载式车身与副车架……………………… 185

思考题……………………… 188

第二十一章　车桥与车轮　189
　　第一节　车桥……………………… 189
　　第二节　车轮……………………… 199
　　第三节　轮胎……………………… 205
　　思考题……………………… 216

第二十二章　悬架　217
　　第一节　悬架的功用和组成……… 217
　　第二节　减振器…………………… 219
　　第三节　弹性元件………………… 226
　　第四节　非独立悬架……………… 234
　　第五节　独立悬架………………… 239
　　第六节　多轴汽车的平衡
　　　　　　悬架…………………… 250
　　第七节　半主动悬架与全主动
　　　　　　悬架…………………… 254
　　思考题……………………… 261

第二十三章　汽车转向系统　262
　　第一节　概述……………………… 262
　　第二节　机械转向系统…………… 264
　　第三节　液压助力转向系统……… 277
　　第四节　电控助力转向系统……… 288
　　第五节　四轮转向系统…………… 301
　　思考题……………………… 305

第二十四章　汽车制动系统　306
　　第一节　概述……………………… 306
　　第二节　制动器…………………… 308
　　第三节　液压制动操纵系统……… 336
　　第四节　气压制动操纵系统……… 355
　　第五节　驻车制动系统…………… 371
　　第六节　制动力调节装置………… 376
　　第七节　电控制动系统…………… 382
　　第八节　辅助制动系统…………… 394
　　思考题……………………… 399

第二十五章　汽车车身　400
　　第一节　概述……………………… 400
　　第二节　车身壳体、车门及其
　　　　　　附件…………………… 401
　　第三节　货厢……………………… 407
　　第四节　汽车空调系统…………… 409
　　第五节　汽车座椅和车身安全
　　　　　　防护装置……………… 412
　　思考题……………………… 418

第二十六章　汽车仪表、照明及附属装置　419
　　第一节　汽车仪表………………… 419
　　第二节　照明及信号装置………… 428
　　第三节　风窗附属电动装置……… 434
　　第四节　门锁附属电控装置……… 439
　　思考题……………………… 442

参考文献　443

第十三章 汽车传动系统概述

一、汽车传动系统的基本组成与功能

1. 汽车传动系统的基本组成

汽车传动系统是位于发动机和驱动车轮之间的传动装置，如图 13-1 所示，由离合器、变速器、万向传动装置（包括万向节和传动轴）、主减速器、差速器和半轴组成。

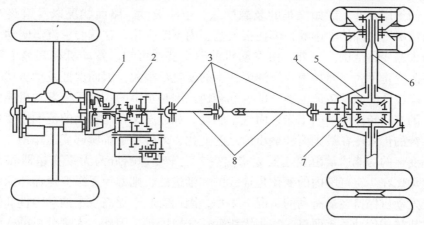

图 13-1 汽车传动系统的组成及布置示意图

1—离合器；2—变速器；3—万向节；4—驱动桥；5—差速器；6—半轴；7—主减速器；8—传动轴。

汽车传动系统的动力传递路线：发动机发出的动力依次经过离合器 1、变速器 2、万向传动装置（由万向节 3 和传动轴 8 组成的）、主减速器 7、差速器 5 和半轴 6，最后传到驱动车轮。

2. 汽车传动系统的功能

汽车传动系统的基本功能是将发动机发出的动力传给驱动车轮，与发动机协同工作，以保证汽车在不同条件下正常行驶，并具有良好的动力性和燃料经济性。汽车传动系统具有以下功能。

1) 实现减速增矩

当作用在驱动轮上的驱动力足以克服外界对汽车的阻力时，汽车方能起步并正常行驶。发动机输出的转矩较小，不增加输入驱动轮转矩，由发动机直接带动驱动轮时，不足以克服外界对汽车的阻力。以东风 EQ1090E 型汽车为例，该车满载质量为9290kg（总重力为91104N），其最小滚动阻力约为1376N。若要求该车在满载时能在坡度为30%的道路上匀速上坡行驶，则所需要克服的上坡阻力即达2734N。该车所采用的6100Q-1型发动机所能产生的最大转矩为353N·m（此时发动机转速为1200~1400r/min），将这一扭矩直接如数传给驱动轮，则驱动轮得到的驱动力仅为784N，显然，在此情况下，汽车不仅不能爬坡，即使在平直的良好路面上也不可能行驶。

另一方面，6100Q-1型发动机在发出最大功率99.3kW时的发动机转速为3000r/min，将发动机与驱动轮直接连接，则对应这一发动机转速的汽车速度将达510km/h，这样高的车速既不实用，又不可能实现，因为相应的驱动力太小，汽车根本无法起步。

解决上述矛盾的方法是通过传动系统减速增矩，亦即使输入驱动轮的转速降低为发动机转速的若干分之一，相应地驱动轮所得到的转矩则增大到发动机转矩的若干倍。

传动系统减速增矩的功能通常由变速器2和驱动桥4中的主减速器7共同来实现，其原理是通过小齿轮带动大齿轮，如主减速器7，动力由小锥齿轮输入，大锥齿轮输出。

2) 实现汽车变速

汽车的使用条件，诸如汽车的装载质量、道路坡度、路面状况以及道路宽度和曲率、交通情况所允许的车速等，都在很大范围内不断变化，这就要求汽车驱动力和速度也有相当大的变化范围。另外，由发动机的速度特性可知，发动机在其整个转速范围内，转矩的变化不大，而功率及燃油消耗率的变化却很大，因而保证发动机功率较大而燃油消耗率较低的曲轴转速范围，即有利转速范围是很窄的。为了使发动机能保持在良好经济性的有利转速范围内工作，而汽车驱动力和速度又在足够大的范围内变化，应当使传动系统的传动比在最大值和最小值之间变化，即传动系统应起变速作用。

汽车变速的功能通常由变速器2来实现。汽车变速器分为无级变速器和有级变速器。若传动比在一定范围内的变化是连续的和渐进的，则称为无级变速器。无级变速器可以保证发动机保持在最有利的工况下工作，因而有利于提高汽车的动力性和燃油经济性。但对机械式传动系统而言，实现无级变速比较困难。因此，大部分机械式传动系统是有级变速的，即变速器的挡位数是有限的。一般轿车和轻、中型货车的传动比有3~5挡，越野汽车和重型货车的传动比可多达8~10挡。实现有级变速的原理是在变速器中设置并联的若干对减速齿轮机构，其传动比各不相同，使变速器有不同的挡位，在驾驶员操纵下，任何一对齿轮机构都可以加入或退出传动，改变挡位，实现汽车变速。

有些重型汽车在变速器与主减速器之间还有一个副变速器，必要时还将主减速器也设计成两个挡位，借以增加传动系统传动比的挡位数。

3) 实现汽车倒驶

汽车在进入停车场、车库或在狭窄路面上调头时，需要倒向行驶。然而，发动机是不能反向旋转的，与发动机共同工作的传动系统必须在发动机旋转方向不变的情况下，使驱动轮反向旋转。

汽车倒驶的功能由变速器 2 来实现。实现汽车倒驶的原理是在变速器内加设具有介轮的中间减速齿轮副的倒挡机构，通过介轮，改变变速器 2 输出轴的转向，实现汽车倒驶。

4）实现中断动力传递

发动机只能在无负荷情况下起动，而且起动后的转速必须保持在最低稳定转速之上，所以，在汽车起步之前，必须将发动机到驱动轮的动力传递路线切断。此外，在汽车换挡和进行制动之前，要暂时中断动力传递。在汽车长时间停车或在发动机不停止运转情况下使汽车暂时停车，以及在汽车获得相当高的车速后，停止对汽车供给动力，使之靠自身惯性进行长距离滑行，要求传动系统长时间保持在中断动力传递状态。

传动系统中断动力传递的功能由离合器 1 和变速器 2 来实现。在发动机与变速器之间装设一个依靠摩擦来传递动力的离合器 1，其主动和从动部分在驾驶员操纵下彻底分离，实现中断动力传递，一般用于短时中断动力传递。另外，在变速器 2 中设置空挡，即各挡齿轮都处于非传动状态，满足汽车在发动机不停止转动时能长时间中断动力传递。

5）实现两侧驱动车轮差速

当汽车转弯行驶时，左右两侧车轮在相同的时间内滚过的距离是不同的，如果两侧驱动轮用一根刚性轴驱动，则两者角速度必然相同，因而在汽车转弯时必然产生车轮相对于地面的滑动现象，使转向困难，汽车的动力消耗增加，传动系统内某些零件和轮胎加速磨损。

两侧驱动车轮差速的功能由装在驱动桥 4 内的差速器 5 来实现。它可使左右两驱动轮以不同的角速度旋转。动力由主减速器先传到差速器，再由差速器分配给左右两半轴 6，最后传到两侧的驱动轮。差速器是两个自由度的行星齿轮机构，通过行星轮自转，实现两侧驱动车轮差速。

此外，传动系统要有在相互位置经常发生变化的两轴之间传递动力的功能。由于发动机、离合器和变速器固定在车架上，而驱动桥和驱动轮一般是通过弹性悬架与车架相联系的，因此在汽车行驶过程中，变速器与驱动轮之间经常有相对运动。在此情况下，变速器 2 的输出轴与主减速器的输入轴的相对位置经常变化，两者之间不能用简单的整体传动轴来传动，而应采用如图 13-1 所示的由万向节 3 和传动轴 8 组成的万向传动装置，传动轴 8 通过花键伸缩轴，改变轴的长度，满足驱动轮相对变速器运动的需要。

二、汽车传动系统的分类

根据汽车传动系统中传动元件的特征，传动系统可分为机械式、液力机械式、静液式、电力式和混合动力传动系统等类型。

1. 机械式传动系统

机械式传动系统如图 13-1 所示，其传动系统由离合器、变速器、主减速器、差速器等组成，传动系统的各个部分为机械传动机构。这种传动系统的传动效率较高，传递功率较大,使用广泛。

2. 液力机械式传动系统

液力机械式传动系统是用液力变矩器取代机械式传动系统中的摩擦式离合器,其他的组成部件及其布置方案均与机械式传动系统相同。这种传动系统由于使用液力变矩器,使发动机与驱动车轮之间柔性连接,因此可避免传动系统的扭转振动和冲击,提高零部件的使用寿命,保证汽车平稳地起步和加速,改善乘坐舒适性。

液力机械式传动系统能根据道路阻力的变化,自动地在若干个车速范围内分别实现无级变速,而且其中的有级式机械变速器还可以实现自动或半自动操纵,因而可使驾驶员的操纵大为简化。但是,由于其存在结构较复杂、造价较高、机械效率较低等缺点,因此,目前主要用在自动挡的轿车和部分重型货车上,一般货车采用较少。

3. 静液式传动系统

静液式传动系统又称为容积式液压传动系统,如图13-2所示,主要由液压马达2、液压自动控制装置6和由发动机驱动的液压泵7等组成。静液式传动系统利用液压传动原理工作。发动机输出的动力通过液压泵7转换成液压能,然后再由液压马达2重新转换为机械能,驱动车轮转动,驾驶员通过变速操纵杆5操纵液压自动控制装置6实现变速。在图示方案中,只用一个液压马达2将动力传递给主减速器,再经差速器和半轴传到驱动轮。还有一种方案,它是在每个驱动轮上都装有一个液压马达,如图13-3所示,这样可以去掉主减速器、差速器和半轴等传动部件。

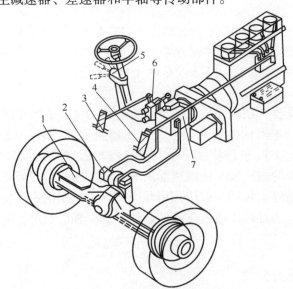

图13-2 静液式传动系统示意图

1—驱动桥;2—液压马达;3—制动踏板;4—加速踏板;5—变速操纵杆;
6—液压自动控制装置;7—液压泵。

静液式传动系统通过液压自动控制装置6,改变输入液压马达2的压力油流量,使汽车平稳地进行自动无级变速,具有非常理想的特性;传动系统零部件也大为减少,使布置方便并可提高离地间隙和通过性;液压系统可用于动力制动,使制动操作轻便。但它存在机械效率低、造价高、使用寿命和可靠性不够理想等缺点,主要用在某些军用车辆上,如何克服这些缺点,使之能在一般汽车上推广应用的问题,还有待于进一步研究。

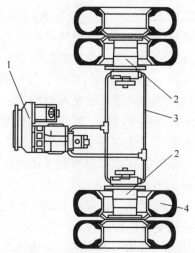

图 13-3　液压马达直接驱动车轮的静液式传动系统示意图
1—液压泵；2—液压马达；3—液压管路；4—驱动轮。

4. 电力式传动系统

电力式传动系统如图 13-4 所示,由汽车发动机 1 带动发电机 2 发电,将发出的电能送到电动机,再由电动机带动驱动轮。

根据电动机的位置,有两种传动形式:一种传动形式是只用一个电动机与传动轴或驱动桥连接,电动机发出的动力经传动轴、主减速器传到驱动轮；另一种传动形式是在每个驱动轮上单独安装一个电动机,电动机输出的动力通过减速机构传输到驱动轮上,这种直接与车轮相连的减速机构称为轮边减速器。内部装有牵引电动机和轮边减速器的驱动轮称为电动轮 5。电传动系统中的控制电路接受驾驶员发出的各种信号,控制发动机、电动机等,实现汽车的起步、前进、后退和停车。

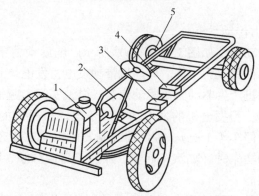

图 13-4　电力式传动系统示意图
1—发动机；2—发电机；3—晶闸管整流器；4—逆变装置；5—电动轮。

根据装用的发电机和牵引电动机的形式，电力式传动系统可以分为以下几种：

（1）直流发电机－直流电动机系统（直－直系统）。在直－直电力式传动系统中，采用的是直流发电机和直流牵引电动机。

（2）交流发电机－直流电动机系统（交－直系统）。该系统的发电机为三相交流发电机，经过大功率的硅整流器整流后，把直流电输送给直流牵引电动机。目前，国内外生产的大吨位矿用汽车的电力式传动系统，绝大多数属于这种结构。

（3）交流发电机－直流变频－交流电动机系统（交－直－交系统）。交流发电机输出的电能经过整流及变频装置以后，又输送给交流电动机，这称之为交－直－交电力式传动系统。即交流发电机发出的三相交流电，经过硅整流器整流成直流电以后，直流电再通过晶闸管逆变器，把直流电变成预定可变频率的三相交流电，以供给各个交流牵引电动机使用。逆变后的三相交流电的频率，根据需要是可控制的。

（4）交流发电机－交流电动机系统（交－交系统）。该系统没有直流环节，而是直接的交流电传动系统。汽车发动机驱动一台同步交流发电机，交流发电机通过变频器向交流牵引电动机输送频率可控的交流电。

电传动系统从发动机到驱动轮只用电器连接，可使汽车的总体布置简化、灵活，起动及变速平稳，冲击小，有利于延长车辆的使用寿命；这种传动系统操纵简单，具有无级变速特性，有助于提高汽车的平均车速；还可将电动机改为发电机用作制动，可提高行驶安全性。其缺点是电传动系统效率低，发电机和电动机要消耗较多的有色金属铜。

5. 混合动力传动系统

混合动力传动系统是混合动力汽车的传动系统。混合动力汽车（HEV）是在一辆汽车上同时配备电力驱动系统和辅助动力单元（Auxiliary Power Unit，APU），其中辅助动力单元是燃烧某种燃料的原动机或由原动机驱动的发电机组，目前混合动力汽车所采用的原动机一般为柴油机或汽油机。混合动力汽车将原动机、电动机、能量储存装置（蓄电池）组合在一起，它们之间的良好匹配和优化控制，可充分发挥内燃机汽车和电动汽车的优点，避免各自的不足，是当今最具实际开发意义的低排放和低油耗汽车。

根据混合动力传动系统的配置和组合方式不同，分为串联式、并联式和混联式传动系统。

1）串联式混合动力传动系统

串联式混合动力传动系统如图13－5（a）所示。辅助动力单元由原动机和发电机组成，通常将这两个部件集成为一体。原动机带动发电机发电，其电能通过控制器直接输送到电动机，由电动机产生驱动力矩驱动汽车。电池实际上起平衡原动机输出功率和电动机输入功率的作用。当发电机的发电功率大于电动机所需的功率时（如汽车减速滑行、低速行驶或短时停车等工况），控制器控制发电机向电池充电；当发电机发出的功率低于电动机所需的功率时（如汽车起步、加速、高速行驶、爬坡等工况），电池则向电动机提供额外的电能。

串联式结构可使发动机不受汽车行驶工况的影响，始终在其最佳的工作区稳定运行，并可选用功率较小的发动机，因此，可使汽车的油耗和排污降低。串联式混合动力电动汽车特别适用于在市内低速运行的工况。在繁华的市区，汽车在起步和低速时还可以关闭原动机,只利用电池进行功率输出,使汽车达到零排放的要求。串联式结构的不足是:需要功率足够大的发电机和电动机;发动机的输出需全部转化为电能再变为驱动汽车的机械能,由于机电能量转换和电池充放电的效率较低,使得燃油能量的利用率比较低。

2) 并联式混合动力传动系统

并联式混合动力传动系统如图 13-5 (b) 所示,变速器的前端有动力复合装置,将发动机和电动机连接在一起,动力复合装置为两个自由度的行星齿轮机构,汽车可由发动机和电动机共同驱动或各自单独驱动。当电动机只是作为辅助驱动系统时,功率可以比较小。与串联式结构相比,发动机通过机械传动机构直接驱动汽车,其能量的利用率相对较高,这使得并联式比串联式混合动力传动系统的燃油经济性高。并联式混合动力传动系统最适合于汽车在城市间公路和高速公路上稳定行驶的工况。由于并联式混合动力传动系统的发动机工况要受汽车行驶工况的影响,因此不适于汽车行驶工况变化较多、较大的场合;相比于串联式混合动力传动系统,需要变速装置和行星齿轮机构的动力复合装置,传动机构较为复杂。

3) 混联式混合动力传动系统

混联式混合动力传动系统是串联式与并联式的综合,如图 13-5 (c) 所示。发动机发出的功率一部分通过机械传动输送给驱动桥,另一部分则驱动发电机发电。发电机发出的电能输送给电动机或电池,电动机产生的驱动力矩通过动力复合装置传送给驱动桥。混联式传动系统的控制策略:汽车低速行驶时,传动系统主要以串联方式工作;汽车高速稳定行驶时,需要功率大,以并联工作方式为主。

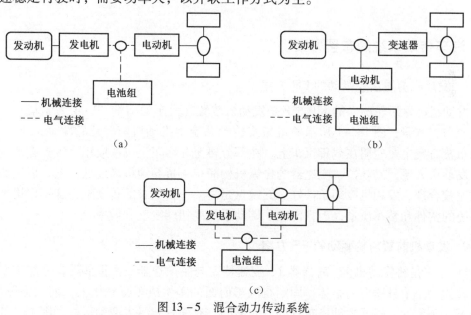

图 13-5 混合动力传动系统
(a) 串联式;(b) 并联式;(c) 混联式。

混联式混合动力传动系统充分发挥了串联式和并联式的优点,能够使发动机、发电机、电动机等部件进行更多的优化匹配,从而在结构上保证了在更复杂的工况下使系统在最优状态工作,所以更容易实现排放和油耗的控制目标,因此是最具影响力的 HEV。与并联式相比,混联式的动力复合形式更复杂,因此对动力复合装置的要求更高。

图 13-6 为丰田公司 Prius 车的混联式混合动力传动系统结构示意简图，发电机具有发电机和电动机的功能，发动机通过离合器与行星齿轮机构的行星架相连，发电机、电动机分别与行星齿轮机构的中心轮、齿圈相连，两个自由度的行星齿轮机构将发动机、发电机、电动机的动力复合，并通过齿圈输出动力，再经主减速器、差速器、半轴将动力输出给驱动车轮。

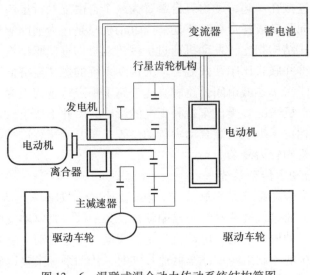

图 13-6　混联式混合动力传动系统结构简图

三、汽车传动系统的布置方案

1. 发动机前置后轮驱动的 FR 方案

发动机前置后轮驱动的 FR 方案是发动机放置在汽车的前端、后轮为驱动轮的传动系统的布置方案，图 13-1 所示的机械式传动系统为发动机前置后轮驱动的 FR 方案。这种布置方案主要应用在载货汽车上，在部分轿车和客车上也有应用。该方案的优点是维修发动机方便，离合器、变速器的操纵机构简单，货箱地板高度低，前、后轮的轴荷分配比较合理，发动机冷却条件好。其缺点是需要一根较长的传动轴，这不仅增加了传动系统的构件和整车质量，而且影响了传动系统的扭转刚度和效率。

2. 发动机前置前轮驱动的 FF 方案

FF 方案是将发动机 1、离合器 2、变速器 3 与主减速器 5、差速器 6 等都装配在一起，成为一个十分紧凑的整体，固定在汽车前面的车架或车身底架上，前轮为驱动轮，如图 13-7 所示。根据发动机布置的方向不同，有横置和纵置两种形式，图 13-7 为发动机横置的 FF 方案，主减速器的齿轮为圆柱齿轮。在发动机纵置的 FF 方案中，发动机曲轴的轴线与汽车前进方向一致。

FF 方案省去了 FR 方案中变速器和驱动桥之间的万向节和传动轴，使车身底板高度可以降低，有助于提高汽车的乘坐舒适性和高速行驶时的操纵稳定性；整个传动系统集中在汽车前部，因而其操纵机构比较简单。这种布置方案目前已广泛应用于轿车上，在中高级和高级轿车上的应用也日渐增多。但由于前轮既是驱动轮,又是转向轮,需要使用等角速万向节7,因此结构较为复杂;且前轮的轮胎寿命较短;汽车爬坡能力相对较差,上坡时,重心后移,前驱动轮附着力减小,易打滑,下坡时,重心前移,前轴负荷过重,后轴负荷减小,易先抱死,引起侧滑。

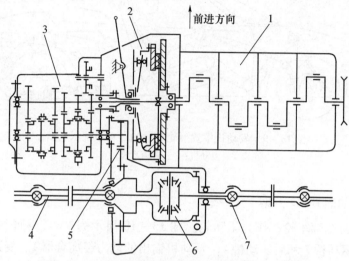

图 13-7　发动机前置前轮驱动的传动系统示意图
1—发动机;2—离合器;3—变速器;4—半轴;5—主减速器;6—差速器;7—万向节。

3. 发动机后置后轮驱动的 RR 方案

RR 方案是将发动机1、离合器2和变速器3都横向布置于驱动桥6之后,如图13-8所示。大、中型客车广泛采用这种布置方案,发动机后置,方便乘客由汽车前门上车,车内噪声低,空间利用率高,行李厢体积大,但发动机的冷却条件较差,发动机和离合器、变速器远离驾驶员,使操纵机构复杂。

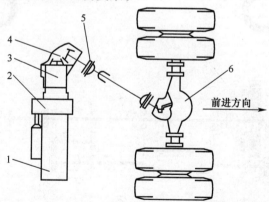

图 13-8　发动机后置后轮驱动的传动系统示意图
1—发动机;2—离合器;3—变速器;4—角传动装置;5—万向传动装置;6—驱动桥。

4. 发动机中置后轮驱动的 MR 方案

MR 方案是将发动机布置于驾驶室后面的汽车的中部,后轮驱动,如图13-9所示。该布置方案有利于实现前、后轴较为理想的轴荷分配，是赛车、跑车和部分大、中型客车采用的方案。客车采用这种方案布置时，能得到车厢有效面积的最高利用。发动机中置，不便于维修。

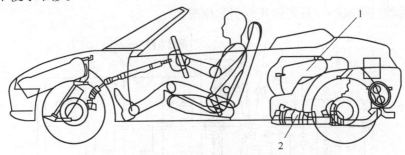

图13-9　发动机中置后轮驱动的传动系统示意图
1—发动机；2—传动系统。

5. 全轮驱动的nWD方案

nWD方案将全部车轮都作为驱动轮。图13-10所示为4WD越野汽车的传动系统布置图，有前驱动桥7和后驱动桥4，发动机输出的动力经离合器1、变速器2、中间传动轴3传递给分动器5，再由分动器5分配给前、后驱动桥，在分动器5与前驱动桥7、后驱动桥4之间，分别有前传动轴6和后传动轴。根据行驶需要，驾驶员可通过分动器的操纵杆操纵分动器，使前桥接通或断开，实现四轮驱动和两轮驱动的切换。这种布置方案能充分利用所有车轮与地面之间的附着条件，获得尽可能大的驱动力，用于要求能在坏路面或无路地带行驶的越野车上，其主要缺点是分动器、前传动轴和前驱动桥增大汽车质量，降低传动系统效率，导致燃油消耗增加，此外，分动器、前传动轴、前驱动桥和万向节8也使结构复杂。

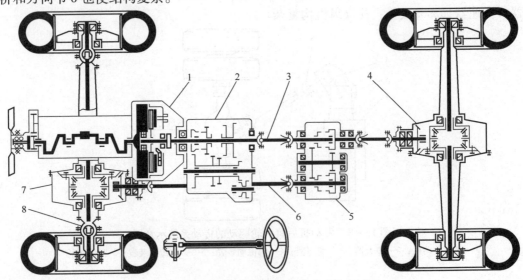

图13-10　4WD越野汽车的传动系统布置图
1—离合器；2—变速器；3—中间传动轴；4—后驱动桥；5—分动器；
6—前传动轴；7—前驱动桥；8—万向节。

图 13-11 所示为多桥驱动越野汽车的传动系统布置示意图，三桥驱动采用非贯通式驱动桥，四桥驱动采用贯通式驱动桥。在贯通式驱动桥中，前面（或后面）两驱动桥的传动轴是串联的，传动轴从距分动器较近的驱动桥中穿过，通往另一驱动桥。在非贯通式驱动桥中，中桥和后桥的传动轴分别接入分动器，中桥和分动器之间有两段传动轴。如采用贯通式驱动桥替代非贯通式驱动桥，在中桥和分动器之间只用一段传动轴，可简化结构布置，减少零件数量。

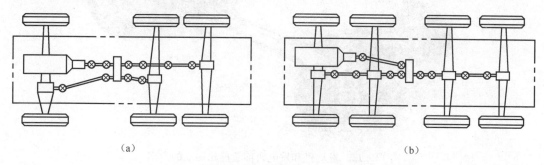

(a) (b)

图 13-11 多桥驱动越野汽车的传动系统布置示意图
(a) 6×6 汽车的非贯通式驱动桥传动系统的布置；
(b) 8×8 汽车的贯通式驱动桥传动系统的布置。

6. 混合动力汽车传动系统的布置方案

混合动力汽车的传动系统有发动机和发电机前置后轮驱动的方案（图 13-12）、发动机和电动机前置前轮驱动的方案（图 13-13）。两种方案中，发动机和发电机均前置，电池组均后置，使汽车有良好的轴荷分配和较大车内空间。具有发电和电动功能的发电机安装在发动机后部，发动机通过离合器与变速器相连，变速器与驱动车轮的连接方式与传统汽车的变速器与驱动车轮的连接方式类似。

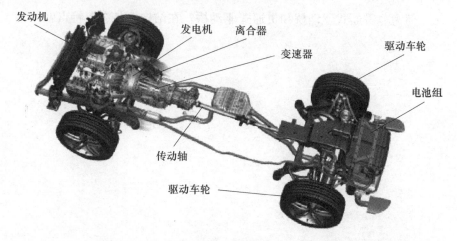

图 13-12 发动机和发电机前置后轮驱动的方案

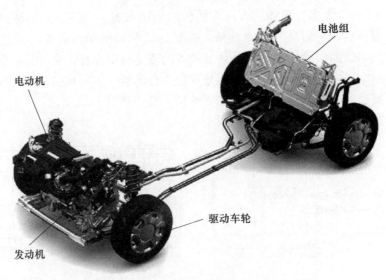

图 13-13 发动机和发电机前置前轮驱动的方案

13-1 图 13-1 所示汽车传动系统的基本组成及动力传递路线是什么?

13-2 汽车传动系统有何基本功能?

13-3 汽车传动系统有几种类型?各有什么特点?

13-4 汽车传动系统有哪几种布置形式?各适用于何种类型的汽车?

13-5 越野汽车 4×4 传动系统与普通汽车 4×2 传动系统相比,在结构上有哪些不同?各有何优缺点?

13-6 何为非贯通式驱动桥和贯通式驱动桥?在结构上各有何特点?

第十四章 离合器

第一节 离合器的功用及其工作原理

一、离合器的功用及种类

离合器是汽车传动系统的主要组成之一,它通常安装在发动机飞轮后侧,是与发动机相连接的部件。通过离合器的结合或分离,使发动机与传动系统、驱动车轮连接或断开。

1. 离合器的功用

1)保证汽车平稳起步

在汽车起步前,应使变速器处于空挡位置,将发动机与驱动轮之间的联系断开,以卸除发动机负荷。然后,起动发动机,待发动机进入稳定的怠速工况后,将变速器挂上一定挡位,使汽车起步。汽车起步时,是从完全静止的状态逐步加速的。由于传动系统联系着整个汽车,如果它与发动机刚性地联系,则变速器刚挂上挡,汽车将突然向前冲一下,但并不能起步。这是因为汽车从静止到前冲时将产生很大的惯性力,对发动机造成很大的阻力矩。在这种惯性阻力矩的作用下,发动机在瞬间转速急剧下降到最低稳定转速(一般为 300~500r/min)以下,发动机会熄火而不能工作,使汽车也不能实现起步。如果在传动系统中装设了离合器,在发动机起动后,汽车起步之前,驾驶员先踩下离合器踏板,将离合器分离,使发动机与传动系统脱开;再将变速器挂上挡,然后逐渐松开离合器踏板,使离合器逐渐接合。在离合器逐渐接合的过程中,发动机所受阻力矩逐渐地增加,应同时逐渐踩下加速踏板,即逐步增加发动机的燃料供给量,使发动机的转速始终保持在最低稳定转速以上,不致熄火。由于离合器的接合紧密程度逐渐增大,发动机经传动系统传给驱动轮的转矩便逐渐增加。当驱动力足以克服起步阻力时,汽车即从静止开始运动并逐步加速,实现平稳起步。

2)保证传动系统换挡时工作平顺

在汽车行驶过程中,为了适应不断变化的行驶条件,传动系统经常要换用不同的挡位工作。齿轮式变速器的换挡一般是通过拨动齿轮或其他换挡机构来实现的，使原来挡位的某一齿轮副退出传动，再使另一挡位的齿轮副进入工作。在换挡前也必须先踩下离合器踏板，中断动力传递，以便于原来挡位的啮合副脱开，同时有可能使换入挡位啮合副的啮合部位的速度逐渐趋于同步，在同步后换挡，实现平顺换挡。

3）防止传动系统过载

当汽车进行紧急制动时，若没有离合器，则发动机将因和传动系统刚性相联而急剧降低转速，使其中所有的运动部件产生很大的惯性力矩，其数值可能大大超过发动机正常工作时所发出的最大转矩，出现传动系统过载，使其零部件损坏。装设离合器后，便可依靠离合器主动部分和从动部分之间可能产生的相对运动来防止和消除传动系统过载危险。

2. 离合器的种类

离合器的种类有摩擦离合器、液力耦合器或液力变矩器、电磁离合器。摩擦离合器是借助接触面之间的摩擦作用来传递转矩的装置。目前，与手动变速器相配合使用的绝大多数离合器为摩擦离合器。液力耦合器或液力变矩器是利用液体进行动力传递的装置，它们通常与自动变速器配合使用，也起到离合器的作用。电磁离合器是利用电磁力来传递转矩的装置。电磁离合器靠电磁线圈的通、断电来控制离合器的结合与分离。如在主动与从动件之间放置磁粉，则可以加强两者之间的结合力，这样的离合器称为磁粉电磁离合器，多用在高档轿车上。

汽车上一般只有一个离合器，在使用双离合变速器的汽车上有两个摩擦离合器，除了空档之外，一个离合器处于接合状态，另一个离合器则处于分离状态，因此能消除换档时的动力传递停滞现象，使变速器换档更加平顺。

二、简单摩擦离合器的结构及工作原理

1. 简单摩擦离合器的结构

简单摩擦离合器如图14－1所示。该离合器主要由飞轮1、从动盘2、压盘3、分离杠杆4、离合器踏板7、压紧弹簧8等组成。飞轮与发动机曲轴相联，是离合器的主动部分；带有摩擦片的从动盘通过内花键套在变速器第一轴10上，是离合器的从动部分；压紧弹簧将从动盘压紧在飞轮与压盘之间形成摩擦副，压紧弹簧和压盘等为离合器的压紧部分；踏板7通过支承销支承，可绕支点转动，下端通过操纵联接杆及分离拨叉可推动分离套筒和分离轴承，通过踏下或放松离合器踏板，使主、从动部分分离或结合，该部分称为离合器操纵部分。

2. 简单摩擦离合器的工作原理

汽车在行驶中，驾驶员不踩离合器踏板，离合器的主动部分和从动部分处于接合状态（14－1（a）），飞轮转动时，通过摩擦副之间的摩擦力带动从动盘转动，摩擦力由弹簧的压紧力产生。欲使离合器分离时，只要踩下操纵机构中的离合器踏板，分离轴承便通过分离杠杆克服压紧弹簧的压力向右移动压盘，使压盘与飞轮之间的距离增大，在从动盘与飞轮、压盘之间出现间隙，离合器分离（图14－1（b）），摩擦副之间的摩擦

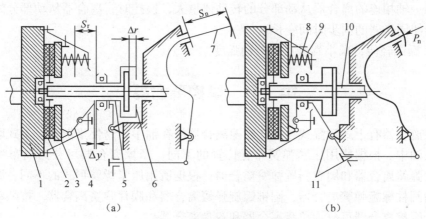

图 14-1 简单摩擦离合器
(a) 接合；(b) 分离。

1—飞轮；2—从动盘；3—压盘；4—分离杠杆；5—分离套筒；6—离合器制动器；
7—离合器踏板；8—压紧弹簧；9—离合器盖；10—变速器第一轴（离合器从动轴）；
11—操纵联接杆及分离拨叉；S_r—工作行程；Δr—制动间隙；
S_n—踏板行程；P_n—踏板力；Δy—分离间隙。

力消失，从而中断了动力传递。

当需要重新恢复动力传递时，为使汽车速度和发动机转速的变化比较平稳，应该适当控制放松离合器踏板的速度，使压盘在压紧弹簧的压力作用下向左移动，使从动盘与飞轮恢复接触，两者接触面间的压力逐渐增加，相应的摩擦力矩也逐渐增加。当飞轮和从动盘接合还不紧密、摩擦力矩比较小时，两者可以不同步旋转，即离合器处于打滑状态。随着飞轮和从动盘接合紧密程度的逐步增大，两者的转速也渐趋相等。直到离合器完全接合而停止打滑时，汽车速度才与发动机转速成正比。

三、摩擦式离合器的基本要求

（1）保证能可靠地传递发动机的最大扭矩。摩擦离合器所能传递的最大转矩取决于摩擦副间的最大静摩擦力矩，而后者又取决于摩擦面间的压紧力、摩擦因数以及摩擦面的数目和尺寸。因此，对于结构一定的离合器来说，最大静摩擦力矩是一个定值。当输入转矩达到此值时，则离合器出现打滑现象，因而限制了传给传动系统的转矩，以防止超载。

（2）分离迅速彻底，结合柔和平顺，便于汽车平稳起步和平顺换挡。在保证可靠传递发动机最大转矩的前提下，离合器的具体结构应能满足主、从动部分分离彻底、接合柔和、操纵轻便等要求。

（3）具有良好的散热能力和热稳定性。在汽车行驶过程中，驾驶员操纵离合器的次数是很多的，这就使离合器中由于摩擦面间频繁地相对滑磨而产生大量的热。离合器接合越柔和，产生的热量越大。这些热量如不及时地散发出去，对离合器的工作将产生严重影响。

（4）离合器的从动部分转动惯量应尽可能小，以减小换挡时的同步时间。如果与变速器第一轴相连的离合器从动部分的转动惯量大，换挡时，离合器从动部分的惯性力矩大，会使同步器的同步时间变长。

(5) 操纵轻便，减小驾驶员的劳动强度。

第二节　摩擦离合器

摩擦离合器有干式和湿式，湿式摩擦离合器浸在油中，这便于散热。干式摩擦离合器不浸在油中。根据所用压紧弹簧布置位置的不同，摩擦离合器可分为周布弹簧离合器、中央弹簧离合器和周布斜置弹簧离合器；根据所用压紧弹簧形式的不同，摩擦离合器可分为圆柱螺旋弹簧离合器、圆锥螺旋弹簧离合器和膜片弹簧离合器。按从动盘的数目不同，摩擦离合器可分为单盘离合器和双盘离合器。

一、周布弹簧离合器

采用若干个螺旋弹簧作压紧弹簧并沿从动盘圆周分布的离合器，称为周布弹簧离合器。

1. 单盘周布螺旋弹簧离合器

单盘周布螺旋弹簧离合器如图 14-2 所示。离合器的主动部分、从动部分和压紧机构都装在发动机后方的离合器壳（飞轮壳）内，而操纵机构的各个部分则分别位于离合器壳（飞轮壳）的内部、外部和驾驶室中。

1) 主动部分

发动机的飞轮 2、压盘 16 和离合器盖 19 组成离合器的主动部分。离合器盖通过螺栓固定在飞轮上，并用定位销 17 定位，保证二者同心和正确的周向安装位置。压盘的前端面是光滑平整的工作面，其与离合器盖通过 4 组传动片 33 来传递转矩。传动片用弹簧钢片制成，每组两片，一端用铆钉 32 铆在离合器盖上，另一端用螺钉与压盘相联，4 组传动片相隔 90°沿圆周切向均匀分布。在离合器分离和接合过程中，依靠弹性传动片产生弯曲变形，压盘便可以做轴向平行移动。

2) 从动部分

从动盘是离合器的从动部分，由从动片 4、摩擦片 5、减振器盘 6 和从动盘毂 10 等组成。从动盘装在飞轮和压盘之间，从动盘毂的花键孔套在变速器第一轴 11 前端的花键上，在离合器分离时，可沿花键轴向移动。

3) 压紧机构

16 个沿圆周布置的螺旋压紧弹簧 31 和压盘组成离合器的压紧机构。螺旋弹簧分别支承在压盘和离合器盖上，在弹簧作用下压盘压向飞轮，并将从动盘夹紧在中间，使离合器处于接合状态。从动盘的前后两面都装有摩擦片，因而具有两个摩擦表面。这样，在发动机工作时，其转矩一部分将由飞轮经与之接触的摩擦片直接传给从动片；另一部分则由飞轮通过 8 个固定螺钉传到离合器盖上，并由此经 4 组传动片将转矩传到压盘，最后也通过摩擦片传给从动片；从动片再将转矩通过从动盘毂的花键传给变速器第一轴，由此输入变速器。

第十四章 离合器

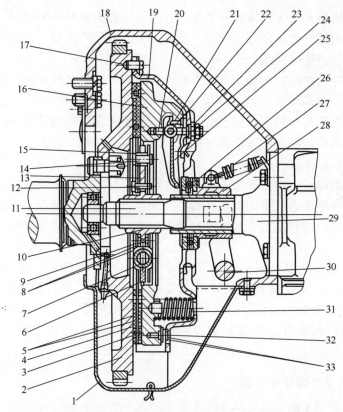

图 14-2 单盘周布螺旋弹簧离合器

1—离合器壳底盖；2—飞轮；3—摩擦片铆钉；4—从动片；5—摩擦片；6—减振器盘；
7—减振器弹簧；8—减振器阻尼片；9—阻尼片铆钉；10—从动盘毂；11—变速器第一轴（离合器从动轴）；
12—阻尼弹簧铆钉；13—减振器阻尼弹簧；14—从动盘铆钉；15—从动盘铆钉隔套；16—压盘；
17—离合器定位销；18—飞轮壳；19—离合器盖；20—分离杠杆支撑柱；21—摆动支片；
22—浮动销；23—分离杠杆调整螺母；24—分离杠杆弹簧；25—分离杠杆；26—分离轴承；
27—分离套筒恢复弹簧；28—分离套筒；29—变速器第一轴轴承盖；30—分离叉；
31—压紧弹簧；32—传动片铆钉；33—传动片。

4）分离机构和操纵机构

分离杠杆、分离轴承、分离套筒和分离拨叉装在离合器壳 18 内，分离杠杆采用综合式防干涉机构；而离合器踏板、离合器总泵、离合器分泵及管路则装在离合器壳的外部。

5）离合器的平衡

离合器须与曲轴飞轮组组装在一起进行动平衡校正。为了在拆卸离合器后重新组装时仍保持动平衡，离合器盖与飞轮之间的相对角位置通过离合器盖定位销 17 来定位。

6）分离间隙和离合器踏板的自由行程

从动盘摩擦衬片经使用磨损变薄后，在压紧弹簧作用下压盘和从动盘向飞轮方向多移动一段距离，则分离杠杆的内端相应地要更向后移动一段距离，才能保证离合器完全接合。如果未磨损前分离杠杆内端和分离轴承之间没有预留一定间隙，则在摩擦片磨损后，离合器将因分离杠杆内端不能后移而难以保证离合器完全接合，从而在传动时经常出现打滑现象。这不仅减小了其所能传递的转矩数值，并且将使摩擦片和分离轴承加速磨损。因此，当离合器处于正常接合状态，分离套筒被恢复弹簧27拉到后极限位置时，在分离轴承和分离杠杆内端之间应留有一定的间隙，称分离间隙，以保证摩擦片在正常磨损过程中离合器仍能完全接合。

由于上述间隙的存在，驾驶员在踩下离合器踏板后，先要消除这一间隙，然后才能开始分离离合器。为消除这一间隙所需的离合器踏板行程，称为离合器踏板的自由行程。根据规定，汽车每行驶一定里程后，要检查调整离合器踏板的自由行程。调整的方法是拧动操纵机构中拉杆上的球形调整螺母，通过调整拉杆有效长度来调整间隙，从而使自由行程恢复到标准值。

在调整离合器踏板自由行程之前，必须先将4个分离杠杆内端的后端面调整到与飞轮端面平行的同一平面内；否则在离合器分离和接合过程中，压盘平面会歪斜，致使分离不彻底，并且在汽车起步时会发生颤抖现象。调整方法是拧动支承柱上的分离杠杆调整螺母23。

单盘离合器结构简单，调整方便，轴向尺寸小，分离彻底，从动部分转动惯量小，散热性能好，具有轴向弹性的从动盘接合时较平顺。单盘离合器只有一个从动盘，从动盘上有两个摩擦表面，传递扭矩小，多用于轿车和轻、中型客车和货车上。目前，由于摩擦材料质量的提高和品种的增多，在一些大型客车和重型货车上也有应用。

2. 双盘周布螺旋弹簧离合器

双盘周布螺旋弹簧离合器如图14-3所示。与单盘周布螺旋弹簧离合器相比，工作原理基本上相同，所不同的是采用两个从动盘，多了中间压盘7。

1) 主、从动部分

飞轮8、压盘6、中间压盘7及离合器盖16组成离合器的主动部分。从动部分的两个从动盘3和4夹在飞轮、中间压盘及压盘的中间，离合器中沿圆周均匀布置12个压紧弹簧，使压盘和中间压盘紧紧地压向飞轮。中间压盘的边缘上有4个轴向槽，飞轮上的4个定位块1嵌装在这4个缺口中，用以传递发动机的转矩。

2) 分离机构

分离机构由分离杠杆5、分离轴承13、分离套筒14、分离弹簧2、限位螺钉17等组成。分离杠杆、分离轴承、分离套筒用于压盘与从动盘3的分离。为了保证各主动盘和从动盘之间能彻底分离，在中间压盘和飞轮之间装有分离弹簧2，在离合器盖上装有4个限位螺钉，用以限制中间压盘的行程。在离合器分离时，分离轴承推动分离杠杆内端，分离杠杆绕支承销9上支点转动，其外端带动压盘右移，实现压盘与从动盘3的分离，同时，分离弹簧推动中间压盘右移，靠在4个限位螺钉上，实现中间压盘与从动盘3和4的分离。限位螺钉的位置是可以调节的。

3) 压盘的传力方式

压盘是离合器的主动部分，在传递发动机转矩时，它和飞轮一起带动从动盘转动，所以它必须和飞轮连接在一起；但这种连接应保证压盘在离合器分离过程中能自由地作轴向移动。常用的连接方式主要有凸块-窗孔式、键接式、传力销式和弹性传动片式等，如图14-4所示。

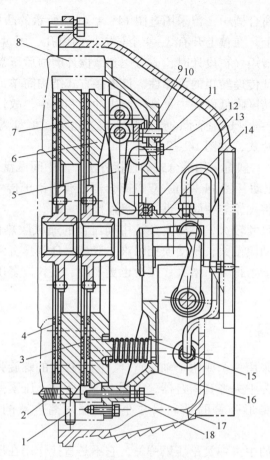

图 14-3 双盘周布螺旋弹簧离合器
1—定位块；2—分离弹簧；3、4—从动盘；5—分离杠杆；6—压盘；7—中间压盘；8—飞轮；9—支撑销；10—调整螺母；11—压片；12—锁紧螺钉；13—分离轴承；14—分离套筒；15—压紧弹簧；16—离合器盖；17—限位螺钉；18—锁紧螺母。

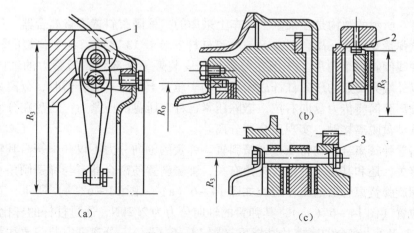

图 14-4 压盘的传力方式
(a) 凸块-窗孔式；(b) 键连接式；(c) 传力销式。
1—凸块；2—键；3—传力销。

在单盘螺旋弹簧离合器中，曾采用过图14-4（a）所示的凸块-窗孔式连接方式，离合器盖固定在飞轮上，在盖上开有3~4个长方形的窗孔，压盘上铸有相应的凸块1，凸块伸进窗孔以传递转矩。在设计时，应考虑到摩擦片磨损后压盘将向前移，因此应使凸块高出窗孔，以保证传递转矩的可靠性。该连接方式结构简单，但凸块与窗孔的配合处磨损后容易使定心精度降低而失去平衡，产生冲击和噪声，故目前已很少采用。单盘离合器也有采用图14-4（b）所示的键连接方式。目前，单盘离合器压盘的传力方式大多数采用弹性传动片式，如图14-2所示。

在双盘离合器中，一般都采用综合式的连接方法，即中间压盘通过键（定位块）、压盘则通过凸台-窗孔驱动（图14-3）。双盘离合器也有用销子传力的，如图14-4（c）所示，通过传力销3将飞轮与中间压盘、压盘连接在一起。

双盘离合器轴向尺寸较大，结构复杂，中间压盘的通风散热性差，分离行程较大，此外，从动部分的转动惯量大，易使换挡困难。双盘离合器具有两个从动盘，共有4个摩擦面，传递转矩的能力得到了增大，接合也更平顺、柔和，多用于吨位较大的中、重型汽车上。

二、中央弹簧离合器

有些重型汽车仅采用一个或两个轴线重合、刚度较大的螺旋弹簧作压紧弹簧，并布置在离合器中央，称为中央弹簧离合器，如图14-5所示。压紧弹簧有螺旋圆柱形和螺旋圆锥形两种。由于锥形弹簧的轴向尺寸小，可缩短离合器的轴向尺寸，因此应用较多。

中央弹簧离合器的中央弹簧是压缩弹簧，它不是直接作用在压盘5上，而是通过压紧杠杆10将中央弹簧11的张力放大倍数后作用在压盘5上。另外，中央弹簧离合器的压紧力可以借助调整垫片7加以调整。

三、周布斜置弹簧离合器

图14-6所示的结构是在某重型汽车上采用的一种周布斜置弹簧离合器。周向斜置的3对压紧弹簧6安装在离合器盖5与分离杠杆安装毂13之间，各个弹簧的轴线相对于离合器轴线倾斜一个角度。作用在分离杠杆安装毂上全部弹簧压紧力的轴向分力之和，通过以外端为支点的压紧杠杆放大后作用于压盘上。分离离合器时，分离叉通过分离轴承和分离套筒将传力盘向右拉，撤除压紧杠杆对压盘的压紧力，压盘在分离弹簧的作用下与从动盘脱离接触，实现离合器分离。

周布斜置弹簧离合器的特点是弹簧斜置。弹簧的轴向分力不仅和弹簧沿其轴线方向变形大小有关，还和其与水平轴线夹角有关，弹簧斜置使离合器有与弹簧倾角有关的特性。斜置螺旋弹簧离合器的工作特性如图14-6（a）~图14-6（c）所示，新的离合器在接合位置（图14-6（a）），其弹簧的轴向分力为2.2kN，通过杠杆的杆比放大后，压紧力为13.2kN。离合器摩擦片磨损后（图14-6（b）），分离杆安装毂要往前移，斜置弹簧则进一步伸长，但此时其轴线水平轴线夹角变小，这样，其轴向分力的大小并未因摩擦片磨损而减小，几乎保持不变，压紧弹簧的倾斜安装对摩擦片的磨损起补偿作

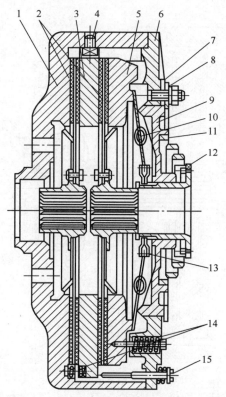

图 14-5 矩形断面圆锥形中央弹簧离合器
1—飞轮；2—从动盘；3—中间压盘；4—传力销；5—压盘；6—离合器盖；
7—调整垫片；8—垫圈；9—压紧弹簧座；10—压紧杠杆；11—中央弹簧；
12—分离套筒；13—钢球座圈；14—压盘恢复弹簧；15—中间压盘限位螺钉。

用，离合器的工作稳定性好。当离合器分离时（图 14-6（c）），斜置弹簧进一步扭曲，弹簧轴线变得更陡，此时其轴向水平分力反而变小了，这样踏板操纵力可下降大约 35%，踏板力较小，操纵性好。

若分离轴承的位置需要调整，可先拧开调整环锁片 16 螺栓，取下锁片，转动调整环 4，这样就可使分离轴承停留在所希望的位置。调整完毕后再装上锁片。

四、膜片弹簧离合器

目前，汽车上广泛采用膜片弹簧作为压紧弹簧的离合器，称为膜片弹簧离合器。它的特点在于，膜片弹簧既是离合器的压紧机构又是分离杠杆。

1. 膜片弹簧离合器的结构及特点

图 14-7 所示为某微型汽车上采用的膜片弹簧离合器，主动部分、从动部分与周布弹簧离合器类似。压紧机构所用的膜片弹簧 4 实质上是一种用薄弹簧钢板冲压而成的带有锥度的碟形弹簧 A。其小端在锥面上均匀地开有许多径向切槽，以形成分离指 B，起分离杠杆的作用，其余未切槽的大端部分起压紧弹簧的作用。膜片弹簧两侧有钢丝支承圈，借膜片弹簧固定铆钉将其安装在离合器盖上。可见，膜片弹簧离合器在结构方面具

汽车构造（下册）

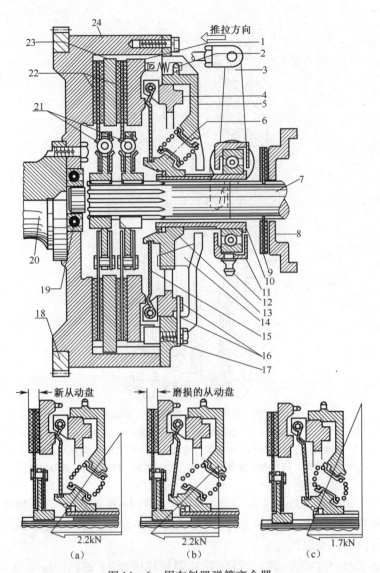

图 14-6 周布斜置弹簧离合器
(a) 新装位置；(b) 磨损位置；(c) 分离位置。

1—压盘；2—分离弹簧；3—分离叉杆；4—调整环；5—离合器盖；6—压紧弹簧；7—变速器第一轴；8—变速器壳；9—离合器制动摩擦片；10—分离套筒；11—分离轴承；12—黄油嘴；13—分离杆安装毂；14—驱动凸耳；15—分离杆；16—调整环及锁片；17—压盘驱动凸耳；18—齿圈；19—导向轴承；20—曲轴；21—扭转减振器弹簧；22—双从动盘；23—中间压盘；24—飞轮。

有如下特点：

（1）膜片弹簧的轴向尺寸较小而径向尺寸很大，这有利于在提高离合器传递转矩能力的情况下减小离合器的轴向尺寸。

（2）膜片弹簧的分离指起分离杠杆的作用，故不需专门的分离杠杆，使离合器结构大大简化，零件数目少，质量小。

（3）由于膜片弹簧轴向尺寸小，所以可以适当增加压盘的厚度，提高热容量；而且还可以在压盘上增设散热筋及在离合器盖上开设较大的通风孔来改善散热条件。

(4) 膜片弹簧离合器的主要部件形状简单，可以采用冲压加工，大批量生产时可以降低生产成本。

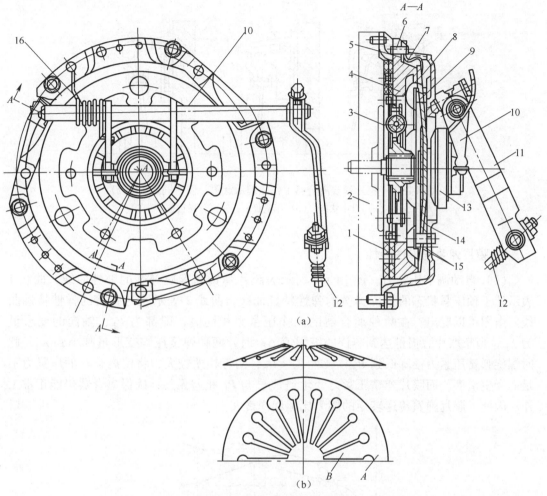

图 14-7 膜片弹簧离合器结构
(a) 膜片弹簧离合器；(b) 膜片弹簧。

1—从动盘；2—飞轮；3—扭转减振器；4—压盘；5—传动片；6—传动片固定铆钉；
7—分离弹簧钩；8—膜片弹簧；9—膜片弹簧固定铆钉；10—分离叉；11—分离叉臂；
12—操纵索组件；13—分离轴承；14—离合器盖；15—膜片弹簧钢丝支承圈；
16—分离叉恢复弹簧；A—碟形弹簧；B—分离指。

2. 膜片弹簧离合器的工作原理

在离合器盖没有固定到飞轮 2 上时，膜片弹簧不受力，处于自由状态，如图 14-8 (a) 所示，此时离合器盖与飞轮安装面之间有一距离 l。当将离合器盖用连接螺钉固定到飞轮上时，如图 14-8 (b) 所示，由于离合器盖靠向飞轮，膜片弹簧钢丝支承圈 15 则压向膜片弹簧使之发生弹性变形，膜片弹簧的圆锥底角变小，几乎接近于压平状态。同时，在膜片弹簧的大端对压盘产生压紧力，使离合器处于接合状态。当分离离合器时，分离轴承 13 左移，如图 14-8 (c) 所示，膜片弹簧被压在前钢丝支承圈上，其径向截面以支承圈为支点转动,膜片弹簧变成反锥形状,使膜片弹簧大端右移,并通过分离弹簧钩拉动压盘使离合器分离。

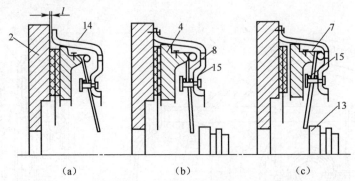

图 14-8 膜片弹簧离合器工作原理示意图（图注同图 14-7）
(a) 自由状态；(b) 压紧状态；(c) 分离状态。

3. 膜片弹簧的弹性特性

(1) 自动调节压紧力。图 14-9 所示为膜片弹簧和螺旋弹簧的弹性曲线,曲线 1 表示处于预压紧状态的螺旋弹簧的弹性特性曲线,曲线 2 表示膜片弹簧的弹性特性曲线。由图可以看出,在两种离合器的工作压紧力相同时,即都为 P_b,轴向的变形量为 λ_b。当摩擦片磨损量达到容许的极限值 $\Delta\lambda'$ 时,两种弹簧压缩变形量减小到 λ_a,此时螺旋弹簧压紧力便降低到 P'_a。显然 $P'_a < P_b$,两者相差较大,将使离合器的压紧力不足而产生滑磨。而膜片弹簧压紧力变化到 P_a,与 P_b 相差无几,确保离合器仍能正常工作。因此,膜片弹簧传递转矩的能力比螺旋弹簧大。

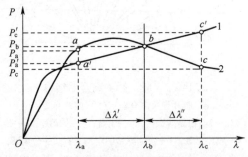

图 14-9 离合器两种压紧弹簧的弹性特性曲线

(2) 操纵轻便。离合器分离时,如两种弹簧的进一步压缩量均为 $\Delta\lambda''$,由图 14-9 可知,膜片弹簧所需的作用力为 P_c,比螺旋弹簧所需的作用力 P'_c 减少 25%～30%。另外,膜片弹簧离合器一般采用传动片装置,它具有轴向弹性,在分离时其弹性恢复力和分离力方向一致,而且膜片弹簧离合器取消了分离杠杆装置,减少了这部分摩擦损失,因此分离离合器时的踏板操纵力大大减小。

(3) 结构简单紧凑。膜片弹簧兼起压紧弹簧和分离杠杆的作用,与螺旋弹簧比较,零件数目少,结构简单,轴向尺寸小。

(4) 高速时平衡性好,压紧力稳定。膜片弹簧与压盘以整个圆周接触,使压力分布均匀,与摩擦片的接触良好,磨损均匀,摩擦片的使用寿命长;此外,膜片弹簧的安装位置对离合器轴的中心线是对称的,其压力不受离心力的影响,具有高速性能好、平衡性好、操作运转时冲击和噪声小等优点。膜片弹簧离合器的主要缺点是制造工艺(加工和热处理条件)和尺寸精度(板材厚度和离合器与压盘高度公差)等要求严格,圆孔底处应力集中较大,易产生裂纹。

膜片弹簧离合器现已在轿车、客车、轻型和中型货车上被广泛采用,甚至在重型货车上也得到了应用。

4. 膜片弹簧离合器的结构形式

膜片弹簧离合器根据分离时分离指内端受推力还是受拉力,可分为推式膜片弹簧离合器和拉式膜片弹簧离合器。

1)推式膜片弹簧离合器

推式膜片弹簧离合器如图14-10所示。当分离离合器时,膜片弹簧内端受力方向指向压盘的离合器。

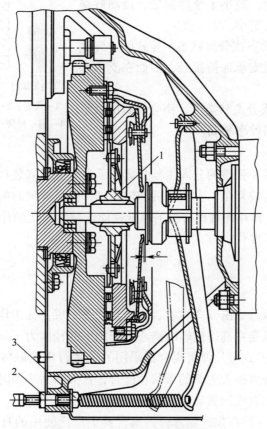

图14-10 推式膜片弹簧离合器
1—带减振弹簧的从动盘;2—离合器调整螺栓;3—锁紧螺母;
c—分离轴承与膜片弹簧分离端面间的间隙。

2)拉式膜片弹簧离合器

拉式膜片弹簧离合器如图14-11所示。其膜片弹簧4的安装方向与推式相反,接合时膜片弹簧的大端支承在离合器盖3上，以中部压紧在压盘6上。将分离轴承向外拉离飞轮1，即可实现分离。

3）推式和拉式膜片弹簧离合器相比的优缺点

与推式膜片弹簧离合器相比，拉式膜片弹簧离合器具有如下优点：

（1）由于拉式膜片弹簧是以其中部压紧压盘，在压盘大小相同的条件下可使用直径相对较大的膜片弹簧，从而实现在不增加分离时的操纵力的前提下，提高压盘的压紧力和传递转矩的能力；或在传递转矩相同的条件下，减小压盘的尺寸。

（2）由于减少或取消了中间支承，零件数目少，使其结构更加简单、紧凑，质量更小。

（3）拉式膜片弹簧的杠杆比大于推式膜片弹簧的杠杆比，且中间支承少，减小了摩擦损失，传动效率高，使分离时的踏板力更小。

（4）无论在接合状态或分离状态，拉式膜片弹簧的大端始终与离合器盖支承保持接触，因而在支承环不会产生冲击和噪声。

（5）在接合状态或分离状态下，离合器盖的变形量小、刚度大，使分离效率更高。

（6）使用寿命更长。

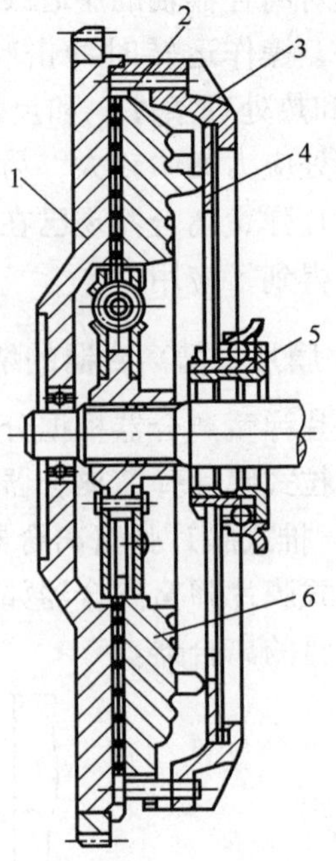

图14-11 拉式膜片弹簧离合器
1—飞轮；2—从动盘；3—离合器盖；4—膜片弹簧；5—分离轴承；6—压盘

但是，由于拉式膜片弹簧的分离指与分离轴承套筒总成嵌装在一起，需要使用专门的分离轴承，故使结构较复杂，安装和拆卸较困难，而且分离时的行程略大于推式膜片弹簧离合器。由于拉式膜片弹簧离合器的综合性能优越，因此膜片弹簧离合器的推式结构正逐渐被拉式结构所取代。

五、分离轴承

离合器的分离轴承总成由分离轴承、分离套筒等组成，在工作中分离轴承主要承受轴向分离力，同时还承受在高速旋转时离心力作用下的径向力。

图14-12所示为推式膜片弹簧离合器采用的全密封角接触球轴承，用锂基润滑脂润滑，其端部形状与分离指舌尖部的形状相配合，舌尖部为平面时采用球形端面，舌尖部为弧形面时采用平端面或凹弧形端面。

图14-13所示为一种在拉式膜片弹簧离合器上广泛使用的自动调心式分离轴承装置。在轴承外圈2与分离套筒5外凸缘和外罩壳3之间，以及轴承内圈1与分离套筒内凸缘之间都留有径向间隙，这些间隙保证了分离轴承相对于分离套筒可作一定的径向移动。在轴承外圈与分离套筒的端面之间装有波形弹簧4，将轴承外圈紧紧顶在分离套筒凸缘的端面上，使轴承在不工作时不会发生晃动。当膜片弹簧旋转轴线与轴承不同心时，分离轴承便会自动径向浮动到与其同心的位置，以保证分离轴承能均匀压紧各分离

指舌尖部。这样可减小振动和噪声,减小分离指与分离轴承端面的磨损,使轴承不会出现过热而造成润滑脂的流失分解,延长轴承寿命。另外,分离轴承由传统的外圈转动改为内圈转动、外圈固定不转,由内圈来推动分离指的结构,适当地增大了膜片弹簧的杠杆比,且由于内圈转动,在离心力作用下,润滑脂在内、外圈间的循环得到改善,提高了轴承使用寿命。这种拉式分离轴承是将膜片弹簧分离指舌尖直接压紧在碟形弹簧6与挡环7之间,再用弹性锁环8卡紧,结构比较简单。

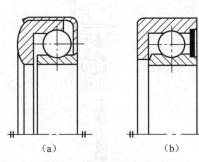

图14-12 推式膜片弹簧离合器的分离轴承装置
（a）球形端面角接触球轴承；
（b）平端面角接触球轴承。

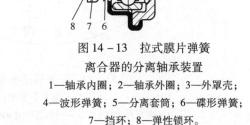

图14-13 拉式膜片弹簧离合器的分离轴承装置
1—轴承内圈；2—轴承外圈；3—外罩壳；
4—波形弹簧；5—分离套筒；6—碟形弹簧；
7—挡环；8—弹性锁环。

六、从动盘和扭转减振器

1. 从动盘

1）整体摩擦片从动盘

整体摩擦片从动盘如图14-14所示,主要由摩擦片4和从动片5组成,摩擦片4与从动片5铆接。为了获得足够的摩擦力矩,摩擦片应有较大的摩擦系数、良好的耐热性和耐磨性,常用石棉或非石棉的有机复合材料制成。

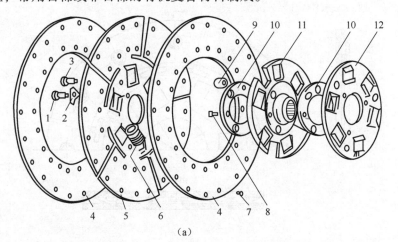

(a)

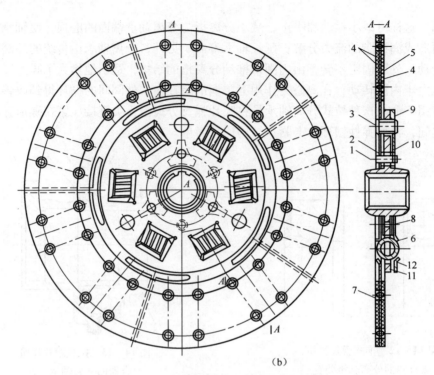

图 14-14 带扭转减振器的整体摩擦片从动盘
(a) 零件分解图；(b) 装配图。
1—阻尼弹簧铆钉；2—减振器阻尼弹簧；3—从动盘铆钉；4—摩擦片；
5—从动片；6—减振器弹簧；7—摩擦片铆钉；8—阻尼片铆钉；9—从动盘铆钉隔套；
10—减振器阻尼片；11—从动盘毂；12—减振器盘。

2）弹性从动盘

为了使离合器接合柔和、起步平稳，从动盘一般应具有轴向弹性，一般是在从动盘本体与摩擦片之间加铆波浪形弹性钢片，具有轴向弹性的从动盘结构形式大致有整体式、分开式和组合式几种，如图 14-15 所示。

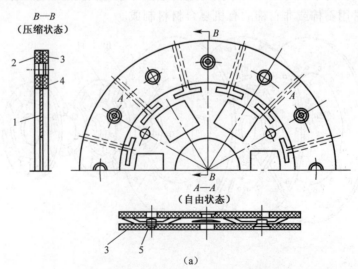

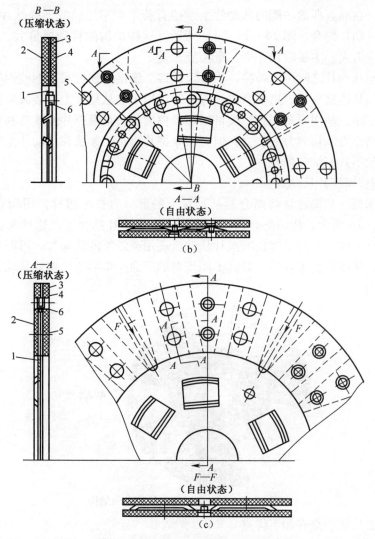

图 14-15 弹性从动盘的结构形式
（a）整体式从动盘；（b）分开式弹性从动盘；（c）组合式弹性从动盘。
1—从动片；2、4—摩擦片；3—波形弹簧片；5—摩擦片铆钉；6—波形弹簧片铆钉。

（1）整体式弹性从动盘。在从动片 1 上径向切有若干 T 形槽，外缘形成许多扇形，并将它们依次沿周向弯曲成波浪形，两边的摩擦片分别与其波峰和波谷部分铆接在一起，如图 14-15（a）所示。在接合过程中，弯曲的波浪形扇形部分被逐渐压平，从动盘轴向压缩量与压紧力也逐渐增加，使从动盘在轴向具有一定的弹性，保证了接合平顺柔和。

（2）分开式弹性从动盘。将从动片 1 的直径做得较小，而在其外缘上铆接若干个扇状的波形弹簧片 3，两摩擦片 2、4 分别与从动片和波形弹簧片铆接在一起，如图 14-15（b）所示。由于波形弹簧片比从动片薄，容易得到较小的转动惯量，另外波形弹簧片的刚度通过挑选可保证一致。它主要应用在轿车和轻型货车上。

（3）组合式弹性从动盘。从动片 1 是平面的，靠近飞轮一侧的摩擦片 2 直接铆接在从动片上，在靠近压盘一侧的从动片上铆接有若干个扇形的波形弹簧片3，摩擦片4也用铆钉与从动片铆合，图14-15（c）所示。这种结构的转动惯量大，但强度较高，传递转矩的能力大，主要应用在中、重型货车上。

摩擦片与从动片之间可以铆接，也可以黏接。铆接的铆钉采用铜或铝等较软的金属制造，其优点是连接可靠、更换摩擦片方便，适用于在从动片上安装波形弹簧片，但摩擦面积利用率小，使用寿命短；黏接可增加摩擦面积，且摩擦片厚度的利用也较好，具有较高的抗离心力和切向力的能力，但更换摩擦片困难，无法在从动片上安装波形弹簧片，使从动盘不具有轴向弹性。

3）半陶瓷摩擦片从动盘

半陶瓷摩擦片从动盘是将离合器从动盘上的部分有机摩擦片，用陶瓷摩擦片来代替，如图14-16所示，相应的离合器称为半陶瓷摩擦片离合器，这种离合器总成和前面所讲的完全一样。有的半陶瓷摩擦片从动盘还用碳纤维的从动片，可明显降低从动盘的转动质量，使换挡更加容易，提高了同步器的寿命。半陶瓷摩擦片从动盘已在保时捷等车辆上应用。

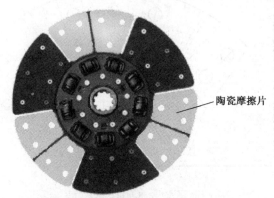

图14-16 半金属陶瓷从动盘的结构

陶瓷摩擦片从动盘有如下优点：

（1）传递扭矩大。由于陶瓷摩擦片的摩擦系数高于有机摩擦片，装用陶瓷摩擦片的离合器相对于采用有机复合材料制成的摩擦片的离合器来说，在同一夹紧载荷下可提供更大的摩擦力矩，即离合器的转矩容量较有机片大，或在相同转矩容量下，所用夹紧载荷可较小，使离合器接合更柔和，分离力更小。

（2）抗热衰退性好：陶瓷摩擦片比有机摩擦片更耐高温，散热性好，对于起步换挡频繁、离合器工作温度较高的汽车来说，用陶瓷摩擦片会更耐磨、摩擦力矩更稳定。有机复合材料制成的摩擦片在温度高于160℃时使用，其耐磨性会急剧下降，而陶瓷摩擦片在接近300℃的高温下仍有较好的耐磨性。

（3）陶瓷摩擦片对油污不像有机摩擦片那么敏感。

2. 与从动盘相连的扭转减振器

1）不变刚度扭转减振器

不变刚度扭转减振器如图14-14所示，从动片5与从动盘毂11之间通过减振器传递扭矩。从动盘片5与减振器盘12用从动盘铆钉3铆接在一起，并将从动盘毂11及其两侧的减振器阻尼片10夹在中间。在从动盘毂上开有与铆钉隔套相对的缺口，在缺口与隔套之间留有间隙，允许从动片和减振器盘铆成的整体与从动盘毂之间相互转动一个角度，这三者上都开有相同的矩形孔，孔中装有减振器弹簧。从动盘毂与从动片之间是通过减振器弹簧弹性连接的，弹簧的刚度不变，扭转减振器的刚度不变。

不变刚度扭转减振器的工作原理：从动盘不工作时如图14-17（a）所示。从动盘工作时，两侧摩擦片所受的摩擦力矩首先传到从动片5和减振器盘12上，再经减振器弹簧6传给从动盘毂。这时弹簧被压缩，如图14-17（b）所示。由于减振器弹簧的缓冲作用，传动系统所受的冲击大大减小，又由于减振器阻尼片10的阻尼消耗扭转振动能量，传动系统的扭转振动也大大减小。

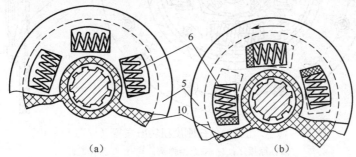

图14-17　摩擦式扭转减振器的工作示意图（图注同图14-14）
(a) 不工作时；(b) 工作时。

2）变刚度扭转减振器

为了更有效的避免传动系统共振，降低传动系统噪声，有些汽车离合器从动盘中采用两组或多组刚度不同的减振器弹簧，并将安装减振器弹簧的窗口长度做成尺寸不一，利用弹簧先后起作用的办法获得变刚度特性。

2组弹簧的变刚度扭转减振器如图14-18所示，有两级减振装置，弹簧分布在不同半径的圆周上。第一级为预减振装置3，它的角刚度很小，主要是减小由于发动机怠速不稳而引起的变速器常啮合齿轮间的冲击和噪声。当传动系统在小转矩负荷下工作时，也能减小传动系统内的扭转振动和噪声。第二级减振器弹簧2刚度较大，它只有在从动盘毂与从动盘片正向转过5°，或者反向转过2.5°时才起作用。能够降低发动机曲轴与传动系统结合部分的扭转刚度，调谐传动系统扭转固有频率，改善离合器接合的柔和性。

3组弹簧的变刚度扭转减振器如图14-19所示，有3级减振装置，弹簧分布在同一半径的圆周上，结构紧凑。

3. 双质量飞轮扭转减振器

双质量飞轮扭转减振器是将原单质量飞轮改为双质量飞轮，并将减振器由从动盘移到飞轮上去，其结构如图14-20所示，主要由第一飞轮1、第二飞轮2与扭转减振器11等组成。第一飞轮与连接盘9以螺钉10紧固在曲轴凸缘8上，曲轴支承在发动机的机体上，第一飞轮外有起动齿圈。第二飞轮与短轴6制成一体，短轴以滚针轴承7和球轴承5支承在第一飞轮的孔中，离合器盖总成3紧固在第二飞轮上，从动盘4与变速

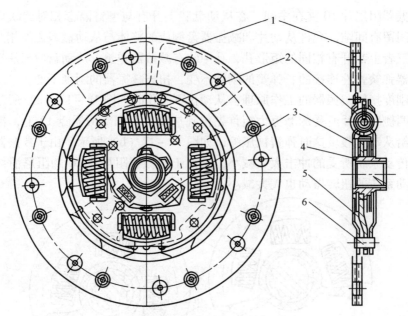

图 14-18 2组弹簧的变刚度扭转减振器（原图 14-19）
1—摩擦片；2—减振器弹簧；3—预减振装置；
4—从动盘毂；5—从动片；6—从动盘铆钉。

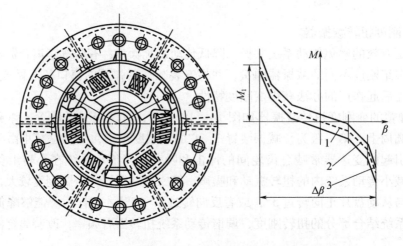

图 14-19 3组弹簧的变刚度扭转减振器及其特性
1—第一级特性；2—第二级特性；3—第三级特性；
M—减振器所受转矩；β—减振器相对转角；M_1—减振器极限力矩；$\Delta\beta$—相对转角变化范围。

第一轴通过花键连接，第一轴通过球轴承支承在第二飞轮的孔中。第二飞轮通过扭转减振器与第一飞轮连接，其工作原理与上述装置在从动盘中的扭转减振器大致相同。

双质量飞轮扭转减振器主要适用于发动机前置后轮驱动的转矩变化大的柴油机汽车中，具有以下优点：

（1）扭转减振器装在飞轮上，可对曲轴扭转减振，降低发动机的固有频率，以避免发动机怠速工况下发生共振。

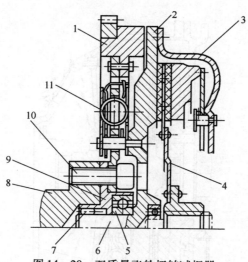

图 14-20　双质量飞轮扭转减振器
1—第一飞轮；2—第二飞轮；3—离合器盖总成；4—从动盘；5—球轴承；6—短轴；
7—滚针轴承；8—曲轴凸缘；9—连接盘；10—螺钉；11—扭转减振器。

（2）由于将减振器由从动盘移到飞轮上，故可适当加大减振弹簧的位置半径，降低减振器弹簧的刚度，并容许增大扭转角度。

（3）由于移去从动盘上扭转减振器，因此减小了从动盘的转动惯量，也有利于换挡过程。

双质量飞轮扭转减振器的缺点：由于减振弹簧位置半径较大，高速时受到较大离心力的作用，使减振弹簧中段横向翘曲而鼓出，与弹簧座接触产生摩擦，导致弹簧磨损严重，甚至引起早期损坏。

七、离合器的通风散热措施

摩擦离合器主要是利用摩擦原理将主、从动部分接合来传递扭矩，在工作过程中将产生大量的热量。如果这些热量若不能及时散发出去，摩擦片的摩擦系数将降低，磨损速度会加快，严重时甚至烧毁摩擦片，其他部件也可能产生屈曲变形，从而降低离合器的工作性能。

在离合器中，通常采用以下方法加强离合器的通风散热：

（1）在从动片上和摩擦片表面径向开有系列散热和补偿热变形的切槽（图 14-15）。

（2）在压盘上加设散热筋或鼓风筋，散热筋增加压盘散热面积，鼓风筋加强空气流动散热。

（3）在压紧弹簧和压盘之间装有石棉混合物制成的隔热垫，以减少压盘到弹簧的传导热量。

（4）在压盘体内铸出足够多的导风槽，保证足够的热容量。

（5）将离合器盖和分离杠杆设计成带有鼓风叶片的结构，加强空气流动散热。

（6）在离合器壳上开有缺口（图 14-21），并设置冷却气流的入口 1 和出口 3，安装冷却气流的导流罩 2，以实现对摩擦表面有较强定向通风散热。

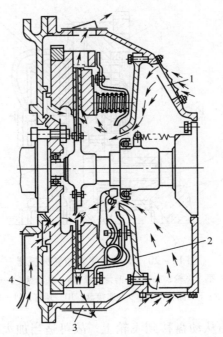

图 14-21 离合器通风散热的气流导流措施
1—气流入口；2—导流罩；3—气流出口；4—气流。

第三节　离合器操纵机构

离合器操纵机构是为驾驶员控制离合器分离与接合程度的一套专设机构。它是由位于离合器壳内的分离机构（分离杠杆、分离轴承、分离套筒、分离叉、回位弹簧等）和位于离合器壳外的离合器踏板及传动机构、助力机构等组成。

离合器操纵机构按照操纵离合器所需的能源不同，可分为人力式、助力式和动力式3类；按照传动方式，可分为机械式、液压式和气压式3类。轿车上主要使用的有液压式和机械式离合器操纵机构，气压助力式离合器多用在重型货车上。

一、人力式操纵机构

人力式操纵机构按所用传动装置的形式不同，分为机械式和液压式两种。

1. 机械式操纵机构

机械式操纵机构有杆系传动和绳索传动两种形式。

1）杆系传动操纵机构

杆系传动操纵机构如图14-22所示。驾驶员踩下踏板6，通过拉杆7、分离叉10、套筒9分离轴承8推动分离杠杆2，使离合器分离。驾驶员松开踏板，在恢复弹簧作用下，踏板回位；在压紧弹簧3作用下，离合器接合。

杆系传动操纵机构的特点是从离合器踏板到分离叉都由杆件组成，杆与杆之间用球

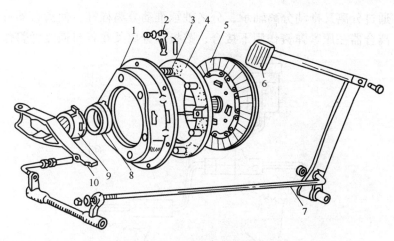

图 14-22 杆系传动操纵机构

1—离合器盖；2—分离杠杆；3—压紧弹簧；4—压盘；5—从动盘；6—踏板；
7—拉杆；8—分离轴承；9—套筒；10—分离叉。

销或铰链连接，杆系传动装置结构简单、制造容易、工作可靠，广泛应用于各种汽车中。但该装置质量大，杆件之间铰接点多，因而摩擦损失较大，传动效率低，其工作会受到发动机振动以及车身或车架变形的影响。

2）绳索传动操纵机构

绳索传动操纵机构如图 14-23 所示，该种操纵装置结构特点是离合器踏板和分离叉之间用绳索连接，其结构简单、布置方便，不受车身和车架变形的影响，适宜与吊挂式踏板配合使用，但是绳索寿命较短，拉伸刚度小，传动效率也不高，只适用于轻型、微型汽车和某些轿车上。

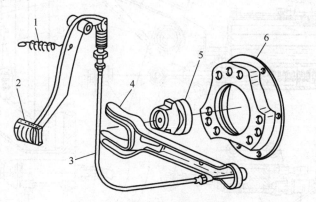

图 14-23 绳索传动操纵机构

1—踏板恢复弹簧；2—踏板；3—绳索；4—分离叉；5—分离轴承；6—离合器盖。

2. 液压式操纵机构

1）操纵机构

图 14-24 所示为液压式离合器操纵机构示意图，液压式操纵机构主要由踏板 1、主缸 2、工作缸 7、管路系统和恢复弹簧等组成。驾驶员踩下踏板，推动主缸的油液流

入工作缸，通过分离叉推动分离轴承，分离轴承推动分离杠杆，使离合器分离。驾驶员松开踏板，离合器在压紧弹簧作用下接合，踏板和分离叉在各自恢复弹簧作用下回位。

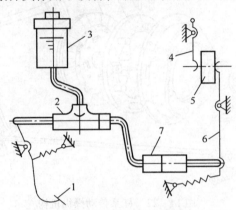

图 14-24　液压式离合器操纵机构示意图
1—踏板；2—主缸；3—储液室；4—分离杠杆；5—分离轴承；6—分离叉；7—工作缸。

北京 BJ2023 型轻型越野汽车液压式离合器操纵机构如图 14-25 所示。在离合器踏板 9 与离合器分离叉 7 之间有主缸 15 与工作缸 11，主缸与工作缸之间用油管 14 连接，主缸推杆 17 与离合器踏板 9 之间以偏心螺栓 18 相联，分离叉推杆 10 的一端顶在分离叉 7 的凹槽内，另一端深入工作缸活塞内。

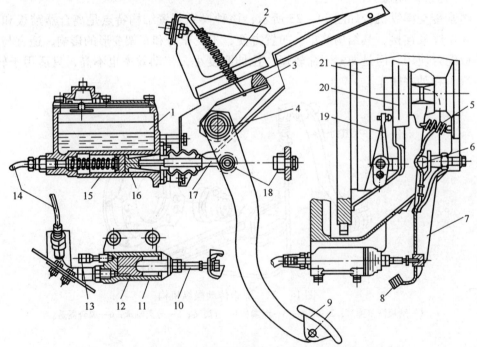

图 14-25　北京 BJ2023 型轻型越野汽车液压式离合器操纵机构
1—储液室；2—踏板恢复弹簧；3—限位块；4—踏板轴；5—恢复弹簧；6—支承销；7—分离叉；
8—分离叉恢复弹簧；9—离合器踏板；10—分离叉推杆；11—工作缸；12—工作缸活塞；
13—工作缸放气阀；14—油管；15—主缸；16—主缸活塞；17—主缸推杆；18—偏心螺栓；
19—分离杠杆；20—分离轴承；21—压盘。

液压式操纵机构具有摩擦阻力小、质量小、传动效率高、布置方便、接合柔和、其工作不受车身或车架变形以及发动机振动的影响、便于远距离操纵等优点，在汽车上应用广泛。奥迪 100 型轿车和一汽红旗 CA7220 型轿车等的离合器均采用液压式离合器操纵机构。

2）离合器主缸和工作缸

离合器主缸的构造如图 14-26 所示。主缸上部是储液室。主缸体借助补偿孔 A、进油孔 B 与储液室相通。主缸体内装有活塞 3，活塞中部较细，使活塞右侧的主缸内腔形成环形的油室。活塞两端装有密封圈 2 与皮碗 5。活塞顶有沿圆周分布的 6 个小孔，活塞恢复弹簧 6 将皮碗、活塞垫片 4 压向活塞，盖住小孔，形成单向阀，并把活塞推向最右的位置，使皮碗位于补偿孔 A 与进油孔 B 之间，两孔都开放。

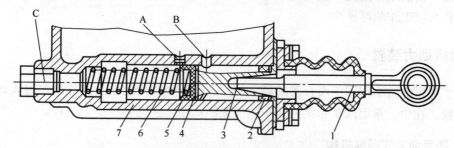

图 14-26 北京 BJ2023 型轻型越野汽车离合器主缸
1—推杆；2—密封圈；3—活塞；4—活塞垫片；5—皮碗；6—活塞恢复弹簧；7—主缸体。
A—补偿孔；B—进油孔；C—出油孔。

该车的离合器主缸与液压制动系统中的制动主缸和储液室三者铸成一体。储液室与制动主缸共用。

离合器工作缸的构造如图 14-27 所示。工作缸内装有活塞 4、皮碗 3 和活塞限位块 2。为防止活塞自工作缸体内脱出，在缸体右端装有挡环 5，缸体左端装有进油管接头 9 与放气螺钉 8。当管路内有空气存在而影响离合器操纵时，则可拧出放气螺钉进行放气。

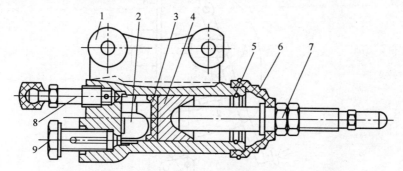

图 14-27 北京 BJ2023 型轻型越野汽车离合器工作缸
1—工作缸体；2—活塞限位块；3—皮碗；4—活塞；5—挡环；6—护罩；
7—分离叉推杆总成；8—放气螺钉；9—进油管接头。

离合器主缸和工作缸的工作原理：当踩下离合器踏板时，通过主缸推杆 1（图 14-26）

使主缸活塞3向左移动,活塞恢复弹簧6被压缩。当皮碗5将补偿孔A关闭后,管路中油液受压,压力升高。在油压作用下,工作缸活塞4(图14-27)右移,并推动分离叉推杆,使分离叉转动,从而带动分离杠杆、分离套筒等使离合器分离。

当迅速放松离合器踏板时,活塞恢复弹簧6(图14-26)使主缸活塞较快地右移,而由于油液在管路中流动有一定阻力,流动较慢,使活塞左侧可能形成一定的真空度。在左、右侧压力差的作用下,少量油液经进油孔B、活塞顶部的6个小孔推开活塞垫片4和皮碗5形成的单向阀,由皮碗间隙中流到左侧弥补真空。当原来由主缸压到工作缸的油液又重新回到主缸时,由于已有少量的补偿油液经单向阀流入,故总油量过多。这多余的油即从补偿孔A流回储液室6,当液压系统中因漏油或因温度变化引起油液的容积变化时,则借助补偿孔A适时地使整个油路中的油液得到适当的增减,以保证正常的油压和系统工作的可靠性。

二、踏板助力装置

为了尽可能减小作用于离合器踏板上的力,又不会因传动装置的传动比过大而加大踏板行程,在中、重型汽车和某些轿车的操纵机构中,加设各种助力装置。

1. 弹簧助力式操纵机构

图14-28所示为弹簧助力式离合器操纵机构示意图。助力弹簧的两端分别固定于支架板和可转三角板上的两支承销上,三角板可以绕其销轴转动。当离合器踏板完全放松,离合器处于接合位置时,助力弹簧的轴线位于三角板销轴的下方。当踩下踏板时,通过长度可调推杆推动三角板绕其销轴逆时针转动。这时,助力弹簧的拉力对销轴的力矩实际上是阻碍踏板和三角板运动的反力矩,该反力矩随着离合器踏板下移而减小。当可转三角板转到使弹簧轴线通过销轴的中心时,弹簧反力矩为零。踏板继续下移到使助力弹簧轴线位于三角板销轴的上方,使助力矩方向转为与踏板力对踏板轴的力矩方向一致时,就可以起到助力作用。在踏板处于最低位置时,助力作用最大。

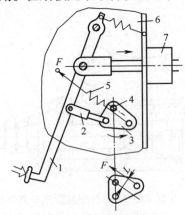

图14-28 操纵机构的弹簧助力装置
1—离合器踏板;2—长度可调推杆;3—可转三角板;
4—销轴;5—助力弹簧;6—支架板;7—离合器主缸

弹簧助力操纵机构的助力效果不大，一般只能降低踏板力 25%～30%。而且，助力弹簧在踏板后段行程中放出的能量，正是在踏板前段行程中驾驶员对它所做的功转化而成的。因此，弹簧式助力操纵机构仍然属于人力操纵范畴。

2. 气压助力式操纵机构

气压助力式离合器操纵机构包括空气压缩机、储气筒等一套压缩空气源，结构复杂，质量较大，一般与汽车的气压制动系统及其他气动设备共用一套压缩空气源。

气压助力式操纵机构一般分为气压助力机械操纵机构和气压助力液压操纵机构两种。

1）气压助力机械操纵机构

图 14-29 所示为气压助力机械操纵机构，其中气压助力系统主要由控制阀、助力气缸和气压管路等组成。

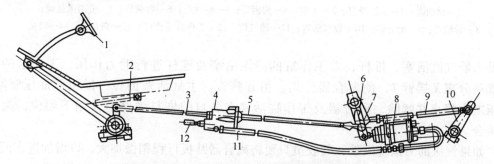

图 14-29 离合器气压助力机械操纵机构
1—离合器踏板；2—恢复弹簧；3—第一拉杆；4—控制阀；5—第二拉杆；6—中间轴外臂；
7—中间轴内臂；8—助力气缸；9—第三拉杆；10—分离叉臂；11—连接软管；12—进气管。

驾驶员加在踏板上的力经过踏板机构放大，并经第一拉杆 3 输入气压系统的控制阀 4 后，一部分作为分离离合器的作用力，直接由第二拉杆 5 输出，经中间轴外臂 6 和内臂 3、第三拉杆 9 传给离合器分离叉臂 10；另一部分则作为对控制阀施加的控制力，使气源总得压缩空气经进气管输入控制阀，并将其压力调节到一定值，然后由管道输送到助力气缸 8。助力气缸的输出力，也作用在中间轴外臂上，其方向与第二拉杆加于中间轴的力矩同向，因而起到助力作用。踏板力撤除后，助力气缸中的压缩空气即通过控制阀排入大气，于是助力消失。

为了使驾驶员能随时感知并控制离合器分离或接合的程度，气压助力装置的输出力与踏板力和踏板行程成一定的关系。此外，当气压助力系统失效时，可由第一拉杆、第二拉杆、第三拉杆等直接操纵离合器。

2）气压助力液压操纵机构

离合器气压助力液压操纵机构如图 14-30 所示，主要由助力器、储气筒和气压管路等组成。

驾驶员踩下踏板，通过推杆 2 压下主缸 3 的活塞，从主缸压出的液压油通过管路进入助力器 9 的内腔。油压一方面直接作用在工作缸 12 的液压活塞及推杆上，另一方面将同向储气筒 11 的阀门打开，储气筒中的高压空气进入助力器气缸活塞的后端，推

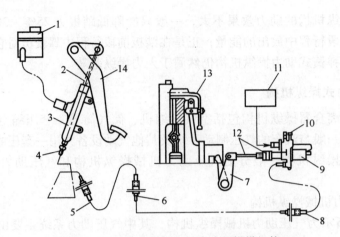

图14-30 离合器气压助力液压操纵机构

1—储油罐；2—主缸推杆；3—主缸；4—前钢管；5—前软管；6—后钢管；7—分离叉摇臂；8—后软管；9—助力器；10—放气螺塞；11—储气筒；12—工作缸及推杆；13—离合器；14—踏板。

动助力器气缸活塞、推杆，对工作缸的液压活塞及推杆进行助力作用，工作缸的推杆推动分离叉摇臂7，使离合器分离。抬起踏板，主缸活塞回位，助力器油压解除，气压助力停止并解除，离合器及工作缸活塞在各自的恢复弹簧的作用下回位，离合器接合。

如果气压助力系统失效，驾驶员只要将离合器踏板行程稍微加大，以增加进入液压工作缸的油量，消除气压控制活塞与进气阀座之间的间隙后，便可加大踏板操纵力，以建立足够的液压，直接推动液压工作缸活塞及其推杆，使离合器分离。

思考题

14-1 离合器有哪些功用？用简图说明离合器的构造和工作原理。
14-2 摩擦式离合器有哪些类型？
14-3 图14-2所示的单盘周布螺旋弹簧离合器的工作原理是什么？
14-4 膜片弹簧离合器与螺旋弹簧离合器相比有何优缺点？
14-5 膜片弹簧离合器的工作原理是什么？
14-6 说明从动盘和扭转减振器的构造和功用。
14-7 为了保证离合器良好的通风散热性能，在结构上可采取哪些措施？
14-8 离合器的操纵机构有哪几种？各有何特点？

第十五章　变速器与分动器

变速器和分动器是汽车传动系统的主要总成，它们与发动机相互配合工作，使汽车具有良好的动力性和燃油经济性。

第一节　变速器的功用及类型

现代汽车上广泛采用活塞式发动机，它的性能特点之一就是转矩和转速变化范围较小，即使考虑到油门的变化，转矩和转速在可利用的范围内也只有几倍的变化，而复杂的道路阻力和车速需要在几十倍的范围内变化。为解决这一矛盾，在传动系统中设置了变速器。

一、变速器的功用与要求

变速器的功用：
(1) 变速。通过改变传动比，使汽车具有不同的行驶速度和牵引力。
(2) 倒车。在发动机旋转方向不变的情况下使汽车能倒退行驶。
(3) 中断动力传递。利用空挡，中断发动机动力传递，以便发动机能够起动、怠速和换挡。

为了使变速器能够满足上述功用，并且具有良好的工作性能，对变速器提出了以下基本要求：
(1) 应有合理的挡数和适当的传动比，保证汽车具有良好的动力性和燃油经济性。
(2) 应设置有空挡和倒挡，以便需要时中断发动机动力传递，并能使汽车倒退行驶。
(3) 具有较高的传动效率，工作可靠，噪声低。
(4) 操纵要轻便。

二、变速器的分类

通常按照传动变化的方式和操纵的方式来分类。

1. 按传动比变化方式分类

1）有级式变速器

有级式变速器的传动比在一定的范围内为有限多个固定值，不连续变化。变速器的挡位数与传动比的个数相同，不包括空挡和倒挡。变速器有5个传动比，为五挡变速器，有1~5个前进挡；变速器有6个传动比，为六挡变速器，有1~6个前进挡，依此类推，一挡的传动比最大，并按传动比由大到小排列挡位，直接挡的传动比等于1，超速挡的传动比小于1且大于零，空挡的传动比为零，中断动力传递。

有级式变速器为齿轮式变速器。按所用轮系形式不同，又可分为齿轮轴线固定式变速器（普通齿轮变速器）和齿轮轴线旋转式变速器（行星齿轮变速器）。前者将若干对圆柱齿轮安装在固定的平行轴上组成变速传动机构，机械变速器大多属于这种结构形式；后者采用行星齿轮机构组成变速传动机构，这种形式多在自动变速器中应用。目前，轿车和轻、中型货车变速器的传动比通常有3~5个前进挡、一个倒挡和一个空挡；重型汽车的变速器挡位较多，有的还装有副变速器。所谓变速器挡数，均指前进挡位数。

有级式变速器具有结构简单、易于制造、工作可靠和传动效率高等优点，应用最为广泛。

2）无级式变速器

无级式变速器的传动比在一定的范围内可连续多级变化，根据传力介质的不同，常见的有电力式、液力式（动液式）和机械式。液力式通常采用液力变矩器，通过改变液流方向和速度达到改变转矩和速度的大小。电力式通常采用直流串激电动机，通过改变输入电流的大小而改变电动机输出转矩和转速的大小。机械式有带传动式和链传动式，带传动式采用可变带轮直径的V带传动，链传动式采用可变链轮直径的链传动。为获得大的传动比，无级式变速器往往与有级式变速器结合，最终为无级变速器。

3）综合式变速器

它是指由液力变矩器和齿轮式有级变速器（通常是行星齿轮变速器）组成的液力机械式变速器，其传动比可在最大值和最小值之间的几个间断范围内作无级变化。利用液力变矩器的无级变速、齿轮变速器传动效率高的特点工作，该类变速器的综合性能比较好，目前应用较多。

2. 按操纵方式分类

1）强制操纵式变速器

也即手动变速器，由驾驶员直接操纵变速杆换挡，为大多数汽车所采用。其优点是操纵机构的结构简单，缺点是驾驶员的劳动强度大。

2）自动操纵式变速器

在某一传动范围内（前进挡），由变速器的自动控制系统根据发动机的负荷和车速的变化自动选定挡位并变换挡位。驾驶员只需操纵加速踏板，便可控制车速。

3）半自动操纵式变速器

有两种形式，一种是常用挡位采用自动换挡，其余挡位则由驾驶员强制换挡；另一种是预选式，即预先用按钮选定挡位，驾驶员操纵离合器踏板或加速踏板，接通一个电磁装置或液压装置来进行换挡。这种变速器优点是减少了驾驶员换挡次数，缺点是操纵控制机构仍然比较复杂。

在多轴驱动的汽车上，为了将变速器输出的转矩分配到各个驱动桥，通常在变速器之后还装有分动器。

目前，以上各类变速器在汽车上都有较多的应用，其中强制操纵、有级式普通齿轮变速器更为常见。

第二节 普通齿轮变速器

一、普通齿轮变速器的变速传动机构

普通齿轮变速器由变速器壳体、变速传动机构、变速操纵机构等组成。按工作轴的数量可分为三轴式和两轴式变速器。变速器壳体是变速器其他部件的安装基础，变速传动机构用来改变传动比、转矩和旋转方向，变速操纵机构用来实现换挡。

1. 三轴式变速器

1）三轴式变速器的结构

三轴式变速器多用于发动机前置后轮驱动的中型载货汽车上。解放 CA1091 型载货汽车的三轴式六挡变速器结构如图 15-1 所示，其传动示意图如图 15-2 所示。它具有 6 个前进挡、一个空挡和一个倒挡。该变速器由变速器壳体、第一轴、第二轴、中间轴、倒挡轴、各轴上齿轮及变速器操纵机构等组成。第一轴为输入轴，第二轴为输出轴，变速器传动机构的特点是第一轴与第二轴的轴线在同一条直线上，有中间轴，中间轴的轴线与输入轴轴线平行。第一轴常啮合齿轮 2 与中间轴常啮合齿轮 38 是始终啮合的常啮合传动齿轮，中间轴齿轮与第二轴齿轮啮合，除了直接挡，每个前进挡采用两对齿轮传动，变速器输出轴的转动方向与输入轴的转动方向相同。

第一轴的前端用向心球轴承支承在飞轮的中心孔中，后端通过圆柱滚子轴承支承在变速器前壳体的轴承孔中。齿轮 2 与第一轴制成一体，与齿轮 38 构成常啮合齿轮副。第一轴的前端有花键，与离合器从动盘的花键毂相配合。

第二轴 26 的前端用滚针轴承支承在第一轴常啮合齿轮内孔中，后端利用圆柱滚子轴承支承在变速器后壳体上。5 挡齿轮 8、4 挡齿轮 9、3 挡齿轮 16、2 挡齿轮 17、1 挡齿轮 22 和倒挡齿轮 25 等 6 个齿轮空套在第二轴上。花键毂 13、27、28 和 40 通过内花键孔与第二轴的外花键齿相联，并用卡环锁止，限制花键毂的轴向移动。各个花键毂的外圆面为外花键，它们的齿形与相邻的齿轮接合套齿形完全相同，分别与相应的具有内花键的各个接合套相配合。接合套 5、12、20、23 可以在拨叉的作用下沿花键毂轴向移动。

中间轴 30 的两端均采用圆柱滚子轴承支承于壳体上。中间轴上固装着中间轴常啮合齿轮 38、中间轴 1 挡齿轮 33、中间轴 2 挡齿轮 34、中间轴 3 挡齿轮 35、中间轴 4 挡齿轮 36、中间轴 5 挡齿轮 37 及中间轴倒挡齿轮 29。

为了实现汽车倒退行驶，在中间轴的一侧设置了一根较短的倒挡轴 31（图 15-2

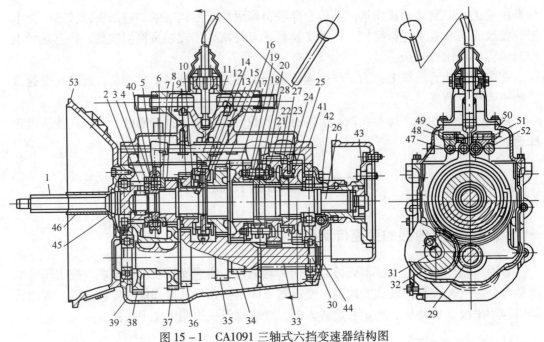

图 15-1 CA1091 三轴式六挡变速器结构图

1—第一轴；2—第一轴常啮合齿轮；3—第一轴齿轮齿圈；4—6 挡同步器锁环；5、12、20、23—接合套；
6—5 挡同步器锁环；7—5 挡齿轮齿圈；8—第二轴 5 挡齿轮；9—第二轴 4 挡齿轮；10—4 挡齿轮齿圈；
11—4 挡同步器锁环；13、27、28、40—花键毂；14—3 挡同步器锁环；15—3 挡齿轮齿圈；
16—第二轴 3 挡齿轮；17—第二轴 2 挡齿轮；18—2 挡齿轮齿圈；19—2 挡同步器锁环；21—1 挡齿轮齿圈；
22—第二轴 1 挡齿轮；24—倒挡齿轮齿圈；25—第二轴倒挡齿轮；26—第二轴；29—中间轴倒挡齿轮；
30—中间轴；31—倒挡轴；32—倒挡中间齿轮；33—中间轴 1 挡齿轮；34—中间轴 2 挡齿轮；
35—中间轴 3 挡齿轮；36—中间轴 4 挡齿轮；37—中间轴 5 挡齿轮；38—中间轴常啮合齿轮；
39—变速器壳；41—变速器盖；42—车速表驱动蜗杆；43—第二轴凸缘；44—变速器后盖；
45—第一轴油封；46—第一轴轴承盖；47—倒挡拨叉轴；48—倒挡锁销；49—1、2 挡拨叉轴；
50—5、6 挡锁销；51—3、4 挡拨叉轴；52—5、6 挡拨叉轴；53—离合器壳。

中采用展开画法，将倒挡轴画在中间轴的下方），上面空套着倒挡中间齿轮 32，与中间轴倒挡齿轮 29 为常啮合齿轮。为了防止倒挡轴相对于壳体转动和轴向移动，其后端用锁片将其固定在变速器壳体上。

在该变速器中，除 1 挡和倒挡外，均利用同步器和接合套换挡。中间轴与第 2 轴上相啮合的传动齿轮制成常啮合的斜齿轮，以减小工作时的噪声，提高齿轮寿命。

变速器壳 39 的底部有放油螺塞，可以放出齿轮油。为了防止变速器工作时油温升高、气压增大而造成的渗漏现象，在变速器盖上装有通气塞。

2）三轴式变速器的传动原理

为便于说明变速器的传动原理，将变速器的传动用示意图表示，图 15-2 所示为解放 CA1091 型载货汽车六挡变速器传动示意图，1 挡、倒挡采用接合套换挡，2 挡采用锁销式同步器，其他挡位均采用锁环式同步器。

（1）空挡。图 15-2 所示位置，任何接合套均位于相应齿圈啮合，当第一轴旋转时，通过齿轮 2 带动中间轴及其上的齿轮旋转，其从动齿轮 8、9、16、17、22、25 均空套在第二轴上空转，因此第二轴不能被驱动，所以为空挡位置。

第十五章 变速器与分动器

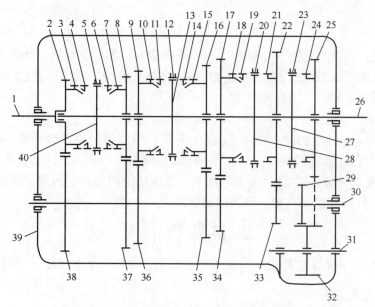

图15-2 CA1091型载货汽车三轴式六挡变速器传动示意图

1—第一轴；2—第一轴常啮合齿轮；3—第一轴齿轮齿圈；4—6挡同步器锁环；5、12、20、23—接合套；6—5挡同步器锁环；7—5挡齿轮齿圈；8—第二轴5挡齿轮；9—第二轴4挡齿轮；10—4挡齿轮齿圈；11—4挡同步器锁环；13、27、28、40—花键毂；14—3挡同步器锁环；15—3挡齿轮齿圈；16—第二轴3挡齿轮；17—第二轴2挡齿轮；18—2挡齿轮齿圈；19—2挡同步器锁环；21—1挡齿轮齿圈；22—第二轴1挡齿轮；24—倒挡齿轮齿圈；25—第二轴倒挡齿轮；26—第二轴；29—中间轴倒挡齿轮；30—中间轴；31—倒挡轴；32—倒挡中间齿轮；33—中间轴1挡齿轮；34—中间轴2挡齿轮；35—中间轴3挡齿轮；36—中间轴4挡齿轮；37—中间轴5挡齿轮；38—中间轴常啮合齿轮；39—变速器壳。

（2）1挡。若想挂上1挡，通过拨叉使接合套20右移，使之与1挡齿轮齿圈21接合后，变速器就挂入了1挡。动力便从第一轴依次经过齿轮2、38，中间轴30，齿轮33、22，接合齿圈21，接合套20和花键毂28，传给第二轴输出。1挡传动比为

$$i_1 = \left(\frac{Z_{38}}{Z_2}\right)\left(\frac{Z_{22}}{Z_{33}}\right)$$

（3）2挡。欲挂上2挡，可通过拨叉使接合套20左移，使之与2挡同步器锁环挡齿轮接合齿圈18接合后，变速器便从一挡换入了2挡。此时，动力从第一轴依次经齿轮2、38，中间轴，齿轮34、17，接合齿圈18，接合套20及花键毂28，最后传给第二轴。其传动比为

$$i_2 = \left(\frac{Z_{38}}{Z_2}\right)\left(\frac{Z_{17}}{Z_{34}}\right)$$

（4）3挡。同理，使接合套12右移到与接合齿圈15接合，则可得到3挡，传动比为

$$i_3 = \left(\frac{Z_{38}}{Z_2}\right)\left(\frac{Z_{16}}{Z_{35}}\right)$$

（5）4挡。使接合套12左移到与接合齿圈10接合，则可得到4挡，传动比为

$$i_4 = \left(\frac{Z_{38}}{Z_2}\right)\left(\frac{Z_9}{Z_{36}}\right)$$

（6）5挡。使接合套5右移到与接合齿圈7接合，则换入5挡，传动比为

$$i_5 = \left(\frac{Z_{38}}{Z_2}\right)\left(\frac{Z_8}{Z_{37}}\right)$$

（7）6挡。若使接合套5左移与接合齿圈3接合，便挂上6挡，此时动力从第一轴经齿轮2、接合齿圈3、接合套5和花键毂40直接传给第二轴，不经过中间齿轮传动，故这种挡位称为直接挡，其传动比为

$$i_6 = 1$$

（8）倒挡。欲挂倒挡时，使接合套23右移，与倒挡齿轮接合齿圈24接合，即得倒挡。动力从第一轴经齿轮2、38，中间轴，齿轮29、32、25，接合齿圈24，接合套23，花键毂27传到第二轴。由于增加了一个倒挡中间齿轮，故第二轴的旋转方向与第一轴相反，汽车便倒退行驶。倒挡传动比为

$$i_R = \left(\frac{Z_{38}}{Z_2}\right)\left(\frac{Z_{32}}{Z_{29}}\right)\left(\frac{Z_{25}}{Z_{32}}\right)$$

i_R的数值较大，一般与i_1相近。这是考虑到安全，希望倒车时速度尽可能低些。

2. 两轴式变速器

1）两轴式变速器的结构

在发动机前置、前轮驱动或发动机后置、后轮驱动的中级和普通型轿车上，由于总布置的需要，采用了两轴式变速器，其特点是输入轴与输出轴的轴线平行，且无中间轴，各前进挡动力传递只需一对齿轮。

图15-3所示为桑塔纳轿车采用的两轴式五挡手动变速器结构图，有5个前进挡和1个倒挡。主动轴2通过滚针轴承和球轴承支承在变速器壳体29上，4挡主动齿轮4、3挡主动齿轮6、5挡主动齿轮10通过滚子轴承松套在第一轴2上，3、4挡同步器5通过花键与第一轴相联。5挡同步器与5挡主动齿轮相联，通过轴承松套在第一轴上，5挡接合齿圈与第一轴制成一体。2挡主动齿轮、倒挡主动齿轮和1挡主动齿轮分别与第一轴固联。4挡从动齿轮23、3挡从动齿轮21、5挡从动齿轮16和倒挡从动齿轮7分别与第二轴22固联。2挡从动齿轮20和1挡从动齿轮18通过轴承松套在第二轴22上。1、2挡同步器固联在第二轴22上，倒挡中间齿轮固联在倒挡轴上。

2）两轴式变速器的传动原理

图15-4所示为桑塔纳轿车两轴式五挡手动变速器的传动简图，共有3个同步器，用于各挡接合。

（1）空挡。所有同步器接合套不与任何齿轮接合，倒挡中间齿轮也未与倒挡主动齿轮及倒挡从动齿轮啮合，所以第一轴7的动力不能传递到第二轴9，变速器处于空挡位置，如图15-4、图15-5（a）所示。

（2）1挡。如要挂上1挡，可通过1、2挡拨叉使1、2挡同步器11的接合套右移，与1挡从动齿轮10的齿圈啮合，便挂上1挡。此时，动力从第一轴依次经过1挡主动齿轮6、1挡从动齿轮10和1、2挡同步器11传递到第二轴15输出，如图15-5（b）所示。1挡传动比为

$$i_1 = \frac{Z_{10}}{Z_6}$$

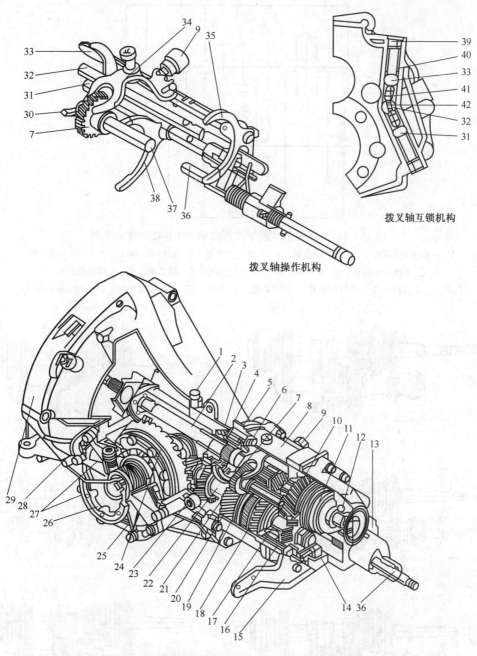

图 15-3 桑塔纳轿车两轴式五挡手动变速器结构图

1—通气塞；2—第一轴；3—滚针轴承；4—4挡主动齿轮；5—3、4挡同步器；6—3挡主动齿轮；7—倒挡齿轮组；8—轴承座壳体；9—倒挡拨叉定位销；10—5挡主动齿轮；11—5挡同步器；12—球轴承；13—后盖总成；14—异形磁铁；15—后支架；16—5挡从动齿轮；17—双列圆锥滚子轴承；18—1挡从动齿轮；19—1、2挡同步器；20—2挡从动齿轮；21—3挡从动齿轮；22—第二轴；23—4挡从动齿轮；24—主减速器从动锥齿轮及差速器组件；25—差速器盖；26—凸缘轴；27—车速表传动齿轮组；28—离合器分离板；29—变速器壳体；30—3、4换挡拨叉；31—1、2挡拨叉轴；32—3、4挡拨叉轴；33—5、倒挡拨叉轴；34—倒挡拨叉；35—5挡拨叉；36—选挡轴；37—倒挡轴；38—1、2挡拨叉；39—堵塞；40—定位销；41—大互锁销；42—小互锁销。

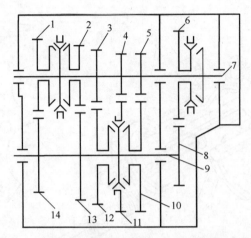

图 15-4 桑塔纳轿车两轴式五挡手动变速器的传动简图

1—4 挡主动齿轮；2—3 挡主动齿轮；3—2 挡主动齿轮；4—倒挡主动齿轮；5—1 挡主动齿轮；
6—5 挡主动齿轮；7—第一轴；8—5 挡从动齿轮；9—第二轴；10—1 挡从动齿轮；
11—1、2 挡同步器（带倒挡齿轮）；12—2 挡从动齿轮；13—3 挡从动齿轮；14—4 挡从动齿轮。

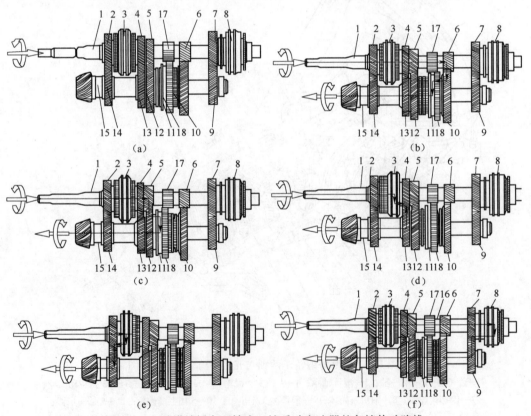

图 15-5 桑塔纳轿车两轴式五挡手动变速器的各挡传动路线

(a) 空挡；(b) 1 挡动力传动路线；(c) 2 挡动力传动路线；
(d) 3 挡动力传动路线；(e) 4 挡动力传动路线；(f) 5 挡动力传动路线。

1—第一轴；2—4 挡主动齿轮；3—3、4 挡同步器；4—3 挡主动齿轮；5—2 挡主动齿轮；6—1 挡主动齿轮；
7—5 挡主动齿轮；8—5 挡同步器；9—5 挡从动齿轮；10—1 挡从动齿轮；11—1、2 挡同步器；12—2 挡从动齿轮；
13—3 挡从动齿轮；14—4 挡从动齿轮；15—第二轴；16—倒挡中间齿轮；17—倒挡主动齿轮；18—倒挡从动齿轮。

(3) 2 挡。如要挂上 2 挡，可通过 1、2 挡拨叉使 1、2 挡同步器 11 的接合套左移，与 2 挡从动齿轮 12 的齿圈啮合，便挂上 2 挡。此时，动力从第一轴依次经过 2 挡主动齿轮 5、2 挡从动齿轮 12 和 1、2 挡同步器 11 传递到第一轴 15 输出，如图 15-5（c）所示。2 挡传动比为

$$i_2 = \frac{Z_{12}}{Z_5}$$

(4) 3 挡。如要挂上 3 挡，可通过 3、4 挡拨叉使 3、4 挡同步器 3 的接合套右移，与 3 挡主动齿轮 4 的齿圈啮合，便挂上 3 挡。此时，动力从第一轴依次经过 3、4 挡接合套 3、3 挡主动齿轮 4、3 挡从动齿轮 13 传递到第二轴 15 输出，如图 15-5（d）所示。3 挡传动比为

$$i_3 = \frac{Z_{13}}{Z_4}$$

(5) 4 挡。如要挂上 4 挡，可通过 3、4 挡拨叉使 3、4 挡同步器 3 的接合套左移，与 4 挡主动齿轮 2 的齿圈啮合，便挂上 4 挡。此时，动力从第一轴依次经 3、4 挡接合套 3、4 挡主动齿轮 2 和 4 挡从动齿轮 14 传递到第二轴 15 输出，如图 15-5（e）所示。4 挡传动比为

$$i_4 = \frac{Z_{14}}{Z_2}$$

(6) 5 挡。如要挂上 5 挡，可通过 5 挡拨叉使 5 挡同步器 8 的接合套左移，与 5 挡主动齿轮 7 的齿圈啮合，便挂上 5 挡。此时，动力从第一轴依次经 5 挡同步器 8、5 挡主动齿轮 7 和 5 挡从动齿轮 9 传递到第二轴 15 输出，如图 15-5（f）所示。5 挡传动比为

$$i_5 = \frac{Z_9}{Z_7}$$

(7) 倒挡。如图 15-6 所示，操纵变速杆，通过倒挡拨叉拨动倒挡中间齿轮，带动倒挡轴右移，使倒挡主动齿轮 17 通过倒挡中间齿轮与倒挡从动齿轮 18 啮合，则使变速器挂上倒挡。此时，动力便从第一轴依次经过倒挡主动齿轮 17、倒挡中间齿轮、倒挡从动齿轮到第二轴 15 输出。倒挡传动比为

$$i_R = \frac{Z_{18}}{Z_{17}}$$

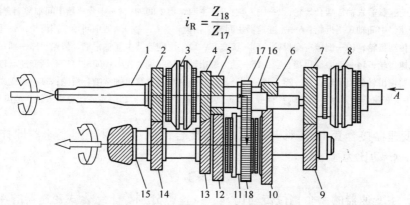

图 15-6　桑塔纳轿车两轴式五挡手动变速器的倒挡传动路线（图注同图 15-5）

二、组合式变速器

在一些大型或重型汽车上，使用条件复杂，为了使车辆具有良好的动力性和经济型，变速器传动比必须有更大的范围，设置更多的挡位。为了避免变速器结构过于复杂和有利于系列化生产，多采用组合式变速器，通常在变速器的后部或前部安装一个两挡的副变速器。前置副变速器传动比比较小，一般设置一个超速挡和一个直接挡；后置副变速器传动比比较大。主、副变速器相互配合就可以得到更多的挡位。副变速器有普通齿轮式和行星齿轮式两种。普通齿轮式副变速器结构简单，传力时齿轮的机械负荷较大；行星齿轮机构同时啮合的齿数多，能传递较大的转矩，但结构复杂。

图 15-7 所示为一种组合式变速器的传动机构简图。它是由四挡主变速器Ⅰ和两挡副变速器Ⅱ串联而成。副变速器位于主变速器之后，主变速器的输出轴 21 为副变速器的输入轴，动力由主变速器输入轴 2 输入，由副变速器输出轴 17 输出。组合式变速器的传动比为

$$i = i_主 \times i_副$$

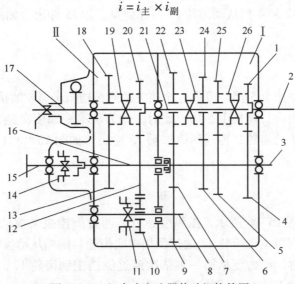

图 15-7 组合式变速器传动机构简图

1—主变速器输入轴常啮合齿轮；2—输入轴；3—主变速器中间轴；4—主变速器中间轴常啮合齿轮；5—主变速器中间轴 3 挡齿轮；6—主变速器中间轴 2 挡齿轮；7—主变速器中间轴 1 挡齿轮；8—倒挡轴；9—倒挡传动齿轮；10—倒挡空套齿轮；11—接合套；12—副变速器中间轴常啮合齿轮；13—副变速器中间轴低挡齿轮；14—动力输出接合套；15—动力输出轴；16—副变速器中间轴；17—副变速器输出轴；18—副变速器输出轴低挡齿轮；19、23、26—接合套；20—副变速器输出轴常啮合齿轮；21—主变速器输出轴；22—主变速器输入轴 1 挡齿轮；24—主变速器输入轴 2 挡齿轮；25—主变速器输入轴 3 挡齿轮。

当副变速器接合套 19 右移与齿轮 20 的接合齿圈接合时，副变速器即挂入直接挡（高速挡），传动比为

$$i_{副2} = 1$$

此时，主变速器的 4 个挡位传动比 $i_{主1} \sim i_{主4}$，分别等于组合式变速器的 4 个高挡传动比 $i_5 \sim i_8$。动力传递路线分别为

5挡（接合套23左移）：2→1→4→3→7→22→23→21→20→19→17
6挡（接合套23右移）：2→1→4→3→6→24→23→21→20→19→17
7挡（接合套26左移）：2→1→4→3→5→25→26→21→20→19→17
8挡（接合套26右移）：2→1→26→21→20→19→17

各挡传动比分别为

$$i_5 = i_{副2} \times i_主 = \frac{Z_4}{Z_1} \times \frac{Z_{22}}{Z_7}$$

$$i_6 = i_{副2} \times i_主 = \frac{Z_4}{Z_1} \times \frac{Z_{24}}{Z_6}$$

$$i_7 = i_{副2} \times i_主 = \frac{Z_4}{Z_1} \times \frac{Z_{25}}{Z_5}$$

$$i_8 = i_{副2} \times i_主 = 1$$

当副变速器接合套19左移与齿轮18的接合齿圈接合时，副变速器即挂入低速挡，传动比为

$$i_{副1} = \frac{Z_{12}}{Z_{20}} \times \frac{Z_{18}}{Z_{13}}$$

此时，可得组合式变速器的4个低挡传动比 $i_1 \sim i_4$。动力传递路线分别为

1挡（接合套23左移）：2→1→4→3→7→22→23→21→20→12→16→13→18→19→17
2挡（接合套23右移）：2→1→4→3→6→24→23→21→20→12→16→13→18→19→17
3挡（接合套26左移）：2→1→4→3→5→25→26→21→20→12→16→13→18→19→17
4挡（接合套26右移）：2→1→26→21→20→12→16→13→18→19→17

各挡传动比分别为

$$i_1 = i_{副2} \times i_主 = \frac{Z_{12}}{Z_{20}} \times \frac{Z_{18}}{Z_{13}} \times \frac{Z_4}{Z_1} \times \frac{Z_{22}}{Z_7}$$

$$i_2 = i_{副2} \times i_主 = \frac{Z_{12}}{Z_{20}} \times \frac{Z_{18}}{Z_{13}} \times \frac{Z_4}{Z_1} \times \frac{Z_{24}}{Z_6}$$

$$i_3 = i_{副2} \times i_主 = \frac{Z_{12}}{Z_{20}} \times \frac{Z_{18}}{Z_{13}} \times \frac{Z_4}{Z_1} \times \frac{Z_{25}}{Z_5}$$

$$i_4 = i_{副2} \times i_主 = \frac{Z_{12}}{Z_{20}} \times \frac{Z_{18}}{Z_{13}} \times 1$$

倒挡轴8上有两个齿轮，其中倒挡传动齿轮9与主变速器中间轴1挡齿轮7啮合，从而保证了倒挡轴8随输入轴2旋转。倒挡换向齿轮27（图中未画出）分别与倒挡齿轮10、齿轮12啮合，倒挡齿轮10空套在倒挡轴上，通过倒挡换向齿轮27、齿轮12与副变速器输入轴齿轮20常啮合。若想将组合式变速器挂入倒挡，应先将主变速器置于空挡，再将接合套11右移，与齿轮10的接合齿圈接合。动力从输入轴2依次经过齿轮1、4、7、9、倒挡轴8、接合套11、齿轮10传到齿轮20。将接合套19右移便得到高速倒挡，左移便得低速倒挡。为了保证安全，常用低速倒挡。动力传递路线分别为

低速倒挡：2→1→4→3→7→9→8→11→10→27→12→16→13→18→19→17

高速倒挡：2→1→4→3→7→9→8→11→10→27→12→20→19→17
传动比分别为

$$i_{R低} = -\frac{Z_{18}}{Z_{13}} \times \frac{Z_{12}}{Z_{27}} \times \frac{Z_{27}}{Z_{10}} \times \frac{Z_9}{Z_7} \times \frac{Z_4}{Z_1}$$

$$i_{R高} = -\frac{Z_{20}}{Z_{12}} \times \frac{Z_{12}}{Z_{27}} \times \frac{Z_{27}}{Z_{10}} \times \frac{Z_9}{Z_7} \times \frac{Z_4}{Z_1}$$

三、防止自动跳挡的结构措施

无论是使用同步器换挡还是用接合套直接换挡，接合套与接合齿圈的接合长度都比较短，随着使用时间的增长，使齿端发生磨损。在汽车行驶中因振动会造成接合套与齿圈脱离啮合，发生自动跳挡。为了防止自动跳挡，常见的结构措施有如下几种。

1. 齿端制成倒斜面

图 15-8 所示为齿端制成倒斜面的结构示意图，在接合齿圈端部及同步器接合套内齿的两端，在齿宽方向都制有倒斜面。在左移接合套挂挡后，接合齿圈 1 的斜面与接合套内齿端斜面相抵。接合齿圈给接合套一个作用力 F_N，其轴向分力 F_Q 阻止接合套右移与齿圈脱出，防止自动跳挡。

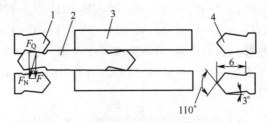

图 15-8　齿端制成倒斜面的结构示意图
1、4—接合齿圈；2—接合套；3—花键毂。
F—圆周力；F_N—倒斜面正压力；F_Q—防止跳挡的轴向力。

2. 花键毂齿端减薄

图 15-9 所示为花键毂齿两端减薄结构示意图，花键毂齿两端，在齿厚方向各减薄 0.3~0.4mm，使齿的中部形成一凸台。当同步器的接合套左移与接合齿圈接合时，接合齿圈侧面靠在接合套内齿的一侧面，通过接合套带动花键毂转动。花键毂凸台给接合套内齿端部一个作用力 F_N，其轴向分力 F_Q 与跳挡时接合套移动的方向相反，防止自动跳挡。

3. 接合套内齿端形成凸肩

接合套内齿端形成凸肩结构示意图如图 15-10 所示。形成凸肩有两种方法，一种是将接合套或接合齿做得长一些，如图 15-10（a）所示；另一种是两接合齿的接合位置相互错开，如图 15-10（b）所示。在这两种方法中，接合套端部超过被接合齿约 2~3mm，使用中因接触部分挤压和磨损，因而在接合齿端形成凸肩，阻止接合套自行脱开，防止自动跳挡。

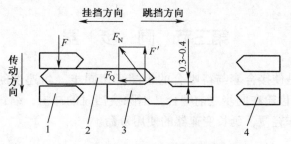

图 15-9 花键毂齿两端减薄结构示意图

1、4—接合齿圈；2—接合套；3—花键毂。

F—圆周力（$F = F'$）；F_N—凸台对接合套的总阻力；F_Q—防止跳挡的轴向力。

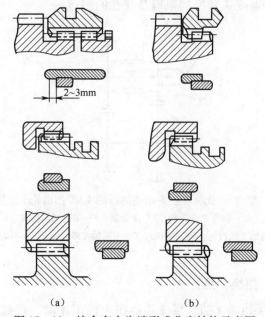

(a)　　　　　　(b)

图 15-10 接合套内齿端形成凸肩结构示意图

4. 齿毂的前段齿减薄

如图 15-11 所示，齿毂 3 的前段齿在齿厚方向上减薄 0.3~0.6mm。前移接合套 2 挂挡后，在转矩作用下，使接合套内齿侧面与齿毂减薄的侧面相接触。当接合套右移时将与齿毂后端未减薄的齿端部相抵，防止自动跳挡。

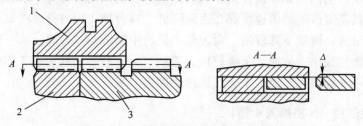

图 15-11 齿毂的前段齿减薄结构示意图

1—接合套；2—接合齿圈；3—齿毂。

第三节 同 步 器

同步器的作用是使接合套与待啮合的齿圈迅速同步(角速度的大小和方向分别相同),防止待啮合的齿轮在同步之前啮合,消除换挡时的冲击,缩短换挡时间,简化换挡过程,使换挡操作轻便,延长变速器的使用寿命。

一、无同步器时变速器的换挡过程

图 15 - 12 为 5 挡变速器的 4 挡和 5 挡齿轮示意图。以此图为例,分析 4 挡和 5 挡互换过程,说明无同步器变速器换挡原理及存在的问题。

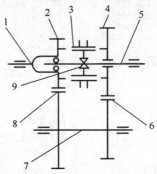

图 15 - 12 无同步器 5 挡变速器的 4、5 挡齿轮示意图
1—第一轴;2—第一轴常啮合齿轮;3—接合套;4—第二轴 5 挡齿轮;5—第二轴;
6—中间轴 5 挡齿轮;7—中间轴;8—中间轴常啮合齿轮;9—花键毂。

1. 低挡换高挡(4 挡换 5 挡)

图 15 - 12 中,直接挡为 4 挡。当变速器在 4 挡工作时,接合套 3 与第一轴常啮合齿轮 2 上的接合齿圈接合,两者的圆周速度 v_3 和 v_2 相等。若要从 4 挡换入 5 挡,驾驶员应先踩下离合器踏板,使离合器分离,随即通过变速杆将接合套 3 右移,进入空挡位置。

在接合套 3 刚与第一轴常啮合齿轮 2 脱离接合的瞬间,仍然有 $v_3 = v_2$。5 挡齿轮 4 的转速高于齿轮 2 的转速,圆周速度 $v_4 > v_2$,$v_4 > v_3$,此时不同步难以挂入 5 挡。为避免产生冲击,须在空挡位置停留片刻。此时,由于发动机动力传递中断,接合套 3 与齿轮 4 的转速及其花键齿的圆周速度都在逐渐降低。接合套 3 因与整个汽车传动系统联系在一起,惯性很大,速度下降较慢;而齿轮 4 只与中间轴及其齿轮、第一轴和离合器从动盘相联系,惯性很小,故速度下降较快。等到 $v_4 = v_3$ 时,将接合套 3 右移与齿轮 4 的齿圈啮合,便可平顺换入 5 挡,不会产生齿轮冲击。

2. 高挡换低挡(5 挡换入 4 挡)

当变速器在 5 挡工作或者刚从 5 挡换到空挡时,接合套 3 与齿轮 4 的花键齿圆周速度相同,即 $v_4 = v_3$,因为 $v_4 > v_2$,所以 $v_3 > v_2$。换到空挡后,由于 v_2 下降得比 v_3 快,

因此不可能出现 $v_3 = v_2$ 情况；而且，若停留在空挡的时间越久，两者的差值将越大。所以，驾驶员在分离离合器并换入空挡以后，抬起离合器踏板使离合器重新接合，同时踩一下加速踏板，使齿轮 2 的转速高于接合套转速，即 $v_2 > v_3$，然后再分离离合器，待 $v_3 = v_2$ 时，即可顺利挂入 4 挡。

由此可见，欲使一般变速器换挡时不产生轮齿或花键齿间的冲击，需要进行较复杂的操作，并应在短时间内完成。这即使是对于技术很熟练的驾驶员，也易造成疲劳。因此，要求在变速器结构上采取措施，既保证挂挡平顺，又使操作简化，这便产生了同步器。

二、同步器的构造及工作原理

同步器有多种结构形式。目前广泛采用的是摩擦式惯性同步器，是依靠摩擦作用实现同步的。在结构上除了接合套、花键毂对应齿轮上的接合齿圈外，还增设了使接合套与对应接合齿圈的圆周速度迅速达到同步的机构，以及阻止两者在达到同步之前接合以防止冲击的结构。常见的同步器有惯性式和自行增力式。目前广泛采用的是惯性式同步器。

（一）惯性式同步器

惯性式同步器，是依靠摩擦作用实现同步的。它可以从结构上保证接合套与待接合的花键齿圈在达到同步之前不可能接触，以避免发生齿间冲击和噪声。按结构的不同，一般分为锁环式和锁销式两种。

1. 锁环式惯性同步器

1）锁环式同步器的结构

锁环式同步器如图 15 - 13 所示，图 15 - 13（a）是其装配图，图 15 - 13（b）是其零件分解图。它主要由花键毂 15、接合套 7、锁环或同步环 4 和 8、滑块 5、定位销 6 和弹簧 16 等组成。

花键毂 15 的内孔和外圆柱面上都加工有花键，其内花键与第二轴 14 联接，并用轴肩和卡环 18 作轴向定位，外花键与接合套 7 的内花键作滑动连接。接合套 7 的外圆柱面加工有与换挡拨叉配合的环槽，拨动换挡拨叉可使接合套沿花键毂作轴向移动。

花键毂 15 的两侧与齿圈 3 和 9 之间各有一个青铜制的锁环 4 和 8，齿圈 3 和 9 分别与第一轴齿轮和齿轮 10 固定。锁环有内锥面，齿圈 3、9 的端部有相应的外锥面，两者之间通过锥面相接触，组成锥面摩擦副。通过这对摩擦副的摩擦，可使转速不等的两个齿轮在接合之前迅速达到同步。为了增强锥面之间的摩擦作用，一般在锁环的内锥面上制造出细密的螺纹槽，以使两锥面接触后破坏油膜，提高摩擦系数。锁环的外圆柱面上有周向间隔布置的短花键齿圈，花键齿的断面形状和尺寸与齿轮 1、10 上的接合齿圈 3、9 的外花键齿均相同。两个齿圈和锁环上的花键齿，在对着接合套的一端都制有倒角，并且与接合套内花键齿齿端的倒角相同，称为锁止角。

3 个滑块 5 分别装在花键毂 15 的 3 个轴向槽 b 中，滑块可沿槽轴向移动。3 个定位销 6 分别插入 3 个滑块的径向通孔中，在弹簧 16 的作用下，定位销压向接合套，使定位销端部的球面正好嵌在接合套中部的凹槽 a 中，起空挡定位的作用，保证接合套在空挡时处于正中位置。两个锁环的端部沿圆周方向均布有 3 个缺口 c，滑块 5 的两端伸入

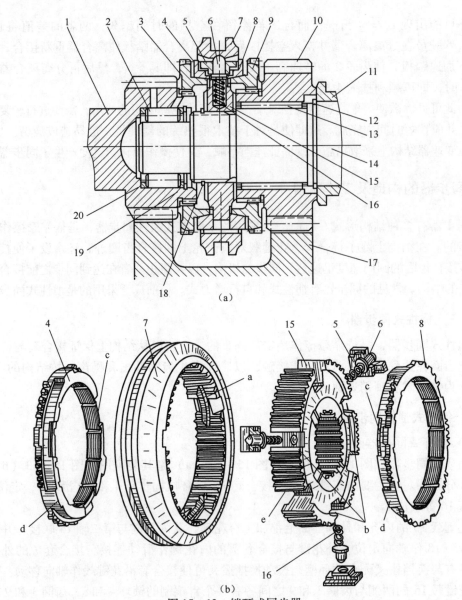

图 15-13 锁环式同步器
(a) 装配图；(b) 零件分解图。
1—第一轴；2、13—滚针轴承；3—6挡接合齿圈；4、8—锁环（同步环）；5—滑块；
6—定位销；7—接合套；9—5挡接合齿圈；10—第二轴5挡齿轮；11—衬套；12、18、19—卡环；
14—第二轴；15—花键毂；16—弹簧；17—中间轴5挡齿轮；20—挡圈。

锁环的3个缺口c中，滑块的宽度小于缺口的宽度。锁环的3个凸起部d分别伸入花键毂的3个通槽e中，只有当锁环的凸起部d位于花键毂的通槽e的中央时，接合套与锁环的齿方能啮合。

2) 锁环式惯性同步器的工作过程

图 15-14 所示为锁环式惯性同步器的工作过程示意图，变速器要由5挡换入6挡（直接挡），其特点是接合套与换挡齿圈先同步，再进入啮合，简称先同步，后啮合。

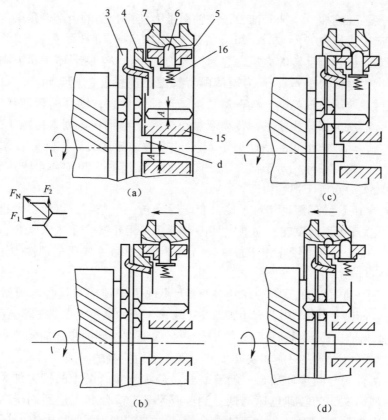

图 15-14 锁环式同步器工作过程示意图（图注同图 15-13）
(a) 退到空挡；(b) 锁止后同步；(c) 同步后接合套与同步环啮合；
(d) 接合套与齿圈啮合，完成换挡。

退到空挡：图 15-14（a）为变速器由 5 挡退到空挡，也即拨叉使接合套 7 从 5 挡位置退到空挡位置，此时，齿圈 3、接合套 7 和锁环 4 都在其自身及其所联系的一系列运动件的惯性作用下，继续沿原方向转动。设它们的转速分别是 n_3、n_7、n_4，则此时，接合套带动锁环 4 一同转动，有 $n_4 = n_7$，$n_3 > n_7$，即 $n_3 > n_4$。接合套 7 及滑块 5 都处于中间位置，并由定位销 6 定位；锁环 4 在轴向是自由的，它的内锥面与接合齿圈 3 的外锥面不接触，齿圈 3、锁环 4 的锥面之间有间隙。

锁止后同步：若要挂入直接挡，驾驶员通过操纵机构拨动接合套 7 并通过定位销 6 带动滑块 5 一同向左移动。当滑块左端面与锁环 4 的缺口 c 的内端面接触时，便推动锁环移向接合齿圈 3，由于两者之间有转速差，又由于 $n_3 > n_4$，使两者一经接触便产生摩擦力矩，且齿圈 3 通过摩擦力矩的作用带动锁环相对于接合套及花键毂超前一个角度，直到锁环的凸起部 d 与花键毂 15 通槽 e 的一个侧面与滑块接触时，锁环便与接合套同步转动。由于滑块未位于缺口中央，接合套花键齿相对于锁环花键齿错开了约半个齿厚，使接合套的齿端倒角与锁环上相应的齿端倒角恰好互相抵住而不能再向左移动进入接合，在接合套与齿圈 3 同步前，锁止接合套，如图 15-14（b）所示。

如果要使接合套的花键齿圈与同步环的花键齿圈进入啮合，必须使锁环相对于接合套向后倒转一个角度（图 15-14（b））。由于在接合套与锁环齿端倒角相抵触时，驾驶员始终对接合套施加一个轴向推力，该轴向推力使接合套的齿端倒角面与锁环的齿端倒角面之间产生正压力 F_N，力 F_N 可分解为轴向力 F_1 和切向力 F_2。F_2 形成一个试图拨动锁环相对于接合套反转的力矩，称为拨环力矩 M_2。F_1 使锁环 4 和齿圈 3 的锥面进一步压紧，产生摩擦力矩 M_1，该力矩使两者转速迅速接近，直至同步。由于锁环通过接合套、花键毂、第二轴与整个汽车相联系，转动惯量大，锁环的转速 n_4 下降慢。而齿圈 3 与离合器从动部分相联系，转动惯量小，n_3 下降得快。因为齿圈 3 是减速转动，则产生一个与转动方向相同的惯性力矩 M_j。此惯性力矩通过摩擦锥面以摩擦力矩的方式传到锁环上，阻碍锁环相对于接合套反向转动。在齿圈 3 与锁环 4 未达到同步之前，摩擦锥面的摩擦力矩等于惯性力矩。

如果 $M_2 > M_1$，锁环即可相对于接合套向后倒转一个角度，以便二者进入啮合；如果 $M_2 < M_1$，锁环则不能倒转，而通过其齿端锁止角阻止接合套进入啮合，这就是锁环的锁止作用。由于锁环的锁止作用是接合齿圈 3 及其相联系零件的惯性力矩形成的，因此称为惯性同步器。

对于一定的轴向推力，拨环力矩 M_2 的大小取决于锁环与接合套齿端倒角（锁止角）的大小，而摩擦力矩 M_1 的大小则取决于摩擦锥面的锥角大小。实际上在设计同步器时，都通过适当地选择齿端倒角和摩擦面锥角，保证在达到同步之前始终保持 $M_2 > M_1$，驾驶员轴向作用力的加大只能加快同步的速度，缩短换挡的时间。

同步后接合套与同步环啮合：随着驾驶员施加于接合套上的推力加大，摩擦力矩不断增加，使齿圈 3 的转速迅速降低。当与锁环 4、接合套 7 达到同步时，作用在锁环上的惯性力矩消失。但是，由于轴向分力 F_1 的作用，两个摩擦锥面还是紧密结合接合在一起。因而此时切向力 F_2 形成的拨环力矩 M_2，使锁环 4、齿圈 3 及与之相联的各零件一起相对于接合套向后倒转一个角度，滑块 5 处于锁环缺口的中央，同时，锁环 4 的凸起部 d 也移到花键毂 15 通槽 e 的中央，两花键齿不再抵触，同步环的锁止作用消失，此时接合套 7 压下定位销 6 继续左移，进入与锁环（同步环）的花键齿啮合，如图 15 – 14（c）所示。

接合套与齿圈啮合，完成换挡：接合套与同步环接合后，轴向分力 F_1 已不存在，锥面之间的摩擦力矩也消失。此时如果接合套花键齿与齿圈 3 的花键齿发生抵触，如图 15 – 14（c）所示，则与上述相似，靠齿圈 3 的花键齿端斜面上切向分力，使齿圈 3 及与之相联各零件一起相对于接合套向后倒转一个角度，使接合套 7 与齿圈 3 进入啮合，如图 15 – 14（d）所示，最后完成了换入 4 挡过程。

若由 6 挡换入 5 挡，上述过程也适用，所不同的是，齿轮 10 及上面的齿圈 9 被加速到与锁环 8、接合套 7 同步，接合套再进入啮合，换入 5 挡。

锁环式惯性同步器结构紧凑，但径向尺寸小、锥面间摩擦力矩较小，所以多用于传递转矩不大的轿车和轻型货车的变速器。

2. 锁销式惯性同步器

1）锁销式惯性同步器的结构

图 15 – 15 所示是锁销式惯性同步器的结构图。其主要由花键毂 9、接合套 5、摩擦锥环 3、摩擦锥盘 2、锁销 8、定位销 4 以及钢球 10、弹簧 11 等组成。两个有内锥面的

摩擦锥盘2分别固定在带有外花键齿圈的齿轮1和6上，随齿轮一同旋转。与之相配合的两个有外锥面的摩擦锥环3，通过3个锁销8和3个定位销4与接合套5连接。销锁8与定位销4在同一圆周上相互间隔地均匀分布。锁销8的两端固定在摩擦锥环3的孔中，两端的工作表面直径与接合套上孔的内径相等，而中部直径则小于孔径。锁销8中部和接合套5上相应的销孔两端有角度相同的倒角——锁止角。只有在锁销与接合套孔对中时，接合套才能沿锁销轴向移动。在接合套上定位销孔中部有斜孔，内装弹簧11，把钢球10顶向定位销中部的环槽（如A—A所示），以保证同步器处于正确的空挡位置，同时，接合套可通过钢球、定位销轴向移动摩擦锥环。定位销4两端伸入锥环内侧面，但有周向间隙，摩擦锥环可相对接合套在一定范围内作周向摆动。

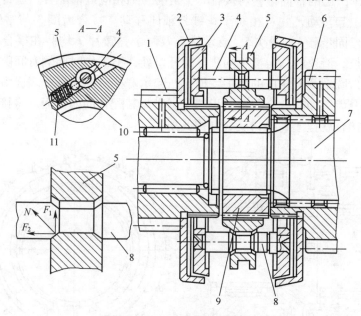

图 15 – 15　锁销式惯性同步器
1—第一轴5挡齿轮；2—摩擦锥盘；3—摩擦锥环；4—定位销；5—接合套；
6—第二轴4挡齿轮；7—第二轴；8—锁销；9—花键毂；10—钢球；11—弹簧。

2）锁销式惯性同步器的工作过程

在空挡位置时，摩擦锥环3与摩擦锥盘2之间有一定间隙。由4挡换入5挡时，接合套5受到拨叉的轴向推力作用，通过钢球10和定位销4带动摩擦锥环3左移，使之与对应的摩擦锥盘接触。因摩擦锥环与锥盘有转速差，接触后的摩擦作用使锥环和锁销相对于接合套转过一个角度，锁销8轴线与接合套上相应孔的轴线偏移，于是锁销中部倒角与销孔端的倒角互相抵触，以阻止接合套继续前移。此时锁止面上的法向压紧力F_N的轴向分力F_2作用在摩擦锥环上并使之与锥盘压紧，使接合套与待啮合的齿圈迅速达到同步。达到同步时，起锁止作用的齿轮1的惯性力矩消失，作用在锁销上的切向力F_1产生的拨销力矩通过锁销使摩擦锥环3、摩擦锥盘2和齿轮1相对于接合套转过一个角度，锁销与接合套的相应孔对中，接合套克服弹簧11的弹力压下钢球而沿锁销移动，直到与齿轮1的接合齿圈啮合，顺利挂上5挡。

锁销式惯性同步器在结构上允许采用直径较大的摩擦锥面，摩擦锥面间可产生较大的摩擦力矩，缩短了同步时间，多用在中型和重型汽车上。

(二) 自行增力式同步器

自行增力式同步器与惯性式同步器一样，也是利用摩擦原理实现同步，由于多了增力弹簧，使得同步所需的摩擦力矩大幅度增加。

1. 自行增力式同步器的结构

图 15-16 所示为波尔舍自行增力式同步器。其主要由花键毂 2、接合套 1、接合齿圈 3、同步环 4、滑块 5、支撑块 6 和弹簧片 7 组成。花键毂 2 通过花键与第二轴相联，毂的外缘有 3 个凸起的轴向键，与接合套 1 上的 3 个相应键槽配合，进行周向连接。接合套与花键毂一起转动，并可相对于花键毂轴向移动。接合齿圈 3 与常啮齿轮固定连接。弹性的开口同步环 4、滑块 5、支承块 6 及两个弹簧片 7 均装在接合齿圈内，并用挡片 8 轴向限位。滑块的凸台插于同步环的开口处，不工作时两侧有间隙。支承块 6 的凸台插入接合齿圈轴颈上相应的槽中，槽比凸起稍宽些。同步环外表面沿轴向两端制出外锥面，而接合齿圈和接合套的两侧齿端也制出与其配合的内锥面。将接合套右移与右侧的接合齿圈接合就挂上高挡，反之则挂低挡。

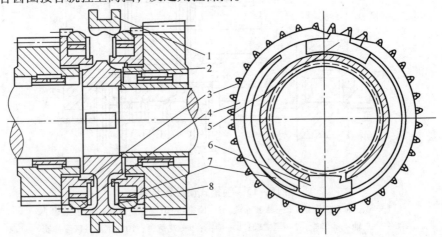

图 15-16 波尔舍自行增力式同步器

1—接合套；2—花键毂；3—接合齿圈；4—同步环；5—滑块；6—支承块；7—弹簧片；8—挡片。

2. 自增力式同步器的工作过程

图 15-17 所示为波尔舍自增力式同步器换挡过程示意图。接合套右移，换低挡；反之，换高挡，其换挡原理相同。下面以接合套在中间位置开始进行高挡换低挡为例，说明该同步器的工作原理及其换挡过程。

接合套在中间位置，即空挡位置时，如图 15-17（a）所示，接合套内齿两端摩擦锥面与同步环锥面保持一定间隙，而接合齿圈内摩擦锥面与同步环外摩擦锥面靠紧，并随一起转动。由于接合套的转速 n_1 大于同步环转速 n_4，右移接合套，接合套内齿右端一旦与同步环接触，便产生了摩擦，同步作用随之开始，如图 15-17（b）所示。在摩擦力矩作用下，接合套带动同步环相对于接合齿圈顺时针转动一个角度，使同步环开

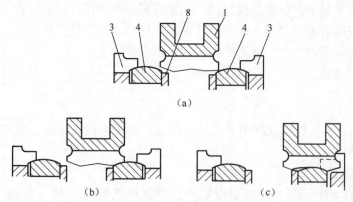

图 15-17 波尔舍自行增力式同步器换挡过程（图注同图 15-16）
(a) 空挡；(b) 同步；(c) 接合。

口的左端与滑块凸台相抵，同步环推动滑块，滑块推动右侧的弹簧片上端右移，弹簧片下端以支承块为支点向外张（图 15-16），使同步环给接合套施加了一个径向力，接合套与同步环之间的摩擦力矩得到增强，继而弹簧片的径向力又进一步增大。这样，增大了的摩擦力矩，使接合齿圈的转速迅速上升直至达到同步。这种同步器是借助于弹簧片对同步环的增力而进行工作的。

只要未同步，弹簧片的径向力将始终存在，而同步环的直径就不可能缩小，接合套再也无法右移而挂上挡，一旦同步，接合套与同步环之间的摩擦力矩消失，滑块对弹簧片的作用力消失，右侧弹簧片以滑块为支点，弹簧片伸张，其下端推动支承块右侧，可带动接合齿圈、连同低挡齿轮倾转一个角度，使弹簧片松弛。由于阻止同步环缩小的弹簧片径向力消失，接合套只需用较小的轴向力就可以使同步环压缩，接合套继续右移，接合套内齿与接合齿圈相接合，换上了低挡，而同步环利用被压缩后的弹力抵靠在接合套内齿中部的弧形槽内，使接合套换低挡后定位，如图 15-17（c）所示，无需在变速器操纵装置上再设自锁装置。

自增力式同步器由于弹簧片的增力作用，使换挡更为省力且迅速，并能消除或减轻齿轮间的冲击和噪声，多用在中型和重型汽车上。

第四节　变速器的操纵机构

一、变速器操纵机构的功用和类型

1. 功用及要求

变速器操纵机构的功用是进行挡位变换，根据汽车行驶条件的需要改变变速器的传动比、变换传动方向或中断发动机的动力传递。变速器的操纵机构应保证驾驶员能准确而可靠地使变速器挂入所需要的任一挡位工作，并可随时使之退到空挡。

为保证变速器在任何情况下都能准确、安全、可靠地工作，对变速器操纵机构提出如下要求：

（1）保证变速器不自行脱挡或挂挡，在操纵机构中应设自锁装置；
（2）保证变速器不同时挂入两个挡位，在操纵机构内应设互锁装置；
（3）防止误挂倒挡，在变速器操纵机构中应设倒挡锁；
（4）换挡应轻便。

2. 类型

变速器操纵机构根据变速杆距离变速器的远近分为直接操纵式、半直接操纵式和远距离操纵式3种类型。

1）直接操纵式

解放CA1091型汽车6挡直接操纵式变速器操纵机构如图15-18所示。变速杆及所有换挡操纵装置都设置在变速器盖上。变速器布置在驾驶员旁边，变速杆12由驾驶室底板伸出，驾驶员可直接操纵。拨叉轴7、8、9、10的两端均支承于变速器盖的相应孔中，可以轴向滑动。所有的拨叉和拨块都以弹性键固定于相应的拨叉轴上。3、4挡拨叉2的上端具有拨块。拨叉2和拨块3、4、14的顶部制有凹槽。变速器处于空挡时，各凹槽在横向平面内对齐，叉形拨杆13下端的球头即伸入这些凹槽中。选挡时可使变速杆绕其中部球形支点横向摆动，则其下端推动叉形拨杆13绕换挡轴11的轴线摆动，从而使叉形拨杆下端球头对准与所选挡位对应的拨块凹槽，然后使变速杆纵向摆动，通过叉形拨杆带动拨叉轴及拨叉向前或向后移动，即可实现挂挡。例如，横向摆动变速杆使叉形拨杆下端的球头深入拨块3顶部的凹槽中，再纵向摆动变速杆，使拨块3连同拨叉轴9和拨叉5沿纵向向前移动一定距离，便可挂入2挡；若向后移动一段距离，则挂入1挡。当使叉形拨杆下端的球头深入拨块14的凹槽中，并使其向前移动一段距离时，便挂入倒挡，中间位置为空挡。

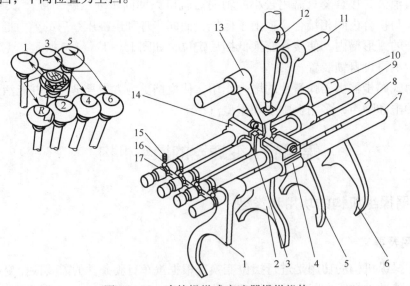

图15-18 直接操纵式变速器操纵机构

1—5、6挡拨叉；2—3、4挡拨叉；3—1、2挡拨块；4—5、6挡拨块；5—1、2挡拨叉；
6—倒挡拨叉；7—5、6挡拨叉轴；8—3、4挡拨叉轴；9—1、2挡拨叉轴；10—倒挡拨叉轴；
11—换挡轴；12—变速杆；13—叉形拨杆；14—倒挡拨块；15—自锁弹簧；16—自锁钢球；17—互锁销。

不同变速器的挡数和操纵机构的结构与布置都有所不同,因而相应于各挡位的变速杆上端手柄挡位位置排列也不相同,在汽车驾驶室仪表板上(或操纵手柄上)标有该车变速器挡位排列图(图15-18左上方的图)。

直接操纵式变速器操纵机构结构简单,操纵方便,但易受发动机振动影响。大多数汽车变速器采用这种操纵机构。

2)半直接操纵式

半直接操纵式变速器操纵机构如图15-19所示,在有些轿车上,为了使变速杆的位置靠近驾驶员,在拨叉轴的后部伸出端增设杆件与变速器连接,形成半直接操纵形式变速器操纵机构。

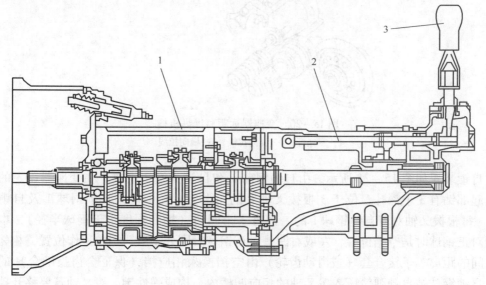

图 15-19 半直接操纵式变速器操纵机构
1—变速器壳体;2—变速连动杆;3—变速杆。

3)远距离操纵式

在有些汽车上,变速器的安装位置离驾驶员座位较远,如发动机后置,需要在变速杆与拨叉之间加装一些辅助杠杆或一套传动机构,构成远距离操纵机构,如图15-20所示,采用纵向拉线2和横向拉线3进行操纵联接。远距离操纵机构分为变速杆布置在转向盘旁边和变速杆布置在驾驶座椅旁边的地板上两种。该操纵机构应有足够的刚度,且各联接件间隙不能过大,否则换挡时手感不明显。

二、变速器操纵机构的定位锁止装置

为了保证变速器能够准确、安全、可靠地工作,变速器操纵机构必须具有定位锁止装置,包括自锁、互锁和倒挡锁装置。

1. 自锁装置

自锁装置的功用是对各挡拨叉轴进行轴向定位锁止,防止其自动产生轴向移动而造成自动挂挡和自动脱挡,并保证各挡传动齿轮(接合齿圈)以全齿长啮合。

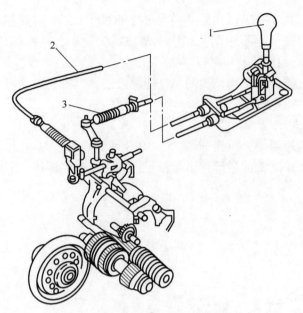

图 15-20 变速器远距离操纵机构
1—变速杆；2—纵向拉线；3—横向拉线。

自锁装置如图 15-21 所示，由自锁钢球 1 和自锁弹簧 2 组成。在变速器盖 3 的前端凸起部钻有 3 个深孔，位于 3 根拨叉轴 6 的正上方，孔中装入自锁钢球 1 及自锁弹簧 2。每根拨叉轴对着自锁钢球 1 的一面有 3 个凹槽（槽的深度小于钢球半径），中间凹槽对正钢球时是空挡位置，左或右凹槽对正钢球时则处于某一挡的工作位置，相邻凹槽之间的距离等于接合套（或滑动齿轮）由空挡换入相应挡（保证全齿长啮合）的距离。自锁钢球被自锁弹簧压入拨叉轴的相应凹槽内，构成弹性键，拨叉轴若要移开挡位的位置，需克服自锁弹簧的弹力，才能移动，弹簧的弹力较大，只有驾驶员通过施加在拨叉轴上的力能够移动拨叉轴，拨叉轴不能自已移动，从而防止自动换挡和自动脱挡。

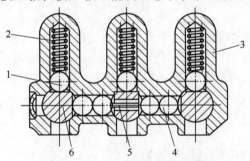

图 15-21 变速器自锁与互锁装置
1—自锁钢球；2—自锁弹簧；3—变速器盖；4—互锁钢球；5—互锁销；6—拨叉轴。

换挡时，驾驶员通过变速杆对拨叉轴施加一定的轴向力，该力克服弹簧的压力而将自锁钢球从拨叉轴凹槽中挤出并推回孔中，拨叉轴滑过钢球进行轴向移动，并带动拨叉及相应的接合套（或滑动齿轮）轴向移动，当拨叉轴移至其另一凹槽与钢球对正时，钢球压入该凹槽中，此时拨叉所带动的接合套（或滑动齿轮）被拨入空挡或另一挡位。

2. 互锁装置

互锁装置的功用是阻止两个拨叉轴同时移动，即当拨动一根拨叉轴轴向移动时，其他拨叉轴被锁止，可防止同时挂入两个挡。互锁装置的结构形式很多，最常用的有锁球式、锁销式和钳口式。

1) 锁球式互锁装置

为锁球式互锁装置如图 15-22 所示。它由互锁钢球 4 和互锁销 3 组成。每根拨叉轴朝向互锁钢球的侧表面上都制有一个深度相等的凹槽，中间拨叉轴上两个凹槽之间有孔相通，孔中有一根可以移动的互锁销，销的长度等于拨叉轴的直径减去一个凹槽的深度。变速器在空挡时，所有拨叉轴的侧面凹槽与钢球、互锁销都在一条直线上。两个互锁钢球的直径之和正好等于相邻两轴之间的距离减去轴的直径，再加上一个凹槽的深度。

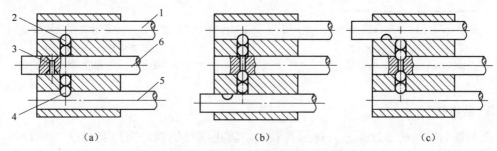

图 15-22 锁球式互锁装置工作示意图
(a) 左移拨叉轴 6；(b) 左移拨叉轴 5；(c) 左移拨叉轴 1。
1、5、6—拨叉轴；2、4—互锁钢球；3—互锁销。

互锁装置工作情况如图 15-22 所示。当左移拨叉轴 6 时（图 15-22（a）），其两侧的内钢球从侧凹槽中被挤出，而两侧的外钢球 2、4 分别嵌入拨叉轴 1、5 的侧面凹槽中，将轴 1、5 锁止在空挡位置。同样，欲左移拨叉轴 5，应先将拨叉轴 6 退回到空挡位置（图 15-22（b）），拨叉轴 5 移动时钢球 4 从凹槽挤出，通过互锁销 3 推动另一侧两个钢球移动，拨叉轴 1、6 都被锁止在空挡位置上。左移拨叉轴 1 时（图 15-22（c）），拨叉轴 5、6 被锁止在空挡位置。

2) 锁销式互锁装置

图 15-23 所示为 3 挡变速器的锁销式互锁装置，其操纵机构有两根拨叉轴，自锁和互锁合二为一。两个空心锁销 1 内装有弹簧 2，在图示位置（空挡）时，两锁销内端面的距离 a 等于槽深 b，不可能同时拨动两根拨叉轴（互锁）。自锁弹簧 2 的预压力和锁销对拨叉轴起自锁作用。

3) 钳口式互锁装置

图 15-24 所示为转动钳口式互锁装置。钳形板 3 用销轴 4 固定在变速器盖内，钳形板可以绕销轴 4 转动，变速操纵杆 1 下端的头部位于钳形板的钳口中，3 个换挡拨块 2 分别固定在 3 根拨叉轴上。当变速杆头部进入某一换挡拨块的凹槽内时，钳形板的一个钳爪或两个钳爪将挡住其余换挡拨块的凹槽，使之不能移动而起互锁作用。

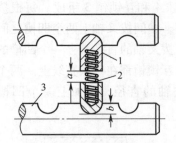
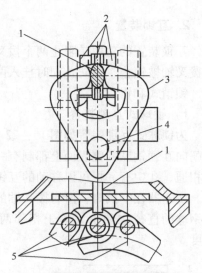

图 15-23 同时起自锁互锁
作用的锁销式互锁装置
1—锁销；2—自锁弹簧；3—拨叉轴。

图 15-24 转动钳口式互锁装置
1—变速操纵杆；2—换挡拨块；
3—钳形板；4—销轴；5—拨叉。

3. 倒挡锁

倒挡锁的功用是通过操纵力提醒驾驶员，防止误挂倒挡，提高安全性。图 15-25 所示为 EQ1090E 型汽车 5 挡变速器中常用的弹簧锁销式倒挡锁装置。它由 1、倒挡拨块中的倒挡锁销 2 及弹簧 3 组成。驾驶员选 1 挡或倒挡时，必须有意识地用较大的力向侧面摆动变速杆（图示向左），使其下端球头右移压缩弹簧 3，将锁销 2 推向右方，变速杆下端才能进入倒挡拨块 4 的凹槽内，以拨动 1、倒挡轴而挂入 1 挡或倒挡。较大的操纵力，提醒驾驶员，变速器正在挂入倒挡。

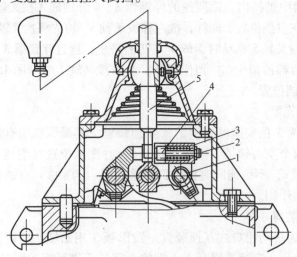

图 15-25 弹簧锁销式倒挡锁装置
1—倒挡轴；2—倒挡锁销；3—倒挡锁弹簧；
4—倒挡拨块；5—变速杆。

第五节 分 动 器

一、分动器的功用

分动器用于多轴驱动的汽车上，其功用是将变速器输出的动力分配到各驱动桥，当分动器有两个挡位时兼起副变速器的作用。

二、分动器的构造

分动器基本结构是齿轮传动系统，一般由齿轮传动机构和操纵机构两部分组成。

1. 齿轮传动机构

1) 两轴输出式分动器

两轴输出式分动器用于前后桥都为驱动桥的轻型越野汽车。齿轮传动机构常采用普通齿轮式或行星齿轮式两种。

（1）普通齿轮两轴输出式分动器。如图 15-26 所示，其由齿轮、轴和壳体等组成，其输入轴 3 用凸缘盘 1 通过万向传动装置与变速器输出轴连接，输出轴 9、6 分别经万向传动装置通往前、后驱动桥，各轴的支承采用圆锥滚子轴承。输入轴齿轮 2、中间轴高速挡齿轮 12 及输出轴高速挡齿轮 10 为常啮合齿轮。齿轮 2 通过花键与输入轴相联，齿轮 12 和齿轮 10 均空套在相应的轴上。中间轴低速挡齿轮 4 和齿轮 12 制成一体，为双联齿轮。变速滑动齿轮 11 通过花键与后桥输出轴 6 相联。

高速挡：当滑动齿轮 11 向左移动，其内花键齿与齿轮 10 右端的接合齿圈接合时即为高速挡，动力传递路线为：1→2→12→10→11→6→后桥。

低速挡：先向左拨动前桥接合套 7，与前桥输出轴上的输出齿轮接合，前桥参与驱动。然后再向右拨动滑动齿轮 11，使其外齿轮与齿轮 4 相啮合即挂上低速挡，动力传递路线为：1→2→12→4→11→6→后桥；1→2→12→4→11→6→7→8→前桥。

（2）行星齿轮两轴输出式分动器。图 15-27 所示为北京切诺基汽车行星机构 AMC207 型分动器，其传动简图如图 15-28 所示，由太阳轮 6、行星齿轮 3、行星架 5 和齿圈 4（固定在壳体上）组成行星齿轮传动机构。

两轮驱动高速挡：当换挡齿毂 7 左移与太阳轮 6 的内齿接合时为高速挡（传动比 $i=1$），动力传递路线为：1→6→7→10→后桥。此时，只向后桥输出动力。

四轮驱动高速挡：当接合套 8 右移与接前桥齿轮 9 接合，齿毂 7 左移与太阳轮 6 接合时为四轮驱动高速挡，动力传递路线为：1→6→7→10→后桥；1→6→7→10→17→8→9→16→14→15→前桥。

四轮驱动低速挡：当接合套 8 右移与接前桥齿轮 9 接合，齿毂 7 右移与行星架 5 接合时为四轮驱动低速挡。动力传递路线为：1→6→3→5→7→10→后桥；1→6→3→5→

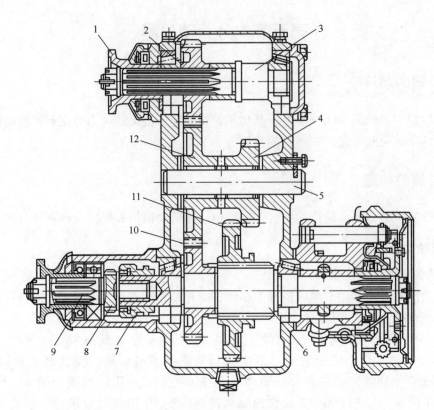

图 15 – 26 普通齿轮两轴输出式分动器
1—凸缘盘；2—主动齿轮；3—输入轴；4—中间轴小齿轮；5—中间轴；
6—后桥输出轴；7—前桥接合套；8—前桥输出齿轮；9—前桥输出轴；
10—常啮合高速挡齿轮；11—变速滑动齿轮；12—中间轴高速挡齿轮。

7→10→17→8→9→16→14→15→前桥。

2）三轴输出式分动器

图 15 – 29 所示为 6×6 三轴越野汽车的两挡分动器，其动力传递简图如图 15 – 30 所示。它有输入轴 1、中间轴 11、后桥输出轴 8、中桥输出轴 12 和前桥输出轴 17 四根轴，各轴均通过圆锥滚子轴承支承在壳体上。在中间轴 11 和前桥输出轴 17 上有接合套 4 和 16，齿轮 3 和 15、5 和 9、6 和 10、10 和 13 为常啮合。

高速挡：当换挡接合套 4 左移与齿轮 15 的接合齿圈接合后为高速挡 6×4。动力传递路线为：1→3→15→4→11→10→6→8→后桥；1→3→15→4→11→10→13→12→中桥。

低速挡：先向左拨动前桥接合套 16，与前桥输出轴上的花键齿轮接合，前桥参与驱动。然后再将换挡接合套 4 右移与齿轮 9 的接合齿圈接合后为低速挡 6×6。动力传递路线为：1→5→9→4→11→10→6→8→后桥；1→5→9→4→11→10→13→12→中桥；1→5→9→4→11→10→13→12→16→17→前桥。

第十五章 变速器与分动器

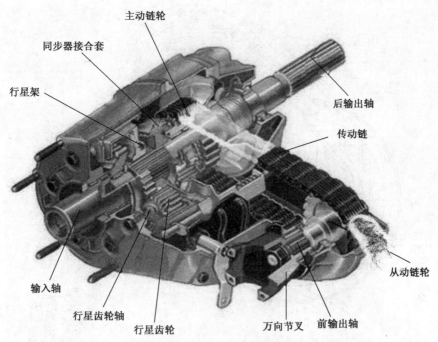

图 15-27 北京切诺基汽车行星机构 AMC207 型分动器

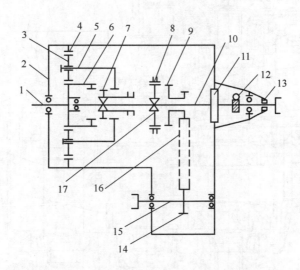

图 15-28 行星齿轮两轴输出式分动器传动简图
1—输入轴；2—分动器壳；3—行星齿轮；4—齿圈；5—行星架；
6—太阳轮；7—换挡齿毂；8—接合套；9—接前桥齿轮；
10—后桥输出轴；11—转子式油泵；12—里程表驱动齿轮；
13—油封；14—从动链轮；15—前桥输出轴；
16—齿形传动链；17—花键毂。

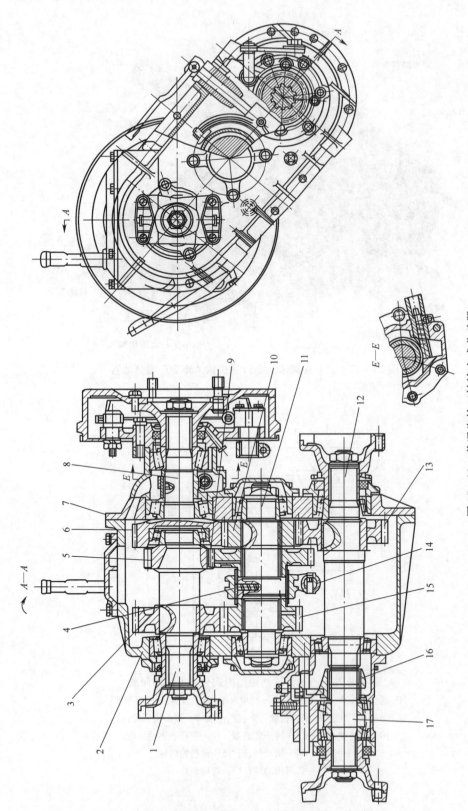

图 15-29 普通齿轮三轴输出式分动器
1—输入轴；2—分动器壳；3、5、6、9、10、13、15—齿轮；4—换挡接合套；7—分动器盖；8—后桥输出轴；11—中间轴；12—中桥输出轴；14—换挡拨叉轴；16—前桥接合套；17—前桥输出轴。

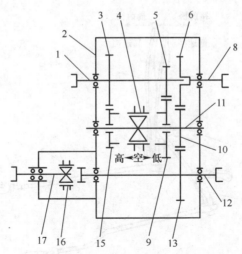

图 15-30 普通齿轮三轴输出式分动器传动示意图（图注同图 15-29）

综上所述，装有分动器多轴驱动的越野汽车，在坏路或无路情况下行驶时，为使汽车有足够的动力，全轮驱动（6×6 或 4×4）；而在好路上行驶时，为减小功率消耗和轮胎及传动系统零件的磨损，前桥为从动桥，中、后桥为驱动桥（6×4）或后桥驱动（4×2）。

2. 操纵机构

分动器换入低速挡时输出转矩较大，为避免中、后桥超载，操纵机构必须保证：换入低挡前应先接上前桥，摘下前桥前应先退出低挡，应具有互锁功能。互锁装置有螺钉单向离合式，球销式和摆板滑槽凸面式。

1) 双杆式操纵机构

双杆式分动器操纵机构如图 15-31 所示，采用螺钉单向离合式互锁装置轴 7 通过两个支承臂 8 支承在变速器盖上，可在支承臂上转动。换挡操纵杆 1 松套在轴 7 上，其下端借传动杆 4 与分动器的换挡摇臂相连。前桥操纵杆 2 与轴 7 连接，在前桥操纵杆的下端装有螺钉 3，其头部顶靠在换挡操纵杆 1 的下部，单向离合。在轴 7 的另一端固定着摇臂 6，其臂端经传动杆 5 与操纵前桥接合套的摇臂相连。

驾驶员欲使分动器挂入低速挡，只需将换挡操纵杆 1 的上端推向前方。此时，操纵杆 1 绕轴 7 逆时针转动，其下臂便压推螺钉 3，单向接合，带动操纵杆 2 向接前桥的方向转动。这就使得挂入低速挡的同时也接上了前桥，满足"换入低挡前应先接上前桥"的要求。当操纵杆 1 被扳到空挡或高速挡位置时，螺钉与换挡操纵杆下端分离，并不能带动操纵杆 2 回位而摘下前桥。同理，当将操纵杆 2 的上端拉向后方，要摘下前桥时，螺钉 3 则绕轴 7 向前推动操纵杆 1 使之先退出低速挡位置，满足"摘下前桥前应先退出低挡"的要求。此外，分动器操纵杆机构中也有自锁装置，其结构原理与变速器的自锁装置相同。

2) 球销式互锁装置

球销式互锁装置如图 15-32 所示，在两根拨叉轴 1、3 之间装有互锁销 2，图示位置未接上前桥，由于互锁销 2 的锁止作用，高低挡变速拨叉轴 3 只能向右移动挂入高速

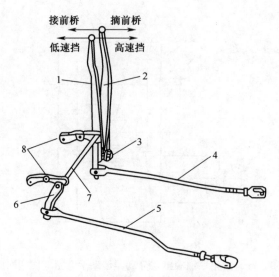

图15-31 双杆式分动器操纵机构

1—换挡操纵杆；2—前桥操纵杆；3—螺钉；4、5—传动杆；6—摇臂；7—轴；8—支撑臂。

挡，而不能向左移动挂低挡，所以保证了未挂前桥不能挂低速挡的要求。当将前桥接合拨叉轴1向右移动挂上前桥后，轴1上方的凹槽对准了互锁销，轴3便可向左移动将互锁销从轴3的长凹槽中挤出推入轴1的凹槽中，可以挂入低速挡。同时，轴1被锁住而不能摘下前桥。只有将轴3再向右移动到空挡或高挡位置时，互锁销2又伸入轴3的长凹槽中，才能移动轴1摘下前桥，保证了摘下前桥之前必须先退出低速挡的要求。球销式互锁装置多用在两拨叉轴距离较近的操纵机构中。

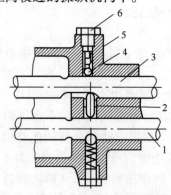

图15-32 球销式互锁装置

1—前桥接合拨叉轴；2—互锁销；3—高低挡变速拨叉轴；4—自锁钢球；5—弹簧；6—螺塞。

3）摆板滑槽凸面式互锁装置

摆板滑槽凸面式互锁装置如图15-33所示，摆板3绕转轴8的中心线转动，转轴8与操纵杆（一根）相联；滑槽4驱动高低挡拨叉5，凸轮面7驱动接、摘前桥拨叉6，两拨叉在同一根轴上前后移动，其中拨叉6被弹簧压靠在凸轮面上。图中表明各挡位两拨叉的相对位置，两者的运动关系是相互对应的，摆板兼起互锁作用。操纵杆转动时，摆板上滑槽4驱动拨叉5，同时凸轮面7驱动拨叉6到达图中标明的相对位置。

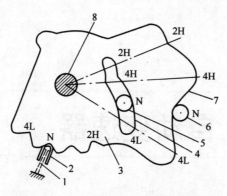

图 15-33 摆板滑槽凸面式互锁装置

1—自锁弹簧；2—自锁销；3—摆板；4—滑槽；5—高低挡拨叉；6—接、摘前桥驱动拨叉；
7—凸轮面；8—转轴；N—空挡；4H—四轮驱动高挡；2H—两轮驱动高挡；4L—四轮驱动抵挡。

思考题

15-1 变速器的功用和类型有哪些？

15-2 三轴式六挡变速器各挡动力传递路线是什么？

15-3 桑塔纳轿车两轴式五挡变速器各挡动力传递路线是什么？

15-4 三轴式变速器和两轴式变速器有哪些区别？

15-5 在变速器中采取防止自动跳挡的结构措施有哪些？

15-6 用简图说明变速器的变速原理。

15-7 变速器的操纵形式有哪些？定位锁止装置有哪些？各有何功用？

15-8 分动器的作用和其操纵特点是什么？

第十六章 自动变速器

第一节 自动变速器的组成及分类

自动变速器是指能够根据发动机工况及汽车运行速度自动选择挡位和换挡的变速器。行驶中驾驶员只需操纵加速踏板和制动踏板就能按驾驶员的意图控制轿车的行驶速度，使驾驶员操纵汽车变得很容易。它应用在中高档轿车上，与传统的手动有级式齿轮变速器相比，有以下优点：①操纵方便，减少驾驶员操作强度；②汽车起步、加速更加平稳，能吸收和衰减换挡过程中的振动与冲击，提高了乘坐舒适性。其缺点是：结构复杂，零部件加工难度大，生产成本较高，维护和修理困难，传动效率低。

一、自动变速器的组成

目前，轿车装用的自动变速器多采用电子控制液压行星齿轮自动变速器。它主要由液力变矩器1、行星齿轮变速器2、液压控制系统5、电子控制系统4、油冷却系统6和变速器壳体3等部分组成，如图16-1所示。

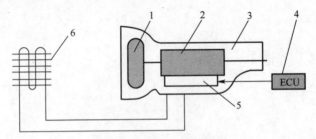

图 16-1 自动变速器组成
1—液力变矩器；2—行星齿轮变速器；3—变速器壳体；4—电子控制系统；
5—液压控制系统；6—油冷却系统。

（1）液力变矩器。它位于自动变速器的最前端，与发动机的飞轮相联，实现发动机与变速器的"软"连接,同时,液力变矩器在一定范围内能实现无级变速和变矩的功能。

(2) 行星齿轮变速器。它是自动变速器的变速传动机构,一般有空挡、3~4个前进挡和1个倒挡,与液力变矩器配合,可获得由起步至最高车速的整个范围内的自动变速比,完成不同挡位的动力传递。

(3) 液压控制系统。它由油泵、阀体、电磁阀及其操纵的离合器和制动器与连接这些元件的流体通道组成,接受电控单元(ECU)的信号,利用液力自动控制原理,实现自动换挡。

(4) 电子控制系统。它由传感器、执行器、各种控制开关和电控单元组成。传感器将发动机和汽车的行驶参数转变为电信号,送给电控单元,电控单元收到这些信号后,根据既定的换挡规律,向液压控制系统发出自动换挡信号,指挥、控制自动换挡。

(5) 油冷却系统。在自动变速器的外部设置一个散热器,有的装在发动机的散热器处,有的装在自动变速器上,通过管路与变速器连接,用于散发自动变速器油中的热量。

二、自动变速器的分类

1. 按汽车驱动方式分类

按照汽车驱动方式的不同,自动变速器可分为后驱动自动变速器和前驱动自动变速器两种。后驱动自动变速器的液力变矩器和变速器的输入轴及输出轴在同一直线上,其轴向尺寸较大,如图16-2所示。

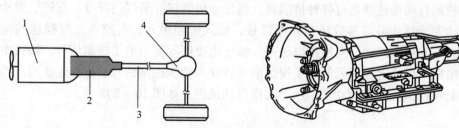

图16-2 后驱动自动变速器
1—发动机;2—自动变速器;3—传动轴;4—主减速器和差速器。

前驱动自动变速器除了具有与后驱动变速器相同的组成外,在自动变速器的壳体内还装有主减速器和差速器。前驱动汽车的发动机有纵置和横置两种。图16-3是发动机横置配用的前驱动自动变速器示意图。

2. 按传动比变化是否连续分类

按传动比变化是否连续,自动变速器可分为有级自动变速器和无级自动变速器。有级自动变速器的各挡位传动比是一个定值,传动比不连续,采用齿轮变速机构。有级自动变速器又可按其齿轮机构的类型不同,分为普通齿轮式和行星齿轮式两种。无级自动变速器的传动比的变化连续,采用钢带或链条传动,可以实现一定范围内的无级变速。

3. 按离合器的数量分类

按发动机与变速器之间的离合器的数量,自动变速器分为双离合变速器和单离合变速器。在发动机与变速器之间,有两个离合器分别负责不同挡位的动力传递,为双离合变速器。相对于双离合变速器,在发动机与变速器之间,有一个离合器或两个不同形式的离合器组合共同负责各挡位的动力传递,为单离合变速器。

4. 按控制方式分类

按控制方式不同,自动变速器可分为液力控制自动变速器和电子控制自动变速器两种。液力控制自动变速器是通过机械的手段,将汽车行驶时的车速及节气门开度这两个参数转变为液压控制信号,各个控制阀根据这些液压控制信号的大小,按照设定的换挡规律,通过控制换挡执行元件的动作实现自动换挡,如图16-4所示。

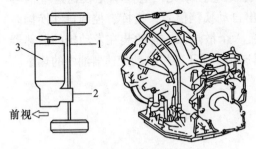
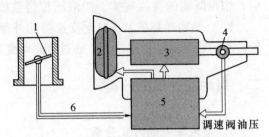

图16-3 前驱动自动变速器
1—驱动轴;2—驱动桥;
3—发动机及前置自动变速器。

图16-4 液力控制自动变速器工作过程示意图
1—节气门;2—液力变矩器;3—行星齿轮变速器;
4—调速阀;5—控制阀总成;6—节气门拉索。

电子控制自动变速器通过各种传感器,将发动机转速、节气门开度、车速、发动机水温、自动变速器油温等参数转变为电信号,输入电控单元,电控单元根据这些电信号,按照设定的换挡规律,向换挡电磁阀、油压电磁阀等发出电子控制信号,换挡电磁阀和油压电磁阀再将电控单元的电子控制信号转变为液压控制信号,根据这些液压控制信号,控制换挡执行元件的动作,从而实现自动换挡,如图16-5所示。

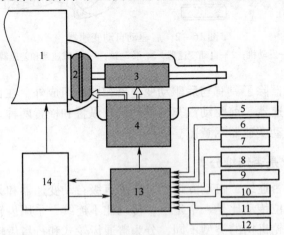

图16-5 电子控制自动变速器工作过程示意图
1—发动机;2—液力变矩器;3—行星齿轮变速器;4—控制阀总成;5—节气门位置传感器;
6—车速传感器;7—发动机冷却液温度传感器;8—自动变速器油温传感器;9—发动机转速传感器;
10—挡位开关;11—模式开关;12—制动灯开关;13—自动变速器电控单元;14—发动机电控单元。

第二节 液力变矩器

液力变矩器的功用是利用液体循环流动过程中动能的变化传递动力。它的功用主要有：①传递并增大由发动机产生的转矩；②起到自动离合器的作用，传递（或不传递）发动机转矩至行星齿轮变速器；③缓冲发动机和传动系的扭转振动；④起到飞轮作用，使发动机转动平稳；⑤具有过载保护的作用。液力变矩器有三元件综合式、四元件综合式和带锁止离合器的综合式液力变矩器。

一、三元件综合式液力变矩器

1. 变矩器的结构

三元件综合式液力变矩器如图 16-6 所示，主要由泵轮 8、涡轮 5、导轮 9、壳体 7 和单向离合器等部件组成，其中，泵轮、涡轮和导轮称为三元件，其示意图如图 16-7 所示。变矩器内充满自动变速器油。自动变速器油将泵轮、涡轮和导轮联系在一起，并进行动力传递。

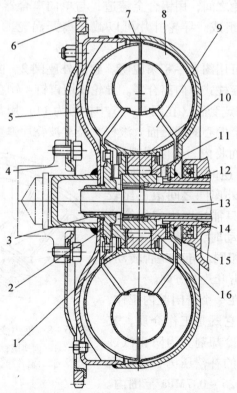

图 16-6 三元件综合式液力变矩器
1—滚柱；2—塑料垫片；3—涡轮轮毂；4—凸缘；5—涡轮；6—起动齿轮；7—变矩器壳体；
8—泵轮；9—导轮；10—单向离合器外座圈；11—单向离合器内座圈；12—泵轮轮毂；
13—自动变速器第一轴；14—导轮固定套管；15—推力垫片；16—单向离合器盖

泵轮与变矩器壳体7连成一体，固定在发动机曲轴后端凸缘4上。其内部径向装有许多扭曲的叶片，而叶片内缘则装有让自动变速器油平滑流过的导环。变矩器壳体由前后两半焊接而成，将泵轮、涡轮和导轮等包在内部，可有效防止自动变速器油的泄漏。壳体前端连接着装有起动齿圈6的托盘，并用螺钉固定在曲轴后端的凸缘4上。为了在维修拆装后保持变矩器与曲轴原有的相对位置，以免破坏动平衡，螺钉在圆周上的分布是不均匀的。焊接在变矩器壳上的泵轮轮毂12随变矩器壳转动，外有自紧式油封密封。

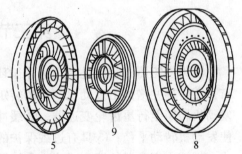

图16-7 液力变矩器的三元件
（图注同图16-6）

涡轮内部也装有许多叶片，但涡轮叶片的弯曲方向却与泵轮叶片的弯曲方向相反。涡轮用铆钉连接涡轮轮毂3，涡轮轮毂3用花键与自动变速器第一轴13相联。涡轮叶片与泵轮叶片相对放置，中间有一定的间隙。

泵轮及涡轮的叶片和壳体均为钢板冲压件，叶片和内环采用点焊连接，与外壳采用铜焊连接。

导轮位于泵轮与涡轮之间，用铝合金铸造，与单向离合器外座圈10固定连接。导轮也是由许多弯曲叶片组成。导轮叶片可以截住离开涡轮的自动变速器油，改变其方向。

单向离合器的构造可用图16-8来说明。它由外座圈2、内座圈1、滚柱5及不锈钢叠片弹簧6组成，为滚柱式单向离合器。导轮3用铆钉4铆在外座圈2上（也可用花键连接）。内座圈1与固定套管（在图16-6中标号为14）用花键连接，固定不动。外座圈2的内表面有若干个偏心的圆弧面。滚柱5经常被叠片弹簧6压向内、外座圈之间滚道比较狭窄的一端，而将内、外座圈楔紧，使导轮不转动。当导轮逆时针方向转动时，滚柱压缩弹簧，向内、外座圈之间滚道比较宽的一端运动，使导轮只能按图中实线箭头方向单向转动。导轮转动时，其转动方向与发动机曲轴的转动方向相同。导轮是否转动，取决于自动变速器油冲击叶片的方向。

变矩器的各工作轮在一个密闭腔内工作，腔内充满液力传动油，它既是工作介质，又是液力元件的润滑剂和冷却剂。为防止汽蚀现象，腔内应保持一定的补偿压力，其值视变矩器而异，通常在0.25～0.7MPa范围内。

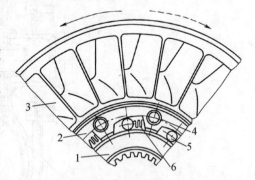

图16-8 液力变矩器的滚柱式单向离合器
1—内座圈；2—外座圈；3—导轮；
4—铆钉；5—滚柱；6—叠片弹簧。

所谓汽蚀是指液体流动过程中，某处压力下降到低于该温度下工作液的饱和蒸气压时液体形成气泡的现象。当液体中的气泡随液流运动到压力较高的区域时，气泡在周围液力油的冲击下迅速破裂，又凝结成液态，使体积骤然缩小而出现真空。于是，周围的液体质点即以极高的速度填补这些空间。在此瞬间，液体质点相互强烈碰击，产生明显的噪声；同时造成很高的局部压力，致使叶片表面的金属颗粒被击破；气泡破裂还使传动效率降低，影响变矩器正常工作。防止汽蚀的有效措施是保持工作腔内足够的补偿压力。这由液压泵输出的具有一定压力的补偿油通过导轮固定套管 14（图 16-6）与泵轮轮毂 12 之间的环状空腔，从导轮与泵轮之间的缝隙进入泵轮，由涡轮与导轮之间流出，经固定套管 14 与变矩器输出轴 13 之间的环状空腔通往冷却器，使工作液得到冷却。

由于补偿压力和自动变速器油流向导轮、涡轮时的轴向推力的存在，导轮和涡轮上受到的轴向力较大。为此，在导轮端部装有有色金属推力垫片 15，在涡轮轮毂与壳体之间装有耐磨的塑料垫片 2。

2. 变矩器的工作原理

为了说明液力变矩器的工作原理，将液力变矩器用结构示意图表示，如图 16-9 所示。发动机工作时，曲轴 1 始终带动泵轮 6 转动，泵轮带动储于内腔中的自动变速器油转动，同时在离心力作用下，自动变速器油流向泵轮边缘，再被泵轮甩出，成为多股强大的油流，流向涡轮 7，推动涡轮转动，涡轮输出动力，同时自动变速器油由涡轮流向导轮 5，导轮将自动变速器油导向泵轮。

液力变矩器的动力传递路线：发动机曲轴→泵轮→自动变速器油→涡轮→变速器第一轴。自动变速器油起连接泵轮和涡轮、将泵轮的动力传递给涡轮的作用。导轮对自动变速器油起导向作用，改变液力变矩器的特性。

下面进一步用变矩器工作轮的展开图来说明变矩器的工作原理。展开图的制取方法如图 16-10 所示。将循环圆上的中间流线（此流线将液流通道断面分割成面积相等的内外两部分）展开成一直线，各循环圆中间流线均在同一平面上展开。于是在展开图上，由内向外，泵轮 B、涡轮 W 和导轮 D 便成为 3 个环形平面，且工作轮的叶片角度也清楚地显示出来。

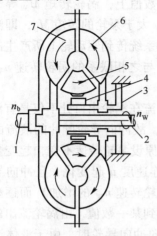

图 16-9 液力变矩器结构示意图
1—发动机曲轴；2—变速器第一轴；3—导轮轴；
4—单向离合器；5—导轮；6—泵轮；7—涡轮。

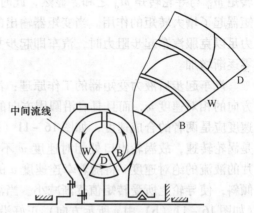

图 16-10 液力变矩器工作轮的展开示意图
B—泵轮；W—涡轮；D—导轮。

图 16-11 用油液流动的速度和泵轮 B、涡轮、导轮间的转矩说明液力变矩器工作

原理。为了便于说明，设发动机转速及负荷不变，即变矩器泵轮的转速 n_b 及转矩 M_b 为常数。先讨论汽车起步液力变矩器的工作原理，再讨论汽车起步后液力变矩器的工作原理。

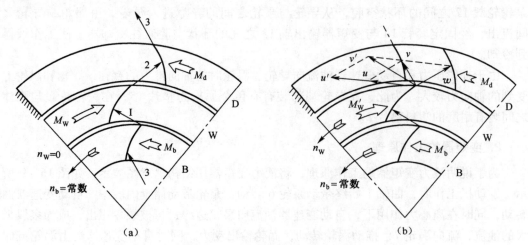

图 16 – 11　液力变矩器工作原理
(a) 汽车起步，n_b = 常数，n_w = 0；(b) 汽车起步后，n_b = 常数，n_w 逐渐增加。

汽车起步液力变矩器的工作原理：汽车起步时涡轮转速 $n_w = 0$，如图 16 – 11（a）所示。工作液在泵轮叶片带动下，以一定的绝对速度沿图中箭头 1 的方向冲向涡轮叶片。因涡轮静止不动，液流将沿着叶片流出涡轮并冲向导轮，液流方向如图中箭头 2 所示。然后液流再从被单向离合器固定不动的导轮叶片沿箭头 3 方向流入泵轮中。当液体流过叶片时，受到叶片的作用力，其方向发生变化。设泵轮、涡轮和导轮对液流的作用转矩分别为 M_b、M'_w 和 M_d。根据液流受力平衡条件，则 $M'_w = M_b + M_d$。由于液流对涡轮的作用转矩 M_w 与 M'_w 方向相反而大小相等，因而在数值上，涡轮转矩 M'_w 等于泵轮转矩 M_b 与导轮转矩 M_d 之和。显然，此时涡轮转矩 M_w 大于泵轮的转矩 M_b，即液力变矩器起了增大转矩的作用。当变矩器输出的转矩经传动系统传到驱动轮上所产生的驱动力足以克服汽车起步阻力时，汽车即起步并开始加速，与之相联系的涡轮转速 n_w 也从零逐渐增加。

汽车起步后液力变矩器的工作原理：汽车起步后液流在涡轮出口处不仅具有沿叶片方向的相对速度 w，而且具有沿圆周方向的牵连速度 u，故冲向导轮叶片的液流的绝对速度应是两者的合成速度，如图 16 – 11（b）所示。因原设泵轮转速不变，起变化的只是涡轮转速，故涡轮出口处相对速度 w 不变，只是牵连速度 u 起变化，且冲向导轮叶片的液流的绝对速度 v 将随着牵连速度 u 的增加（即涡轮转速 n_w 的增加）而逐渐向左倾斜，使导轮上所受转矩值逐渐减小。当涡轮转速增大到某一数值，由涡轮流出的液流（如图 16 – 11（b）中 v 所示方向）正好沿导轮出口方向冲向导轮时，由于液体流经导轮时方向不改变，故导轮转矩 $M_d = 0$，于是涡轮转矩与泵轮转矩相等，即 $M_b = M_d$。

若涡轮转速 n_w 继续增大，液流绝对速度 v' 的方向继续向左倾斜，如图 16 – 11（b）中 v' 所示方向，绝对速度的方向变为冲击导轮的背面，此时单向离合器解除锁止，导轮随之自由转动，导轮转矩方向与泵轮转矩方向相反，则涡轮转矩为前两者转矩之差

($M_W = M_b - M_d$),即变矩器输出转矩反而比输入转矩小,此时,液力变矩器已为液力耦合器。当涡轮转速 n_W 增大到与泵轮转速 n_b 相等时,工作液在循环圆中的流动停止,将不能传递动力。

3. 变矩器的特性

1) 液力变矩器的特性参数

(1) 传动比 i_{WB}:涡轮转速 n_W 与泵轮转速 n_B 之比,即 $i_{WB} = n_W/n_B$,$i_{WB} \leq 1$。

(2) 变矩系数 K:涡轮转矩 M_W 和泵轮转矩 M_B 之比,即 $K = M_W/M_B$。目前,汽车常用液力变矩器的变矩系数约为 2~2.3。

(3) 效率 η:涡轮输出功率 P_W 与泵轮输入功率 P_B 之比,即 $\eta = P_W/P_B \times 100\% = Ki_{WB} \times 100\%$。

2) 三元件液力变矩器的特性曲线

三元件液力变矩器的特性曲线如图 16-12 所示。从变矩器特性曲线中可以看出效率沿 OAB 线变化。失速点是指当涡轮静止时,泵轮所能达到的最高转速,此时传动比为 0,液力变矩器的效率为 0。随着传速比的增加,涡轮的转速增加,约在 0.6~0.75 时,液力变矩器的效率最高。导轮开始与泵轮同一方向转动的工作点,称为耦合点,也是耦合器的工作点。在耦合点 A,转速比约为 0.82 时,导轮开始回转,液力变矩器变为液力耦合器。传速比再增大仍为液力耦合器的曲线,效率按线性规律增长,至传动比约为 0.94 时传递效率最高,到达 B 点。若转速比继续增大,则效率迅速下降。

从变矩器特性曲线中可以看出变矩系数 K 由大到小的变化。当汽车起步时,特性曲线在失速点,传动比为 0,变矩系数最大,涡轮的力矩最大,满足汽车起步加速性能的需要。同样,上坡

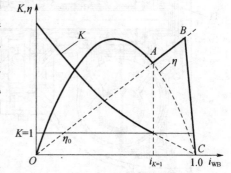

图 16-12 三元件液力变矩器特性曲线

或遇到较大阻力时,如果发动机的转速和负荷不变,车速将降低,即涡轮转速降低,变矩系数相应增大,使驱动轮获得较大的转矩,保证汽车能克服增大的阻力而继续行驶。所以,液力变矩器是一种能随汽车行驶阻力的不同而自动改变变矩系数的无级变速器。在耦合点后,液力变矩器的变矩系数为 1。

上述三元件综合式液力变矩器结构简单,工作可靠,性能稳定,最高效率达 92%。在转为液力耦合器工作时,高传动比区的效率可达 96%。因此,它在高级轿车上应用极广,在大型客车、自卸汽车及工程车辆上的应用也逐渐增多。

二、四元件综合式液力变矩器

为了扩大液力变矩器的高效率区范围,设计了四元件综合式液力变矩器。图 16-13 所示为四元件综合式液力变矩器,有第一导轮 8 和第二导轮 6 两个导轮,分别装在各自的单向离合器上,称为四元件综合式液力变矩器。单向离合器的内座圈 9 为两个单向离合器共用,滚柱 11 和外座圈 12 不共用,滚柱有两列,外座圈有两个。

图 16-14 所示为四元件综合式液力变矩器示意图。当涡轮 5 转速较低时，涡轮出口处液流冲击在两导轮叶片的凹面上，方向如图 16-14（b）中的 v_1 所示。此时，两个导轮的单向离合器均被锁住，导轮固定，按变矩器工况工作。当涡轮转速增加到一定程度，液流速度为 v_2 时，液流对第一导轮的冲击力反向，冲击第一导轮的背面，第一导轮便因单向离合器松脱而与涡轮同向旋转，此时只有第二导轮仍起变矩作用。当涡轮转速继续升高到接近泵轮转速，即液流速度为 v_3 时，第二导轮也受到液流的反向冲击力而与涡轮及第一导轮同向转动，于是变矩器全部转入液力耦合器工况，效率提高。

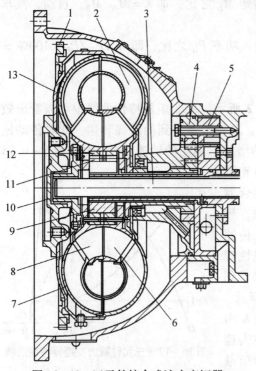

图 16-13 四元件综合式液力变矩器
1—起动齿圈；2—泵轮；3—自动变速器第一轴；
4—齿轮式液压泵；5—前阀体；6—第二导轮（Ⅱ）；
7—涡轮；8—第一导轮（Ⅰ）；9—内座圈；10—曲轴凸缘；
11—滚柱；12—外座圈；13—变矩器壳体。

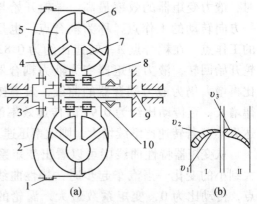

图 16-14 四元件综合式液力变矩器示意图
1—起动齿圈；2—变矩器壳体；3—曲轴凸缘；
4—第一导轮（Ⅰ）；5—涡轮；6—泵轮；
7—第二导轮（Ⅱ）；8—单向离合器；
9—自动变速器第一轴；10—导轮固定套管

图 16-15 所示为四元件综合式液力矩器特性，它是两个变矩器的特性和一个耦合器特性的综合。在传动比 $0 \sim i_1$ 区段，两个导轮固定不动，两者的叶片组成一个弯曲程度更大的叶片，为变矩器的特性，在传动比 $i_1 \sim i_K = 1$ 区段，第一导轮脱开，变矩器带有一个叶片弯曲程度较小的导轮工作，仍为变矩器的特性，但效率较高。当传动比为 $i_K = 1$ 时，变矩器转入耦合器工况，之后，效率按线性规律增长。

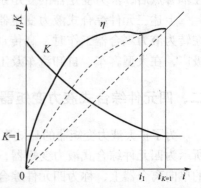

图 16-15 四元件综合式液力矩器特性

三、带锁止离合器的综合式液力变矩器

变矩器的涡轮与泵轮之间存在转速差和液力损失,其效率不如机械变速器高,汽车在正常行驶时的燃油经济性较差。为提高变矩器在高传动比工况下的效率,将液力变矩器锁止,成为机械式变速器,这种液力变矩器为带锁止离合器的综合式液力变矩器。

图 16-16 所示为带锁止离合器的综合式液力变矩器,它是在综合式液力变矩器的前端增加一个液压控制的摩擦式离合器,称为锁止离合器。锁止离合器的主动部分是传力盘 8 和操纵液压缸活塞(即压盘)6,它们与泵轮 11 一起旋转。离合器从动盘 7 在传力盘和压盘之间,与涡轮轮毂 14 铆接,涡轮轮毂 14 与变矩器输出轴 15 通过花键连接。压力油经油道 5 进入后,推动活塞右移,压紧从动盘,即锁止离合器接合,于是泵轮与涡轮接合成一体旋转,变矩器不起作用。当撤除油压时,两者分离,变矩器恢复正常工作。

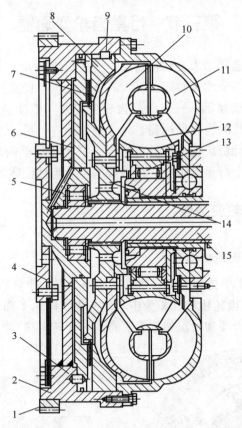

图 16-16 带锁止离合器的综合式液力变矩器
1—起动齿圈;2—锁止离合器操纵液压缸;3—导向销;4—曲轴凸缘;5—油道;
6—操纵液压缸活塞(压盘);7—离合器从动盘;8—传力盘;9—键;10—涡轮;
11—泵轮;12—导轮;13—单向离合器;14—涡轮轮毂;15—变矩器输出轴。

锁止离合器的特性曲线如图 16-17 所示,在 $i<i_1$ 区域,$K>1$,为变矩器工况;在 $i_1 \leq i \leq i_2$ 区域,$K=1$,为耦合器工况,当涡轮转速升高到 i_2(约为 0.8)时,锁止离合器接合,动力由锁止离合器直接传递,此时 $K=1$,效率 η 上升约为 100%,提高了效率。

锁止离合器的效率特性曲线为 OABCDE，其动力性及经济性均较理想，故在汽车上应用较为广泛。

在锁止离合器接合时，单向离合器即脱开，导轮在液流中自由旋转，有搅油损失，故效率约为100%。

在使用中，当汽车起步或在坏路面上行驶时，可将锁止离合器分离，使变矩器起作用，以充分发挥液力传动自动适应行驶阻力剧烈变化的优点。当汽车在良好道路上行驶时，应接合锁止离合器，使变矩器的输入轴和输出轴成为刚性连接，即为直接机械传动，以提高汽车的行驶速度和燃油经济性。

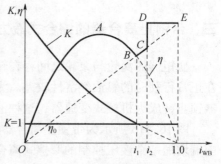

图 16-17　带锁止离合器的液力变矩器效率曲线

第三节　行星齿轮变速器

液力变矩器虽能传递和增大发动机转矩，但变矩比不大，变速范围不宽，远不能满足汽车使用工况。为进一步增大转矩，扩大其变速范围，提高汽车的适应能力，在液力变矩后面再装一个机械变速器——有级式齿轮变速器。该变速器多数是行星齿轮变速器，也可以采用固定轴线的齿轮变速器。

行星齿轮变速器由行星齿轮机构及离合器、制动器和单向离合器等执行元件组成。行星齿轮机构通常由多个行星排组成，行星排的多少与挡位数的多少有关。

一、辛普森式行星齿轮变速器

1. 2K-H 单排行星齿轮机构

图 16-18 为 2K-H 单排行星齿轮机构结构图，是一个具有一个内中心轮和一个外中心轮的 2K-H 型行星齿轮机构（K 为中心轮，指太阳轮 1 和齿圈 2；H 为行星架 3），其结构特点是太阳轮、齿圈和行星架三者具有同一旋转轴线。

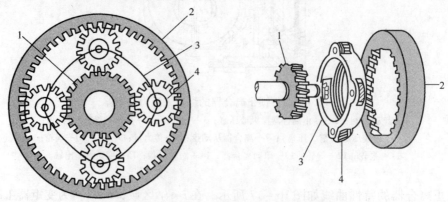

图 16-18　2K-H 单排行星齿轮机构结构图
1—太阳轮；2—齿圈；3—行星架；4—行星齿轮。

图 16-19 所示为 2K-H 单排行星齿轮机构的运动简图。图中，n_1 是太阳轮转速，n_2 是齿圈转速，n_3 是行星架转速，n_4 是行星齿轮转速。根据相对运动原理，给整个轮系加上一个大小为 n_3，而方向与 n_3 相反的公共转速（$-n_3$）后，各构件间的相对运动并不改变，这样，所有齿轮的几何轴线的位置全部固定，原来的单排行星齿轮机构便转化为单排定轴齿轮机构，为原单排行星齿轮机构的转化机构，再由该转化机构可得

$$\frac{n_1 - n_3}{n_2 - n_3} = -\frac{Z_2}{Z_1}$$

式中：Z_1 为太阳轮齿数；Z_2 为齿圈齿数。

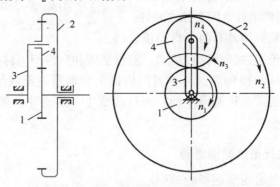

图 16-19　2K-H 单排行星齿轮机构的运动简图（图注同图 16-18）

2K-H 单排行星齿轮机构具有两个自由度，将太阳轮、齿圈、行星齿轮架三者中的任一构件与主动轴相连，第二构件与从动轴相连，再将第三构件用制动器固定或使其运动受到一定约束，则机构就以一定的传动比传递运动。通过改变主、从动件，可获得不同的传动比，实现不同挡位速度的变化，这就是行星齿轮机构的变速原理。按连接和制动情况的不同可以有六种组合方案，加上直接传动和空挡共有八种组合，再根据上式，可得各传动方案的传动比。表 16-1 列出了单排行星齿轮机构的各种传动方案。在行星齿轮传动中，主要用减速、直接挡和空挡传动方案。

表 16-1　2K-H 单排行星齿轮机构的各种传动方案

方案序号	主动件	从动件	固定件	传动比	备 注
1	太阳轮	行星架	齿圈	$1 + Z_2/Z_1$	减速增矩
2	齿圈	行星架	太阳轮	$1 + Z_1/Z_2$	
3	太阳轮	齿圈	行星架	$-Z_2/Z_1$	
4	行星架	齿圈	太阳轮	$Z_2/(Z_1 + Z_2)$	增速减矩
5	行星架	太阳轮	齿圈	$Z_1/(Z_1 + Z_2)$	
6	齿圈	太阳轮	行星架	$-Z_1/Z_2$	
7	任意两个连成一体			1	直接挡传动
8	既无任一元件制动又无任二元件连成一体			三元件自由转动	空挡，不传递动力

2. 辛普森式行星齿轮机构

图 16-20 所示为辛普森式行星齿轮机构的运动简图。所谓辛普森行星齿轮机构是

一种双排行星齿轮机构,由美国福特汽车公司的工程师辛普森(Simpson)发明,其特点是 2 排行星齿轮机构具有 2 个相同的齿圈、2 个相同的行星轮和 1 个供 2 排行星齿轮机构共用的加长的太阳轮(称为太阳轮组件),前一个行星排的行星架和后一个行星排的齿圈连接为一个整体(称为前行星架和后齿圈组件),输出轴与前行星架和后齿圈组件连接,有前齿圈 1、太阳轮组件 2、后行星架 4、前行星架和后齿圈组件 5 四个独立元件。

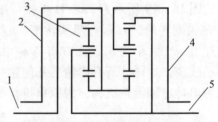

图 16-20 辛普森式行星齿轮机构的运动简图

1—前齿圈;2—太阳轮组件;3—行星齿轮;4—后行星架;5—前行星架和后齿圈组件。

辛普森式行星齿轮机构具有两个自由度,将前排齿圈、前后太阳轮组件、后排行星架、前行星架和后齿圈组件中的任一构件与主动轴相连,第二构件与从动轴相连,再将另两构件用制动器固定或使其运动受到一定约束,则机构就以一定的传动比传递运动。通过改变主、从动件,可获得不同的传动比,实现不同挡位速度的变化。

3. 四挡辛普森式行星齿轮变速器

(1)辛普森式行星齿轮变速器的结构

图 16-21 所示为丰田 A340E 型四挡辛普森式行星齿轮变速器的结构图,有 3 个行星排和 10 个换挡执行元件,第一行星排为 2K-H 单排行星齿轮机构的超速行星排。后两排行星齿轮机构为辛普森行星齿轮机构,共用太阳轮 8,输出轴 11 与前行星架 6 及后排齿圈 10 连接;前进离合器 C_1 连接中间轴轴 2 与超速齿圈 5;超速离合器 C_0 连接输入轴 1 和超速太阳轮 3;2 挡强制动器 B_1 为带式制动器,分别与变速器壳体和太阳轮 8 相连,其作用是固定太阳轮 8;2 挡滑行制动器 B_2 分别连接壳体和 1 号单向离合器 F_1 的外圈,该制动器工作时,通过单向离合器 F_1 作用在太阳轮 8 上,用于防止太阳轮 8 逆时针转动;低挡-倒挡制动器 B_3 分别连接外壳和后行星架 9,可用于固定后行星架 9;2 号单向离合器 F_2 联接后行星架 9 与外壳,以防止后行星架 9 逆时针转动。

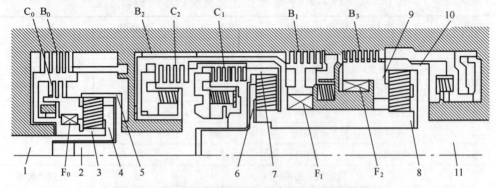

图 16-21 四挡辛普森式行星齿轮变速器的结构图

1—超速输入轴;2—中间轴;3—超速太阳轮;4—超速行星架;5—超速齿圈;6—前行星架;7—前齿圈;8—太阳轮;9—后行星架;10—后齿圈;11—输出轴;C_0—超速离合器;C_1—前进离合器;C_2—直接离合器;B_0—超速制动器;B_1—2 挡强制动器;B_2—2 挡滑行制动器;B_3—低挡及倒挡制动器;F_0—超速单向离合器;F_1—2 挡单向离合器;F_2—低挡单向离合器。

图 16 – 22 为图 16 – 21 四挡辛普森式行星齿轮变速器的结构简图，在图左边加入了液力变矩器。

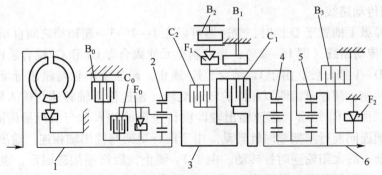

图 16 – 22　四挡辛普森式行星齿轮变速器结构简图
1—输入轴；2—超速行星排；3—中间轴；4—前行星排；5—后行星排；6—输出轴；
C_0、C_1、C_2、B_0、B_1、B_2、B_3、F_0、F_1 和 F_2 同图 16 – 21 的图注。

（2）辛普森式行星齿轮变速器的各个挡位执行元件工作情况和动力传动路线

由图 16 – 22 可以看出，四挡辛普森式行星齿轮变速器采用 2K – K 单排行星齿轮机构与辛普森行星齿轮机构串联组合，具有两个自由度，只有一个动力输入，即发动机动力输入，工作时，要通过 C_0、C_1、C_2、B_0、B_1、B_2、B_3、F_0、F_1 和 F_2 的工作组合，使四挡辛普森式行星齿轮变速器变为一个自由度，变速器才能输出动力，同时形成不同挡位，具体各个挡位与执行元件工作关系见表 16 – 2。在表 16 – 2 中，四挡辛普森式行星齿轮变速器的操纵手柄有 6 个位置，分别为 P、R、N、D、2 和 L 位，D、2 和 L 位有不同的挡位。

表 16 – 2　四挡辛普森式行星齿轮变速器的各挡位与执行元件工作关系

操纵手柄位置	挡位	1号电磁阀	2号电磁阀	C_0	C_1	C_2	B_0	B_1	B_2	B_3	F_0	F_1	F_2
P	驻车挡	通电	断电	○									
R	倒车挡	通电	断电	○						○	○		
N	空挡	通电	断电	○									
D	1挡	通电	断电	○	○						○		○
D	2挡	通电	通电	○	○						○	○	
D	3挡	断电	通电	○	○	○					○		
D	超速挡	断电	断电			○		○			○		
2	1挡	通电	断电	○	○						○		○
2	2挡	通电	通电	○	○				○		○	○	
2	3挡*	断电	通电	○	○	○					○		
L	1挡	通电	断电	○	○					○			○
L	2挡*	通电	通电	○	○				○		○	○	

注：1. ○表示投入工作（联接、制动通电或锁止）；
　　2. *表示该传动挡位只在降挡时存在

根据图 16-22 和表 16-2，可得到四挡辛普森式行星齿轮变速器的动力传动路线。限于篇幅，下面仅介绍四挡辛普森式行星齿轮变速器部分挡位的工作情况和动力传动路线。

1) D挡传动路线

当变速操纵手柄置于D挡时，变速器可以在 1→2→3→超速挡之间自动换挡。

D-1挡传动路线（图 16-23）：当控制单元使离合器 C_0 和 C_1 结合、F_0 和 F_2 锁止时，汽车以 D-1 挡行驶。由于 C_0 结合，F_0 锁止，超速太阳轮与超速行星架连成一体具有相同的转速，使超速齿圈以相同的转速旋转，超速输出轴转速与输入轴转速相同，传动比 $i=1$。由于 C_1 结合，超速输出轴即前行星排的输入轴与前行星齿圈连成一体，使前行星齿圈连同前行星架顺时针转动。由于前行星架与输出轴相连，输出轴也顺时针转动，并使前、后太阳轮逆时针转动。由于 F_2 锁止，后行星架被固定，也使后行星齿圈连同输出轴顺时针转动，传递力矩。D-1挡的传动比为 2.804。

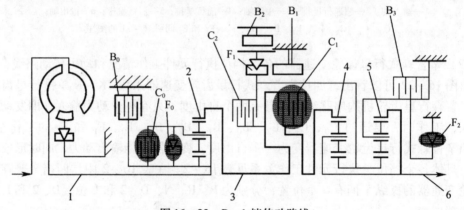

图 16-23 D-1挡传动路线

1—输入轴；2—超速行星排；3—中间轴；4—前行星排；5—后行星排；6—输出轴；
C_0、C_1、C_2、B_0、B_1、B_2、B_3、F_0、F_1 和 F_2 同图 16-21 的图注。

D-2挡传动路线（图 16-24）：当控制单元使离合器 C_0 和 C_1 及制动器 B_2 结合、F_0 和 F_1 锁止时，汽车以 D-2 挡行驶。由于 C_0 结合，F_0 锁止，变矩器至前行星排输入轴的传动与 D-1 挡相同。C_1 结合使前行星齿圈与输入轴连成一体，B_2 结合，F_1 锁止，使前、后太阳轮固定，前行星齿圈、前行星架连同输出轴顺时针方向转动，传递力矩。D-2挡的传动比为 1.531。

D-3挡传动路线（图 16-25）：当控制单元使离合器 C_0 和 C_1 及 C_2 结合、F_0 锁止时，汽车以 D-3 挡行驶。D-3挡为直接挡，传动比为 1。由于 C_0 结合，F_0 锁止，变矩器至前行星排输入轴的传动也与 D-1 挡相同。由于 C_1、C_2 结合，前行星齿圈与前、后太阳轮连成一体，并与前行星架以相同的转速顺时针方向旋转，将输入轴的转矩直接传至输出轴。

D-超速挡传动路线（图 16-26）：当控制单元使 B_0 和 C_1 及 C_2 结合时，汽车以 D-超速挡（即超速挡）行驶。超速挡常简称为 O/D 挡。由于制动器 B_0 结合，使超速太阳轮固定，输入轴驱动超速行星架和超速齿圈顺时针转动，使输出轴转速升高。由于离合器 C_1、C_2 结合，将前行星齿圈与前、后太阳轮连成一体，并使前行星架也以相同转速顺时针方向旋转，将输入轴的转矩直接传至输出轴。D-超速挡的传动比为 0.705。

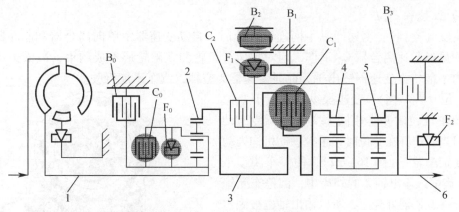

图 16-24 D-2 挡传动路线
1—输入轴；2—超速行星排；3—中间轴；4—前行星排；5—后行星排；6—输出轴；
C_0、C_1、C_2、B_0、B_1、B_2、B_3、F_0、F_1 和 F_2 同图 16-21 的图注。

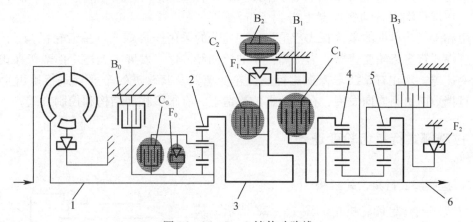

图 16-25 D-3 挡传动路线
1—输入轴；2—超速行星排；3—中间轴；4—前行星排；5—后行星排；6—输出轴；
C_0、C_1、C_2、B_0、B_1、B_2、B_3、F_0、F_1 和 F_2 同图 16-21 的图注。

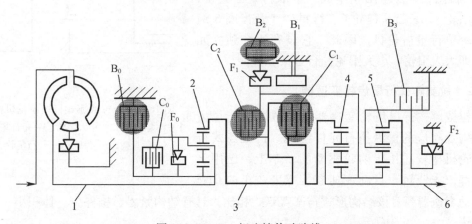

图 16-26 D-超速挡传动路线
1—输入轴；2—超速行星排；3—中间轴；4—前行星排；5—后行星排；6—输出轴；
C_0、C_1、C_2、B_0、B_1、B_2、B_3、F_0、F_1 和 F_2 同图 16-21 的图注。

2）N 位和 P 位

N 位（空挡）：变速操纵手柄置于 N 位时，自动变速器中单向离合器和制动器均不工作，虽然超速离合器 C_0 工作，但对超速行星轮和太阳轮形不成约束，故液力变矩器的动力不能传至变速器输出轴，此时变速器为空挡，汽车不能行驶。

P 位（驻车挡）：变速操纵手柄置于 P 位时，和在 N 位时基本相同，变速器不传递动力，但当变速杆在 P 位时，手控联动机构推动停车闭锁凸轮 3（图 16-27），使停车闭锁爪 1 上的齿嵌入输出轴 2 的外齿中，因停车闭锁爪固定在变速器外壳上，所以输出轴也被固定而不能转动，从而也锁住了驱动轮。

辛普森机构以其简单、传动效率高以及运转平稳、噪声低等优点而著称，其制造成本低，在现代汽车自动变速器上得到了广泛

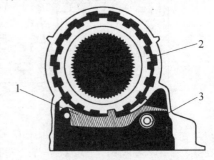

图 16-27 停车闭锁爪的工作（原图 16-33）
1—停车闭锁爪；2—输出轴；3—停车闭锁凸轮。

的应用和发展。早期的辛普森式行星齿轮变速器的采用辛普森式行星齿轮机构，形成 3 挡辛普森式行星齿轮变速器，为提高汽车的燃油经济性，发展了上述 4 挡辛普森式行星齿轮变速器，现在有 5 挡辛普森式行星齿轮变速器及其改进的辛普森式行星齿轮变速器，且挡数向更高方向发展，在变速器的构造上，有很多相同结构和控制方式。

二、拉威娜式行星齿轮变速器

1. 拉威娜式行星齿轮机构

拉威娜式行星齿轮机构如图 16-28 所示，其结构特点是：两个行星齿轮排具有公共行星架 4 和齿圈 5、小太阳轮 2、短行星齿轮 3、长行星齿轮 6、行星架 4 及齿圈 5 组成一个双行星齿轮排；大太阳轮 1、长行星齿轮 6、行星架 4 及齿圈 5 组成一个单行星齿轮排。因此，它具有 4 个独立元件，即大太阳轮、小太阳轮、行星架和齿圈。

2. 拉威娜式行星齿轮变速器

拉威娜式行星齿轮变速器由拉威娜式行星齿轮机构及相应的操纵执行元件组成。拉威娜式行星齿轮机构较适用于前轮驱动的轿车上，已用于捷达都市先锋轿车自动变速器、宝来轿车的 01M 型自动变速器等。该结构形式与辛普森式相比，具有结构紧凑、构件少、体积小、重量小等优点。

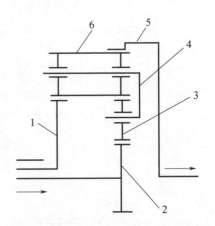

图 16-28 拉威娜式行星齿轮机构
1—大太阳轮；2—小太阳轮；3—短行星轮；
4—行星架；5—齿圈；6—长行星轮。

图 16-29 为宝来轿车的 01M 型自动变速器的结构，图 16-30 为宝来轿车的 01M 型自动变速器的结构简图。01M 型自动变速器是采用一个带锁止离合器的三元件的液

力变矩器，变矩器的涡轮通过离合器可以同大太阳轮 8、小太阳轮 7、行星架相连接，齿圈 2 与主减速器 5 相连接，经差速器 6，将动力传给两半轴和前轮。

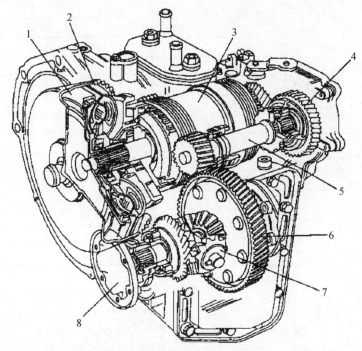

图 16-29　宝来轿车的 01M 型自动变速器的结构
1—止离合器；2—液力变矩器；3—行星齿轮变速器；4—惰轮；
5—惰轮轴；6—主减速器；7—差速器；8—凸缘盘。

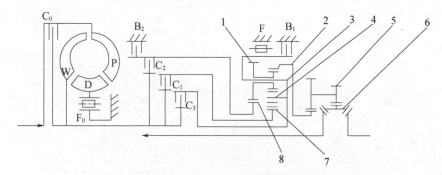

图 16-30　宝来轿车的 01M 型自动变速器的结构简图
1—长行星轮；2—齿圈；3—行星架；4—短行星轮；5—主减速器；6—差速器；
7—小太阳轮；8—大太阳轮；P—泵轮；W—涡轮；D—导轮；C_1—前进挡离合器；
C_2—倒挡离合器；C_3—直接挡离合器；C_0—锁止离合器；F_0—导轮单向离合器；
F—行星架单向离合器；B_1—倒挡制动器；B_2—2、4 挡制动器。

宝来轿车的 01M 型自动变速器共有 7 个挡位，4 个前进挡，1 个倒挡（R），1 个空挡（N），1 个驻车挡（P），各个挡位与执行元件工作关系见表 16-3。根据图 16-30 和表 16-3，可得到宝来轿车的 01M 型自动变速器的动力传动路线，部分挡的动力传递路线如图 16-31 所示。

表16-3 宝来轿车的01M型自动变速器各挡位与执行元件工作关系

操纵手柄位置	挡位	C_1	C_2	C_3	B_1	B_2	F
P	停车挡						
R	倒车挡		○		○		
N	空挡						
D	1挡	○					○
D	2挡	○				○	
D	3挡	○		○			
D	4挡			○		○	
3	1挡	○					○
3	2挡	○				○	
3	3挡*	○		○			
2	1挡	○					○
2	2挡	○				○	
1	1挡	○			○		

注：○——元件工作

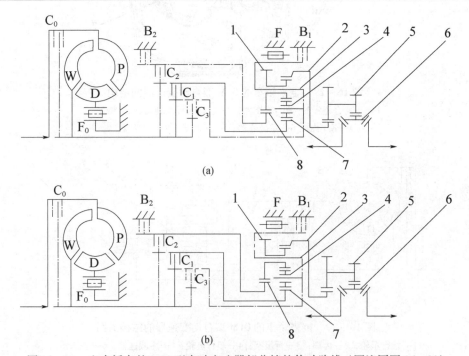

图16-31 宝来轿车的01M型自动变速器部分挡的传动路线（图注同图16-30）

D-1挡传动路线（图16-31（a）），离合器C_1接合，单向离合器F工作，阻止行星架逆时针转动。其动力传递路线为：泵轮→涡轮→涡轮轴→离合器C_1→小太阳轮7→短行星轮4→长行星轮1→驱动齿圈2输出。D-1挡的传动比i约为2.71。

D-2挡传动路线（图16-31（b）），离合器C_1接合，制动器B_2制动大太阳轮8。其动力传递路线为：泵轮→涡轮→涡轮轴→离合器C_1→小太阳轮7→短行星轮4→长行星轮1围绕不动的大太阳轮8公转并驱动齿圈2输出。D-2挡的传动比i约为1.44。

三、平行定轴齿轮变速器

汽车自动变速器绝大多数是采用行星齿轮变速器，也有一些车型采用平行定轴齿轮变速器，为非行星齿轮变速器，如本田（HONDA）汽车和部分福特（FORD）汽车等。

平行定轴齿轮变速器与行星齿轮变速器相比，具有如下特点：①平行定轴齿轮变速器采用普通外啮合齿轮，各对齿轮都是常啮合，但传递动力与否取决于相应的离合器是否接合；②平行定轴齿轮变速器由3条平行轴构成，变速器的总长度尺寸较小，故一般都用于前驱动的轿车上；③平行定轴齿轮变速器的操纵元件只有多片式离合器和单向离合器，没有制动器，操纵元件的数目较少。

图16-32所示是本田ACCORD轿车上采用的自动变速器结构图。该自动变速器采用带锁止离合器的液力变矩器与平行定轴齿轮变速器来传递动力和实现换挡。平行定轴齿轮变速器主要由平行轴、各挡齿轮和离合器等组成。动力由主轴输入，经齿轮啮合变速后动力传递给主减速器差速齿轮组合14，再由半轴传递给两边的前驱动轮。

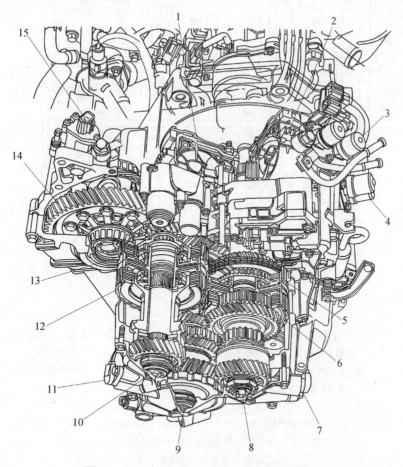

图16-32　本田ACCORD自动变速器结构图

1—液力变矩器；2—环齿轮；3—锁定控制电磁阀组合；4—变速控制电磁阀组合；5—3挡离合器；6—4挡离合器；7—主轴转速传感器；8—主轴；9—副轴；10—辅助轴；11—副轴转速传感器；12—2挡离合器；13—1挡离合器；14—主减速器差速齿轮组合；15—车速传感器。

图 16-33 所示为本田 ACCORD 自动变速器齿轮机构简图。有 3 根平行轴，即主轴 10、副轴 14 和辅助轴 16，主轴与发动机曲轴的主轴颈轴线同轴，输入动力。主轴上装有 3 挡和 4 挡离合器（4、5）以及 3 挡、4 挡、倒挡齿轮和惰轮（倒挡齿轮与 4 挡齿轮制为一体）；副轴上装有 1 挡固定离合器 27 和 1 挡、2 挡、3 挡、4 挡、倒挡、停车挡齿轮及惰轮。辅助轴上装有 1 挡、2 挡离合器（23、24），1 挡、2 挡及惰轮。副轴 4 挡齿轮 21 及副轴倒挡齿轮 19 可以锁止在副轴中部，工作时是锁止 4 挡齿轮还是倒挡齿轮取决于接合套的移动方向。主轴和副轴上的齿轮以及中间轴上的齿轮保持常啮合状态。各挡齿轮能否传递动力取决于相应挡位的离合器是否结合，离合器的接合和分离由电液控制系统控制。变速器的动力由最终驱动齿轮 28 输出给主减速器。本田 ACCORD 自动变速器各挡具体工作情况见表 16-4。

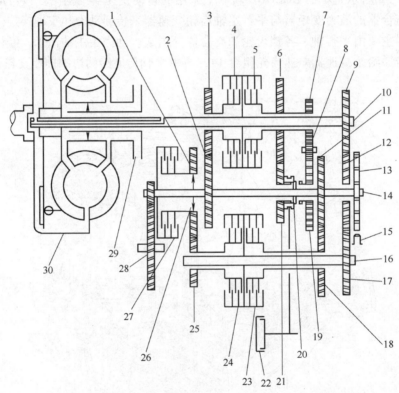

图 16-33 本田 ACCORD 自动变速器齿轮机构简图
1—副轴 1 挡齿轮；2—副轴 3 挡齿轮；3—主轴 3 挡齿轮；4—3 挡离合器；
5—4 挡离合器；6—主轴 4 挡齿轮；7—主轴倒挡齿轮；8—倒挡惰轮；
9—主轴惰轮；10—主轴；11—副轴 2 挡齿轮；12—副轴惰轮；
13—停车挡齿轮；14—副轴；15—驻车锁销；16—辅助轴；
17—辅助轴惰轮；18—辅助轴 2 挡齿轮；19—副轴倒挡齿轮；
20—倒挡滑套；21—副轴 4 挡齿轮；22—伺服油缸；23—2 挡离合器；
24—1 挡离合器；25—辅助轴 1 挡齿轮；26—单向离合器；
27—1 挡固定离合器；28—最终驱动齿轮；29—油泵；30—液力变矩器。

表 16-4 本田 ACCORD 自动变速器各挡工作情况

排挡位置	零件	扭力转换器	1挡齿轮 1挡固定离合器	1挡齿轮 1挡离合器	1挡齿轮 单向离合器	2挡齿轮 2挡离合器	3挡齿轮 3挡离合器	4挡 齿轮	4挡 离合器	倒挡齿轮	停车齿轮
P		○	×	×	×	×	×	×	×	×	○
R		○	×	×	×	×	×	×	○	○	×
N		○	×	×	×	×	×	×	×	×	×
D4	1挡	○	×	○	○	×	×	×	×	×	×
D4	2挡	○	×	*○	×	○	×	×	×	×	×
D4	3挡	○	×	*○	×	×	○	×	×	×	×
D4	4挡	○	×	*○	×	×	×	○	○	×	×
D3	1挡	○	×	○	○	×	×	×	×	×	×
D3	2挡	○	×	*○	×	○	×	×	×	×	×
D3	3挡	○	×	*○	×	×	○	×	×	×	×
2		○	×	○	×	○	×	×	×	×	×
1		○	○	○	○	×	×	×	×	×	×

注：○——动作；×——不动作；*——虽然1挡离合器啮合，但单向离合器滑动时驱动力并未传输

四、换挡执行机构

自动变速器的换挡执行元件包括离合器、制动器和单向离合器。它的基本作用是连接、固定和锁止。

1. 多片摩擦湿式离合器

离合器的作用是连接行星齿轮变速器的输入轴和行星排的某个基本元件，或把行星排的某两个基本元件连接起来，成为一个整体传递动力。

图 16-34 所示为多片摩擦湿式离合器，由活塞 5、恢复弹簧 7、若干相间排列的钢片 8、若干摩擦片 9、离合器鼓 2、3 及 O 形密封圈 6 等组成。

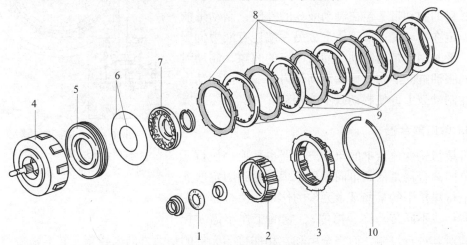

图 16-34 多片摩擦湿式离合器
1—推力轴承；2、3—离合器鼓；4—前传动轴与离合器毂；5—活塞；6—O 形密封圈；7—恢复弹簧；8—钢片；9—摩擦片；10—卡环。

图 16-35 所示为多片摩擦湿式离合器工作原理。离合器每个钢片的外缘上突出有键，卡在壳体 4 的内键槽内，与涡轮轴 1 连接，摩擦片 7 的内缘设有内花键与花键毂 8 互相啮合。作为活塞缸用的壳体 4 内设有活塞 3 及恢复弹簧 2，当液力使活塞把钢片和摩擦片压紧时，花键毂 8 与壳体 4 接合在一起，如图 16-37（b）所示；当工作液从活塞缸排出时，恢复弹簧使活塞后退，钢片与摩擦片之间有间隙，离合器便分离，如图 16-37（a）所示。

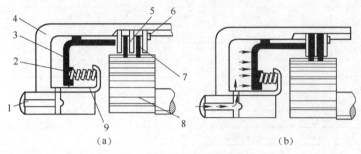

图 16-35　多片摩擦式离合器工作原理
(a) 分离状态；(b) 接合状态。
1—涡轮轴；2—恢复弹簧；3—活塞；4—壳体；5—钢片；6—卡环；
7—摩擦片；8—花键毂；9—弹簧保持座。

2. 带式制动器

制动器用于把行星排的太阳轮、齿圈、行星架 3 个基本元件之一与变速器壳体固定，使之不能转动，通常有两种形式：一种是浸在油中的湿式多片摩擦式制动器，其结构与湿式多片摩擦式离合器基本相同，不同之处是制动器用于连接转动件和变速器壳体，使转动件不能转动；另一种是带式制动器。

带式制动器如图 16-36 所示。它是将内侧黏有摩擦材料的制动带 7 包在制动鼓 8 的外围，制动带的一端固定在自动变速器壳体上，另一端连有液力伺服油缸。平时制动带与制动鼓间有一定的间隙，制动时液力伺服油缸的活塞 2 推动制动带另一端，把制动带束紧在制动鼓上，使制动鼓不能转动。

3. 单向离合器

行星齿轮变速器中的单向离合器也是换挡执行元件，单向离合器是依靠单向锁止原理，起到固定或连接几个行星排中的某些基本元件的作用，使行星齿轮变速器组成不同传动比（挡位）；它的工作不需要控制机构对其进行控制，而完全由和它相连接的元件的受力方向来控制。它会随着行星齿轮变速器挡位的变换，在与它相连接的基本元件受力方向发生变化的瞬间产生接合进行锁止或脱离，可保证换挡平顺无冲击，同时也使液力控制系统得到简化。目前用得较多

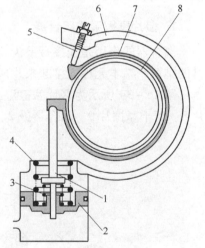

图 16-36　带式制动器
1—推杆；2—活塞；3—内弹簧；
4—外弹簧；5—调整螺钉；6—壳体；
7—制动带；8—制动鼓。

的有滚柱斜槽式和楔块式两种。

滚柱斜槽式单向离合器：如图 16-37 所示，外环相对内环逆时针转动时（图 16-37（a）），滚柱压缩恢复弹簧，运动到较大的空间，离合器在自由状态；外环相对内环有顺时针转动趋势时（图 16-37（b）），恢复弹簧压缩滚柱，运动到较小的空间，楔紧在内、外环之间离合器在锁止状态。

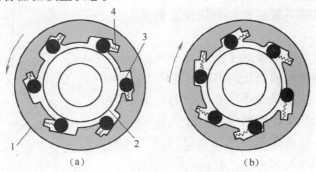

图 16-37　滚柱斜槽式单向离合器
(a) 自由状态；(b) 锁止状态。
1—外环；2—内环；3—滚柱；4—恢复弹簧。

楔块式单向离合器：如图 16-38 所示，外环相对内滚柱逆时针转动时（图 16-38（a）），楔块逆时针转动，离合器在自由状态；外环相对内环有顺时针转动趋势时（图 16-38（b）），楔块有顺时针转动趋势，楔紧在内、外环之间，离合器在锁止状态。

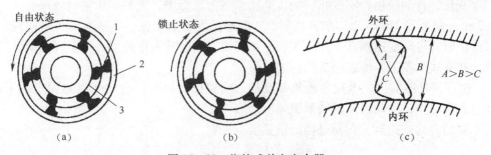

图 16-38　楔块式单向离合器
(a) 自由状态；(b) 锁止结构；(c) 楔块尺寸。
1—楔块；2—外环；3—内环。

第四节　自动变速器的操纵系统

自动变速器通过操纵系统实现不同的挡位。自动变速器的操纵系统有液控液压操纵系统和电控液压操纵系统。

一、自动变速器的操纵挡位

自动变速器有驻车挡、倒挡、空挡、前进挡、前进挡 2 位（前进挡 S 位）和前进挡 L 位，变速操纵手柄有相应的 6 个位置，按 P、R、N、D、2 和 L 位顺序排列

（图16-39）。D、2和L位均为前进挡位。变速操纵手柄在D位时，自动变速器有全部前进挡；变速操纵手柄在2和L位时，自动变速器只有部分前进挡。发动机只有变速操纵手柄位于N位或P位时才能起动。驾驶员通过操纵变速操纵手柄，由自动变速器的液控液压操纵系统或电控液压操纵系统实现相应的挡位。

P位：驻车挡。变速操纵手柄在此位时，驻车锁止机构将变速器输出轴锁止，车辆不能移动。

R位：倒挡。变速操纵手柄在此位时，变速器输入与输出轴转向相反，车辆倒行。

N位：空挡。变速操纵手柄在此位时，行星齿轮机构空转，不能输出动力。

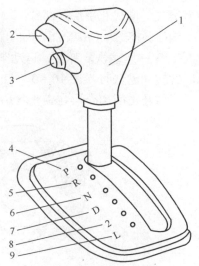

图16-39 变速操纵手柄位置示意图（原图16-25）
1—变速操纵手柄；2—挡位锁止解除按钮；3—超速挡开关；4—驻车挡（P位）；5—倒挡（R位）；6—空挡（N位）；7—D位；8—2位；9—L位。

D位：前进挡。变速变速操纵手柄在此位时，有全部前进挡之一。大部分自动变速器有1挡、2挡、3挡和超速挡4个挡，1挡传动比最大；2挡次之；3挡为直接挡，传动比为1；4挡为超速挡，传动比小于1。在汽车行驶过程中，自动变速器的液控液压操纵系统或电控液压操纵系统根据车速、节气门等变化，自动换挡，实现相应的传动比。在前进挡中，无发动机制动效果。

2位：前进挡2位，也即前进挡第个2变速操纵手柄位置，高速发动机制动挡。变速杆此位时，自动变速器在1、2、3挡之间切换，不能升入更高挡，可实现发动机制动效果。在有些汽车上，前进挡2位标为S位。

L位：前进挡L位，低速发动机制动挡。变速杆此位时，自动变速器固定在1挡，不能升入其他挡，发动机制动效果更强。

不同的自动变速器，在前进挡的设置会有差别。

二、自动变速器液控液压操纵系统

图16-40所示丰田A340E型自动变速器液控操纵系统，由动力源、执行机构和控制机构三部分组成。

1. 动力源

动力源为液压泵26，装在液力变矩器5后面，为内啮齿轮泵（图16-41）。它除了向控制机构、执行机构供应压力油以实现换挡外，还向液力变矩器供应工作油液，向行星齿轮变速器供应润滑油，并驱动变速器油流入散热器进行必要的冷却。

液压泵由变速器第一轴驱动，工作时，主动齿轮3带动从动齿轮2转动，轮齿脱开啮合的一端（吸油腔）容积不断变大，产生真空吸力，把变速器油从油底壳经滤清器25（图16-41）吸进油泵，轮齿进入啮合的一端（压油腔）容积不断减小，油压升高，把油压出液压泵。液压泵不停地转动，为液压操纵系统提供一定压力和流量的液压油。

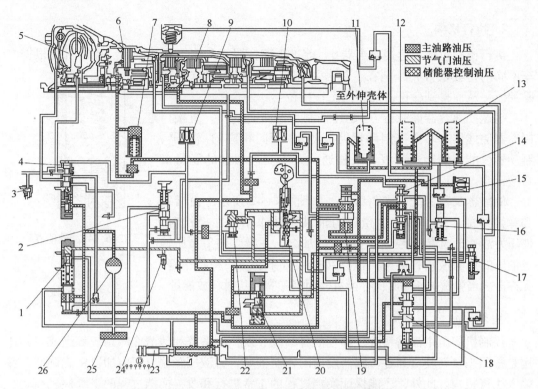

图 16-40 丰田 A340E 型自动变速器液控操纵系统

1—主调压阀；2—辅助调压阀；3—冷却器旁通阀；4—锁止继动阀；5—液力变矩器；
6—超速挡离合器；7—超速挡离合器储能器；8—前进挡离合器；9—3 号电磁阀关断；
10—1 号电磁阀接通；11—超速挡制动器储能器；12—直接挡离合器储能器；13—2 挡制动器储能器；
14—2、3 挡换挡阀；15—2 号电磁阀关断；16—2 挡滑行调节阀；17—低挡滑行调节阀；
18—1、2 挡换挡阀；19—3、4 挡换挡阀；20—节气门阀；21—储能器控制阀；
22—减压阀；23—手控制阀；24—卸压阀；25—滤清器；26—液压泵。

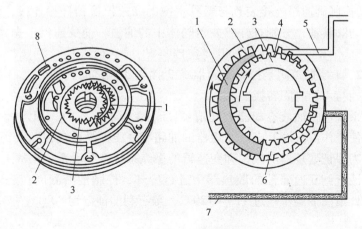

图 16-41 液压泵

（a）结构图；（b）工作原理图。

1—月牙形隔离块；2—从动齿轮；3—主动齿轮；4—压油腔；
5—出油管；6—吸油腔；7—进油管；8—泵体。

2. 执行机构

执行机构包括超速挡离合器 6、前进挡离合器 8 和倒挡制动器等。控制机构根据汽车不同的行驶条件，分别在上述各液压执行机构中建立或卸除油压，从而得到变速器的不同工作挡位。

超速挡离合器储能器 7、超速挡制动器储能器 11、直接挡制动器储能器 12、2 挡制动器储能器 13 等向相应的离合器、制动器供能，储能器与液压泵相通，其中变速器油的能量来自液压泵。

储能器又称蓄能器或蓄压器，如图 16-42 所示，由活塞和弹簧组成，用于储存少量压力油液，其作用是在换挡时，使压力油液迅速流到换挡执行机构的油缸，并吸收和平缓所输送油压的压力波动，使换挡执行元件接合柔和，使换挡平稳、无冲击。当弹簧被压缩时储存能量，而当弹簧伸长时释放能量。

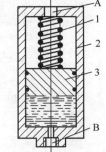

图 16-42 储能器
1—弹簧；2—缸筒；3—活塞；
A—至换挡执行元件油路；
B—节气门油压。

3. 控制机构

控制机构由主油路系统、换挡信号系统、换挡阀系统和滤清冷却系统等组成。其作用是按照来自驾驶员和各传感器发出的控制信号，将液压泵输出压力加以精确调节，并输入执行机构。此外，还能保证换挡过程的正常进行和改善换挡过程的平顺性。

主油路系统包括主调压阀 1、辅助调压阀 2 及高压油管路部分。为得到不同挡位，主油路应具有不同的油压。调压阀的作用即是将液压泵的输出压力精确调节到所需值后输入主油路。

换挡信号系统由节气门阀 20 等组成。节气门阀的位置取决于节气门的开度，即取决于发动机负荷，因此驾驶员操纵加速踏板即可改变节气门阀，从而输出换挡信号。

换挡阀系统包括 2、3 挡换挡阀 14，1、2 挡换挡阀 18，3、4 挡换挡阀 19、手控制阀 23 等。手动控制阀通过连接装置与驾驶室内的变速器换挡杆相连接，驾驶员操纵换挡杆时带动手动阀移动，分别打开或关闭阀体中的油道，使变速器根据换挡杆的移动，在"P"（驻车）、"R"（倒挡）、"N"（空挡）、"D"（前进）、"2"、"L"（低速）挡位之间转换。2、3 挡换挡阀是控制变速器在 2 挡与 3 挡之间转换，3、4 挡换挡阀是控制变速器在 3 挡与 4 挡之间转换。

滤清冷却系统包括油液冷却器和滤清器 25。变矩器工作时，相当大一部分能量转化成热量，致使工作液温度升高。变矩器的油路与液压操纵系统和机械变速器的润滑油路是相通的，为保证变矩器的效率和变速器的操纵系统及润滑系统正常工作，变矩器内一部分高温油液流到变速器油的散热器中进行冷却，控制油液温度在一定范围内（一般变矩器出口处最高油温不超过 115~120℃，最有利的油温为 80℃左右）。

三、自动变速器电控液压操纵系统

电子控制液力自动变速器（Electronic Controlled Automatic Transmission，ECT）采用电控液压操纵系统。

与液控液压操纵系统相比，电控液压操纵系统的不同之处在于：自动换挡的控制系统（换挡点的选择及换挡信号的发生）是由电控单元（ECU）控制完成的。此时，车速、加速度、节气门、选挡范围等控制换挡的信号变为相应的电信号。

由于 ECU 能存储与处理多种换挡规律，电液式控制系统不仅可以按汽车行驶的需要选择相应的挡位，而且能实现更复杂、更合理的控制，可得到更理想的燃料经济性和动力性。此外，电控液压操纵系统还可简化液压系统，提高控制精度和反应速度，并可实现与整车其他控制系统的匹配，如发动机电控喷射系统、巡航控制等。因此，现在几乎所有的轿车自动变速器都采用电控液压操纵系统。

电控液压操纵系统由传感器、各种控制开关和电控单元和执行器组成，其控制系统原理如图 16-43 所示。电控单元是整个控制系统的核心，它根据各种传感器测得的发动机转速、车速、节气门开度、自动变速器油温等参数，通过电控单元分析运算，根据各种开关输入的指令和电控单元内设定的程序，向各个执行元件输出工作指令，操纵液压阀体中各种控制阀的工作，实现对自动变速器的控制。

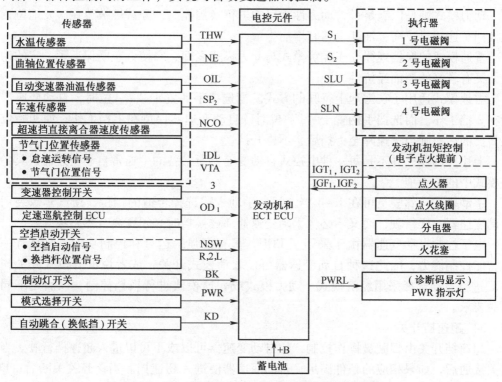

图 16-43　自动变速器电控液压操纵系统原理图

1. 传感器

自动变速器与发动机电控喷射系统的传感器共用，主要有节气门位置传感器、水温传感器、车速传感器、变速器油温传感器等。

2. 控制开关

电子控制装置中常用的开关有：空挡起动开关、行驶模式选择开关、超速挡开关等。

1）空挡起动开关

发动机只有当选挡手柄在 P 位或 N 位时才能起动。电控单元从位于空挡起动开关中的传感器探测到选挡杆位于 P 位或 N 位时，将信号传给起动机继电器，使点火开关能工作。同时，在挂前进挡时中断起动机，即制止起动机在汽车进入行驶状态后啮合，并锁住变速杆。

2）行驶模式选择开关

行驶模式选择开关是供驾驶员选择所需的行驶模式的开关。驾驶员可以通过该开关来改变自动变速器的控制模式，选择经济模式、动力模式或普通模式、雪地模式和手动模式。在不同的模式下，自动变速器的换挡规律有所不同，以满足不同的使用要求，并通过行驶模式指示灯，告知驾驶员行驶模式。

经济模式是以获得最小的燃油消耗为目的进行换挡控制，因此换挡车速相对较低，动力性能指标有所降低。

动力模式则是以满足最大动力性为目的进行换挡控制，经济性被放在次要地位，因此换挡车速相对较高，油耗也稍有增加。

普通模式的换挡规律介于经济模式与动力模式之间，它使汽车既保证了一定的动力性，又有较好的燃油经济性。

雪地模式适用于在雪地上行驶的方式。当选挡手柄置于"2"位时，自动变速器保持在 2 挡工作。而选挡手柄置于"1"位时，自动变速器保持在 1 挡工作；如初始位置在 2 挡的话，则当车速降至 1 挡后，不再升挡。

上述控制模式并不是每一种电控式自动变速器所必备的，通常自动变速器只具备这些模式中的若干项。

手动模式让驾驶员可在 1~4 挡之间以手动方式选择合适的挡位，使汽车像装用了手动变速器一样行驶，而又不必像手动变速器那样换挡时必须踩离合器踏板。

电子控制自动变速器由于采用了 ECU，具有很强的运算和控制功能，并具有一定的智能控制能力，因此这种自动变速器可以取消模式开关，或者说没有模式开关，由 ECU 进行自动选择采用经济模式、动力模式或普通模式进行换挡控制，以满足不同的行驶要求。

3）超速挡开关

超速挡开关由驾驶员操作控制，使自动变速器可以或不可以进入超速挡行驶。当该开关接通后，如果相应的条件满足，自动变速器便进入超速挡。当该开关关断后，ECT 在任何情况下都不能换入超速挡。

3. 执行器

执行器包括电磁阀、超速挡离合器、前进挡离合器和倒挡制动器等。电磁阀的作用是开启或关闭油路。电磁阀开启时，相应挡位的离合器执行接合任务。

4. 电控单元

电子控制自动变速器可与发动机电子燃油喷射系统共用一个电控单元，也可使用独立的电控单元。电控单元是电子控制系统的控制中心，由接收器、控制器和输出装置三部分组成。接收器负责收集所有传感元件的输出信号,并对它们进行放大或调制。然后,控制器将这些信号与内存中的数据进行对比,根据对比结果作出是否换挡等决定,最后由输出装置将控制信号输送给电磁阀。

第五节　双离合变速器

1. 双离合器变速器的结构

双离合器变速器又称直接换挡变速器（Direct‑Shift Georrbox,DSG）,如图 16‑44 所示,有两个离合器和一个三轴式齿轮变速器,进一步说,它是由两个离合器集合而成的双离合装置、基于手动变速器的三轴式齿轮变速系统、自动换挡机构、电子控制液压控制系统组成。

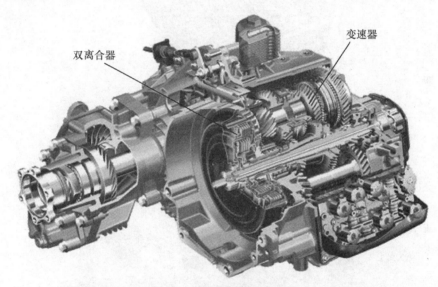

图 16‑44　双离合器变速器

双离合器有湿式和干式。湿式双离合器如图 16‑45 所示,由电子控制及液压推动,能同时控制两台离合器的运作。发动机输出的动力通过带有扭转减振器的双质量飞轮传递给双离合器,再传递给变速器。在 DSG 中没有液力变矩器,用扭转减振器来吸收系统的扭转振动。

变速器的输入轴总成是由一个实心轴及其外部套筒轴组合而成的双传动输入系统（图 16‑46）,奇数挡位和偶数挡位的传动齿轮分别布置在这两个输入轴上。离合器 1 与实心输入轴相联,控制奇数挡（1、3、5）及倒挡,离合器 2 与套筒（空心）输入轴相联,控制偶数挡（2、4 及 6 挡）。两个离合器各自负责一根传动轴的动力传递,轮流向双传动系统传递动力。而动力的输出轴也是有分别的,一根输出轴实现低速挡时的动力输出,另一根轴实现高速和倒车挡的动力输出,两根输出轴的动力都要和变速器的最终输出轴联动在一起,将动力输送到车轮上,此外在变速齿轮组的布置上也没有采用传统的布置方式,变速齿轮的放置并不是按照挡位的顺序排列的,这样相邻两个挡位的变速齿轮就不会共用一个同步器，这更是为实现动力的无缝传递提供了技术保证。

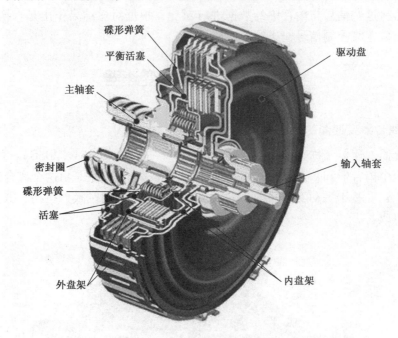

图 16-45 湿式双离合器

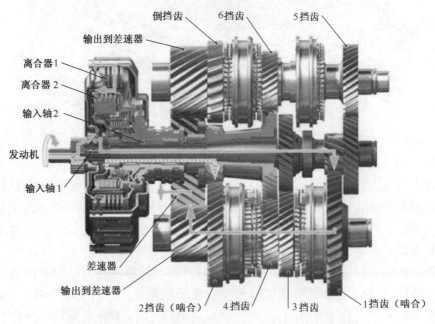

图 16-46 双离合器变速器的结构及 1 挡动力传递路线

2. 双离合器变速器的工作原理

当汽车挂上 1 挡起步行驶时，控制奇数挡输入轴的离合器 1 接通（图 16-46），使连接奇数挡的实心输入轴转动，1 挡同步器自动与低速挡输出轴上的 1 挡齿轮啮合，实现与低速挡输出轴联动。动力传递路线中实线和箭头所示,在低速输出轴的末端有一斜齿轮,依靠这个斜齿轮将动力输出到差速器,再传递给最终输出轴。在1挡同步器和1挡齿轮相啮合的同时,2挡同步器也在电控组件的控制下和2挡齿轮相啮合,处于工作待命状态。

再看2挡的动力传递路线,当变速器挂入1挡后,控制偶数挡位输入轴的离合器2是分离的,因而此时处于与发动机动力完全断开的状态,图16-46中虚线和箭头所示的路线,此时连接偶数挡的套筒(空心)输入轴虽然在2挡齿轮的带动下也会转动,但其完全是在跟随着其他奇数挡的齿轮转动,并没有任何动力的输出,仅是为接下来的升挡做预先准备。因此偶数挡位的输入轴也就不会对奇数挡输入轴的动力造成干涉,高速挡的输出轴也会跟随转动,但同样是处于空转状态,没有任何动力的输出,所以在动力输出上没有任何动力发生相互干涉。

变速器进入2挡时,1挡离合器分离,离合器2同时连接,挂上2挡中实线和箭头所示(图16-47),与此同时,3挡又预先结合中虚线和箭头所示,如此连续地进行工作,使得变速器在入挡和摘挡时完全没有间隙。所以在DCT变速器的工作过程中总是有2个挡位是结合的,一个正在工作,另一个则为下一步做好准备。

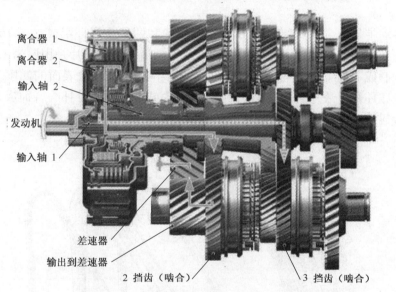

图16-47 双离合器变速器2挡动力传递路线

除了升挡时,DSG会使更高挡位处于待命状态以外,在超速挡时,同样可以为降挡实现待命状态,加快降挡时间。

双离合变速器结合了手动变速器和自动变速器的优点,没有使用液力变矩器,所以发动机的动力可以完全发挥出来,同时两组离合器相互交替工作,使得换挡时间极短,发动机的动力断层也就非常有限,切换挡动作极其迅速而且平顺,动力传输过程几乎没有间断,车辆动力性能可以得到完全的发挥。与采用液力变矩器的传统自动变速器相比,由于DCT的换挡更直接,动力损失更小,所以其燃油消耗可以降低10%以上。

与传统的自动变速器相比,DSG也存在一些固有的弊端;首先,由于没有采用液力变矩器,所以对于小排量的发动机而言,低转速下的扭矩不足的特性就会被完全暴露出来;其次,在换挡过程中,双离合器产生的热量较大,尤其是干式双离合器,需要及时散发热量，否则会产生传动故障；此外，DSG 变速器采用了计算机控制，属于一款智能型变速器，它在升/降挡的过程中需要向发动机发出电子信号，经发动机回复后，与发动机配合才能完成升/降挡，大量电子元件的使用，增加了故障出现的概率。

第六节　机械式无级自动变速器

一、金属带式无级变速器

金属带式无级变速传动机构（Continuously Variable Transmission，CVT）由荷兰人发明，有此装置的变速器称为金属带式无级变速。CVT 与有级式的区别在于，它的变速比是一系列连续的值，由金属带式无级变速传动机构实现速度的无级变化。目前机械式无级自动变速器以金属带式为主。

1. 金属带式无级变速器的主要部件

1）金属带

金属传动带是由多个（280～400 片）金属片和两组金属环组成（图 16-48）。对称的两组金属环插在金属片中，并与金属片组合成整体。金属片是用厚为 1.5～1.7mm 的工具钢片制成，在工作轮和金属环之间传力，并破坏工作轮表面的油膜，增大摩擦力。每组金属环是由数片（10～12 片）厚度约为 0.18mm 的带环叠合而成，它传递拉力，并对金属片起导向作用。金属带利用摩擦力实现动力传递。

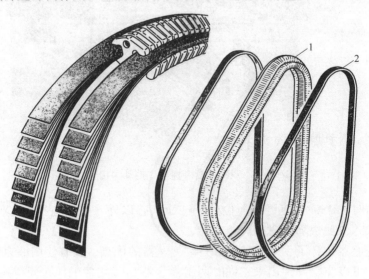

图 16-48　金属带
1—金属片；2—金属环。

2）带轮

带轮如图 16-49 所示，它是可变宽度的 V 形带轮。带轮的工作表面一般为直母线锥面体。左边的半个带轮（固定盘）固定在轴上，右边的半个带轮（活动盘）可在液压控制系统的作用下，依靠钢球－滑道结构进行轴向移动，使带轮可连续地改变宽度和传动带的工作半径，以实现无级变速传动。

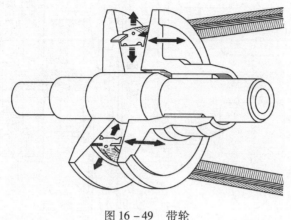

图 16-49 带轮

3）液压泵

液压泵是液压控制系统的液压源，它和一般液压系统一样，常用的结构形式有齿轮泵和叶片泵，但近年来流量可控、效率较高的柱塞泵应用最多。

2. 金属带式无级变速器的结构与工作原理

金属带式 CVT 的结构以及工作原理如图 16-50 所示。它由一对可变宽度的 V 形带轮 12、14、16 和带轮中间的金属带所组成。两副带轮通过组合式的挠性金属带以摩擦形式联系在一起形成传动，每一副带轮都由两个锥形盘组成，一个固定不动，另一个可在轴向沿花键自由滑动（为了减少摩擦，花键之间用钢球结合）。可变速比的获得是靠移动带轮的活动盘，改变带轮 V 形槽的宽度，从而改变梯形金属带和带轮相接触处的工作半径大小所致。一个 V 形带轮的宽度变窄，金属带和它的接触半径就变大，由于金属带长度不变，则另一副带轮的活动盘，必定自动向外移动增加宽度，其工作半径就变小，这样就自动地改变了传动比。

金属带式 CVT 的调速控制和选挡是通过液压操纵来完成的。在初始状态，金属带处在主动带轮 16 的最下端，当油液进入 V 形主动带轮的工作油缸 15 后，在油压作用下，主动带轮活动盘沿轴向向里靠拢，金属带往上升。此时，从动带轮活动盘 14 要克服恢复弹簧及其工作油缸 13 的油压沿轴向朝相反方向移动张开，两带轮的直径均变化，从而改变了传动比大小。传动比的大小及金属带夹紧载荷将依据车速、发动机转速、油门开度及 V 形主动带轮 16 活动盘的位置而定。V 形带轮活动盘 14 工作油缸 13 中的油压确保金属带在传动过程中不发生滑动，但也应防止油压过高造成不必要的能量损耗，油压变化的范围大致在大传动比时的 2.2MPa 到最小传动比（超速传动）时的 0.8MPa。

行星齿轮传动的选挡用手完成，挂挡的动作由液压油缸来完成，由行星齿轮机构实现前进、倒车行驶和怠速驻车等功能。行星轮系的输入元件为行星架 2，它和发动机相联。行星架上有 3 套行星轮 3，每套有两个行星轮，一个和齿圈 1 啮合，另一个和太阳轮 5 啮合，太阳轮作为输出元件和 V 形主动带轮相联。通过前进挡离合器 7（在油压作用下）的

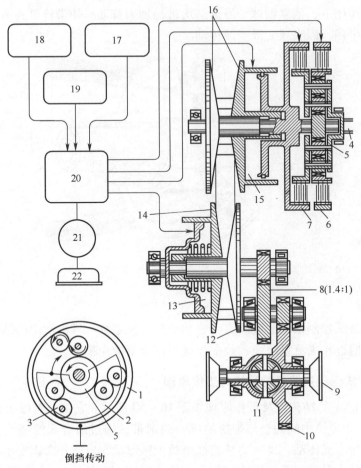

图 16-50 金属带式 CVT 结构原理图（用于前置前驱动汽车）

1—齿圈；2—行星齿轮架；3—双排行星齿轮；4—输入轴；5—太阳轮；6—倒挡制动器；
7—前进挡离合器；8—中间减速齿轮；9—驱动轴联接法兰；10—主减速器从动齿轮；
11—差速器；12—从动带轮固定盘；13—从动带轮工作油缸；14—从动带轮活动盘；
15—主动带轮工作油缸；16—主动带轮固定和活动盘；17—带轮位置传感器；
18—发动机转速和车速传感器；19—负荷传感器；20—液控装置；21—油泵；22—过滤器。

结合，行星架和太阳轮连在一起，发动机的转速就直接输入 V 形主动带轮。如果前进挡离合器 7 松开，倒挡制动器 6 结合，齿圈 1 固定不动，这样太阳轮的旋转方向就和行星架的旋转方向相反，此时为倒挡。松开离合器和制动器，就为空挡。动力输入主动带轮后，经金属带式 CVT 无级变速，将动力传递给中间减速齿轮 8、主减速器主动齿轮、主减速器从动齿轮 10，再经差速器由驱动轴连接法兰 9、两边的半轴传递给前驱动轮。

图 16-51 所示为汽车用金属带式无级变速器，与图 16-50 所示金属带式 CVT 结构原理相同，在系统布置上机构的左右位置有些变化。它包括液压泵 7、离合器、前进和倒挡切换机构、主动轴及主动带轮固定盘 6、金属带、从动轴及从动带轮固定盘 14、主减速器、差速器 11 和驱动桥等。其动力传递路线为：汽车正常行驶时，离合器接合发动机飞轮 1 传入动力，经倒挡离合器 2 和前进离合器 3 处的行星齿轮传递给主动带轮（包括主动带轮固定盘 6 和主动带轮活动盘 5），主动带轮通过金属带驱动从动带轮（包

括从动带轮固定盘 14 和从动带轮活动盘 8），再将动力经中间减速齿轮 13、主减速器 12、差速器等分配给车轮；操纵前进和倒挡切换机构，依照前述传递路线，可实现前进和倒退行驶；当离合器切断时发动机空转，实现空挡。在主动带轮活动盘和从动带轮活动盘上分别有推力液压缸，依据道路行驶阻力和发动机最小燃油消耗特性调节液压缸的压力，改变主、从动带轮的工作半径，达到要求的传动比。

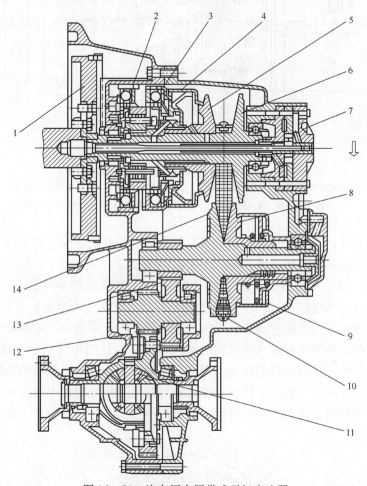

图 16-51 汽车用金属带式无级变速器

1—发动机飞轮；2—倒挡离合器；3—前进离合器；4—主动带轮液压缸；5—主动带轮活动盘；6—主动轴及主动带轮固定盘；7—液压泵；8—从动带轮活动盘；9—从动带轮液压缸；10—金属带；11—差速器；12—主减速器；13—中间减速齿轮；14—从动轴及从动带轮固定盘。

二、金属链式无级变速器

1. 金属链式无级变速器的结构

图 16-52 所示为奥迪 01J 金属链式无级变速器的结构示意图，主要由飞轮减振装置 1、行星齿轮机构 8、辅助减速齿轮 3、无级变速链传动 4、前进挡离合器 7、倒挡离合器 2、电控单元 5 和液压控制单元 6 等组成。

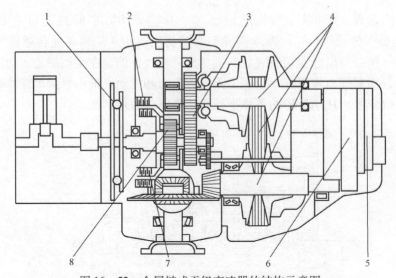

图 16-52 金属链式无级变速器的结构示意图
1—飞轮减振装置；2—倒挡离合器；3—辅助减速齿轮；4—无级变速链传动；
5—电控单元；6—液压控制单元；7—前进挡离合器；8—行星齿轮机构。

飞轮减振装置：为双质量飞轮扭转减振器，一端与曲轴连接，另一端与行星齿轮机构连接，扭转减振器起扭转减振作用，并连接两个飞轮。

行星齿轮机构：为具有一个内中心轮和一个外中心轮的单排双级行星齿轮机构（图 16-53），有一级行星齿轮 2 和二级行星齿轮 3，这两个行星齿轮之间相互外啮合，另外，一级行星齿轮与太阳轮啮合，二级行星齿轮与内齿圈啮合。太阳轮与变速器的输入轴连接在一起，为整个行星齿轮机构的输入单元，它还用于驱动变速器中的液压泵；内齿圈为变速器中倒挡制动器的制动内毂，行星架为整个行星齿轮机构的输出单元，它与中间辅助齿轮连接在一起。此行星齿轮机构与其他无级变速器中的行星齿轮机构的作用一样，即在倒挡时，通过倒挡离合器，使内齿圈被倒挡制动器制动，改变变速器输出轴的旋转方向。

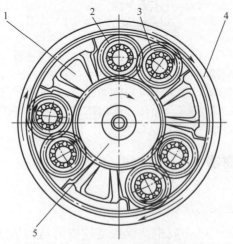

图 16-53 单排双级行星齿轮机构结构
1—行星架；2——级行星齿轮；3—二级行星齿轮；4—内齿轮；5—太阳轮。

前进挡离合器与倒挡制动器：为换挡执行元件，其作用主要是约束行星齿轮机构的内齿圈，以便改变变速器输出轴的旋转方向，进而实现汽车的前进与倒退。前进挡离合器的内毂为太阳轮，外毂与行星架为一体，其接合后，可以将太阳轮与行星架连接为一体，使整个行星齿轮机构形成直接传动。倒挡制动器的摩擦片与内齿圈联接，钢片与壳体相连接，其主要作用是在倒挡时制动内齿圈，由于有两个相互外啮合的行星齿轮，因此行星架与太阳轮的转动方向相反，实现倒挡。

中间辅助减速机构：为外啮合圆柱齿轮机构，主从动齿轮具有不同齿数。中间减速机构的主动齿轮与行星齿轮机构中的行星架相联接，从动齿轮与主动链轮组相连接。

无级变速链传动：为无级变速器的关键传动，主要由两组滑动锥面链轮和作用在其中间的无级变速链（图16-54）组成，其中每一组滑动链轮中又有一个可沿轴向移动的半个链轮，就是由于半个链轮的可轴向移动，从而改变接触链轮与传动链之间的工作半径，实现无级变速。

图16-54　无级变速链

控制系统：由液压和电子两大控制系统组成，其中液压控制系统主要控制离合器的分离与接合、冷却以及锥面链轮接触压力和速比的变化；电子控制系统主要用于监测变速器所输入的信息，根据自身系统具有动态驱动控制程序来实现经济模式与动力模式的转换、离合器的爬坡控制、过载保护控制以及手动模式控制。该无级变速器的电子控制单元和液压控制单元均安装在变速器壳体内部。

2. 金属链式无级变速器的工作原理

发动机曲轴输出的动力经飞轮减振装置和离合器传递给行星齿轮机构、辅助减速齿轮、无级变速链传动，由无级变速链传动将动力传递给主减速器。行星齿轮机构和辅助减速齿轮分别进行第一级和第二级减速，无级变速链传动进行无级变速，电控单元发出控制指令，倒挡离合器和前进挡离合器实施倒挡、前进挡和空挡的控制。

第七节　混合动力自动变速器

混合动力汽车的自动变速器为混合动力自动变速器。混合动力自动变速器有并联式和混联式。

一、并联式混合动力自动变速器

并联式混合动力自动变速器如图 16-55 所示,电动机 1、带有锁止离合器的液力变矩器 2、8 速行星齿轮自动变速器在发动机之后、同轴线依次排列。电动机具有电动和发电功能,相当于在发动机和变速器之间加装了一部电动机。行星齿轮自动变速器与传统的自动变速器的机械结构相似。带有锁止离合器的液力变矩器通过片式离合器(多片摩擦湿式离合器)锁止。带有锁止离合器的液力变矩器将发动机的动力传递给行星齿轮自动变速器,在 ECU 控制下,自动变速,利用液力变矩器平稳起步后,将离合器锁止,继续行驶。汽车爬坡时,ECU 控制电动机输出动力给自动变速器,汽车下坡或制动时,ECU 将电动机变为发电机,将动能变为电能,储存于蓄电池中。

图 16-55 宝马并联式混合动力自动变速器
1—电动机/发电机;2—带有锁止离合器的液力变矩器;
3—8 速行星齿轮自动变速器。

二、混联式混合动力自动变速器

1. 混联式混合动力自动变速器的结构

混联式混合动力自动变速器如图 16-56、图 16-57 所示,包括变速器油泵的机械驱动装置 4、行星齿轮组 1、行星齿轮组 2、行星齿轮组 3、变速器输出轴 8、片式离合器 2、片式离合器 1、电动机 B(EMB)、片式离合器 3、片式离合器 4、电动机 A(EMA)、变速器油泵 15 等。

带有扭转减振器的双质量飞轮与发动机的曲相连,通过扭转减振器提高发动机运转的平稳性及减小传动系统的扭转振动。在变速器的输入端装有机油泵,由发动机驱动或专门的电动机驱动,机油泵输出的变速器油用于润滑变速器和操控片式离合器。

变速器有 3 排 2K-H 型行星齿轮组。行星齿轮组 1 的齿圈与双质量飞轮连接,行星齿轮组 1 的中心轮与行星齿轮组 2 的齿圈连为一体,行星齿轮组 1 和行星齿轮组 2 的

第十六章 自动变速器

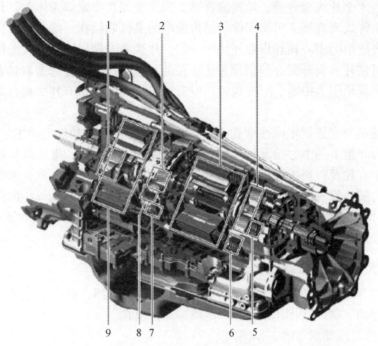

图16-56 宝马X6（E72）混联式混合动力自动变速器
1—行星齿轮组1；2—行星齿轮组2；3—电动机B；4—行星齿轮组3；5—片式离合器2；
6—片式离合器1；7—片式离合器3；8—片式离合器4；9—电动机A。

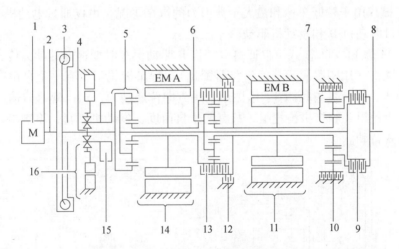

图16-57 宝马X6（E72）混联式混合动力自动变速器的结构简图
1—发动机；2—曲轴；3—双质量飞轮；4—变速器油泵的机械驱动装置；5—行星齿轮组1；
6—行星齿轮组2；7—行星齿轮组3；8—变速器输出轴；9—片式离合器2；10—片式离合器1；
11—电动机B（EMB）；12—片式离合器3；13—片式离合器4；14—电动机A（EMA）；
15—变速器油泵；16—驱动变速器油泵的电机。

系杆连为一体；行星齿轮组2和行星齿轮组3的中心轮连为一体；行星齿轮组3的系杆与变速器输出轴相连为一体。变速器油润滑这些行星齿轮组。

变速器有 4 个片式离合器。片式离合器 1 和 3 支撑在变速器壳体上,其作用相当于片式制动器;片式离合器 2 可将 3 排行星齿轮组的系杆联接在一起;片式离合器 4 可将第 2 排行星齿轮组的中心轮和齿圈连接在一起。片式离合器以液压方式操控,通过相应控制电动机可使片式离合器在几乎没有转速差的情况下接合,使变速器状态切换和换挡时几乎不会出现牵引力中断、突变现象,没有液压压力时,所有片式离合器均处于断开状态。

两个电动机与变速器集成在变速器壳体内,都具有电动和发电功能。电动机 A 的转子与行星齿轮组 1 的中心轮及行星齿轮组 2 的齿圈连为一体;电动机 B 的转子与行星齿轮组 2 的中心轮及行星齿轮组 3 的中心轮连为一体。与传统的自动变速器不同,在飞轮与变速器之间,没有液力变矩器,也没有顺序手动变速器内自动操控的离合器,而是通过电动机补偿汽车起步过程中发动机转速与输出转速的巨大差异,并使车辆传统系统中的起动机、发电机、变矩器以及换挡品质改善装置都成为多余。

2. 混联式混合动力自动变速器的工作模式

混联式混合动力自动变速器有空挡、7 个前进挡和倒挡,有传动比可连续调节和固定传动比、起动、空挡(图 16-57)、倒挡等工作模式。

1)传动比可连续调节的工作模式

变速器传动比可连续调节的工作模式(ECVT 模式)有 ECVT1 模式和 ECVT2 模式,变速器都是通过电动机自动调节变速器的传动比。

(1)ECVT1 模式。

ECVT1 模式用于较低车速和最大牵涉引力的汽车工况,可仅通过电动机 B、仅通过发动机、通过电动机 B 和发动机驱动汽车。

图 16-58 为 ECVT1 模式下仅通过电动机 B 驱动汽车时变速器的动力传递路线,片式离合器 1 锁止(用阴影表示片式离合器锁止),行星齿轮组 3 有一个自由度,动力由电动机 B 输入,经行星齿轮组 3、沿图中箭头方向传递动力,再由变速器输出轴将动力输出。行星齿轮组 2 和行星齿轮组 3 共有两个自由度,发动机静止,不输出动力,汽车以纯电动方式行驶。

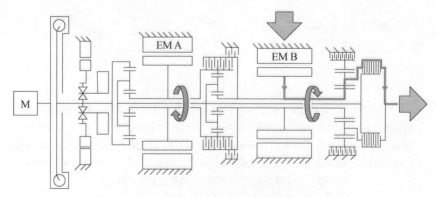

图 16-58 ECVT1 模式下仅通过电动机 B 驱动
汽车时变速器的动力传递路线

图 16-59 为 ECVT1 模式下发动机和电动机 B 混合驱动汽车时变速器的动力传递路线，片式离合器 1 锁止，动力由发动机和电动机 B 输入，发动机通过行星齿轮组 1 驱动电动机 A 发电，供电动机 B 使用，并沿箭头方向、经行星齿轮组 2、行星齿轮组 3、由变速器输出轴输出动力；电动机 B 经行星齿轮组 3 和变速器输出轴、沿箭头方向输出动力。电动机 A 向电动机 B 供电是为了使发动机在较佳负荷率的燃油经济性下工作。

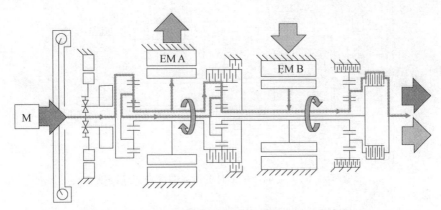

图 16-59　ECVT1 模式下发动机和电动机 B 混合驱动汽车时变速器的动力传递路线

(2) ECVT2 模式。

ECVT2 模式用于较高车速的汽车工况。可仅通过电动机 A、仅通过发动机、通过电动机 A 和发动机驱动汽车。图 16-60 为 ECVT2 模式下发动机和电动机 A 混合驱动汽车时变速器的动力传递路线，片式离合器 2 锁止，动力由发动机和电动机 A 输入，发动机通过行星齿轮组 2 驱动电动机 B 发电，供电动机 A 使用，并沿箭头方向、经行星齿轮组 2、行星齿轮组 3、片式离合器 2，由变速器输出轴输出动力，使发动机在较佳负荷率的燃油经济性下工作；电动机 A 经行星齿轮组 2、行星齿轮组 3、片式离合器 2 和变速器输出轴沿箭头方向输出动力。

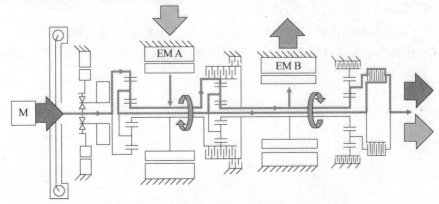

图 16-60　ECVT2 模式下发动机和电动机 A 混合驱动汽车时变速器的动力传递路线

2) 固定传动比的工作模式

变速器在固定传动比的工作模式时，是有级变速器，有固定的 1~4 挡传动比，相应的挡位为基本挡位，并通过接合两个片式离合器实现。基本挡位 1 时变速器的动力传递路线如图 16-61 所示，片式离合器 4 和片式离合器 1 分别接合，电动机没有能量转换。

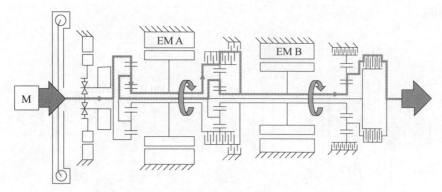

图 16-61　基本挡位 1 时变速器的动力传递路线

思考题

16-1　自动变速器的类型和组成是什么？与普通变速器比较有何优点？
16-2　简述三元件综合式液力变矩器的组成和工作原理。
16-3　简述四挡辛普森式行星齿轮变速器的结构。
16-4　何为辛普森行星齿轮机构？其结构特点是什么？
16-5　简述拉威挪式行星齿轮机构的结构特点和工作原理。
16-6　简述换挡执行机构（离合器、制动器、单向离合器）的功用及工作原理。
16-7　简述双离合器变速器的结构特点及工作原理。
16-8　解释 CVT，简述 CVT 的工作原理。
16-9　简述混联式混合动力自动变速器的 ECVT1 模式下发动机和电动机 B 混合驱动汽车时变速器的动力传递路线，以及电动机 A 工作对发动机燃油经济性的影响。

第十七章 万向传动装置

第一节 概 述

一、万向传动装置的功用及组成

万向传动装置的功用是在轴线相交或轴线相对位置经变化的两轴线之间传递动力。它一般由万向节和传动轴组成（图17-1（a）），在传动距离较远时，为提高轴的刚度，加有中间支承。

二、万向传动装置在汽车上的应用

（1）用于发动机前置后轴驱动汽车的变速器与驱动桥之间。在前置后驱动的汽车上（图17-1（a）），往往将发动机、离合器、变速器连成一个总成固定在车架上，而驱动桥则通过弹性悬架与车架相连接，这样，变速器输出轴与主减速器输入轴之间不但轴线不重合，而且在汽车行驶中，由于地面不平还会引起弹性元件变形，使两根轴的相对位置不断变化。为保证二者之间在任何情况下均能传递动力，在变速器与驱动桥之间采用万向传动装置。由于变速器与后桥距离较远，轴距较大，将传动轴分成了两段，即前传动轴3和后传动轴5，并设置了中间支承4，加设万向节2。

（2）用于多轴驱动越野汽车的变速器与分动器、分动器与驱动桥之间。在多轴驱动的越野汽车上，在分动器与各驱动桥之间、驱动桥与驱动桥之间、变速器与分动器之间，其动力传递等都是靠万向传动装置来实现的（图17-1（b））。有些重型汽车的变速器与发动机是分开固定的，它们之间也装有万向传动装置。

（3）用于转向驱动桥的半轴。在转向驱动桥上，转向轮偏转时仍要传递动力，这时的半轴不能制成整体而要分成两段，且用万向节连接，以适应汽车行驶时各段半轴之间交角不断变化的需要。若采用独立悬架，则在半轴的两端各装一个万向节（图17-1(c)）。若采用非独立悬架，只需要在转向轮附近装一个万向节即可（图17-1（d））。

(4) 用于转向系统的转向盘与转向器之间。在某些汽车的转向系中（图 17-1 (e)），其转向盘与转向器之间装有万向传动装置，以便于转向系统的总体布置。

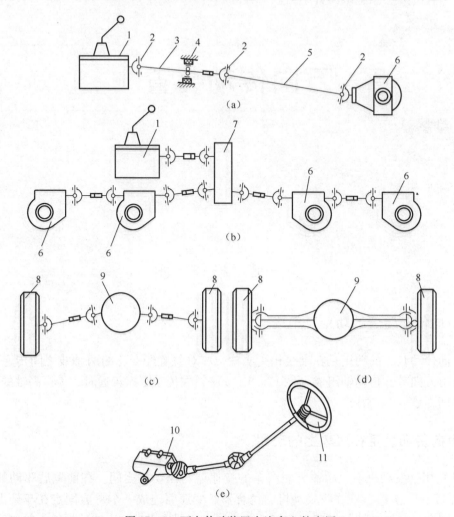

图 17-1　万向传动装置在汽车上的应用

(a) 用于变速器与驱动桥之间；(b) 用于变速器与分动器、分动器与驱动桥之间；
(c)、(d) 用于转向驱动桥的半轴；(e) 用于转向系的转向盘与转向器之间。
1—变速器；2—万向节；3—中间传动轴；4—中间支承；5—主传动轴；6—驱动桥；
7—分动器；8—驱动轮；9—主减速器；10—转向器；11—转向盘。

第二节　万 向 节

万向节是万向传动装置中实现变角度动力传递的主要部件，是连接两根可变角度轴的联轴器。根据万向节在扭转方向上是否有明显的弹性，分为刚性万向节和挠性万向节。根据刚性万向节的运动特点，分为不等速万向节（十字轴式）、准等速万向节（双联式、三销轴式等）和等速万向节（球笼式、球叉式等）。

一、十字轴刚性万向节

十字轴式刚性万向节在汽车传动系统中应用最为广泛，主要应用于变速器与驱动桥、变速器与分动器、分动器与驱动桥之间的动力传递，它允许相邻两轴在最大交角为15°~20°时传递动力。

1. 十字轴刚性万向节的构造

十字轴式刚性万向节如图17-2所示，它一般由一个十字轴、两个万向节叉和4个滚针轴承等组成。万向节叉2与传动轴焊接，万向节叉6通过凸缘盘用4个螺栓与另一轴上凸缘盘连接。两个万向节的两对孔通过4个滚针轴承（由滚针8和套筒9组成）分别与十字轴4的两对轴颈相铰接。这样，当一个万向节叉转动时，另一个万向节可随之转动，同时又可绕十字轴中心在任意方向摆动。为了防止轴承在离心力的作用下被甩出，万向节叉上用螺钉固定轴承盖1，并用锁紧垫锁紧。为了润滑轴承，十字轴做成中空的（图17-3），并开有润滑油道通向轴颈，润滑脂由注油嘴4注入。在十字轴的轴颈上套着装在金属座圈内的毛毡油封7（图17-2）或橡胶油封2（图17-3），以防止润滑油流失或灰尘进入轴承。溢流阀5起着防止油压过高而使密封损坏的作用。

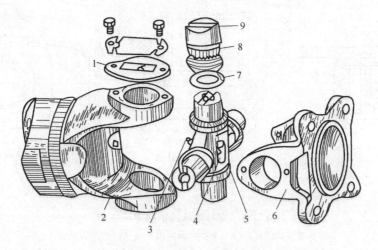

图17-2 十字轴刚性万向节
1—轴承盖；2、6—万向节叉；3—润滑脂嘴；4—十字轴；
5—溢流阀；7—油封；8—滚针；9—套筒。

在图17-2中，用轴承盖对滚针轴承轴向定位，除此之外，图17-4表示出了另外一些滚针轴承的轴向定位方式。图17-4（a）为盖板固定式，将弹性盖板1点焊于轴承座2的底部，装配后，弹性盖板对轴承座底部有一定的预压力，用来防止高速转动时由于离心力作用，在十字轴4的端面与轴承座底之间出现间隙而引起十字轴轴向窜动，并避免了由于这种窜动所造成的对传动轴动平衡状态的破坏。它工作可靠，拆装方便，但零件数目较多。图17-4（b）和图17-4（c）所示分别为外挡圈固定式和内挡圈固定式，弹性外挡圈6、内挡圈7嵌入轴承座2和万向节叉5的槽中，阻挡轴承座外移，它们的特点是工作可靠、零件少、结构简单。

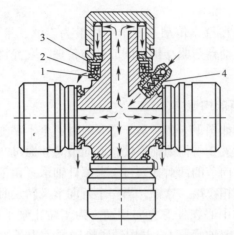

图 17-3 十字轴的润滑油道及密封装置
1—油封挡盘；2—橡胶油封；3—油封座；4—注油嘴。

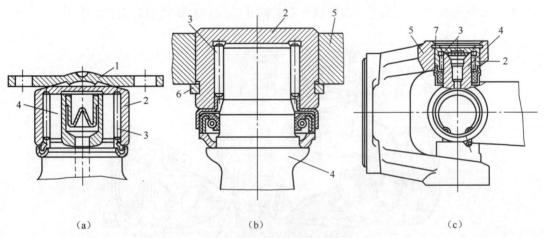

图 17-4 滚针轴承的轴向定位方式
（a）盖板固定式；（b）外挡圈固定式；（c）内挡圈固定式。
1—弹性盖板；2—轴承座；3—滚针轴承；4—十字轴；5—万向节叉；6—外挡圈；7—内挡圈。

十字轴刚性万向节结构简单，传动可靠，效率高，因此应用较广泛。其不足之处是对于单个万向节在输入轴和输出轴之间有夹角的情况下，其两轴的角速度不相等，这就是单个万向节的不等速性。

2. 十字轴刚性万向节的不等速性

十字轴刚性万向节有如下传动特性：主从动轴的夹角不等于零时，当主动万向节叉是等速转动时，从动万向节叉是不等速转动。它的传动特性可以用图 17-5 来分析。

设主动叉轴 1 为水平布置且以 ω_1 等角速度旋转，从动叉轴 2 与主动叉轴 1 有一夹角 α，其角速度为 ω_2，十字轴旋转半径 $OA = OB = r$。

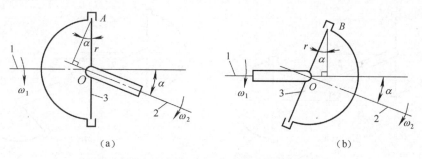

图 17-5　十字轴刚性万向节传动的角速度分析
1—主动叉轴；2—从动叉轴；3—十字轴。

当万向节转动到图17-5（a）所示位置，即主动叉处于垂直位置，十字轴平面与主动叉轴相垂直时，十字轴上 A 点的线速度 v_A 可以从主动叉轴1和从动叉轴2两方面求出，即

$$v_A = \omega_1 r = \omega_2 r \cos\alpha$$
$$\omega_1 = \omega_2 \cos\alpha, \quad \omega_2 > \omega_1$$

当万向节再转动90°到图17-5（b）所示位置，即主动叉处于水平位置，十字轴平面与从动叉轴2相垂直时，十字轴上 B 点的线速度 v_B 也可以从主动叉轴1和从动叉轴2两方面求出，即

$$v_B = \omega_2 r = \omega_1 r \cos\alpha$$
$$\omega_2 = \omega_1 \cos\alpha, \quad \omega_2 < \omega_1$$

通过上述两个特殊位置分析可以看出，当主从动轴的夹角不等于零时，主动叉轴1以等角速度转动时，从动叉轴2是不等角速度转动的，即主动轴与从动轴的瞬时角速度不相等。这就是十字轴式刚性万向节的不等速性。夹角 α 越大，不等速性越大。应当注意，当主从动轴的夹角等于零时，主、从动叉轴的转速是相等的。

主动轴从图17-5（a）位置到图17-5（b）位置转动了90°，从动轴2的角速度由最大值 $\omega_1/\cos\alpha$ 变为最小值 $\omega_1\cos\alpha$，再转90°，又回到图17-6（a）位置，从动轴的角速度 ω_2 又由最小值变为最大值。可见，从动轴角速度的变化以180°为一个周期，在180°内时快时慢，且不等速程度随轴间夹角 α 的增大而增大，但两轴的平均速度相等。

单万向节传动的不等速性，将使从动轴及与其相联的传动部件产生扭转振动，影响部件寿命。因此在变速器的输出轴和驱动桥的输入轴之间，常采用如图17-6所示的双十字轴式万向节传动，第一万向节的不等速效应可以被第二万向节的不等速效应所抵消，从而实现两轴间的等角速度传动。但要达到这一目的，必须满足两个条件：

（1）第一万向节两轴间夹角 α_1 与第二万向节两轴间夹角 α_2 相等。这时，输入轴和输出轴平行排列，或输入轴、输出轴和中间轴成等腰三角形排列。

（2）第一万向节的从动叉与第二万向节的主动叉处于同一平面内。

二、准等速万向节

最明显需要用准等速万向节和等速万向节的地方是前驱动桥最外端转向节主销处，

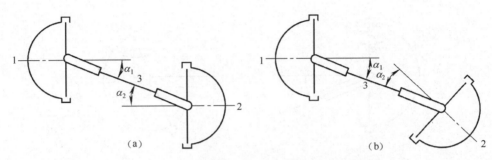

图 17-6 双十字轴式万向节等速传动布置示意图
(a) 平行排列；(b) 等腰三角形排列。
1—输入轴；2—输出轴；3—传动轴。

因为汽车转弯时，前轮需要转向，其转角相当大，采用普通十字轴万向节，因不等速性较大，车轮不等角速转动较大，轮胎易磨损。

准等速万向节是根据上述双十字轴万向节实现等速传动的原理而设计的。常见的有双联式、三销轴式和球面滚轮式。

1. 双联式万向节

双联式万向节是去掉中间轴，中间轴两端的万向节叉直接相联而得到的一种万向节，如图 17-7 所示。两个万向节叉相联后为双联叉 3。欲使轴 1 和轴 2 的角速度相等，应保证 $\alpha_1 = \alpha_2$。为此，有的双联式万向节的结构中装有分度机构，以使双联叉 3 的十字轴中心连线与轴 1、2 的中心线成等腰三角形。

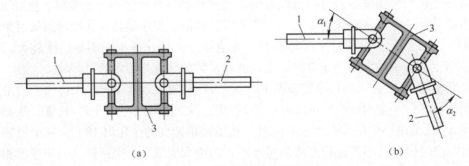

图 17-7 双联式万向节示意图
1、2—轴；3—双联叉。

图 17-8 为一种双联式万向节的具体结构。在万向节从动叉 6 的内端有球头，与球碗 9 的内圆面配合，球碗座 2 则镶嵌在万向节主动叉 1 内端。双联叉 5 与两端的十字轴铰接，并将球头与球碗包在中间。当万向节从动叉相对万向节主动叉在一定角度范围内绕球头与球碗的中心摆动时，双联叉 5 也被带动偏转相应角度，使两十字轴的中心连线与万向节主、从动叉的轴线形成受间隙等误差影响的近似等腰三角形，两十字轴的中心连线与万向节主、从动叉的轴线之间的夹角差值很小，从而保证输入、输出轴的角速度接近相等，其差值在容许范围内，故双联式万向节具有准等速性。

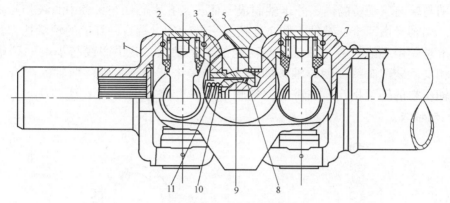

图 17-8 双联式万向节

1—万向节主动叉；2—球碗座；3—衬套；4—防护圈；5—双联叉；
6—万向节从动叉；7—油封；8、10—垫圈；9—球碗；11—弹簧。

双联式万向节可以使两轴之间有较大的夹角（一般可达 50°），在转向驱动桥中应用较广泛，图 17-9 中，主动内半轴 2 与外半轴 3 在转向节处用双联式万向节 12 连接。北京切诺基、延安 SX2150、斯泰尔等汽车均采用了这种双联式万向节。

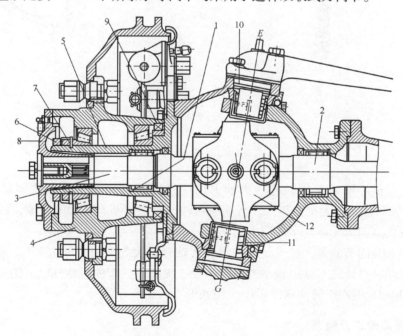

图 17-9 转向驱动桥双联式万向节传动

1、10、11—滚针轴承；2—内半轴；3—外半轴；4—轮毂；5—转向节轴颈；
6、7—防松螺母；8—凸缘盘；9—密封环；12—双联式万向节；EG—主销轴线。

2. 三销轴式万向节

三销轴式万向节是由双联式万向节演变而来的一种准等速万向节，如图 17-10 所示为 EQ2080 型汽车转向驱动桥中所采用的三销轴式万向节。主、从动偏心轴叉 2

和 4 分别与转向驱动桥的内、外半轴制成一体。叉孔中心线与叉轴中心线相互垂直但不相交。两轴叉由两个三销轴 1 和 3 连接。三销轴的大端有一穿通的轴承孔，其中心线与小端轴颈中心线重合。靠近大端两侧的两个轴颈，其中心线与小端轴颈中心线垂直并相交。装配时每一偏心轴叉的两叉孔与一个三销轴大端的两轴颈配合，而两个三销轴小端的轴颈相互插入对方大端轴承孔内，这样便形成了 $Q_1—Q_1'$、$Q_2—Q_2'$、$R—R'$ 三根轴线。

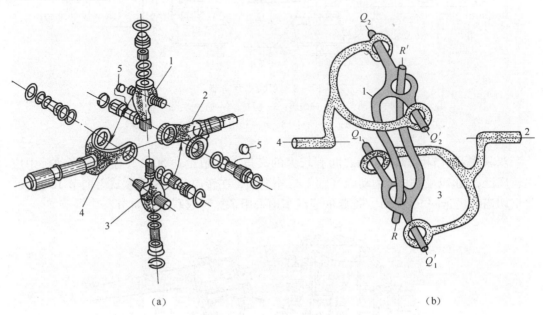

图 17－10　三销轴式万向节
(a) 零件形状；(b) 装配示意图。
1、3—三销轴；2—主动偏心轴叉；4—从动偏心轴叉；5—推力垫片。

在与主动偏心轴叉 2 相联的三销轴 1 的两个轴颈端面和轴承座之间装有推力垫片 5。其余轴颈端面均无推力垫片，且端面与轴承座之间留有较大的空隙，以保证在转向时三销轴式万向节无运动干涉现象。

三销轴式万向节的最大特点是允许相邻两轴有较大的交角，可达 45°。采用此万向节的转向驱动桥可使汽车获得较小的转弯半径，提高了汽车的机动性，三销轴式万向节在东风 EQ2080E 型汽车转向驱动桥中应用如图 21－5 所示。

3. 球面滚轮式万向节

图 17－11 所示为球面滚轮式准等速万向节，亦称三枢轴万向节（Tripode Universal Joint）。装在与万向节轴 5 制成一体的三根销轴 3 上的球面滚轮 4，可沿与另一万向节轴 1 相联的筒状体的三个轴向槽 2 中滚动，起到滚动伸缩花键的作用，同时提高传动效率。3 个球面滚轮与筒状体的槽壁之间可传递转矩。球面滚轮式万向节工作时，沿圆周等分的 3 个球面滚轮中心形成的平面始终位于或近似位于万向节两轴夹角的平分面上，是准等速万向节。该万向节允许的轴间夹角可达 43°，用于国产富康轿车前转向驱动桥中的内侧，靠近主减速器处。

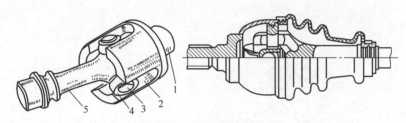

图 17-11 球面滚轮式万向节
1、5—万向节轴；2—筒状体的轴向槽；3—销轴；4—球面滚轮。

三、等角速万向节

等角速万向节的基本原理：万向节的传力点永远位于两轴交角的平分面上。图 17-12 所示的是等角速万向节的工作原理图。两个大小相同的锥齿轮的接触点 P 位于两齿轮轴线交角 α 的平分面上，结构对称，两个齿轮的角速度相等；此外，由 P 点到两轴的垂直距离都等于 r，P 点处两齿轮的圆周速度相等，根据 P 点的圆周速度与两轮角速度的关系，也可得两个齿轮的角速度相等。

目前，在汽车上应用较为广泛的等速万向节有球笼式和球叉式万向节。它们是根据上述原理设计而成的。

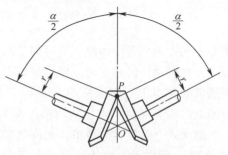

图 17-12 等角速万向节的工作原理

1. 球叉式万向节

根据钢球滚道形状的不同，球叉式万向节可分为圆弧滚道型和直槽滚道型。

1）圆弧滚道型球叉式万向节

圆弧滚道型球叉式万向节的结构如图 17-13 所示。主动叉 5 与从动叉 1 分别与内、外半轴制成一体。在主、从动叉上各有 4 个圆弧凹槽，装合后形成两个相交的环形槽作为钢球滚道。4 个传动钢球 4 放在两个相交的环形槽中，定心钢球 6 装在两叉中心的球形凹槽内，用以确定万向节的摆动中心。为顺利地将钢球装入槽内，在定心钢球上加工出一个凹面，凹面中央有一深孔。装合时，先将定位销 3 装入从动叉内，并放入定心钢球；然后在两球叉槽中陆续装入 3 个传动钢球，再将定心钢球的凹面对向未放钢球的凹槽，以便装入第 4 个传动钢球；而后再将定心钢球的孔对准从动叉孔，提起从动叉轴使定位销插入球孔中，最后将锁止销 2 插入从动叉上与定位销垂直的孔中，以限制定位销轴向移动，保证定心钢球的正确位置。有些圆弧滚道型球叉式万向节中省去了定位销和锁止销，定心钢球上也没有凹面，靠压力来装配，其结构简单，但拆装困难。

圆弧滚道型球叉式万向节的等角速传动原理可用图 17-14 来说明。主动叉和从动叉的环形凹槽的中心线是以 O_1、O_2 为圆心的两个半径相等的圆，而圆心 O_1、O_2 与万向节

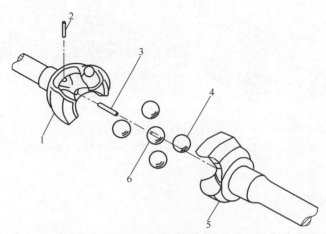

图 17-13 圆弧滚道型球叉式万向节
1—从动叉；2—锁止销；3—定位销；4—传动钢球；5—主动叉；6—定心钢球。

中心 O 的距离相等。因此，当万向节两轴绕定心钢球中心 O 转动任何角度时，传动钢球中心始终位于两圆弧的交点上，亦即所有传动钢球都位于角平分面上，因而保证了主、从动轴以等角速转动。

球叉式万向节结构简单，允许两轴最大夹角为 $32°\sim33°$。但由于 4 个传动钢球在正向传动时只有相对的两个传力，反向传动时，则由另外两个相对的钢球传力，故钢球与凹面槽之间的单位压力较大，磨损较快，一般用于中、小型越野汽车的转向驱动桥中的转向节处，如图 17-15 所示。

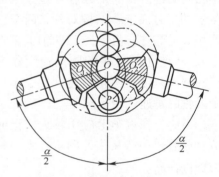

图 17-14 球叉式万向节等角速传动原理

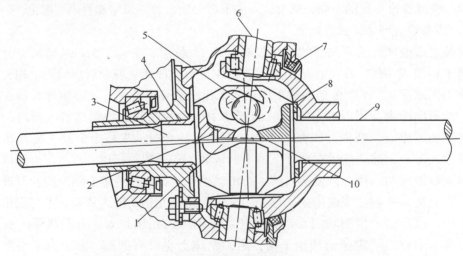

图 17-15 球叉式万向节在转向驱动桥中的布置
1—定位销；2—锁止销；3—从动叉；4—径向推力轴承；5—传动钢球；
6—主销；7—油封；8—推力轴承；9—主动叉；10—定心钢球。

2) 直槽滚道型球叉式万向节

直槽滚道型球叉式万向节如图17-16所示，两个球叉上的直槽与轴的中心线倾斜相同的角度且彼此对称。两球叉之间的滚道内装有4个传动钢球。由于两球叉中的滚道所处的位置是对称的，这就保证了4个钢球的中心位于两轴夹角的平分面上，从而使主、从动轴以等角速转动。

这种万向节的直槽比球叉式万向节的圆弧凹槽加工容易，允许的两轴夹角不超过20°，在两叉间允许有一定量的轴间滑动。直槽型球叉式万向节主要应用于断开式驱动桥中主减速器处，当半轴摆动时，用它可补偿半轴的长度变化而省去滑动花键。

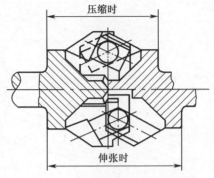

图 17-16　直槽滚道型球叉式万向节

2. 球笼式万向节

根据万向节能否轴向运动，球笼式万向节可分为固定型和伸缩型。

1) 固定型球笼式万向节

固定型球笼式等角速万向节（RF节）如图17-17所示，星形套7与主动轴1用花键固接在一起，星形套外表面有6条弧形凹槽滚道，球形壳8的内表面有相应的6条凹槽滚道，6个钢球分别装在各条凹槽中，由球笼4使其保持在同一平面内。动力由主动轴1经钢球6、球形壳8输出。

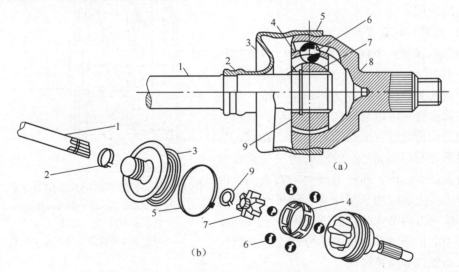

图 17-17　固定型球笼式等角速万向节
1—主动轴；2、5—钢带箍；3—外罩；4—保持架（球笼）；6—钢球；
7—星形套（内滚道）；8—球形壳（外滚道）；9—卡环。

固定型球笼式等角速万向节传动原理如图17-18所示。外滚道的中心 A 与内滚道的中心 B 分别位于万向节中心 O 的两侧，并且到 O 点的距离相等。内、外滚道及保持架共同使 6 个钢球的中心 C 位于两轴夹角 α 的平分面上,从而使主、从动轴以等角速转动。

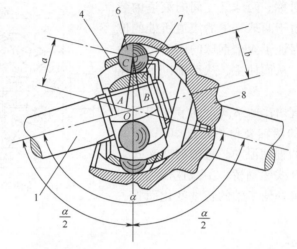

图 17-18 固定型球笼式等角速万向节传动原理（图注同图 17-17）
O—万向节中心；A—外滚道中心；B—内滚道中心；C—钢球中心；α—两轴交角（指钝角）。

球笼式等角速万向节受力均匀,因有 6 个钢球同时传递动力,承载能力强,允许两轴最大夹角为 42°,在轿车（一汽奥迪 100、捷达/高尔夫、红旗 CA7220 等）的转向驱动桥中得到广泛的应用。

2）伸缩型球笼式万向节

伸缩型球笼式万向节（VL 节）的结构如图 17-19 所示。它的内、外滚道是圆弧筒形的,横截面为圆弧,在传递转矩过程中,星形套 2 与筒形壳 4 可以沿轴向相对移动,故可省去其他万向传动装置中必须有的滑动花键,且由于星形套与筒形壳之间的轴向相对移动是通过传力钢球 5 沿内、外滚道滚动来实现的,因此阻力小,主要应用于断开式驱动桥中主减速器处。这种万向节内、外滚道及保持架共同使钢球的中心位于两轴夹角的平分面上,从而使主、从动轴以等角速转动。

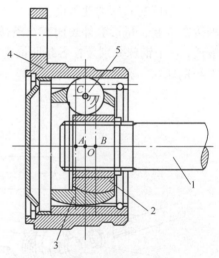

图 17-19 伸缩型球笼式万向节（VL 节）
1—主动轴；2—星形套（内滚道）；
3—保持架（球笼）；
4—筒形壳（外滚道）；5—传力钢球。

四、挠性万向节

挠性万向节用弹性连接件实现两轴间挠性连接,具有吸收传动系统中的冲击载荷和衰减扭转振动、无需润滑等优点。弹性连接件可以是橡胶盘、橡胶金属套筒、六角形橡胶圈或其他结构形式,其弹性变形量有限,一般用于夹角较小（3°~5°）的两轴间和有微量轴向位移的传动场合。

图17-20所示为某自卸汽车上发动机输出轴与液力机械变速器输入轴之间的橡胶金属套筒结构的挠性万向节。它主要由借螺栓固定在发动机飞轮上的大圆盘2、与花键毂5铆接在一起的连接圆盘4、连接两者的四副弹性连接件3以及定心用的中心轴1组成。其中，弹性连接件的结构如图17-21所示。两个橡胶块1装在两半对合的外壳3中，每个橡胶块中各有一金属套筒2。每副弹性连接件中的一个橡胶块用螺栓固定在大圆盘上，而另一橡胶块用螺栓固定于连接圆盘上（图17-21）。转矩经大圆盘输入，通过套筒传给每一副弹性连接件中的一个橡胶块，再经外壳、另一橡胶块和套筒传给连接圆盘，最后经花键毂和花键轴输出。

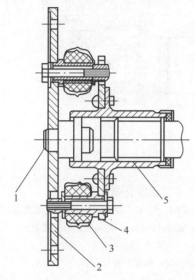

图17-20 橡胶金属套筒结构的挠性万向节
1—中心轴；2—大圆盘；3—弹性连接件；
4—连接圆盘；5—花键毂。

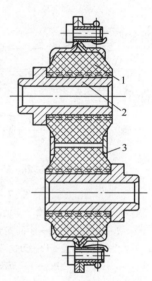

图17-21 弹性连接件
1—橡胶块；2—金属套筒；3—外壳。

第三节 传动轴和中间支承

一、传动轴

1. 传动轴总成

传动轴的功用是把变速器的转矩传递到驱动桥上。图17-22所示为解放CA1091型汽车传动轴总成，一般由传动轴和万向节叉等组成。传动轴的两端焊接万向节叉，通过万向节与减速器的输出轴、主减速器的输入轴连接。传动轴过长时，固有频率会降低，容易产生共振，故常将其分为两段，并加设中间支承。前段称为中间传动轴，如图17-22（a）所示；后段称为主传动轴，如图17-22（b）所示。中间传动轴与主传动轴之间通过万向节叉联接。

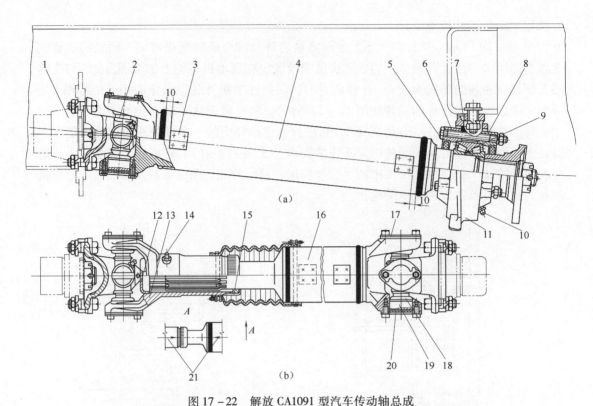

图 17-22 解放 CA1091 型汽车传动轴总成

1—凸缘叉；2—万向节十字轴；3—平衡片；4—中间传动轴；5、15—油封；6—中间支承前盖；7—橡胶垫环；8—中间支承后盖；9—双列圆锥滚子轴承；10、14—注油嘴；11—支架；12—堵盖；13—万向节滑动叉；16—主传动轴；17—锁片；18—滚针轴承油封；19—万向节滚针轴承；20—滚针轴承盖；21—装配位置标记。

传动轴的中间多做成空心的，这可将材料布置在轴的边缘，传递扭矩，提高材料的利用率，质量减小，一般用厚度为 1.5~3.0mm 的薄钢板卷焊而成，超重型货车的传动轴则直接采用无缝钢管。在转向驱动桥、断开式驱动桥或微型汽车的万向传动装置中，通常将传动轴制成实心轴。

当传动轴与万向节装配后，必须进行动平衡，满足动平衡要求，以防止不平衡引起的振动。图 17-22 中的零件 3 即为平衡用的平衡片。平衡片一般有两块，位于轴的两端，与轴点焊。平衡后，在万向节滑动叉 13 与主传动轴 16 上刻上装配位置标记 21，以便拆卸后重新装配时，保持二者的相对角位置不变。平衡片脱落后，应重新动平衡。

2. 轴上花键联接

轴上花键联接用于补偿轴的伸长量。有滑动花键联接和滚动花键联接。滚动花键比滑动花键联接效率高，但结构复杂，成本较高。

1）滑动花键联接

图 17-22 所示的主传动轴上使用滑动花键联接，花键轴焊接在主传动轴的一端，花键套与万向节叉焊接。通过花键轴与花键套的相对轴向运动补偿轴的伸长量，同时能

进行正常的传动。为减小传动轴中花键连接的轴向滑动阻力和磨损，在传动轴上装有用以加注润滑脂的注油嘴 10 和 14、油封 5 和 15、堵盖 12 和防尘套，并定期加注润滑脂；还有的对滑动花键进行磷化或喷涂尼龙处理。

2) 滚动花键联接

图 17-23 所示的传动轴采用了带有滚柱 1 的花键联接。在传动轴内套管 3 上加工有 4 个相互之间夹角为 90°的凹槽，在传动轴外套管 2 上也相应地加工有 4 个相互之间夹角为 90°的贯通凹槽。内、外套管的凹槽装配吻合后，放入滚柱，并使相邻的滚柱各按向右和向左的顺序间隔排列。传动轴内、外套管的两端安装有挡圈 4，以防止滚柱脱落，并限制内、外套管的相对移动量。工作中，内、外套管的相对轴向移动由滚柱在凹槽内的滚动来实现。当传动轴逆时针方向旋转（图 17-23 中的 $A—A$ 剖面）时，各凹槽中向右倾斜安装的滚柱传递动力；反之，向左倾斜的滚柱传递动力。

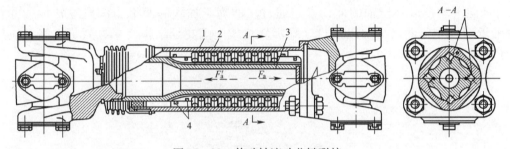

图 17-23 传动轴滚动花键联接
1—滚柱；2—传动轴外套管；3—传动轴内套管；4—挡圈。

图 17-24 所示的轿车半轴采用了带有滚柱 8 的花键联接。在万向节套管叉 2 与外半轴 4 之间装有花键轴套 1。套管叉的内圆表面上加工有 3 条凹槽，与此相应，花键轴套的外圆表面上加工有 3 条凸起，凸起的宽度为凹槽宽度的 1/2，二者装合后，每一凸起的两边条形成一条矩形断面的滚道，内放滚柱 8，形成移动轴承。花键轴套的两端各有一个导块 7，导块外表面切有 3 条半圆形矩形断面的凹槽，与上述每一凸起两边的矩形滚道相通形成 3 条封闭的滚道。工作中，花键轴套与万向节套管叉之间的相对滑动由滚柱在滚道中的滚动来实现，也通过滚柱传递扭矩。

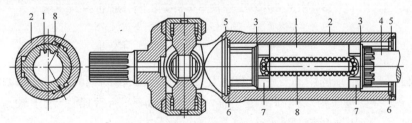

图 17-24 轿车半轴滚动花键联接
1—花键轴套；2—万向节套管叉；3、5—卡环；
4—外半轴；6—垫圈；7—导块；8—滚柱。

二、中间支承

传动轴有多段时,须在两根传动轴之间加装中间支承。通常中间支承安装在车架横梁或车身底架上,以补偿传动轴轴向和角度方向的安装误差以及车辆行驶过程中由于发动机窜动或车架等变形所引起的位移。在多轴驱动的越野汽车上,通向后桥传动轴的中间支承装在桥壳上。

1. 车架横梁上固定式中间支承

单列球轴承的中间支承。东风 EQ1090E 型汽车传动轴的中间支承如图 17-25 所示,传动轴采用单列球轴承的蜂窝软垫式中间支承与车架横梁 1 相连接。橡胶垫 5 制成蜂窝形,使其有更好的弹性,补偿中间支承的安装误差和行驶中传动轴出现的位移;此外,还可吸收振动并减少噪声。单列球轴承 3 支承传动轴,可在轴承座 2 内轴向滑动,以补偿轴的伸长量。通过注油嘴 4 加入的润滑脂润滑球轴承,并在球轴承两端安装油封 7 加以密封。蜂窝软垫式中间支承结构简单,效果良好,应用较广泛。

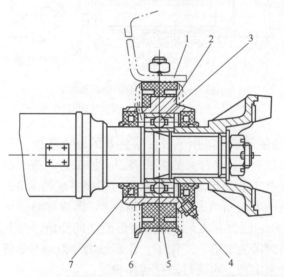

图 17-25　东风 EQ1090E 型汽车车架横梁上传动轴的中间支承
1—车架横梁;2—轴承座;3—球轴承;4—注油嘴;
5—蜂窝形橡胶垫;6—U 形支架;7—油封。

双列圆锥滚子轴承的中间支承。解放 CA1091 型汽车传动轴的中间支承如图 17-22 (a) 所示,其特点是采用双列圆锥滚子轴承支承传动轴,双列圆锥滚子轴承 9 可承受较大的轴向力,使用寿命较长。

2. 车架横梁上摆动式中间支承

汽车传动轴的摆动式中间支承如图 17-26 所示。当发动机轴向窜动时,摆臂 4 可绕支承轴 3 摆动,适应中间传动轴 8 的轴线在纵向平面的位置变化,改善了轴承 7 的受力状况。此外，橡胶衬套 2 和 5 能适应传动轴轴线在横向平面内少量的位置变化，吸收振动。整个中间支承通过螺栓固定在支架 1 和车架横梁 12 上。

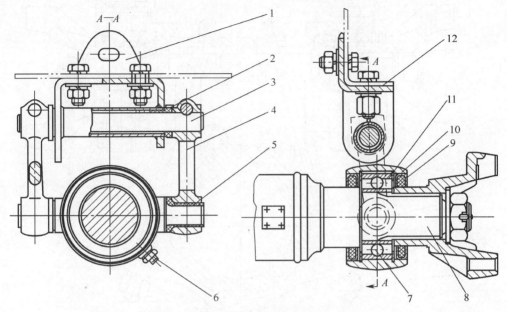

图 17-26　车架横梁上摆动式中间支承
1—支架；2、5—橡胶衬套；3—支承轴；4—摆臂；6—注油嘴；7—轴承；
8—中间传动轴；9—油封；10—支承座；11—卡环；12—车架横梁。

3. 桥壳上中间支承

东风 EQ2080 型越野汽车从分动器 4（图 17-27）到后驱动桥 10 之间的传动轴，是由后桥中间传动轴 6、中间支承 8 和后桥传动轴 9 组成的。中间支承 8 支承在中驱动桥 7 的桥壳上。

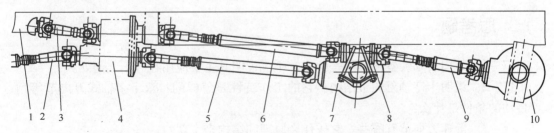

图 17-27　东风 EQ2080 型越野汽车传动轴的布置
1—车架；2—前桥传动轴；3—传动轴；4—分动器；5—中桥传动轴；6—后桥中间传动轴；
7—中驱动桥；8—中间支承；9—后桥传动轴；10—后驱动桥。

桥壳上传动轴的中间支承如图 17-28 所示。中间支承轴 13 支承安装在中间支承壳体 14 内的两个圆锥滚子轴承 10 之间。整个中间支承用两个 U 形螺栓 4 和中间支承托板 2 固定在中桥壳 3 上，并通过两个定位销 17 在中桥壳 3 上定位。调整垫片 9 用于调整圆锥滚子轴承 10 的预紧度。

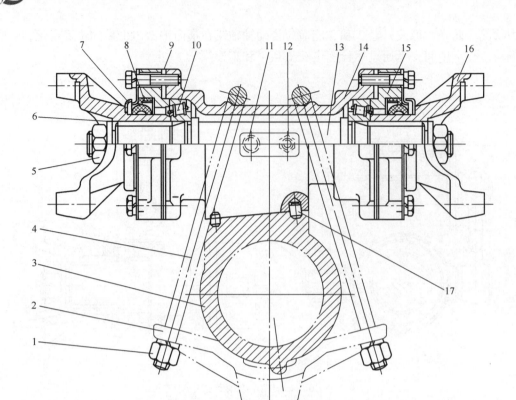

图 17-28 东风 EQ2080 型汽车桥壳上传动轴的中间支承

1—U 形螺栓紧固螺母;2—中间支承托板;3—中桥壳;4—U 形螺栓;5—万向节叉紧固螺母;6—垫片;7—防尘罩;8—油封;9—调整垫片;10—圆锥滚子轴承;11—通气塞;12—注油嘴;13—中间支承轴;14—中间支承壳体;15—油封座;16—万向节叉;17—定位销。

思考题

17-1 万向传动装置的功用是什么?举例说明其主要应用在汽车上何处。

17-2 说明十字轴万向节结构。它的工作特性是怎样的?双十字轴式万向节等角速传动的条件是什么?

17-3 等速万向节有哪些?它按什么原理和结构来实现?

17-4 固定型球笼式与伸缩型球笼式万向节在结构和应用上有何差别?

17-5 一般传动轴为什么要用空心管子?为什么传动轴要用花键连接?

第十八章 驱动桥

第一节 驱动桥的功用及类型

一、驱动桥的功用及组成

驱动桥的功用：①将万向传动装置或直接由变速器传来的转矩传递给左、右驱动车轮，由减速器、差速器、半轴共同实现；②减速增矩，由主减速器实现；③两侧驱动车轮的差速，由差速器实现。它由主减速器、差速器、半轴和驱动桥壳等组成。

二、驱动桥的类型

驱动桥有非断开式和断开式，非断开式驱动桥的左、右驱动轮直接通过驱动桥壳相联，断开式驱动桥的左、右驱动车轮不直接通过驱动桥壳相联。

1. 非断开式驱动桥

非断开式驱动桥如图 18-1 所示。它由驱动桥壳 1、主减速器 2、差速器 3 和半轴 4 组成。主减速器 2 支承在驱动桥壳 1 上，差速器 3 与主减速器 2 的大齿轮连接，半轴 4 的两端分别与差速器 3 和轮毂 5 连接。从变速器或分动器经万向传动装置输入驱动桥的转矩首先传到主减速器 2，在此增大转矩并相应降低转速后，经差速器 3 分配给左、右两半轴 4，最后通过半轴外端的凸缘盘传至驱动车轮的轮毂 5。这种驱动桥，左、右车轮通过驱动桥壳 1 连接，为非断开式驱动桥，亦称为整体式驱动桥，它在货车和客车上应用广泛。

非断开式驱动桥结构简单，制造成工艺性好，维修调整容易。它的缺点是一侧的驱动轮通过路面凹坑时，两轮中间的离地间隙随之减小，影响车辆的通过性；此外，驱动桥壳 1 的质量大。

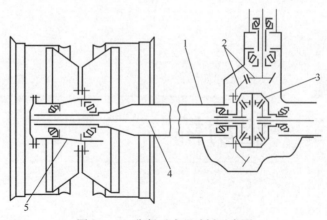

图 18-1 非断开式驱动桥示意图
1—驱动桥壳；2—主减速器；3—差速器；4—半轴；5—轮毂。

2. 断开式驱动桥

断开式驱动桥如图 18-2 所示。它由主减速器 1、差速器、半轴 2 及其两端的万向节、摆臂 6、摆臂轴 7 等组成。主减速器 1 的壳体固定在车架或车身上。驱动轮 5 通过摆臂 6 与主减速器 1 的壳体相联，可绕摆臂轴 7 摆动。为适应驱动轮 5 上下跳动的需要，半轴 2 的两端用万向节连接。这种驱动桥，离地间隙大，两侧的驱动轮彼此独立地相对于车架上下跳动，可提高汽车行驶的平顺性和通过性，在轿车和越野车上应用广泛。

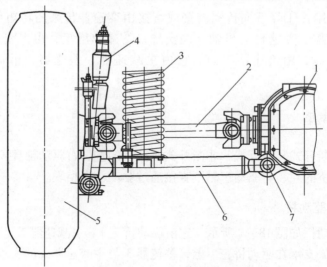

图 18-2 断开式驱动桥
1—主减速器；2—半轴；3—弹簧；4—减振器；5—驱动轮；6—摆臂；7—摆臂轴。

第二节 主减速器

主减速器有不同的结构形式。按参加减速传动的齿轮副的数目分，有单级式主减速器和双级式主减速器，分别有一对和两对齿轮机构。按主减速器的位置分，有中间主减速器和轮边减速器,分别位于两轮之间和轮毂中。按主减速器传动比的挡数分,有单速式和双速式主减速器。单速式主减速器只有一对齿轮机构,一个传动比,无挡位选择;双速式主减速器有两个挡位供驾驶员选用。按齿轮副结构形式分,有圆柱齿轮式、圆锥齿轮式和准双曲面齿轮式。按齿轮轴线形式分,有定轴齿轮式和行星齿轮式,分别采用定轴齿轮和行星齿轮机构。

一、单级主减速器

单级主减速器用于轿车和一般轻、中型货车,它具有结构简单、体积小、质量小和传动效率高等优点。

1. 单级主减速器的结构

图18-3为东风EQ1090E型汽车驱动桥中间单级主减速器及差速器总成图。主减速器由准双曲面锥齿轮18和7组成。主动锥齿轮18有6个齿,从动锥齿轮7有38个齿,主传动比$i=38/6=6.33$,为减速传动。

主动锥齿轮18与轴制成一体,形成齿轮轴,通过两个圆锥滚子轴承13和17支承在轴承座15上,轴承座通过螺栓与主减速器壳4连接。轴承13和17的内、外圈宽边端轴向定位,为两端单向固定结构,轴承外圈边宽端相对,为背靠背安装,这种安装结构,支承刚度大。主动锥齿轮的后端游动支承在圆柱滚子轴承19上,形成跨置式支承,可减小齿轮轴在径向力作用下的弯曲变形和对齿轮啮合的影响。主动锥齿轮的前端通过花键与万向节的叉形凸缘11连接,动力由此输入。

从动锥齿轮7通过螺栓25与差速器壳5连接,差速器壳5的两端通过两个圆锥滚子轴承3支承在主减速器壳4上,主减速器壳4通过螺栓与驱动桥壳连接。轴承内、外圈宽边端轴向定位,内圈用轴肩定位,外圈用螺母2定位,以方便调整。轴承外圈窄边端相对,为面对面安装,这种安装结构,轴的轴向位置和轴承间隙调整方便。在从动锥齿轮的背面,装有支承螺栓6,以限制从动锥齿轮过度变形而影响齿轮的啮合。装配时,支承螺栓与从动锥齿轮端面之间的间隙为0.3~0.5mm。

动力传递路线:动力由叉形凸缘输入→主动锥齿轮→从动锥齿轮→差速器壳→动力输出。

2. 单级主减速器的调整

单级主减速器的调整有轴承预紧度调整和齿轮啮合调整。

1)轴承预紧度调整

装配主减速器时,圆锥滚子轴承应有一定的装配预紧度,即在消除轴承间隙的基础上,再给予一定的压紧力。其目的是减小在锥齿轮传动过程中产生的轴向力所引起的两齿轮轴向位移,以提高轴向支承刚度,保证锥齿轮副的正常啮合。但预紧度也不能过大,过大则传动效率低,且加速轴承磨损,轴承的滚子和滚道也易破坏。

轴承预紧度的调整方法:如发现轴承13和17的预紧度过大,则增加垫片14的总厚度;反之,减小垫片的总厚度。在本例中,调整到能以$1.0~1.5N·m$的力矩转动叉形凸缘11,预紧度即为合适。支承差速器壳的圆锥滚子轴承3的预紧度靠拧动两端轴承调整螺

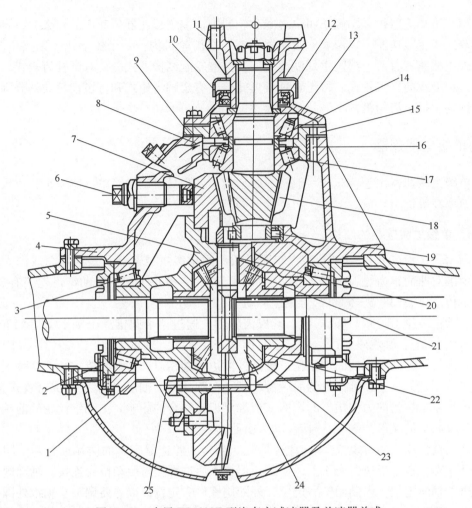

图18-3 东风EQ1090E型汽车主减速器及差速器总成
1—差速器轴承盖；2—轴承调整螺母；3、13、17—圆锥滚子轴承；4—主减速器壳；5—差速器壳；
6—支承螺栓；7—从动锥齿轮；8—进油道；9、14—调整垫片；10—防尘罩；11—叉形凸缘；
12—油封；15—轴承座；16—回油道；18—主动锥齿轮；19—圆柱滚子轴承；20—行星齿轮垫片；
21—行星齿轮；22—半轴齿轮推力垫片；23—半轴齿轮；24—行星齿轮轴（十字轴）；25—螺栓。

母2调整。如发现轴承3的预紧度过大，则增加两轴承调整螺母2间的距离；反之，减小两轴承调整螺母2间的距离。调整到能以1.5~2.5N·m的力矩转动差速器组件，预紧度即为合适。圆锥滚子轴承预紧度的调整必须在齿轮啮合调整之前进行。

2）齿轮啮合调整

齿轮啮合调整是通过调整齿轮轴向位置实现的。主动锥齿轮18的轴向位置的调整方法是改变调整垫片9的厚度。增加调整垫片9的厚度，齿啮合间隙增大；反之，齿啮合间隙减小。从动锥齿轮7轴向位置的调整方法：同向拧动两个轴承调整螺母2，可使从动锥齿轮7左移或右移。齿啮合间隙应在0.15~0.40mm范围内。若间隙大于规定值，应使从动锥齿轮靠近主动锥齿轮；反之则离开。为保持已调好的差速器圆锥滚子轴承预紧度不变，一端调整螺母拧入的圈数应等于另一端调整螺母拧出的圈数。调整后，用锁止垫片伸入轴承调整螺母2的端部槽中，锁紧轴承调整螺母2。

齿轮啮合调整时，可同时改变调整垫片 9 的厚度和两个调整螺母 2 的位置来保证齿轮副正确的啮合区和啮合间隙。

3. 齿轮的齿形

汽车上的锥齿轮有轴线相交和不相交的曲齿圆锥齿轮，如图 18-4 所示。准双曲面锥齿轮是轴线不相交的曲齿圆锥齿轮，轴线不相交是其主要特点。当主动锥齿轮轴线向下偏移时（图 18-4（b）），在保证一定的离地间隙的情况下，可降低主动锥齿轮、传动轴和发动机等的位置，因而使车身和整车质心降低，这有利于提高汽车行驶的稳定性。准双曲面锥齿轮机构小齿轮的齿数少，可获得较大的传动比和较小的机构尺寸；此外，重叠系数大，故齿轮机构工作平稳性、轮齿的弯曲强度和接触强度高，承载能力高。以上特点，使准双曲面锥齿轮广泛用于轿车和轻型、中型、重型货车上。东风 EQ1090E 型汽车主减速器即采用了这种轴线偏移的准双曲面齿轮，其偏移距为 38mm。准双曲面锥齿轮有轴向力，故要采用圆锥滚子轴承作支承。

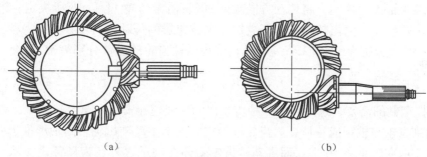

图 18-4 主动和从动锥齿轮轴线位置
（a）轴线相交曲齿圆锥齿轮传动；（b）轴线偏移曲齿圆锥齿轮传动，准双曲面齿轮传动。

4. 单级主减速器的润滑

主减速器采用飞溅润滑。驱动桥壳的底部储存了润滑油，从动锥齿轮转动时，轮齿经过储存的润滑油，将黏附在轮齿上的润滑油带到啮合处，润滑锥齿轮副，同时，在离心力的作用下，润滑油飞溅到各齿轮和轴承上进行润滑，并带走润滑部位的热量，再流回驱动桥壳的底部，润滑油循环使用。为保证主动锥齿轮轴前端的圆锥滚子轴承 13 和 17 得到可靠的润滑，在主减速器壳体中铸出了进油道 8 和回油道 16。飞溅起来的润滑油从进油道 8 通过轴承座 15 的孔进入两圆锥轴承小端之间，在离心力作用下，润滑油自轴承小端流向大端。流出圆锥滚子轴承 13 大端的润滑油经回油道 16 流回驱动桥壳的底部。在主减速器壳体上装有通气塞，防止壳内气压过高而使润滑油渗漏，驱动桥壳的底部有放油螺塞。

准双曲面圆锥齿轮工作时，齿面间相对滑动速度大，且齿面压力很大，齿面油膜易被破坏。为减少摩擦，提高效率，必须专用含防刮伤添加剂的准双曲面齿轮油，绝不允许用普通齿轮油代替，否则将使齿面迅速胶合和磨损，出现早期失效，大大降低使用寿命。

5. 与两轴式减速器一体的单级主减速器

桑塔纳轿车的两轴式减速器与主减速器共为一体（图 15-3），主减速器也是单级准双曲面圆锥齿轮传动。它的主减速器及差速器装于变速器的前壳体内，主减速器的主动锥齿轮与变速器的第二轴22制成一体，从动锥齿轮24与差速器壳连接，圆锥滚子轴承将差速器壳支承在变速器的前壳体上。这个传动系统，省去了传动轴，使结构紧凑，减轻了质量，有利于汽车底盘的轻量化，同时，也缩短了传动路线，提高了传动效率。

二、双级主减速器

要求主减速器的传动比较大时，由一对锥齿轮构成的单级主减速器的从动齿轮尺寸较大，已不能保证足够的最小离地间隙，这时需要采用两对齿轮来实现减速传动的双级主减速器。

1. 双级主减速器的结构

解放 CA1091 型汽车驱动桥如图 18-5 所示，位于两轮中间，为中间双级主减速器。第一级为锥齿轮传动，将传动方向改变 90°，由锥齿轮 11 和 16 所决定，第二级为斜齿圆柱齿轮传动，由齿轮 5 和 1 所决定。主减速器的传动比有 3 种：第一种，主、从动锥齿轮的齿数分别为 13 和 25，主、从动斜齿圆柱齿轮的齿数分别为 15 和 45，主传动比为 $\frac{25}{13} \times \frac{45}{15} = 5.77$；第二种，主传动比为 $\frac{25}{12} \times \frac{45}{15} = 6.25$；第 3 种，主传动比为 $\frac{25}{11} \times \frac{47}{14} = 7.63$。根据车辆的需要，选用其中一种传动比的主减速器安装在车上。

主动锥齿轮与轴制成一体，为齿轮轴结构。支承主动锥齿轮轴的轴承位于齿轮同一侧，轴承支承在轴承座 10 上，而主动锥齿轮悬伸在轴承之外，为悬臂式支承。这种支承形式，其结构比跨置式的结构简单，少了一个轴承，但支承的刚度不如跨置式的大。主动锥齿轮轴采用悬臂式支承的原因是第一级齿轮传动的传动比较小，相应的从动锥齿轮直径较小，因而在主动锥齿轮外端要再加一个支承，布置上很困难。

中间轴上有第一级传动的锥齿轮和第二级传动的圆柱齿轮，圆柱齿轮与轴制成一体，锥齿轮的齿圈与轴分开制造，再铆接。中间轴的两端通过圆锥滚子轴承支承在主减器壳 12 上。

第二级从动圆柱齿轮 1 通过螺栓与差速器壳 2 连接，差速器壳 2 的两端通过圆锥滚子轴承支承在主减器壳 12 上，主减器壳 12 通过螺栓与驱动桥壳连接。

动力传递路线：动力由第一级主动锥齿轮轴上叉形凸缘输入→第一级主动锥齿轮轴和齿轮→第一级从动锥齿轮→第二级主动圆柱齿轮→第二级从动圆柱齿轮→差速器壳→动力输出。

2. 双级主减速器的调整和润滑

轴承预紧度调整：主动锥齿轮轴 9 的轴承的预紧度可借增减调整垫片 8 的厚度来调整；中间轴圆锥滚子轴承的预紧度则借增减调整垫片 6 和 13 的总厚度来调整；支承差速器壳 2 的圆锥滚子轴承的预紧度可借增减调整两个螺母 3 之间的距离、旋动调整螺母 3 来调整。

齿轮啮合调整：通过移动主动锥齿轮 9、中间轴 14 和差速器壳 2 的轴向位置，实现齿轮啮合调整。增加调整垫片 7 的厚度，第一级主动锥齿轮 11 则沿轴向离开从动锥

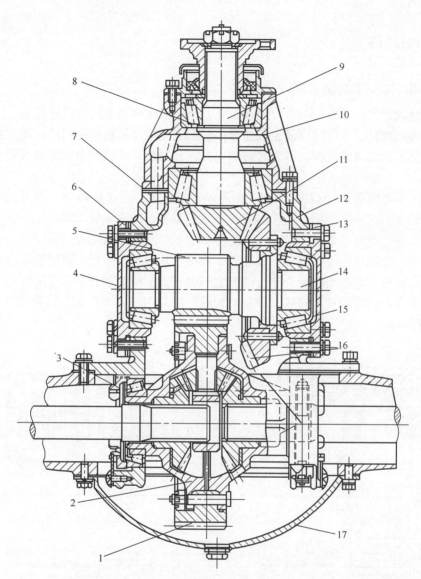

图 18-5 解放 CA1091 型汽车双级主减速器及差速器剖面图
1—第二级从动圆柱齿轮；2—差速器壳；3—调整螺母；4、15—轴承盖；5—第二级主动圆柱齿轮；
6、7、8、13—调整垫片；9—第一级主动锥齿轮轴；10—轴承座；11—第一级主动锥齿轮；
12—主减速器壳；14—中间轴；16—第一级从动锥齿轮；17—后盖。

齿轮；反之则靠近。若减小轴承盖 4 处的调整垫片 6，同时将这些卸下来的垫片都加到轴承盖 15 处，垫片的总厚度不变，则从动锥齿轮 16 右移；反之则左移。同时向一个方向旋动调整螺母 3 并且旋转的圈数相同，可实现第二级从动圆柱齿轮 1 沿轴移动，且不破坏已调整好的两端轴承的预紧度。

双级主减速器与单级主减速器的润滑方法相同，采用飞溅润滑。润滑油来自驱动桥壳的底部，由第二级从动圆柱齿轮 1 将润滑油飞溅到各个齿轮和轴承的润滑部位，轴承座 10 上有润滑道。

三、轮边减速器

1. 行星齿轮式轮边减速器

在重型载货车、越野汽车或大型客车上,当要求比中间双级主减速器的传动比大和较大的离地间隙时,往往将双级主减速器中的第二级减速齿轮机构制成同样的两套,分别安装在两侧驱动轮的近旁,称为轮边减速器,此时第一级称为中间主减速器,位于两轮中间。

图18-6为国产32t自卸汽车驱动桥的轮边减速器,装在轮毂中,采用行星齿轮机构,其传动比为5。它由齿圈3、行星齿轮4、行星架5和太阳轮7等组成。轮边减速器的太阳轮7通过花键与半轴12连接,随半轴转动,动力由此输入。齿圈3与齿圈座2用螺钉连接,齿圈座再用花键与半轴套管1连接,并以锁紧螺母8固定其轴向位置,因而齿圈3不能转动。在太阳轮7和齿圈3之间装有3个行星齿轮4。行星齿轮4通过圆柱滚子轴承与行星齿轮轴6连接,行星齿轮轴6固定在行星架5上。行星架5用螺栓9与轮毂11相联,一起转动,动力由此输出。

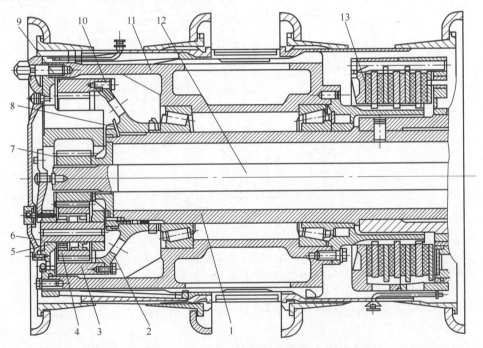

图18-6 32t自卸汽车驱动桥的轮边减速器
1—半轴套管;2—齿圈座;3—齿圈;4—行星齿轮;5—行星架;6—行星齿轮轴;7—太阳轮;8—锁紧螺母;9—螺栓;10—螺钉;11—轮毂;12—半轴;13—多片盘式制动器。

轮边减速器的动力传递路线可用图18-7所示汽车轮边减速器结构说明。它是齿圈3固定、动力由太阳轮7输入再从行星架5输出的行星齿轮机构。其动力传递路线为:半轴12带动太阳轮7,再经行星齿轮4、行星齿轮轴6、行星架5等传给轮毂11,驱动车轮旋转。半轴12的动力来自中间主减速器驱动的差速器。

在半轴端面中心孔位置处装有止推销钉，并用可调的止推螺钉顶住，用于固定半轴和太阳轮的轴向位置。

轮边减速器的润滑系统是独立的，加油孔和螺塞在行星架的端盖上，放油孔和螺塞在行星架端面上。为便于加油和放油，装配时应将它们置于车轮中心线的同一侧。

采用轮边减速器的驱动桥可得到比较大的主减速器的传动比，减小了中间主减速器尺寸，保证了足够的离地间隙，由于半轴在轮边减速器之前，所承受的转矩大为减小，因而半轴和差速器等零件尺寸也可以减小。但是需要两套轮边减速器，结构较复杂，制造成本也较高。

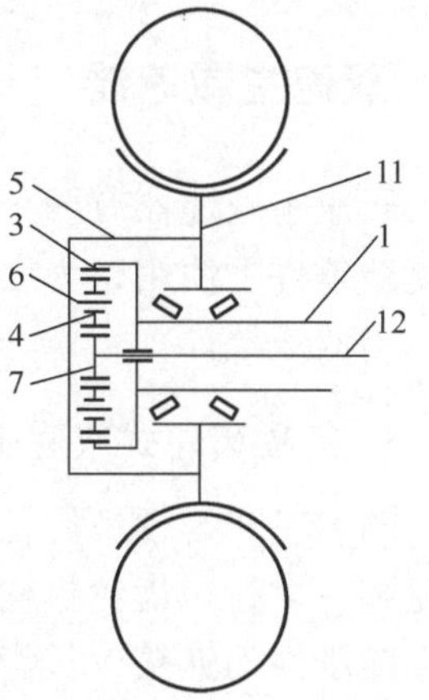

图18-7 汽车轮边减速器结构示意图（图注同图18-6）

2. 圆柱齿轮式轮边减速器

除行星齿轮式的轮边减速器外，在有些大型客车和越野汽车上，还常采用由一对外啮合斜齿圆柱齿轮组成的圆柱齿轮式轮边减速器。主动圆柱斜齿轮与半轴相联，从动圆柱斜齿轮与轮毂相联。当主动齿轮位于从动齿轮上方时，如图18-8所示，可增大驱动桥离地间隙，以适应提高越野汽车通过性的需要；当主动齿轮位于从动齿轮下方时，能降低驱动桥壳的离地高度，以适应降低大客车地板的需要。采用圆柱齿轮式轮边减速器时，由于轮毂的轴向和径向空间的限制，轮边减速器的传动比较小。

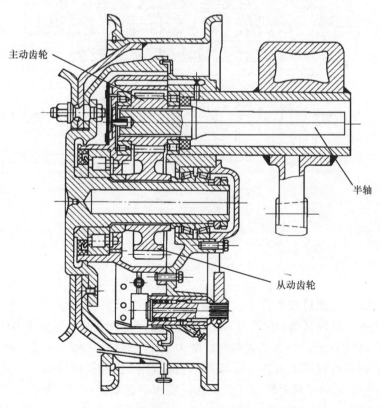

图18-8 轮边减速器

四、双速主减速器

双速主减速器有两个挡位,是具有变速功能的主减速器。有些汽车,在矿山、筑路等复杂条件下使用,为提高汽车的动力性和经济性,使用双速主减速器,有一个高速挡和一个低速挡。

1. 行星齿轮式双速主减速器

图 18-9 为行星齿轮式双速主减速器,图 18-10 为其结构示意图。它由一对圆锥齿轮和一个行星齿轮机构组成。齿圈 8 和从动锥齿轮 7 连成一体,行星架 9 与差速器 6 的壳体刚性地连接,长齿接合齿圈 D 既为行星机构的太阳轮,又为接合齿圈。动力由锥齿轮 5 和 7 经行星齿轮机构传给差速器壳,即完成双速主减速器的传动。

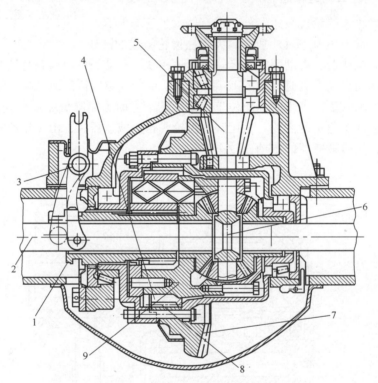

图 18-9 行星齿轮式双速主减速器
1—接合套;2—半轴;3—拨叉;4—行星齿轮;5—主动锥齿轮;
6—差速器;7—从动锥齿轮;8—齿圈;9—行星架。

高速挡行驶:一般行驶条件下,用高速挡传动,可用图 18-10(a)说明工作原理。此时,拨叉 3 将接合套 1 保持在左方位置。接合套短齿接合齿圈 A 与固定在主减速器壳上的接合齿圈 B 分离,而长齿接合齿圈 D 与行星齿轮 4 和行星架 9 的齿圈 C 同时啮合,从而使行星齿轮不能自转,齿圈 8、行星齿轮 4、行星机构的太阳轮 D 和行星架 9 一起转动,它们之间无相对转动,行星齿轮机构不起减速作用。于是,差速器壳体与从动锥齿轮 7 以相同的转速运转。高速挡仅锥齿轮机构起减速作用,主传动比为从动锥

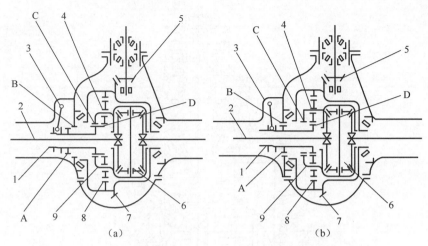

图 18-10 行星齿轮式双速主减速器结构示意图（图注同图 18-9）
(a) 高速挡单级传动；(b) 低速挡双级传动。

齿轮齿数与主动锥齿轮齿数之比，即为锥齿轮机构的传动比。

低速挡行驶：当行驶条件要求有较大的驱动力时，用高速挡传动，可用图 18-10 (b) 说明工作原理。此时，驾驶员可通过气压或电动操纵系统转动拨叉 3，将接合套 1 推向右方，使接合套的短齿接合齿圈 A 与齿圈 B 接合，接合套即与主减速器壳连成一体；其长齿接合齿圈 D 与行星架的内齿圈 C 分离，而仅与行星齿轮 4 啮合，于是，行星机构的太阳轮 D 被固定，变为齿圈 8 为动力输入主动件、行星架 9 为动力输出从动件、太阳轮 D 固定的行星机构。动力由主动锥齿轮传递到从动锥齿轮，齿圈 8 随从动锥齿轮 7 一起转动，经齿圈 8、行星齿轮 4 和行星架 9 传递给差速器壳。行星齿轮机构起减速作用，整个主减速器的主传动比为圆锥齿轮机构的传动比与行星齿轮机构传动比的乘积。

2. 圆柱齿轮式双速主减速器

图 18-11 为圆柱齿轮式双速主减速器。第一级为一对锥齿轮传动减速，为常啮合齿轮传动；第二级为有挡齿轮传动，其高速挡由高速挡主动齿轮 1 和高速挡从动齿轮 9 实现，低速挡由低速挡主动齿轮 7 和低速挡从动齿轮 8 实现，接合套 6 用来改变高、低速挡齿轮对的传动。

五、贯通式主减速器

贯通式主减速器用于多桥驱动的越野汽车。图 18-12 为延安 SX2150 型 6×6 越野汽车的贯通式双级主减速器。中驱动桥的第一级是齿轮 8 和 1 组成的斜齿圆柱齿轮传动，传动比为 1.19。主动斜齿圆柱齿轮 8 用花键套装在贯通轴 12 上，贯通轴 12 穿过主减速器壳 11 通向后驱动桥，从动斜齿圆柱齿轮 1 用花键套装在主动准双曲面齿轮 15 上。第二级是齿轮 15 和 13 组成的准双曲面齿轮传动，传动比为 5.429。由第一、二级齿轮机构的传动比相乘，可得贯通式主减速器的总的主传动比为 6.46。因采用准双曲面齿轮传动，从动锥齿轮 13 可相对主动锥齿轮 15 上移一段距离，这不仅可保证足够的离地间隙，又可实现轴的贯通和结构紧凑。

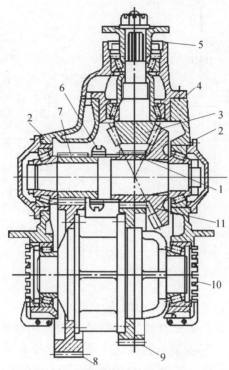

图 18-11 圆柱齿轮式双速主减速器

1—高速挡主动齿轮；2、4—调整垫片；3—主动锥齿轮；5—油封；6—接合套；7—低速挡主动齿轮；8—低速挡从动齿轮；9—高速挡从动齿轮；10—调整螺母；11—从动锥齿轮。

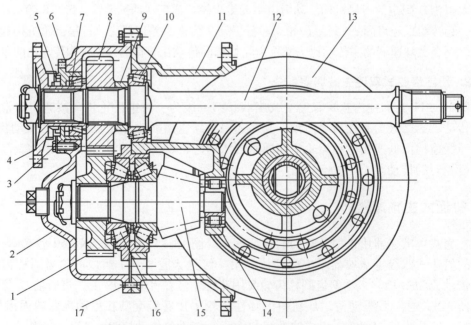

图 18-12 延安 SX2150 型汽车贯通式双级主减速器

1—从动斜齿圆柱齿轮；2—主减速器盖；3—轴承座；4—传动凸缘；5—油封；6—调整垫片；7、10、16—圆锥滚子轴承；8—主动斜齿圆柱齿轮；9—隔套；11—主减速器壳；12—贯通轴；13—从动准双曲面齿轮；14—圆柱滚子轴承；15—主动准双曲面齿轮；17—定位销。

贯通式主减速器的动力传递路线：动力由传动凸缘4输入，在主动斜齿圆柱齿轮8与贯通轴12的连接处分流传动，由贯通轴12向后驱动桥传递，同时，由主动斜齿圆柱齿轮8向中驱动桥传递。主动斜齿圆柱齿轮8将动力依次传递给从动斜齿圆柱齿轮1、主动准双曲面齿轮15、从动准双曲面齿轮13和差速器壳。差速器壳与从动准双曲面齿轮铆接。

贯通式主减速器采用飞溅润滑，从动准双曲面齿轮13将中驱动桥壳底部的润滑油飞溅到各个润滑部位。

第三节　差　速　器

差速器的功用：①实现两侧驱动车轮差速滚动，即有转速差滚动；②实现多轴驱动汽车的各驱动桥差速旋转。

驱动轮之间需要设置轮间差速器。当汽车转弯行驶时，如图18-13所示，内外两侧车轮中心在同一时间内移过的曲线距离不等，外侧车轮大于内侧车轮移过的距离。若两侧车轮都固定在同一根刚性轴上，则两轮角速度相等，使外轮边滚动边滑移，内轮边滚动边滑转。滑移是车轮相对路面移动，即车轮不转动，车轮轴线相对路面移动。滑转是车轮原地打滑，即车轮转动，车轮轴线不相对路面移动。车轮的滑移和滑转均加速轮胎磨损，增加汽车的动力消耗，而且可能导致转向和制动性能的恶化。解决问题的方法是在两轮之间设置差速器，将主减速器输出的动力经差速器和两根半轴分别传递给驱动轮，使两轮能差速工作。

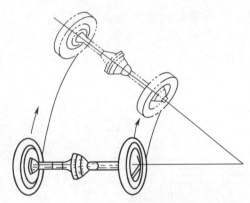

图18-13　汽车转向时驱动轮运动示意图

同样，汽车在不平路面上直线行驶时，路面有凹坑或凸起，使两侧车轮实际移过的曲线距离也不相等，存在由于车轮滑移和滑转产生的轮胎磨损等问题。即使路面非常平直，但由于轮胎制造尺寸误差、磨损程度不同，承受的载荷不同或充气压力不等，各个轮胎的实际滚动半径不可能相等，也使两侧车轮实际移过的曲线距离不相等。

驱动轴之间需要设置轴间差速器。多轴驱动汽车的各驱动桥间由传动轴相联。如果各桥的驱动轮均以相同的角速度旋转，同样也会发生上述轮间无差速器时的类似现象，此外，还有功率循环的问题。为使各驱动桥有可能具有不同的输入角速度，以消除各桥驱动轮的滑移和滑转现象，在各驱动桥之间装设轴间差速器。

根据差速器的结构、转矩和防滑特性，差速器的类型如下：

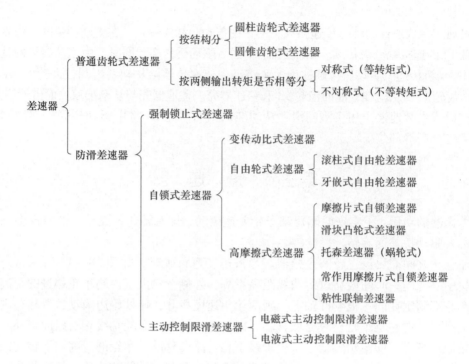

一、普通齿轮式差速器

普通齿轮式差速器有圆锥齿轮式（图 18 – 14（a）、图 18 – 14（b））和圆柱齿轮式（图 18 – 14（c））两种。按两侧的输出转矩是否相等，普通齿轮式差速器有对称式（等转矩式）和不对称式（不等转矩式）两类。对称式（图 18 – 14（b））用于轮间和轴间差速器。不对称式（图 18 – 14（a）和图 18 – 14（c））用于轴间差速器。

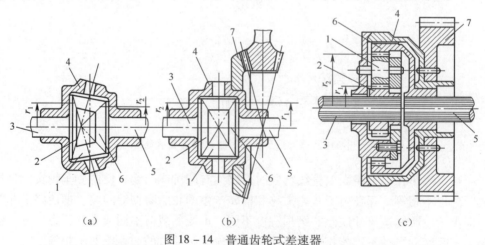

图 18 – 14　普通齿轮式差速器
1—行星齿轮；2、6—半轴齿轮；3、5—半轴；4—差速器壳（行星架）；7—动力输入齿轮。

1. 齿轮式差速器的结构

目前，汽车上广泛使用对称式锥齿轮差速器，差速器壳有剖分式和整体式。剖分差速器壳的对称式锥齿轮差速器的结构如图 18 – 15 所示。它由圆锥行星齿轮 4、行星齿轮轴 8（十字轴）、圆锥半轴齿轮 3 和差速器壳等组成。差速器壳部分为左右两个部分，剖分面过行星齿轮轴的轴线，用螺栓 6 固紧左壳 1 和右壳 5。主减速器的从动锥齿轮用铆钉或螺栓固定在差速器左壳 1 的凸缘上，凸缘上有连接孔。十字形的行星齿轮轴 8 的 4 个轴颈嵌在差速器壳的剖分面上的孔内。每个轴颈上浮套着一个直齿圆锥行星齿轮 4，可相对行星齿轮轴转动，它们均与两个直齿圆锥半轴齿轮 3 啮合。半轴齿轮的轴颈分别支承在差速器壳相应的左、右座孔中，并通过花键与半轴相联。行星齿轮的背面和差速器壳相应位置的内表面均做成球面，保证行星齿轮对正中心，以利于和两个半轴齿轮正确地啮合。

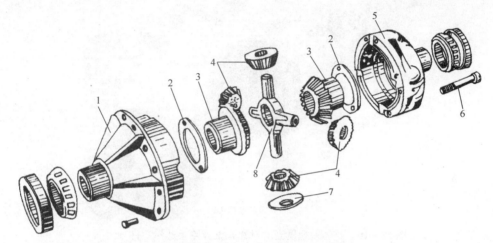

图 18 – 15　剖分差速器壳的对称式锥齿轮差速器零件分解图
1—差速器左壳；2—半轴齿轮推力垫片；3—半轴齿轮；4—行星齿轮；5—差速器右壳；
6—螺栓；7—行星齿轮球面垫片；8—行星齿轮轴（十字轴）。

齿轮式差速器的动力传递路线：动力从差速器壳输入，依次传递给十字轴、行星齿轮和半轴齿轮，由半轴齿轮输出动力。差速器壳的动力来自主减速器的从动锥齿轮，半轴齿轮的动力经半轴输出给驱动车轮。

齿轮式差速器的润滑：主减速器的从动锥齿轮将驱动桥壳底部的润滑油飞溅到差速器，在差速器壳体上开有窗口，供润滑油进出。为保证行星齿轮和十字轴轴颈之间有良好的润滑，在十字轴轴颈上铣出一平面，有时还在行星齿轮的齿间钻径向油孔。

齿轮式差速器的减磨措施：由于行星齿轮和半轴齿轮是锥齿轮传动，在传递转矩时，沿行星齿轮和半轴齿轮的轴线作用着很大的轴向力，而齿轮和差速器壳之间又有相对运动。为减少齿轮和差速器壳的磨损，提高传动效率，在半轴齿轮和差速器壳之间装着半轴齿轮推力垫片 2；而在行星齿轮与差速器壳之间装着行星齿轮球面垫片 7。当汽车行驶一定里程，垫片磨损后可换上新垫片，以提高差速器寿命。垫片通常用软钢、铜或聚甲醛塑料等制成，有的铜垫片的表面带有储油微孔。

整体差速器壳的对称式锥齿轮差速器的结构：微型及部分轻型载货汽车和大部分轿车的车桥，因主减速器输出的转矩不大，用两个行星齿轮，一根行星齿轮轴，差速器壳也不必分成左右两半，而制成整体式，其前后两侧都开有大窗孔，以便拆装行星齿轮和半轴齿轮，此孔也用于润滑油进出。图 18 – 16 所示，为用于轿车的整体差速器壳的对称式锥齿轮差速器。从动锥齿轮通过螺栓与整体式差速器壳连接，在行星齿轮轴上装有两个行星齿轮，行星齿轮轴通过弹性圆柱销固定于差速器壳体中。两个半轴齿轮与行星齿轮啮合，并分别通过中心孔的花键与半轴相连。半轴齿轮和行星齿轮的背面制成球面，其背面有整体的球形垫圈。差速器壳体的左、右有轴承，将差速器及从动锥齿轮支承在驱动桥壳上。

图 18-16　整体差速器壳的对称式锥齿轮差速器零件分解图

2. 齿轮式差速器的差速原理

齿轮式差速器是两个自由度的行星齿轮机构，可用其结构示意图 18-17 说明其工作原理。根据差速器的转化机构，得到如下关系：

$$\frac{n_1 - n_3}{n_2 - n_3} = -\frac{z_4 z_2}{z_1 z_4}$$

式中：n_1、n_2、n_3 分别为半轴齿轮 1、半轴齿轮 2 和差速器壳 3 的转速；z_1、z_2、z_4 分别为半轴齿轮 1、半轴齿轮 2 和行星齿轮 4 的齿数。由于各齿轮的齿数相等，得到

$$n_1 + n_2 = 2n_3$$

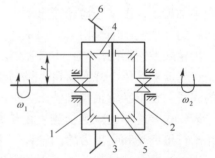

图 18-17　差速器的结构示意图
1、2—半轴齿轮；3—差速器壳；4—行星齿轮；
5—行星齿轮轴；6—主减速器从动锥齿轮。

上式为两半轴齿轮直径相等的对称式锥齿轮差速器的运动特性方程式。它表明：①当两侧驱动轮的转速相等、无差速行驶时，半轴齿轮的转速相等，等于差速器壳的转速，差速器不起差速作用，行星齿轮、半轴齿轮和差速器壳之间无相对运动，随同主减速器的从动齿轮同速转动；②当两侧驱动轮由于路面的凹坑或凸起或转弯引起转速不等、作差速行驶时，半轴齿轮的转速不等，行星齿轮绕自身轴线转动，实现两侧驱动轮差速行驶，这时，差速器起差速作用，并有左右两侧半轴齿轮的转速之和等于差速器壳转速的两倍的关系，一个半轴齿轮的转速高于差速器壳的转速，另一个半轴齿轮的转速低于差速器壳的

转速,差速器壳的转速介于两个半轴齿轮的转速之间;③当任何一侧半轴齿轮的转速为零时,另一侧半轴齿轮的转速为差速器壳转速的两倍;④当差速器壳转速为零(例如用中央制动器制动传动轴)时,若一侧半轴齿轮受其他外来力矩而转动,则另一侧半轴齿轮即以相同的转速反向转动。在②、③和④情况下,行星齿轮、半轴齿轮和差速器壳之间有相对运动,要产生磨擦,并消耗能量。

3. 齿轮式差速器的转矩分配

差速器不起差速作用时转矩分配:差速器不起差速作用时,行星齿轮不自转,行星齿轮相当于一个等臂杠杆,而两个半轴齿轮的半径也是相等的,其结构对称于行星齿轮轴。因此,主减速器传递给差速器壳的转矩平均分配给左、右两半轴齿轮,即 $M_1 = M_2 = M_0/2$,M_1、M_2、M_0 分别为作用在左、右两个半轴齿轮和差速器壳的转矩。

差速器起差速作用时的转矩分配:差速器起差速作用时,行星齿轮自转,设左半轴转速 n_1 大于右半轴转速 n_2,则行星齿轮将按图 18-18 上箭头 n_4 的方向绕行星齿轮轴 5 自转。此时,行星齿轮孔与行星齿轮轴轴颈间以及齿轮背部与差速器壳之间都产生磨擦。行星齿轮所受的磨擦力矩 M_r 方向与其转速 n_4 方向相反,此磨擦力矩使差速器的转矩分配不等,并使行星齿轮分别对左、右半轴齿轮附加作用了大小相等而方向相反的两个圆周力 F_1 和 F_2。F_1 使转速高的左半轴上的转矩 M_1 减小,而 F_2 使转速低的右半轴上的转矩 M_2 增加,并有 $M_1 = (M_0 - M_r)/2$,$M_2 = (M_0 + M_r)/2$,$M_2 - M_1 = M_r$,$M_1 + M_2 = M_0$,F_1 使转速高的左半轴上的

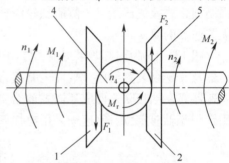

图 18-18 差速器转矩分配
1、2—半轴齿轮;4—行星齿轮;5—行星齿轮轴。

转矩 M_1 减小,而 F_2 使转速低的右半轴上的转矩 M_2 增加,并有 $M_1 = (M_0 - M_r r_1/r_4)/2$,$M_2 = (M_0 + M_r r_1/r_4)/2$,$M_2 - M_1 = M_r r_1/r_4$,$M_1 + M_2 = M_0$,$r_1$、$r_4$ 分别为半轴齿轮和行星齿轮的半径。这表明:差速器分配给转速高的车轮力矩小,分配给转速低的车轮力矩大,转矩之差等于差速器内磨擦力矩的 r_1/r_4 倍,转矩之和等于差速器壳的转矩。

差速器半轴齿轮的输出转矩之差 $|M_2 - M_1|$ 和其输入转矩 M_0 之比定义为差速器锁紧系数 K,$K = |M_2 - M_1|/M_0$。慢、快半轴的转矩之比定义为转矩比 K_b,$M_2 > M_1$ 时,$K_b = M_2/M_1 = (1 + K)/(1 - K)$。差速器锁紧系数和转矩比用于衡量差速器内磨擦力矩的大小及转矩分配特性。

目前广泛使用的对称式锥齿轮差速器的内磨擦力矩很小,其锁紧系数 $K = 0.05 \sim 0.15$,转矩比 $K_b = 1.05 \sim 1.35$。可以认为,无论左、右驱动轮转速是否相等,其转矩基本上是平均分配的。这样的分配比例对于汽车在良好路面上直线或转弯行驶时,都是满意的。但当汽车在坏路面上行驶时,却严重影响了通过能力。例如,当汽车的一个驱动车轮在泥泞或冰雪路面上原地滑转时,在较好路面上的车轮却静止不动。这是因为在泥泞或冰雪路面上车轮与路面之间附着系数很小,其附着力很小,路面只能对半轴作用很小的反作用转矩,虽然另一车轮与路面间的附着系数和附着力较大,但不能充分利用,因两轮转矩之差等于差速器的内磨擦力矩,对称式锥齿轮差速器的内磨擦力矩很

小，使在较好路面上静止不动的车轮的驱动力矩也很小，导致汽车总驱动力不足以克服行驶阻力，汽车不能前进。

二、强制锁止式差速器

为了提高汽车在坏路上的通过能力，可采用各种形式的防滑差速器，常见的形式有强制锁止式差速器、高摩擦自锁式差速器（包括摩擦片式、滑块凸轮式等）、牙嵌式自由轮差速器、托森差速器、黏性联轴（差速）器等。其共同出发点都是在一个驱动轮滑转时，设法使大部分转矩甚至全部转矩传给不滑转的驱动轮，以充分利用这一侧驱动轮的附着力而产生足够的驱动力，使汽车能继续行驶。另外，当汽车高速转弯时，由于地面对车轮法向反作用力外移，内轮附着力下降而滑移，不仅使汽车驱动力不足，而且影响汽车的操纵稳定性，也需要防滑差速器。

为实现上述要求，最简单的办法是在对称式锥齿轮差速器上设置差速锁，使之成为强制锁止式差速器。当一侧驱动轮滑转时，利用差速锁使差速器不起差速作用，相当于无差速器的驱动轮。

图 18-19 为瑞典斯堪尼亚 LT110 型汽车上所用的强制锁止式差速器，差速锁由接合器及其操纵装置组成。端面上有接合齿的外、内接合器 9 和 10 分别用花键与半轴和差速器壳左端相联，构成牙嵌式离合器。外接合器 9 可沿半轴轴向滑动，内接合器 10 用锁圈 8 轴向定位。差速锁采用电控气动方式操纵。

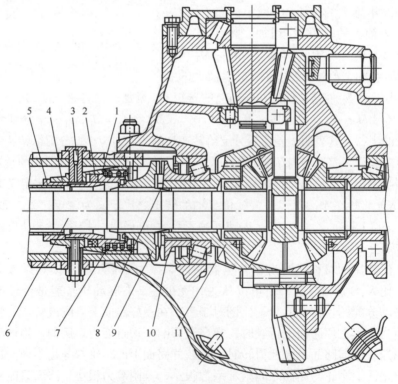

图 18-19 斯堪尼亚 LT110 型汽车的强制锁止式差速器
1—活塞；2—活塞皮碗；3—气路管接头；4—工作缸；5—套管；6—半轴；
7—弹簧；8—锁圈；9—外接合器；10—内接合器；11—差速器壳。

当汽车的一侧车轮处于附着力较小的路面上时，可按下仪表板上的电钮，使电磁阀接通压缩空气管路，压缩空气便从气路管接头 3 进入工作缸 4，推动活塞 1 克服弹簧 7 的压力，带动外接合器 9 右移，使之与内接合器 10 的齿接合，左半轴 6 与差速器壳 11 成为刚性连接，这时，行星齿轮、半轴齿轮和差速器壳之间无相对运动，差速器不起差速作用，左右两半轴被连锁成一体，一同旋转。接合差速锁时，仪表板上亮起红灯，以提醒驾驶员注意。

当汽车通过坏路后驶上好路时，驾驶员通过电钮使电磁阀切断高压气路，并使工作缸通大气，缸内压缩空气即经电磁阀排出。于是，弹簧推动活塞带动外接合器左移，回到分离位置，差速器继续起差速作用，这时仪表板上红灯熄灭。汽车驶入好路面后应及时摘下差速锁。

强制锁止式差速锁的优点是结构简单，易于制造；缺点是操纵不便，一般要在停车时接合，否则接合器齿有接合噪声；此外，如果过早接上或过晚摘下差速锁，亦即在好路段上左、右车轮仍刚性连接，则将产生前述在无差速器情况下出现的一系列问题。

三、高摩擦自锁式差速器

高摩擦自锁式差速器是利用摩擦力实现防滑的差速器，有摩擦片式、滑块凸轮式等结构形式。

1. 摩擦片式自锁差速器

摩擦片式自锁差速器的结构：摩擦片式自锁差速器是在对称式锥齿轮差速器中安装摩擦片自锁装置而形成的，如图 18-20 所示。摩擦片自锁装置由摩擦片组 2 和推力压盘 3 组成。摩擦片组 2 用于增加差速器内摩擦力矩，由弹簧钢片 7 和若干间隔排列的主动摩擦片 8 及从动摩擦片 9 组成，装在半轴齿轮与差速器壳 1 之间，主动摩擦片 8 用花键与差速器壳 1 的内轴向键槽相配，从动摩擦片用花键与推力压盘相配，主、从动摩擦片上均加工出许多油槽（两面均有），以利于增大摩擦。推力压盘 3 在半轴齿轮背面，以内花键与半轴相联，和主、从动摩擦片均可作微小的轴向移动。十字轴 4 由两根互相垂直的行星齿轮轴组成，其端部均切出凸 V 形斜面 6，相应地，差速器壳孔上也有凹 V 形斜面，两根行星齿轮轴的 V 形斜面反向安装。

摩擦片式自锁差速器的工作原理：当汽车直线行驶、两半轴无转速差时，转矩平均分配给两半轴。由于差速器壳通过斜面对行星齿轮轴两端压紧，斜面上产生的轴向力迫使两行星齿轮轴分别向左、右方向（向外）略微移动，通过行星齿轮使推力压盘压紧摩擦片，同时，半轴齿轮的轴向推力也使压盘压紧摩擦片。此时，转矩经两条路线传给半轴：一路经行星齿轮轴、行星齿轮和半轴齿轮，将大部分转矩传给半轴；另一路则经差速器壳、主动摩擦片、从动摩擦片、推力压盘传给半轴。

当汽车转弯或一侧车轮在路面上滑转时，行星齿轮自转起差速作用，左、右半轴齿轮的转速不等。由于转速差的存在和轴向力的作用，主、从动摩擦片间在滑转的同时产生摩擦力矩，其数值大小与差速器传递的转矩和摩擦片数量成正比，而其方向与高转速半轴的旋向相反，与低转速半轴的旋向相同。较大数值的内摩擦力矩作用的结果，使低转速半轴传递的转矩明显增加。转矩的传递路线与以上相同。

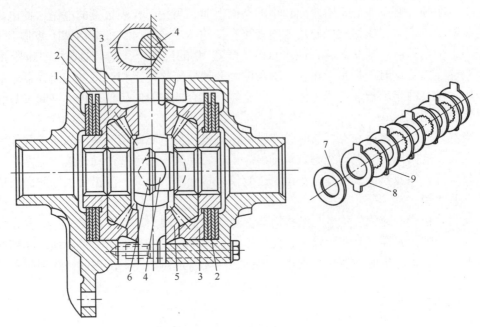

图 18-20 摩擦片式自锁差速器
1—差速器壳；2—主、从动摩擦片组；3—推力压盘；4—十字轴；5—行星齿轮；
6—V形斜面；7—弹簧钢片；8—主动摩擦片；9—从动摩擦片。

摩擦片式自锁差速器常用于轿车和轻型汽车上。图 18-21 所示为大众高尔夫（Golf）轿车摩擦片式自锁差速器。摩擦片自锁装置也是由主、从动摩擦片组 1 和推力压盘 8 组成。当两半轴无转速差时，差速器平均分配转矩；当两半轴有转速差时，摩擦片自锁装置增加低转速半轴传递的转矩。

摩擦片式自锁差速器的优点是结构简单，工作平稳，锁紧系数 K 可达 0.6～0.7 或更高；缺点是摩擦片自锁装置增大差速器的内摩擦消耗，降低差速器的效率。

2. 滑块凸轮式差速器

滑块凸轮式差速器是两个自由度的活齿传动机构，利用凸轮轮廓曲线的变化，在滑块与凸轮之间产生较大数值的内摩擦力矩，以提高锁紧系数，是一种高摩擦自锁式差速器。

滑块凸轮式差速器的结构：图 18-22 所示为滑块凸轮式差速器，作汽车中、后驱动桥之间的轴间差速器使用。它由主动套 6、8 个短滑块 7 及 8 个长滑块 8、内凸轮花键套 9、外凸轮花键套 25 及轴间差速器壳 27 和盖 24 组成。内凸轮花键套 9 用花键与主动曲线齿锥齿轮 18 相联，其前端内表面有 13 个圆弧凸面，为内凸轮轮廓。外凸轮花键套 25 用花键与后桥传动轴 26 相联，其外表面有 11 个圆弧凸面，为外凸轮轮廓。主动套 6 前端与凸缘盘 1 用花键连接，后端空心套筒部分装在内、外凸轮之间，空心套筒上铣出 8 条穿通槽，每个槽内装长、短滑块各一个。所有滑块均可在槽内沿径向自由滑动，为移动滑块。为了使滑块及内、外凸轮磨损均匀，相邻两槽内滑块的装法不同，其中一个槽内长滑块在前，短滑块在后，而另一槽内滑块装法则相反。

滑块凸轮式差速器的工作原理：当汽车中、后驱动桥车轮无转速差时，主动曲齿锥

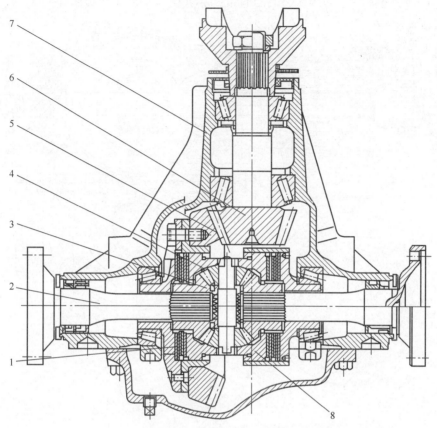

图 18-21 大众高尔夫（Golf）轿车摩擦片式自锁差速器
1—主、从动摩擦片组；2—半轴；3—半轴齿轮；4—行星齿轮；5—从动锥齿轮；
6—主动锥齿轮；7—主减速器壳；8—推力压盘。

齿轮 18 和后桥传动轴 26 的转速相同，相应连接的内凸轮花键套 9 与外凸轮花键套 25 的转速相同，长、短滑块相对主动套 6 沿径向不移动，内、外凸轮花键套和主动套三者的转速相等，差速器作整体转动，没有差速作用。此时，转矩传递路线：转矩由凸缘盘 1 输入，依次传递给主动套 6、滑块 7 和 8，再分为两条路线传递，一路经内凸轮花键套 9，传给主动曲齿锥齿轮 18，进得中桥；另一路经外凸轮花键套 25，传给后桥传动轴 26，再传至后桥。

当汽车中、后两驱动桥有转速差时，主动套 6 槽内的滑块，一方面随主动套旋转，并带动内、外凸轮花键套旋转，同时在内、外凸轮间沿槽孔径向滑动，并始终与内、外凸轮轮廓接触且滑动摩擦，这时，内、外凸轮花键套相对转动，以不同的转速旋转，实现差速。且由于滑块与内、外凸轮间产生的摩擦力矩起作用，使低转速的驱动轮上可以得到比高转速的驱动轮更大的转矩。转矩的传递路线与以上相同。

滑块凸轮式差速器的锁紧系数与凸轮表面的摩擦因数和内、外凸轮轮廓有关，一般 K 可达 0.5～0.7。这种差速器可在很大程度上提高汽车的通过性，但结构复杂，对内、外凸轮轮廓及滑块的设计及加工要求高，摩擦件的磨损较大。它既可用作轴间差速器，也可用作轮间差速器。

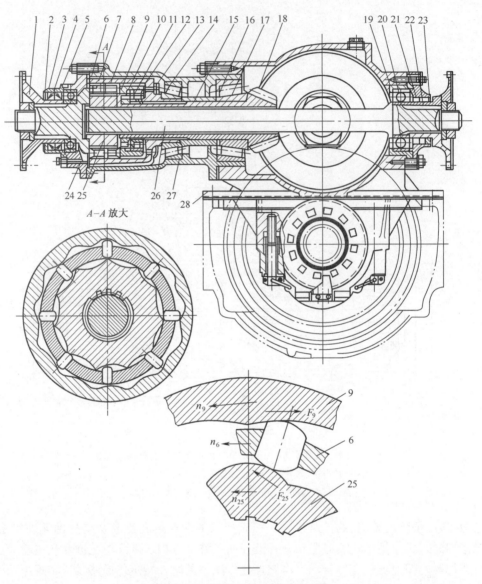

图 18-22 滑块凸轮式轴间差速器

1—凸缘盘；2—防尘罩；3—密封垫；4、22—油封；5—油封壳；6—主动套；7—短滑块；8—长滑块；9—内凸轮花键套；10—螺母；11—垫圈；12—滚子轴承；13—花键套护罩；14、17—圆锥滚子轴承；15—挡圈；16—调整垫圈；18—主动曲齿锥齿轮；19—轴承座；20—球轴承；21—轴承盖；23—防尘毡；24—轴间差速器盖；25—外凸轮花键套；26—后桥传动轴；27—轴间差速器壳；28—主减速器壳。

四、牙嵌式自由轮差速器

牙嵌式自由轮差速器的结构：牙嵌式自由轮差速器常用于中、重型汽车，其结构如图 18-23 所示。它由差速器壳 1 和 2、主动环 3、从动环 4、弹簧 5、花键毂 7、消声环 8、中心环 9 和卡环 10 等组成。左、右两半差速器壳 1、2 与主减速器从动齿轮用螺栓连接。主动环 3 固定在两半差速器壳之间，随差速器壳一起转动。主动环 3 的两个侧面制有沿圆周分布的许多倒梯形（角度很小，齿顶比齿根微宽）断面的径向传力齿，相应的左、右从动环4的内侧面也有相同的传力齿。制成倒梯形齿的目的在于防止传递转矩过程中从动环与主动环自动脱开。弹簧5将从动环压向主动环，力图使主、从动环处于接合状态。花键毂7内外均有花键，外花键与从动环4相联，内花键连接半轴。中心环9装在主动环3的孔内，用卡环10轴向定位，周向可相对主动环自由转动。中心环9的两侧有沿圆周分布的许多梯形截面的径向齿，分别与两从动环4内侧面内圈相应的梯形齿接合。消声环8（图18-23（c））是具有一定弹性的卡环，装在从动环的传力齿与梯形齿之间的凹槽中，其缺口对着主动环上的伸长齿12（图18-23（b））。

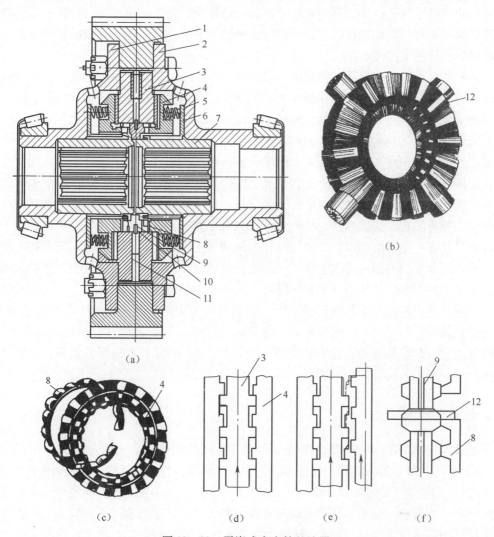

图18-23 牙嵌式自由轮差速器
1、2—差速器壳；3—主动环；4—从动环；5—弹簧；6—垫圈；7—花键毂；
8—消声环；9—中心环；10—卡环；11—中心环装配孔；12—伸长齿。

牙嵌式自由轮差速器的工作原理：当汽车左、右车轮无转速差时，主动环3通过两侧传力齿带动左、右从动环4，以及花键毂7、半轴一起旋转，如图18-23（d）所示，传动结构结称。此时，转矩传递路线：由主减速器传给主动环的转矩，通过传力齿传递给左、右从动环4，再经花键毂7，平均分配给左、右半轴，差速器不起差速作用。

当汽车两侧车轮有转速差时，设左驱动轮转速低（图18-23（e）），则左从动环和主动环的传力齿之间压得更紧，于是主动环带动左从动环、左半轴一起旋转，左轮被驱动；而右轮转速高，使右从动环比主动环转得快，由于中心环9分别与两从动环4的内圈内侧面通过齿根比齿顶宽的梯形齿接合，于是在中心环和从动环内圈梯形齿斜面接触力的轴向分力作用下，右从动环4压缩弹簧5而右移，同时，超前左从动环转动，实现差速。右从动环4右移后，使从动环上的传力齿同主动环上的传力齿不再接合，从而中断对右轮的转矩传递，主动环的转矩全部分配给左轮。由于差速器结构对称，右驱动轮转速低时，同样可实现差速，主动环的转矩全部分配给右轮。或者说差速器的转矩全部分配给转速低的驱动轮。

牙嵌式自由轮差速器的消声原理：从动环梯形齿每经轴向力作用，沿齿斜面滑动与主动环分离后，转过一个齿，在弹簧力作用下，又会与主动环重新接合。这种分离与接合不断重复出现，将引起传递动力的脉动、噪声和加重零件的磨损。为此，在从动环的传力齿与梯形齿之间的凹槽中，装有带梯形齿的消声环8。在右驱动轮的转速高于主动环的情况下，消声环8与从动环4上的梯形齿一起在中心环梯形齿滑过，到齿顶彼此相对，消声环缺口一边被主动环上的伸长齿挡住（图18-23（f））时，中心环9与消声环8齿顶相对，从动环便被消声环挤紧而保持在离主动环最远的位置，轴向往复运动不再发生，噪声不再产生。当从动环转速下降到等于并开始低于主动环的转速时，由于消声环8是具有一定弹性的卡环，通过弹性与从动环4连接，从动环4带动消声环8反转动，消声环8缺口的另一边被主动环上的伸长齿挡住，从动环的齿顶与主动环的齿槽相对，从动环在弹簧5的作用下沿左轴向移，重新与主动环接合。

牙嵌式自由轮差速器在两轮差速时，锁紧系数为1，可明显提高汽车的通过能力，此外，还具有工作可靠、使用寿命长、效率高等优点。其缺点是左右车轮传递转矩时，时断时续，引起车轮传动装置中载荷的不均匀性，并加剧了轮胎磨损。此外，单侧车轮驱动，另一车轮的附着能力未能利用。

五、托森差速器

托森差速器的结构：托森差速器是利用不自锁的蜗杆传动实现差速的摩擦式差速器。图18-24所示为轴间托森差速器。它由空心轴2、差速器外壳3、后轴蜗杆5、前轴蜗杆9、蜗轮轴7和直齿圆柱齿轮6、蜗轮8等组成。空心轴2和差速器外壳3通过花键相联而一同转动，是差速器动力输入构件。蜗轮轴7的中间有一个蜗轮8，两边各有一个尺寸相同的直齿圆柱齿轮6，蜗轮轴7支承在差速器外壳3上。在差速器壳内，有6个蜗轮和12个直齿圆柱齿轮，其中3个蜗轮与前轴蜗杆9啮合，另外3个蜗轮与后轴蜗杆5相啮合，蜗轮沿圆周均布，平行的两根蜗轮轴之间用4个直齿圆柱齿轮啮合传动。前轴蜗杆9和驱动前桥的差速器前齿轮轴1为一体，后轴蜗杆5和驱动后桥的差速器后齿轮轴4为一体，前轴蜗杆9和后轴蜗杆5是差速器动力输出构件。

托森差速器的工作原理：当汽车中、后驱动桥车轮无转速差时，前轴蜗杆9与后轴蜗

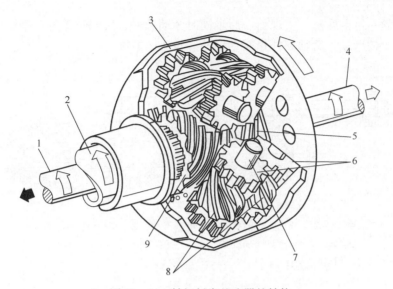

图 18-24 轴间托森差速器的结构
1—差速器前齿轮轴；2—空心轴；3—差速器外壳；4—差速器后齿轮轴；
5—后轴蜗杆；6—直齿圆柱齿轮；7—蜗轮轴；8—蜗轮；9—前轴蜗杆。

杆 5 的转速相同，蜗轮与蜗杆、啮合的直齿圆柱齿轮之间无相对运动，差速器壳与两蜗杆轴均绕蜗杆轴线同步转动，差速器不起差速作用。此时，转矩传递路线：转矩由空心轴 2 输入，传递给差速器外壳 3、蜗轮轴 7，再分别经两边的蜗轮 8 传递给前轴蜗杆 9 和后轴蜗杆 5，前轴蜗杆 9 传递给差速器前齿轮轴 1，后轴蜗杆 5 传递给差速器后齿轮轴 4。

当汽车中、后驱动桥车轮有轴间转速差时，设前轴蜗杆 9 的转速大于后轴蜗杆 5 的转速，前轴蜗杆 9 带动前端蜗轮转动，蜗轮轴上的直齿圆柱齿轮 6 随之转动，带动与之啮合的后端直齿圆柱齿轮相对于差速器外壳 3 反相转动，而与后端直齿圆柱齿轮同轴的蜗轮也随之相对于差速器外壳 3 反相转动，由于蜗杆传动不自锁，则后端蜗轮带动后轴蜗杆 5 相对于差速器外壳 3 反相转动，实现差速。转矩传递路线与以上相同。

托森差速器在差速状态工作时，同时存在蜗杆带动蜗轮及蜗轮带动蜗杆转动的情况，如前端蜗杆带蜗轮转动，则后端蜗轮带动蜗杆转动。蜗杆带动蜗轮转动时效率较高，蜗轮带动蜗杆转动时效率较低，并与蜗杆的螺旋角有关，这使托森差速器有较大的内摩擦，并有较大的锁紧系数，锁紧系数可达 0.7~0.8，转矩比可达 5.5~9，防滑能力较高，但差速时，效率较低。选取蜗杆不同的螺旋角可得到不同的锁紧系数，为减少磨损，提高使用寿命，转矩比一般为 3~3.5 较好，这样即使在一端车轮附着条件很差的情况下，仍可以利用附着力大的另一端车轮产生足以克服行驶阻力的驱动力。

托森差速器由于其结构及性能上的诸多优点，被广泛用于全轮驱动轿车的中央轴间差速器及后驱动桥的轮间差速器，但由于在转速转矩差较大时有自动锁止作用，通常不用作转向驱动桥的轮间差速器。

奥迪 80 和奥迪 90 全轮驱动轿车前、后轴间采用了托森差速器。它的结构如图 18-25 所示。发动机输出的转矩经输入轴 1 输入变速器，经相应挡位变速后，由输出轴（空心轴 6）输入到托森差速器 3 的外壳。经托森差速器的差速作用，一部分转矩由前轴蜗杆输出，通过差速器齿轮轴 8 传至前桥，另一部分转矩由后轴蜗杆输出，通过驱动轴凸缘盘 4 传至后桥,实现前、后轴同时驱动和前、后轴转矩的自动调节。前轴蜗杆在齿轮轴 8 的后端,后轴蜗杆在驱动轴凸缘盘 4 的前端。

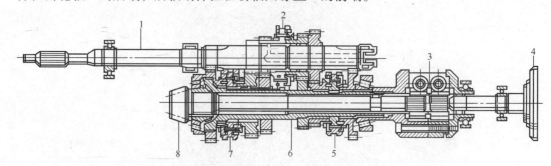

图 18-25　奥迪全轮驱动轿车变速器和托森差速器传动装置
1—输入轴;2—3、4 挡同步器接合套;3—托森差速器;4—驱动轴凸缘盘;
5—5 挡和倒挡同步器接合套;6—空心轴;7—1、2 挡同步器接合套;8—差速器齿轮轴。

丰田轿车两驱动轮间采用了托森差速器,如图 18-26 所示。差速器壳与主减速器从动锥齿轮相联,输入动力;左、右两蜗杆分别与左、右后桥驱动半轴相联,输出动力,托森差速器实现后驱动轮的轮间差速原理与以上相同。

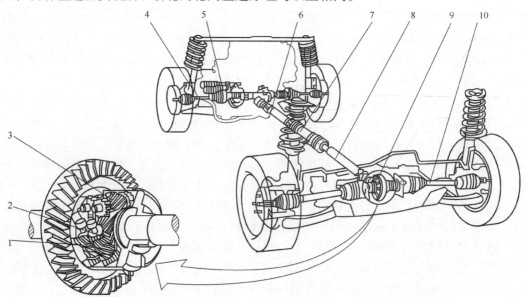

图 18-26　丰田轿车轮间托森差速器
1—差速器壳;2—蜗杆;3—蜗轮;4—前桥传动轴;5—变速器、差速器总成;6—前传动轴;
7—中传动轴;8—后传动轴;9—后桥;10—后桥驱动半轴。

六、黏性联轴差速器

1. 轴间黏性联轴器

在有些汽车中,用黏性联轴器(简称 VC)取代了机械式轴间差速器。如高尔夫-

辛克罗型轿车的前后驱动轴之间,即采用了黏性联轴器。

黏性联轴器的结构:黏性联轴器如图 18-27 所示。它是由壳体 4、前传动轴 1、后传动轴 5 及交替排列的内叶片 3、外叶片 6 及隔环构成。内叶片通过内花键与后传动轴 5 连接,外叶片通过外花键与壳体 4 连接,外叶片之间放置隔环,以限制外叶片的轴向移动。内、外叶片上有加工的孔和槽,以利于硅油的流动。黏性联轴器的大部分密封空间内注高黏度的硅油,在壳体内封入 10%~20% 的空气。内叶片的两端用滚子轴承支承,并用两个橡胶密封件密封。端盖压配合在外壳上,用 O 形密封圈密封。前传动轴 1 通过螺栓与壳体 4 连接,并与外叶片 6 一起组成主动部分,内叶片 3 与后传动轴 5 组成从动部分,主、从动部分靠硅油的黏性来传递转矩。

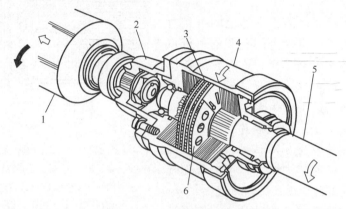

图 18-27 黏性联轴器结构
1—前传动轴;2—传力毂;3—内叶片;4—壳体;5—后传动轴;6—外叶片。

黏性联轴器的工作原理:当汽车前、后轮的转速基本相等时,因两外叶片之间有隔环,内叶片可沿轴向滑动,使内叶片和两侧外叶片之间都保留一定的间隙,黏性联轴器不起联轴作用,此时相当于前轮驱动。

当汽车加速或爬坡时汽车质心后移,或在冰雪路面起步,前轮出现打滑现象,前、后轮出现转速差,黏性联轴器开始工作,前、后轮的差速开始时,黏性联轴器依靠黏性阻力传递转矩;随差速时间和转速差的增长,硅油温度迅速上升,产生热膨胀,迫使黏性联轴器内的空气所占体积趋于零,壳体内部压力升高,其最高温度可达 200℃,内压力可达 100kPa,推动内叶片沿花键滑动,使内叶片紧紧地压在外叶片上,利用内、外叶片之间的油膜剪切力,把黏性联轴器的两端与驱动轮直接连成一体,即黏性联轴器锁死,此即为驼峰现象。驼峰现象发生后,黏性联轴器传递的转矩骤增,差速器自动锁死,呈现全轮驱动状态,提高了汽车的动力性,可使车辆很容易脱离抛锚地。同时,黏性联轴器也停止了搅动硅油输出转矩的工作过程,不再吸收能量,温度逐渐下降,直到充分冷却之后,驼峰现象才会消失,重新恢复依靠黏性阻力传递转矩的工作状态。

黏性联轴器具有自适应作用,当主、从动轴(内、外叶片)间的转速差大时,即会出现驼峰现象,使差速器自动锁死。

黏性联轴器传递的转矩与硅油密度、黏度、主从动轴转速差、内外叶片数和半径等成正比，与内外叶片间的间隙成反比。输入轴与输出轴的转速差越大，由输入轴传递到转速低的输出轴的转矩就越大，出现驼峰现象的时间越短。

2. 轮间和轴间黏性联轴差速器

轮间黏性联轴差速器：图 18-28 所示为轮间黏性联轴差速器。它采用一般锥齿轮行星齿轮传动。在差速器的半轴齿轮 4 的对面一侧装有黏性联轴节，联轴节有一盘片组 8，其中一组片通过半轴花键毂 9 和半轴 10 相联，另一组片和差速器壳 6 相联，片中充满硅油。

汽车平常行驶时，两组盘片之间可相对自由转动，硅油通过盘片上的孔和槽也可自由流动，不起差速限动作用，这时轮间差速器将转矩平均分配给左、右驱动轮。一旦左右轮发生差速运动，半轴齿轮上要产生轴向力并通过推力块 1 挤压两组盘片，同时浸在硅油中的两组盘片发生相对转动，剪切硅油形成黏滞阻力，转速差大时，迅速出现驼峰现象，黏性联轴器自动锁死，使差速器锁死，呈现左、右驱动轮无差速驱动状态，使得转得慢的一方的牵引力加大，防止了汽车一侧车轮的打滑，而汽车无法向前行进。

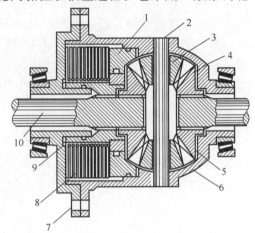

图 18-28 轮间黏性联轴差速器
1—推力块；2—十字轴；3—行星轮；4—半轴齿轮；
5—推力垫片；6—差速器壳；7—差速器安装法兰；
8—盘片组；9—半轴花键毂；10—半轴。

轴间黏性联轴差速器：图 18-29 所示为轴间黏性联轴差速器，由轴间差速器和黏性联轴器组成。轴间差速器是不对称式行星齿轮差速器，包括太阳轮、齿圈、行星轮和行星架等。轴间差速器的行星架接变速箱输出轴，太阳轮和齿圈分别向前、后轮输出动力。

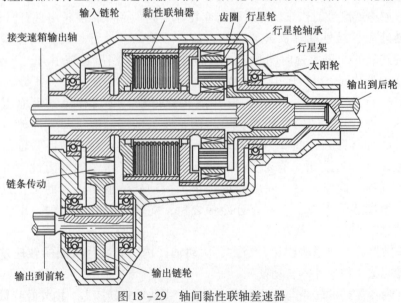

图 18-29 轴间黏性联轴差速器

当前、后桥的转速相等时，轴间差速器不起差速作用，黏性联轴器不起限动作用，这时轴间差速器将转矩按固定比例分配给前、后驱动桥。

当某一车轮（假设为前轮）严重打滑时，前桥差速器壳的转速升高，黏性联轴器的内、外叶片转速差增大，黏性联轴器发挥作用，轴间差速器中与后桥相联的转速较慢的齿轮就获得了较大的转矩，使附着条件较好的后轮能够产生足够的驱动力。

轮间和轴间黏性联轴差速器已在一些轿车、越野车和客车上使用。图 18-30 所示为越野车的带轮间和轴间黏性联轴差速器的 4WD（Four Wheel Drive）系统，四轮全驱，在变速成箱后安装轴间粘性联轴差速器，在后轮间安装轮间黏性联轴差速器。

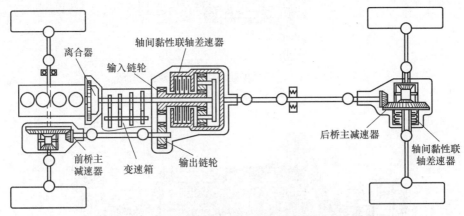

图 18-30　带轮间和轴间黏性联轴差速器的 4WD 系统

七、主动控制限滑差速器

上述自锁式差速器，驾驶员无法进行主动控制。为此，在有些轿车和越野车上，采用了主动控制限滑差速器，均以摩擦片式自锁差速器为基础结构，主动控制其限滑能力。主动控制限滑差速器主要有电磁式和电液式。

1. 电磁式主动控制限滑差速器

电磁式主动控制限滑差速器如图 18-31 所示，利用可控的电磁力压紧摩擦片组 1 和 3，实现防滑的主动控制。安装在车轮中的传感器将车轮打滑的信息传递给电控单元，电控单元对这些信息进行分析及判断后，根据内设的控制程序调整与控制电磁装置 4 的电磁力，并通过凸轮 2 等促动机构将电磁力放大，形成对摩擦片组的压紧力，摩擦片组中产生摩擦力矩，形成可控的防滑功能，动态改变差速器的锁紧系数，实现实时主动控制。

2. 电液式主动控制限滑差速器

电液式主动控制限滑差速器如图 18-32 所示，利用可控油压在活塞 2 上产生的推力压紧摩擦片组 1，实现限滑的主动控制。电控单元对车轮打滑的信息进行分析及判断后，根据控制程序对电控液压阀进行控制，实现对油压的主动调整和控制。

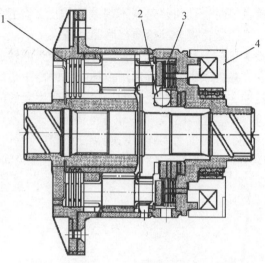

图18-31 电磁式主动控制轴间限滑差速器
1、3—摩擦片组;2—凸轮;4—电磁装置。

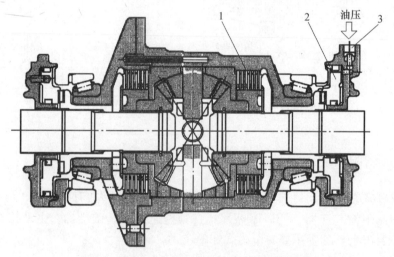

图18-32 电液式主动控制轮间限滑差速器
1—摩擦片组;2—活塞;3—液压油路。

第四节 半轴与桥壳

一、半轴

半轴的功用是将差速器输出的转矩传递给驱动轮。根据半轴是否受弯矩,分为全浮式半轴和半浮式半轴。

1. 全浮式半轴

全浮式半轴广泛应用于各类载货汽车上。图18-33所示为全浮式半轴。它是一根实心圆轴，一端有花键1，另一端锻出凸缘并有螺栓孔。半轴起拔螺栓5用于拆卸半轴，凸缘上有相应的螺纹孔，轮毂上没有孔，拆卸半轴紧固螺栓6后，旋转起拔螺栓，顶在轮毂上，半轴沿轴向移动被拆卸。

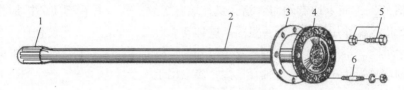

图 18-33 全浮式半轴
1—花键；2—杆部；3—垫圈；4—凸缘；5—半轴起拔螺栓；6—半轴紧固螺栓。

图 18-34 所示为东风 EQ1090E 型汽车全浮式半轴的装配图。半轴6外端的凸缘借助轮毂螺栓7与轮毂9连接，半轴6内端用花键与半轴齿轮连接，并通过半轴齿轮支承在差速器壳上。轮毂通过两个相距较远的圆锥滚子轴承8和10支承在半轴套管1上。半轴套管与驱动桥壳12压配成一体，用螺栓定位。采用这种支承形式，半轴与桥壳没有直接联系，它易于拆装，只需拧下半轴凸缘上的螺栓，即可将半轴从半轴套管中抽出，而车轮与桥壳照样能支承住汽车。这样的半轴支承形式使半轴只承受转矩，而两端均不承受任何反力和弯矩，故称为全浮式半轴。所谓"浮"，即指半轴不受弯矩。

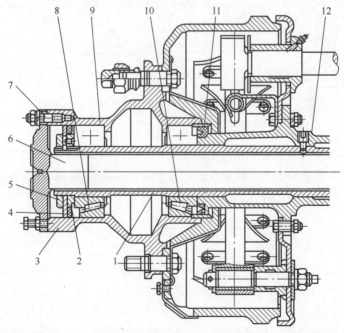

图 18-34 东风 EQ1090E 型汽车全浮式半轴的装配图
1—半轴套管；2—调整螺母；3、11—油封；4—锁紧垫圈；5—锁紧螺母；
6—半轴；7—轮毂螺栓；8、10—圆锥滚子轴承；9—轮毂；12—驱动桥壳。

2. 半浮式半轴

图 18-35 所示为红旗 CA7560 型轿车的驱动桥。其半轴2内端的支承方法与上述

相同。半轴2外端用圆锥滚子轴承3直接支承在桥壳凸缘7内,另一根半轴同样用圆锥滚子轴承支承,两个圆锥滚子轴承面对面安装,形成对两根半轴的轴向定位,在差速器行星齿轮轴的中部浮套着止推块1,使半轴不致在朝内的侧向力作用下向内窜动。半轴外端是锥形的,锥面上切有轴向键槽,最外端有螺纹。轮毂6有相应的锥形孔与半轴配合,用键5连接,并用锁紧螺母4紧固。这种支承形式,车轮与桥壳没有直接联系。半轴折断将发生危险。半浮式半轴在轴承支承以外的轴段受力较大,既受弯矩,又受转矩;支承以内的轴段只受转矩。为避免轴径过大,多应用于承受反力和弯矩较小的各类轿车上。

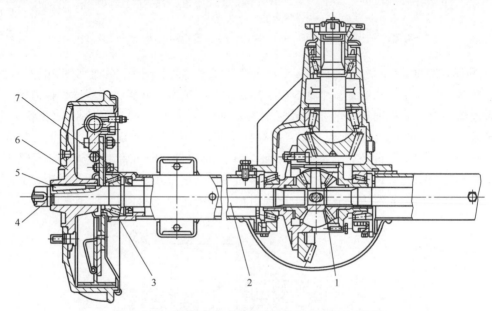

图 18-35 红旗 CA7560 型轿车驱动桥及半浮式半轴
1—止推块;2—半轴;3—圆锥滚子轴承;4—锁紧螺母;5—键;6—轮毂;7—桥壳凸缘。

以上是非断开式驱动桥中半轴的结构形式,还有转向驱动桥、断开式驱动桥中半轴的结构形式。在转向驱动桥中,半轴断开并以等角速万向节连接。在断开式驱动桥中,半轴也分段并用万向节和滑动花键或伸缩型等角速万向节连接。较详细的内容可见相关章节。

二、桥壳

驱动桥壳的功用是支承并保护主减速器、差速器和半轴等,储存润滑油。整体式驱动桥壳使左、右驱动轮的轴向相对位置固定,与从动桥一起支承车架及其上各总成的质量;汽车行驶时,承受由车轮传来的路面反作用力和力矩,并经悬架传给车架。驱动桥壳应有足够的强度和刚度,质量要小,便于制造,并便于主减速器的拆装和调整。根据驱动桥壳的加工工艺和结构,可分为铸造和冲压焊接式整体驱动桥壳。

1. 铸造式整体驱动桥壳

图 18-36 所示为解放 CA1091 型汽车铸造式整体驱动桥壳。它由空心梁7、主减速器壳3、半轴套管8、后盖6等组成,为多个零件的组合结构。中部是一个环形空心梁7,用球墨铸铁铸成。两端压入钢制的半轴套管8,用止动螺钉2定位。半轴套管外

端用于安装轮毂轴承,并有螺纹用于连接定位轴承的螺母。凸缘盘1上有螺栓孔,用来固定制动底板。主减速器和差速器预先装合在主减速器壳3内,然后用固定螺钉4将其固定在空心梁的中部前端面上。空心梁中部后端面的大孔,供检查驱动桥内主减速器和差速器的工作情况用。后盖6上装有检查油面用的螺塞5。主减速器壳上有加油孔和放油孔。在空心梁上靠近凸缘盘1处的内侧,有弹簧钢板座。

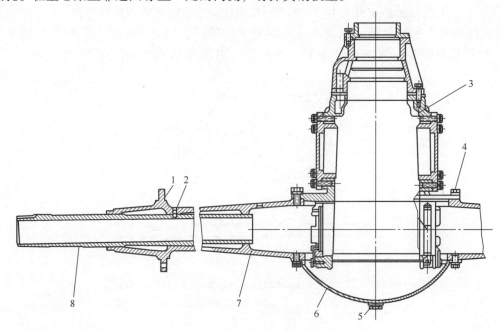

图 18-36 解放 CA1091 型汽车驱动桥壳

1—凸缘盘;2—止动螺钉;3—主减速器壳;4—固定螺钉;5—螺塞;6—后盖;7—空心梁;8—半轴套管

图 18-37 所示为东风 EQ1090E 型汽车的驱动桥壳,也是铸造式整体驱动桥壳,与上述驱动桥壳的结构类似,可通过这幅立体图进一步认识驱动桥壳结构。

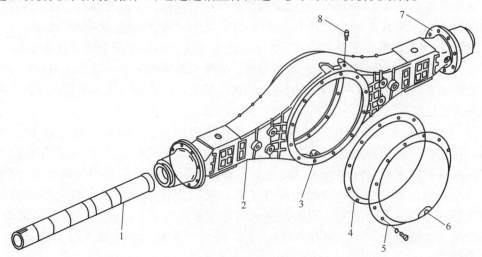

图 18-37 东风 EQ1090E 型汽车的驱动桥壳

1—半轴套管;2—后桥壳;3—放油孔;4—后桥壳垫片;5—后盖;6—油面孔;7—凸缘盘;8—通气塞。

铸造式整体桥壳刚度大、强度高、易铸成等强度梁形状；但质量大，铸造质量不易保证，故适用于中、重型汽车，更多是用于重型汽车上。

2. 冲压焊接式整体驱动桥壳

图18-38所示为北京BJ1040型汽车的钢板冲压焊接式整体驱动桥壳。它主要由冲压成形的上下两件桥壳主件1和8、4块三角镶块2、前后两个加强环5和6、一个后盖7以及两端两个半轴套管4组焊而成。这种驱动桥壳，质量较小，工艺简单且便于成形，材料利用率高，抗冲击性能好，成本低，但刚度较差，适用于轻型汽车、批量生产。

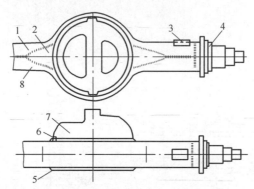

图18-38　北京BJ1040型汽车冲压焊接式整体驱动桥壳
1、8—桥壳主件；2—三角镶块；3—钢板弹簧座；4—半轴套管；
5—前加强环；6—后加强环；7—后盖。

第五节　变速驱动桥

从功能特点上驱动桥可分为独立驱动桥和变速驱动桥。主减速器和差速器装在一个独立的桥壳中，与其他动力总成相互独立的驱动桥，称为独立驱动桥，如图18-3、18-5所示。发动机前置前轮驱动的轿车上，把变速器和驱动桥两个动力总成合为一体，布置在一个壳体内，称此种桥为变速驱动桥。变速驱动桥省去了传动轴，缩短了传动路线，使传动系统的机械效率提高，同时，结构也紧凑，使传动系统的质量减小，有利于汽车底盘的轻量化。

图18-39所示为一前轮驱动轿车上发动机横置的变速驱动桥。变速器10、主减速器、差速器7等均布置在同一壳体中。变速器为两轴式，第二轴（输出轴）上安装有主减速器的主动圆柱斜齿轮。其动力传动路线是：动力从发动机曲轴4、飞轮2输入给第一轴，通过一定挡位的齿轮变速后，把动力传给第二轴，再经第二轴上的主减速器的主动齿轮传给主减速器的从动齿轮和差速器7、差速器中的行星齿轮轴、行星齿轮、半轴齿轮及等角速万向节6，最后经左、右输出轴8和5分别传给左、右驱动车轮。

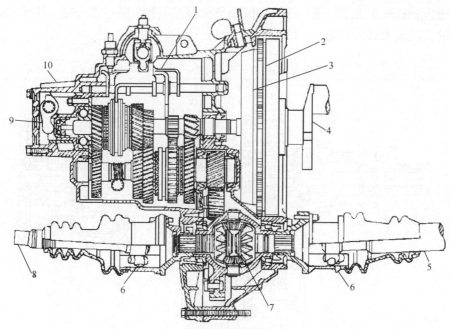

图18-39 前轮驱动轿车上发动机横置的变速驱动桥
1—齿轮变速杆；2—飞轮；3—离合器；4—发动机曲轴；5—右输出轴；6—等角速万向节；
7—差速器；8—左输出轴；9—离合器分离联动装置；10—变速器。

第六节 电动汽车驱动桥

根据电动机所处位置，电动汽车有电动机中央驱动、电动机轮边驱动的驱动桥和电动轮。

一、电动机中央驱动的驱动桥

图18-40为电动机中央驱动的驱动桥示意图。电动机放在中央位置，其动力经减速器、差速器、半轴传至驱动轮。它的特点是只需一个驱动电动机，控制电路较简单，驱动桥的结构与以上驱动桥相似，可以在以上车辆驱动桥的基础上设计，其传动装置和技术较成熟。

图18-41是电动机纵向布置中央驱动的驱动桥。主减速器由一对圆柱齿轮机构和一对圆锥齿轮机构组成。圆柱齿轮机构的小齿轮安装在电动机7的轴上。差速器为锥齿行星齿轮机构。差速器壳4与锥齿轮3相联，差速器两边的半轴齿轮5通过花键连接半轴2，半轴的另一端连接驱动轮10。电动

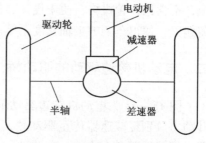

图18-40 电动机中央驱动的驱动桥示意图

机发出的动力，依次经过圆柱齿轮机构、圆锥齿轮机构、差速器、半轴传递给两边的驱动轮。由于电动机纵向布置，半轴与电动机的轴线相互垂直，需要用圆锥齿轮机构传

动。圆锥齿轮机构作为主减速器的第二级减速机构,不利于减小锥齿轮3的尺寸及因锥齿轮3的直径较大对汽车通过性的影响。

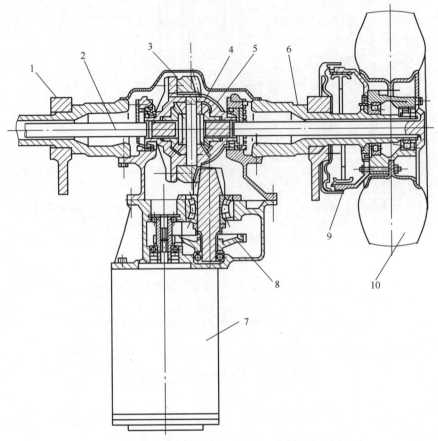

图18-41 电动机纵向布置中央驱动的驱动桥
1—驱动桥连接装置;2—半轴;3—锥齿轮;4—差速器壳;5—半轴齿轮;
6—桥壳;7—电动机;8—圆柱齿轮;9—制动装置;10—驱动轮。

图18-42是电动机横向布置中央驱动的驱动桥。主减速器由两对圆柱齿轮机构组成,不含锥齿轮机构,便于设计、加工和装配。为了给电动机留出布置空间,驱动桥壳需偏置,使得车辆的半轴长度不等。

二、电动机轮边驱动的驱动桥

图18-43为电动机轮边驱动的驱动桥示意图。两边结构对称,电动机放在轮边,其动力分别经减速器传至驱动轮,由控制器控制两轮差速等。它的特点是省去了差速器,但是需要2个或4个电动机,各电机配减速器,电动机和减速器的数量多,且加大车轮的质量,控制电路较复杂。

图18-44是电动机横向布置轮边驱动的驱动桥。主减速器由两对圆柱齿轮机构组成。电动机依次经过主减速器4、半轴7传递给驱动轮1。两边车轮独立驱动。这种驱动桥,电动机和主减速器仍在车轮外,影响汽车的通过性。

第十八章 驱动桥

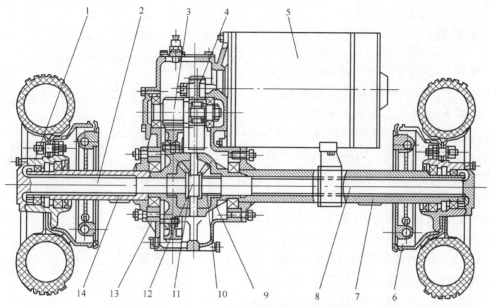

图 18-42 电动机横向布置中央驱动的驱动桥
1—驱动轮毂；2—短半轴；3—二级减速齿轮；4——级减速齿轮；5—电动机；6—制动装置；7—长半轴套管；
8—长半轴；9—差速器壳；10—半轴齿轮；11—行星齿轮；12—十字轴；13—驱动桥壳；14—短半轴套管。

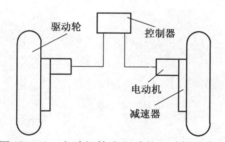

图 18-43 电动机轮边驱动的驱动桥示意图

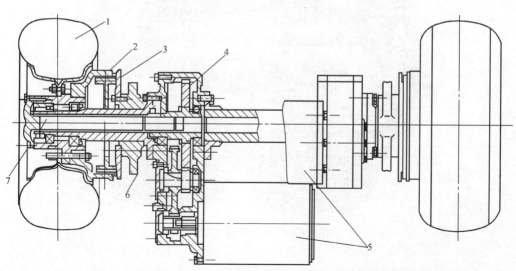

图 18-44 电动机横向布置轮边驱动的驱动桥
1—驱动轮；2—制动鼓；3—制动蹄；4—减速器；5—电动机；6—支承装置；7—半轴。

三、电动轮

图 18-45 为单车轮的电动轮,用于断开式驱动桥。它的驱动装置由电动机 2 和主减速器 3 组成。主减速器由外、内啮合圆柱齿轮机构组成。电动机的动力依次经外啮合圆柱齿轮机构、内啮合圆柱齿轮机构传递给车轮 1。它只需设置减速装置,省略半轴,采用电磁式制动器。这种驱动装置的主要缺点是电动机和主减速器散发的热量影响轮胎,此外,车轮质量仍较大。

图 18-46 为双车轮的电动轮。两车轮相联成为双车轮,电动机和主减速器包在轮辋中,结构更紧凑。电动机的动力依次经过并联的外啮合圆柱齿轮机构、内啮合圆柱齿轮机构传递给驱动轮。

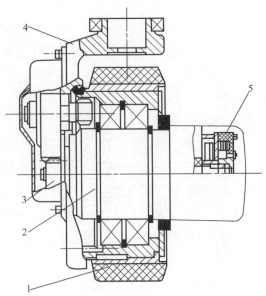

图 18-45 单车轮的电动轮
1—车轮;2—电动机;3—主减速器;
4—支承装置;5—电磁式制动器。

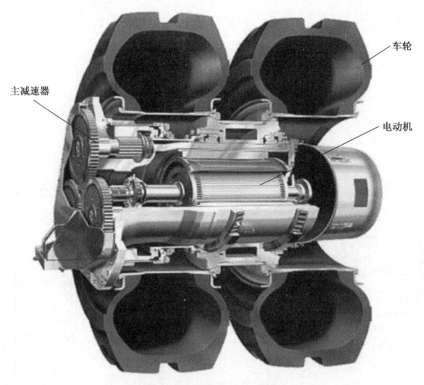

图 18-46 双车轮的电动轮

思考题

18-1 汽车驱动桥的功用是什么？每种功用主要由驱动桥的哪部分来实现和承担？

18-2 试以东风 EQ1090E 型汽车驱动桥为例，具体指出动力从叉形凸缘输入一直到驱动轮为止的动力传递路线，并依次写出动力传递零件的名称和功用。

18-3 试分析单级主减速器的主、从动锥齿轮的支承，简述单级主减速器的调整方法。

18-4 准双曲面齿轮传动的主减速器有什么特点？对润滑油的要求是什么？

18-5 说明解放 CA1091 型汽车双级主减速器的动力传递路线。

18-6 说明图 18-6 所示轮边减速器的动力传递路线。

18-7 图 18-8 所示双速主减速器有何特点？试说明行星齿轮式双速主减速器的工作原理。

18-8 对称式锥齿轮差速器差速工作时，运动和动力是如何具体传递的？左右两侧半轴齿轮的转速与差速器壳转速的关系是什么？

18-9 试说明摩擦片式防滑差速器和牙嵌式自由轮防滑差速器的工作原理。

18-10 分析奥迪全轮驱动轿车上的托森差速器如何起差速防滑作用。

18-11 黏性联轴差速器是如何起到差速作用的？它有什么特点？

18-12 全浮式半轴和半浮式半轴在结构和受力上各有什么特点？半浮式半轴通常只有一个轴承支承，那么侧向力是如何来承受和平衡的？

18-13 试说明铸造式整体驱动桥壳和冲压焊接式整体驱动桥壳的结构。

18-14 试说明图 18-40 所示电动机横向布置轮边驱动的驱动桥的组成及动力传递路线。

第十九章 汽车行驶系统概述

一、汽车行驶系统功用

汽车作为一种陆路交通工具,其行驶系统的基本组成和结构形式受道路路面状况影响较大。为适应各种道路条件,汽车行驶系统必须具备如下功能:
(1) 将汽车构成一个整体,支承汽车全部质量。
(2) 承受并传递路面作用于车轮上的各向反力及力矩。
(3) 接受由发动机经传动系统传来的转矩,并将其转化为驱动力。即通过驱动轮与路面间的附着作用,产生路面对驱动轮的驱动力,保证汽车正常行驶。
(4) 缓和不平路面对车身造成的冲击,衰减振动,保证汽车行驶平顺性。
(5) 通过与汽车转向系统协调配合,实现正确的方向控制,保证汽车操纵稳定性。

二、汽车行驶系统组成

轮式汽车行驶系统一般由车架、车桥、车轮和悬架组成。图 19-1 所示为后轮驱动汽车行驶系统的结构示意图。车架 1 是全车的装配基体,它将汽车的各相关总成连接成一个整体。车轮 4 和 5 分别与驱动桥 3 和从动桥 6 连接。车桥又通过弹性的后悬架 2 和前悬架 7 与车架 1 连接,以减少汽车在不平路面上行驶时车身所受到的冲击及振动。在没有整体式车桥的情况下,两侧车轮的心轴可分别通过各自的弹性悬架与车架连接,即断开式车桥匹配独立悬架。

为深入理解汽车行驶系统功用与组成结构,结合其受力状况说明汽车行驶系统作用原理,图 19-1 中,汽车行驶系统受汽车的总重力 G_a;受地面支承反力 F_{z1} 和 F_{z2},分别作用于前轮和后轮上;受到驱动桥中的半轴的驱动转矩 M_k,作用在驱动轮上,由于车轮与路面之间的附着作用,驱动转矩 M_k 产生了路面作用于驱动轮边缘上的向前的纵向反力——驱动力 F_t。

在汽车实际工作中,根据行驶系统的结构与受力,将会出现以下 4 种情况:

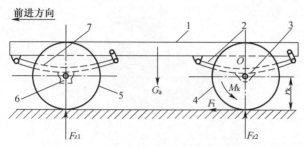

图 19-1 轮式汽车行驶系统组成及部分受力情况
1—车架；2—后悬架；3—驱动桥；4—驱动轮；5—从动轮；6—从动桥；7—前悬架。

(1) 驱动力 F_t 使汽车正常行驶。即驱动力 F_t 一部分用以克服驱动轮本身受到的滚动阻力；一部分则依次经过驱动轮4、驱动桥3、后悬架2、车架1、前悬架7、从动桥6，从而克服从动轮的滚动阻力；在此过程中，一部分用来克服作用在车身上的空气阻力和坡度阻力，从而使汽车向前行驶（在具有足够附着力条件下）。由此过程可得出，如果行驶系统中处于驱动力传递路线上的任何一个环节中断，汽车将无法行驶。

(2) 前进中驱动力 F_t 使整车前部上仰。由图19-1还可以看出，驱动力 F_t 是作用在轮缘上的，因而对车轮中心 O 造成了一个反力矩 $F_t r_k$（r_k 为车轮半径）。此反力矩力图使驱动桥壳中部（即主减速器壳）的前端向上抬起。当采用断开式驱动桥时，主减速器壳是直接固定在车架上的，因而驱动反力矩 $F_t r_k$ 也就直接由主减速器壳传给车架。当采用非断开式驱动桥时（图19-1），驱动反力矩则由主减速器壳经半轴套管传给后悬架，再由后悬架传给车架。驱动反力矩传到车架上的结果，使得车架连同整个汽车前部都有向上抬起的趋势，具体表现为前轮上的垂直载荷减小而后轮上的垂直载荷增大。

(3) 汽车制动过程中，经行驶系统产生汽车前部俯倾。制动时，路面加于车轮向后的纵向反力——制动力经由车桥和悬架传给车架，迫使汽车减低速度以至停车。同样，由制动力引起的反力矩则由车轮依次通过车轮制动器、半轴套管和悬架传递到车架，使汽车前部有向下俯倾的趋势，表现为后轮上的垂直载荷减小而前轮上的垂直载荷增大。

(4) 弯道与横坡行驶的侧倾。汽车在弯道上和横向坡道上行驶时，在车轮与路面间将有侧向力产生，此侧向力亦由行驶系统传递和承受。

三、汽车行驶系统类型

根据行驶系统结构形式的不同，汽车行驶系统的基本类型主要分为轮式、全履带式、半履带式、车轮-履带式、水陆两用汽车等几种形式。

轮式行驶系统：汽车行驶系统中直接与路面接触的部分是车轮，这种行驶系统称为轮式行驶系统，这种汽车称为轮式汽车。目前应用较多的是轮式汽车行驶系统，也是本书介绍的重点。

全履带式行驶系统：行驶系统中直接与路面接触的部分全部为履带。通常在前、后桥上都装有履带，此种汽车则称为全履带式汽车（图19-2）。

图 19-2 全履带式汽车

半履带式行驶系统：行驶系统中直接与路面接触的部分中，后桥为履带，前桥为非履带形式。此种汽车称为半履带式汽车。如图 19-3 所示，前桥装有滑橇式车轮，后桥装有履带。其行驶系统的结构特点是前桥（从动桥）上装有滑橇式车轮，用来实现转向，后桥（驱动桥）上装有履带，以减少对地面的单位面积压力，防止汽车下陷；同时履带上的履刺也加强了与地面的附着作用，提高了通过能力。半履带式汽车具有很强的通过能力，主要用于雪地或沼泽地带行驶。

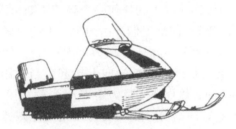

图 19-3 半履带式汽车

车轮-履带式行驶系统：这种结构的行驶系统具有可以互换使用的车轮和履带，如图 19-4 所示，当不装履带时即为多轴轮式车辆，用于推土、推雪等特种作业，也可根据需要在车轮外加装履带构成履带式车辆，以改善和提高汽车的通过能力。这种履带车适合在滑雪场、沼泽地、果园或多土丘地带行驶作业。

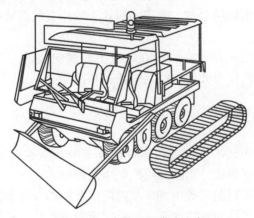

图 19-4 车轮-履带式汽车

水陆两用汽车除具有一般式汽车或车轮-履带式汽车的行驶系统以外，还备有一套在水中航行的机构。

思考题

19-1 轮式汽车行驶系统的基本组成有哪些？简述其功用。
19-2 试分析轮式汽车行驶系统的受力情况，并说明各力如何传递。
19-3 汽车行驶系统工作中会产生哪些现象？为什么？
19-4 履带式汽车有什么特点？
19-5 车轮-履带式汽车有什么特点？如何工作？

第二十章 车 架

车架是整个汽车的基体，汽车上绝大多数部件和总成都与车架固联，如发动机、悬架、转向系统中的轴向器、驾驶室和货箱等。车架的功用是支承连接汽车的各零部件，并承受来自车内外的各种载荷。车架的结构形式应满足以下工作要求：

(1) 满足汽车总体布置要求。汽车在复杂多变的行驶过程中，防止固定在车架上的各总成和部件之间发生干涉。

(2) 具有足够强度、适当刚度和轻质量。汽车在崎岖道路上行驶时，防止车架可能产生的扭转变形以及纵向平面内的弯曲变形，避免这些变形对安装在车架上的各部件之间的相对位置产生改变。提高整车的轻量化水平，要求车架质量尽可能小。

(3) 应尽量靠近地面布置。车架布置得离地面近些，可以使汽车重心位置降低，有利于提高汽车的行驶稳定性。这对轿车和客车来说尤为重要。

根据结构形式不同，汽车车架可分为4种类型：边梁式车架、中梁式车架（或称脊骨式车架）、综合式车架和承载式车身。其中，以边梁式车架应用最广泛。

根据车架材质不同，汽车车架主要有合金钢车架、铝合金车架、碳纤维车架。其中钢质车架占主导，其他材质车架主要考虑车架轻量化要求，应用较少。铝合金车架只应用于少数小型跑车，如莲花 ELISE 和雷诺 SPIDER；碳纤维车架只用于少量昂贵赛车和极少数量跑车上，如法拉利 F50。

第一节 边梁式车架

边梁式车架由两根位于两边的纵梁和若干根横梁组成，用铆接法或焊接法将纵梁与横梁连接成坚固的刚性构架。各种不同类型汽车车架的结构形式如图 20-1 所示。大、中型客车的车架，在前、后车桥上面有较大弯曲度（图 20-1 (b)），因此保证了汽车重心和底板都较低，既提高了行驶稳定性，又方便乘客的上下车。

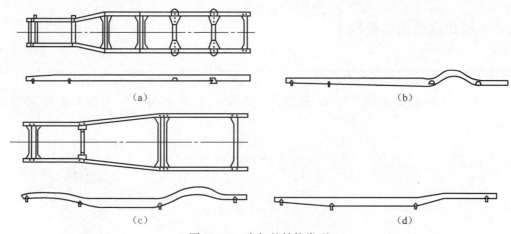

图 20-1 车架的结构类型

(a) 中型货车车架；(b) 中、大型客车车架；(c) 轿车车架；(d) 轻型货车车架。

一、边梁式车架结构特点

1. 纵梁结构

纵梁通常用低合金钢板冲压而成，断面形状一般为槽形，也有的做成 Z 形或箱形。根据汽车形式不同和结构布置的要求，纵梁可以在水平面内或纵向平面内做成弯曲的，以及等断面或非等断面的，两纵梁间的宽度可不等。大型货车的两根纵梁如两根平行线一样布置。中、轻型货车、轿车和大客车的纵梁，其剖面形状大多数如图 20-2 所示。在工作应力较大的地方，常采用图 20-2（b）、图 20-2（c）所示剖面形状来加强。在有些汽车车架进行局部加强时，可装上加强板，或在某处槽形断面内加嵌板件。

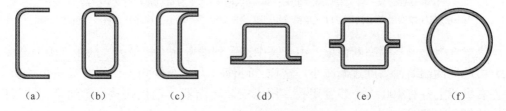

图 20-2 车架纵梁的剖面形状

(a) 槽形；(b) 叠槽形Ⅰ；(c) 叠槽形Ⅱ；(d) 礼帽箱形；(e) 对接箱形；(f) 管形。

2. 横梁结构

横梁一般也用钢板冲压成槽形，为增强车架的抗扭强度，有时采用管形或箱形断面的横梁。横梁不仅用来保证车架的扭转刚度和承受纵向载荷，而且还可以支承汽车上的主要部件。通常载货车有 5~6 根横梁，有时会更多。横梁也可以做成 X 形。

边梁式车架的结构特点是便于安装驾驶室、车厢及一些特种装备和布置其他总成，有利于改装变型车和发展多品种汽车，因此被广泛用在载货汽车和大多数特种汽车上。

二、典型边梁式车架结构

1. 东风 EQ1090E 型汽车车架

图 20-3 所示为东风 EQ1090E 型汽车车架，主要由两根纵梁和 8 根横梁铆接而成。

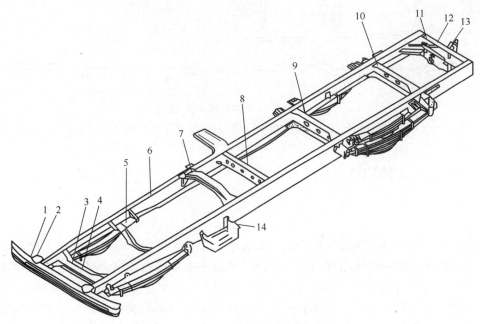

图 20-3 东风 EQ1090E 型汽车车架
1—保险杠；2—挂钩；3—前横梁；4—发动机前悬置横梁；5—发动机后悬置右（左）支架和横梁；
6—纵梁；7—驾驶室后悬置横梁；8—第四横梁；9—后钢板弹簧前支架横梁；
10—后钢板弹簧后支架横梁；11—角横梁组件；12—后横梁；13—拖钩部件；14—蓄电池托架。

纵梁 6 为槽形不等高断面梁，由于其中部受到的弯曲力矩最大，故中部断面高度最大，由此向两端断面高度逐渐减小。这样，可使应力分布较均匀，同时又减小了质量。在左右纵梁上各有 100 多个装置用孔，用以安装转向器、钢板弹簧、燃油箱、储气筒、蓄电池等的支架。

车架前端为保险杠 1，当车辆受到纵向碰撞时，保护车身。前横梁 3 上装置散热器，横梁 4 作为发动机的前悬置支座。由于该车是长头汽车，发动机位置应尽可能低些，以改善驾驶员的视野，因此横梁 4 制成下凹形。在横梁 7 的上面装置驾驶室的后悬置横梁，在其下面装置传动轴中间轴承支架。由于传动轴安装位置的需要，横梁 7 做成拱形，其余横梁都做成简单的直槽形。后横梁 12 上装有拖带挂车用的拖钩部件 13，用于车辆故障或事故时拖拽，因后横梁要承受拖钩传来的很大的作用力，故用角撑加强。

2. 解放 CA1091K2 型汽车车架

装有汽油机的解放 CA1091 型汽车的车架，与东风 EQ1090E 型汽车车架在构造上基本相似；而装有柴油机的解放 CA1091K2 型汽车车架是前窄后宽的，前部宽度缩小是为了给转向轮和转向纵拉杆让出足够的空间，从而保证最大的车轮偏转角度。解放 CA1091K2 型汽车车架如图 20-4 所示。

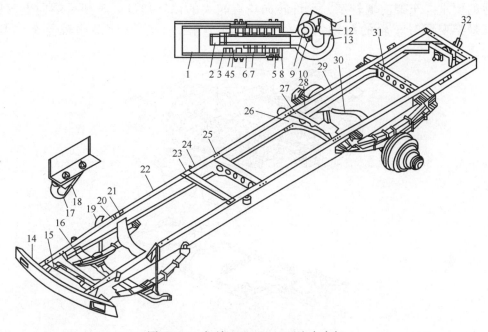

图 20-4　解放 CA1091K2 型汽车车架

1—角撑；2—拖拽钩螺母；3—后拖钩支承座；4—弹簧座片；5—衬套；6—角撑横梁；7—拖拽钩弹簧；8—后横梁；9—拖拽钩锁扣轴；10—链索总成；11—拖拽钩锁片；12—拖拽钩锁扣；13—拖拽钩；14—前保险杠；15—前横梁；16—发动机前悬置托架；17—拖钩；18—拖钩弹簧锁片；19—前减振器上支架；20—发动机后悬置横梁；21—发动机后悬置横梁支架；22—车架纵梁；23—驾驶室后悬置横梁；24—车箱前悬置下支架；25—中横梁；26—后簧前支架垫板；27—后簧前横梁；28—辅助钢板弹簧支架垫板；29—后簧软垫支架；30—后桥；31—后簧后横梁总成；32—拖拽钩总成。

3. 其他典型边梁式车架结构

(1) Z 形断面纵梁车架，如图 20-5 所示。其优点是使车架前后等宽，并能保证车架前部容下柴油机飞轮壳及装在壳上的起动机。若采用一般的槽形断面纵梁，由于钢板弹簧布置的需要，则它的车架势必做成前宽后窄，以保证可安置体积偏大的柴油机。采用前后车架等宽的结构形式，可以提高车架的使用寿命。前后不等宽的车架，在过渡区的冲压过程中会产生皱纹，易形成应力集中。采用 Z 形断面纵梁的缺点是纵梁和横梁连接时，须在纵梁翼面上增加一块垫板，使在纵梁腹板上装置有关总成不太方便。

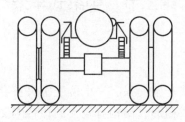

图 20-5　具有 Z 形断面纵梁车架的汽车（后视图）

(2) 低重心车架。图 20-6 所示为丰田皇冠（Crown）轿车车架和低重心车架车身。该车架的中部较平低，以降低汽车的重心，满足高速轿车行驶稳定性和乘坐舒适的要求。车架前端较窄，允许转向轮有较大的偏转角度。车架后端向上弯曲，保证悬架变形时车轮的跳动空间。因此，轿车车架形状设计得比较复杂，但很实用。

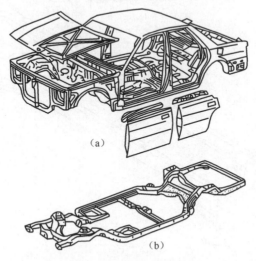

图 20-6　丰田皇冠（Crown）轿车车身和低重心车架
(a) 车身；(b) 低重心车架。

(3) X 形高断面的横梁车架。可以提高车架扭转刚度，特别对于短而宽的车架，效果尤为显著。一般 X 形横梁只用于轿车车架，如图 20-7 所示。

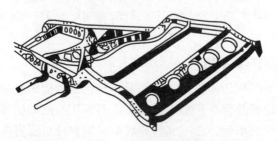

图 20-7　轿车（X 形高断面横梁）车架

第二节　中梁式车架

一、中梁式车架结构特点

中梁式车架亦称为脊骨式车架，只有一根位于中央贯穿前后的纵梁，如图 20-8 所示。中梁断面可以做成管形或箱形，结构有较大的扭转刚度，可使车轮有较大的运动空间。因此被采该结构被用在某些轿车和货车上。

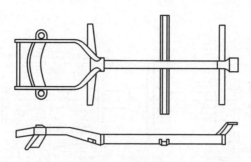

图 20 – 8　中梁式（脊骨式）车架结构

实际通常采用的中梁式车架的结构布置如图 20 – 9 所示。中梁为管式的，传动轴装在管内。中梁前端做成伸出的支架，固定发动机，尾端固接主减速器壳，形成断开式驱动桥。

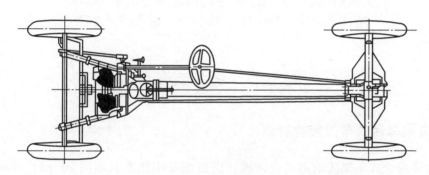

图 20 – 9　具有中梁式车架的汽车发动机及底盘示意图

二、典型中梁式车架结构

如图 20 – 10 所示，太脱拉 138 型和 148 型越野汽车的中梁式车架，是由一根纵梁和若干根横梁组成的，其纵梁由前桥壳 2、前脊梁 4、分动器壳 7、中央脊梁 8、中桥壳 13、后桥壳 11 及中后桥之间的连接梁 9 所组成。上述各部分的连接均通过其凸缘用螺栓紧固而成一体。在前桥壳 2 的前端有托架 1（即横梁，下同），用以支承发动机前部、驾驶室前部及转向器，同时用来安装前悬架的扭杆弹簧。托架 6 用于支承驾驶室后部及货箱前部。在托架 6、14、10 上安装连接货箱的副梁，在副梁上安装货箱（图上未示出），因此托架 6、14、10 承受货箱的重力。在连接梁 9 的两侧，装有托架用来安装后悬架的钢板弹簧 12。

采用这种脊骨式车架的优点是：能使车轮有较大的运动空间，便于采用独立悬架，从而可提高汽车的越野性；与同吨位货车相比，其车架较轻，减小了整车质量；同时重心较低，因此行驶稳定性好；车架的强度和刚度较大；脊梁还能起封闭传动轴的防尘套作用。但这种车架的制造工艺复杂，精度要求高，给保养和修理造成诸多不便。

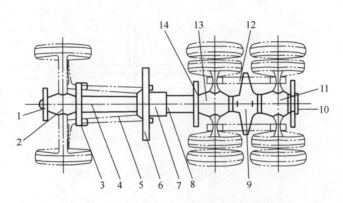

图 20-10　太脱拉 138 型汽车车架示意图

1—发动机前部托架；2—前桥壳；3—发动机后部及驾驶室前部托架；4—前脊梁；
5—前悬架的扭杆弹簧；6—驾驶室后部及货箱副梁前部托架；7—分动器壳；
8—中央脊梁；9—连接梁；10—连接货箱副梁的托架；11—后桥壳；
12—后悬架的钢板弹簧；13—中桥壳；14—连接货箱副梁的托架。

第三节　综合式车架

一、中边梁综合式车架结构特点

中边梁综合式车架的前部是边梁式，而后部是中梁式，如图 20-11 所示，也称复合式车架。该型车架同时具有中梁式和边梁式车架的特点。车架的边梁用以安装发动机，悬伸出来的支架可以固定车身。严格意义上讲，这种车架实际上属于中梁式车架的变型。

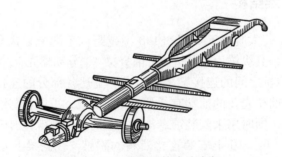

图 20-11　中边梁综合式车架

二、其他典型的综合式车架

1. 桁架式车架

如图 20-12 所示，车架由钢管组合焊接而成，兼有车架和车身的作用。这种立体结构式车架主要用于竞赛汽车及特种汽车。

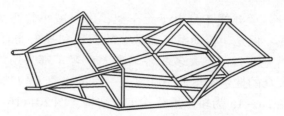

图 20-12　钢管焊接的桁架式车架结构

2. 平台式车架

如图 20-13 所示，以中梁式车架为基体，在脊骨车架两侧连接车身底板而形成一个复合式车架。也可以看成一种将底板从车身中分出来，而与车架组成一个整体的结构，车身通过螺栓与车架相连接。座椅的金属骨架焊接在车架上，具有较高的刚度。

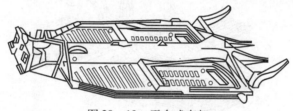

图 20-13　平台式车架

3. ISR 型车架

ISR 型车架如图 20-14 所示，后部车架与前部车架用活动铰链连接，后驱动桥总成（主减速器、差速器）安装在后车架上，半轴与驱动轮之间用万向节连接。后独立悬架连接在后车架上。目前，该型车架在某些高级轿车上采用，不仅由于独立悬架可使汽车获得良好的行驶平顺性，而且活动铰链点处的橡胶衬套也使整车获得一定的缓冲，从而进一步提高了汽车的行驶平顺性。

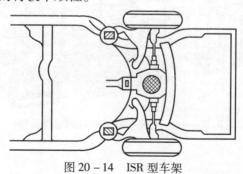

图 20-14　ISR 型车架

第四节　承载式车身与副车架

一、承载式车身

用车身兼起车架的作用，所有部件固定于车身，所有受力也由车身来承受，这种车身称为承载式车身。承载式车身由于无车架，可以减小整车质量，使地板高度降低，使上、下车方便。但是，传动系统和悬架的振动和噪声会直接传入车内。为此，应采取隔声和防振措施。目前，大多数轿车和大型客车都采用承载式车身，如上海桑塔纳轿车、一汽大众的捷达和奥迪100以及一汽的红旗CA7220型轿车等，车身均为这种结构形式。图20-15为轿车承载式车身结构。图20-16为大客车整体承载式车身骨架。

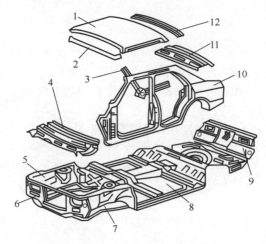

图20-15 轿车承载式车身
1—顶盖；2—前风窗框上部；3—加强撑；4—前围外板；5—前挡泥板；
6—散热器框架；7—底板前纵梁；8—底板部件；9—行李厢后板；
10—侧门框部件；11—后围板；12—后风窗框上部。

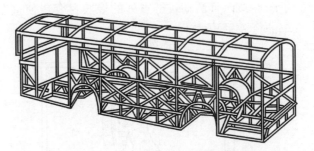

图20-16 大客车整体承载式车身骨架

二、单壳体车身

单壳体车身是根据设计的车身形状，用碳纤维编织，再用环氧树脂固化后得到的车身，如图20-17所示。图20-18是单壳体车身与车身结构件的连接。由于碳纤维的强度高和重量小，使得单壳体车身具有强度高和重量轻的优点，且具有良好的吸收振动、抗碰撞性能。单壳体车身的主要缺点是编织车身的成本高，工艺性差，需要改进。单壳体车身已在兰博基尼等跑车上应用，在电动汽车上也已开始应用，且是电动汽车车身新的发展方向。

图 20 – 17 单壳体车身

图 20 – 18 单壳体车身与车身结构件的连接

三、副车架

副车架是连接悬架和构造车桥的支架，车桥、悬架通过副车架与车架或车身相连，前后悬架可以先组装在副车架上，构成一个副车架总成，然后再将这个总成一同安装到车身上。副车架大多应用在独立悬架的轿车和越野车上。

前桥副车架总成结构如图 20 – 19 所示，后桥副车架总成结构如图 20 – 20 所示，副车架与左、右悬架相连，形成副车架总成部件，副车架通过 4 个连接部位与车身相连。

副车架的主要优点：

（1）副车架把悬架散件变成总成部件，提高了悬架的通用性，降低了研发成本；总成部件安装方便，降低了装配成本。

（2）副车架的连接部位一般有橡胶垫，同样的车轮振动通过副车架连接部位橡胶垫的缓冲，再传递到车身时，振动幅度会降低，从而提升了整车的舒适性。

副车架的缺点主要是钢制副车架会增加车重，铝合金的副车架质量轻且性能好，但会增加成本。

图 20-19 前桥副车架总成结构

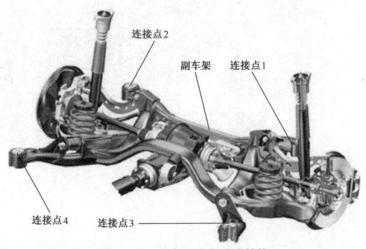

图 20-20 后桥副车架总成结构

思考题

20-1 车架的功用和结构特点是什么？

20-2 何谓边梁式车架？其应用为何更广泛？

20-3 车架纵梁剖面形状主要有哪些类型？各有何特点？

20-4 对比分析中梁式车架和边梁式车架的主要区别。

20-5 轿车采用的 ISR 型车架、桁架式、平台式车架的主要优点是什么？

20-6 承载式车身结构有何特点？单壳体车身有何优点？

20-7 副车架结构有何特点？安装副车身振动有何影响？

第二十一章 车桥与车轮

第一节 车　桥

一、车桥的功用与类型

1. 功用

车桥俗称车轴，其两端安装车轮，并通过悬架与车架或承载式车身相联，功用是传递车架或承载式车身与车轮之间各方向作用力及其形成的力矩。

2. 车桥分类

（1）根据车桥上车轮的作用，车桥可分为转向桥、驱动桥、转向驱动桥和支持桥4种类型。各类车桥均有承载作用，转向桥还具有转向作用，如FR型的前桥；驱动桥具有驱动作用，如FR、RR的后桥；转向驱动桥则具有转向和驱动功能，如FF、4WD的前桥；支持桥仅承载，如FF的后桥。

（2）根据匹配的悬架结构，车桥分为整体式和断开式两种。采用非独立悬架时，车桥为整体式车桥，其中部为刚性的实心或空心梁；采用独立悬架时，配用断开式车桥，其具有活动关节式结构。

二、转向桥

转向桥通常位于汽车前部，故也称前桥，可利用车桥中的转向节使车轮以偏转，实现汽车转向，主要承受垂直载荷、纵向力和侧向力及其产生的力矩，有整体式和断开式两种。

1. 整体式转向桥

整体式转向桥与非独立悬架相配置，主要由前梁、转向节、主销等组成。各车型的结构基本相同。下面以东风 EQ1090E 型汽车前桥（图 21-1）为例加以说明。

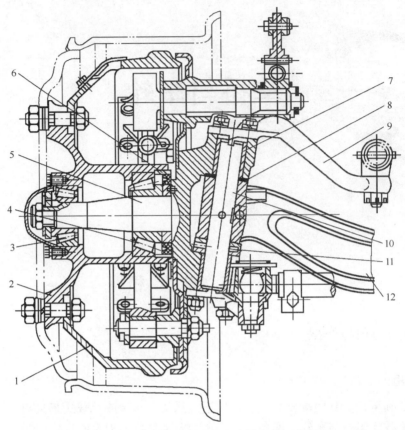

图 21-1　东风 EQ1090E 型汽车转向桥（前桥）
1—制动鼓；2—轮毂；3、4—圆锥滚子轴承；5—转向节；6—油封；7—衬套；
8—调整垫片；9—转向节臂；10—主销；11—推力滚子轴承；12—前梁。

前梁 12 为前桥的主体零件，用钢材锻造，断面为工字形，以提高抗弯强度；接近两端略成方形，以提高抗扭强度。中部加工出两处弹簧座，以支承钢板弹簧；中部向下弯曲，以降低发动机位置，从而降低汽车质心，扩展驾驶员视野，减小传动轴与变速器输出轴之间的夹角。前梁两端各有一个加粗部分，呈拳形，其中有通孔，主销 10 即插入此孔，用带螺纹的楔形锁销固定。

转向节 5 上有销孔的两耳通过主销 10 与前梁的拳部相连，构成铰链，前轮可绕主销偏转一定角度使汽车转向。为了减小磨损，转向节销孔内压入青铜衬套 7，衬套上的润滑油槽在上面端部是切通的，用装在转向节上的油嘴注入润滑脂润滑。为使转向灵活轻便，在转向节下耳与前梁拳部之间装有推力滚子轴承 11。在转向节上耳与拳部之间装有调整垫片 8，以调整其间隙。

车轮轮毂 2 通过两个圆锥滚子轴承 3 和 4 支承在转向节外端的轴颈上。轴承的松紧度可用装于轴承外端的调整螺母加以调整。轮毂外端用冲压的金属罩盖住。轮毂内侧装有油封 6，如果油封漏油，则外面的挡油盘仍足以防止润滑油进入制动器内。转向节上靠近主销孔的一端有方形的凸缘，以固定制动底板。

2. 断开式转向桥

断开式转向桥与独立悬架相配置，能有效地减小非簧载质量，降低发动机质心高度，提高汽车行驶平顺性和操纵稳定性，具有承载传力功用，及实现转向功能，在轿车和微型客车上应用广泛。其主要由中臂、悬臂、主转向臂、转向节臂等组成，图 21-2 所示为 JL6360 型微型客车的断开式转向桥结构。

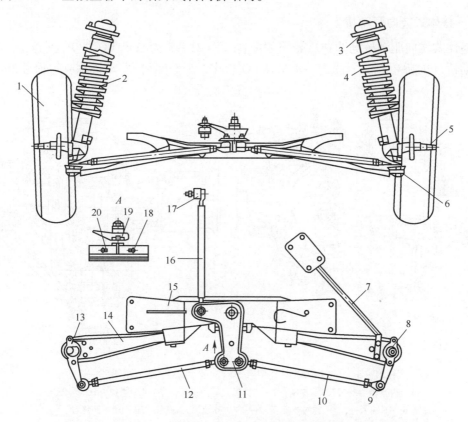

图 21-2 JL6360 型微型客车的断开式转向桥
1—车轮；2—减振器；3—上支点总成；4—缓冲弹簧；5—转向节；6—大球头销总成；
7—横向稳定杆总成；8—左梯形臂；9—小球头销总成；10—左横拉杆；11—主转向臂；
12—右横拉杆；13—右梯形臂；14—悬臂总成；15—中臂；16—纵拉杆；17—纵拉杆球头；
18—转向限位螺钉座；19—转向限位杆；20—转向限位螺钉。

该断开式转向桥主要由车轮 1、减振器 2、上支点总成 3、缓冲弹簧 4、转向节 5、大球头销总成 6、横向稳定杆总成 7、左右梯形臂 8 和 13、主转向臂 11、中臂 15、左右横拉杆 10 和 12、悬臂总成 14 等组成。其中，部分零件同时属于转向和前悬架总成。中臂、主转向臂、悬臂均为薄钢板冲压结构，主转向臂与中臂通过螺栓与橡胶衬套连接，左右转向梯形臂用大球头销总成 6 与悬臂总成 14 连接。

该断开式转向桥与转向器配合，通过纵拉杆 16、主转向臂 11、中臂 15、左右横拉杆以及左右梯形臂，使车轮偏转以实现汽车转向。

三、转向驱动桥

转向驱动桥通常位于汽车前部,除作为转向桥外,还兼起驱动桥的作用,有整体式和断开式两种,主要应用在发动机前置前轮驱动的轿车和全轮驱动的越野汽车上。

1. 整体式转向驱动桥

整体式转向驱动桥与非独立悬架相配置,图 21-3 为东风 EQ2080E 型越野汽车转向驱动桥(前桥)总成,图 21-4 东风 EQ2080E 型汽车转向驱动桥总成的示意图。

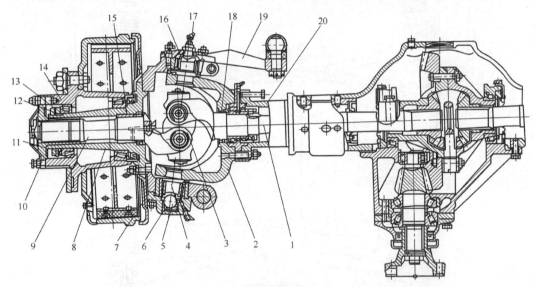

图 21-3 东风 EQ2080E 型汽车转向驱动桥总成(原图 21-5)
1—内半轴;2—转向节支座;3—三销轴式等角速万向节;4—主销;5—钢球;
6—下轴承盖;7—转向节外壳;8—转向节轴颈;9—外半轴;10—凸缘盘;
11—锁紧螺母;12—锁止垫圈;13—调整螺母;14—轮毂;15—青铜衬套;
16—球碗;17—止推螺钉;18—油封;19—转向节臂;20—半轴套管。

同一般驱动桥一样,转向驱动桥有主减速器和差速器;由于转向时转向车轮需要绕主销 4 偏转一个角度,故与转向轮相连的半轴必须分成内外两段,即内半轴 1 和外半轴 9,内半轴 1 与外半轴 9 通过三销轴式等角速万向节 3 连接在一起,当前桥驱动时,转矩由差速器、内半轴 1、等角速万向节 3、外半轴 9 以及凸缘盘 10,传到车轮轮毂 14 上,实现动力传递。

转向节支座 2 用螺钉与半轴套管 20 相连接。转向节做成转向节外壳 7 和转向节轴颈 8 两段,用螺钉连接成一体;转向节轴颈 8 做成中空的,以便外半轴 9 穿过其中;主销 4、两个滚针轴承将转向节和转向节支座 2 铰接,使转向节可绕转向节支座 2 转动,转向节通过球碗及钢球 5 支承在转向节支座 2 上。

主销 4 因中间安装三销轴式等角速万向节 3 而分制成上下两段,与转向节支座固装成一体,其上下两段的轴线必须在一直线上。主销轴承用下轴承盖 6 及转向节臂 19

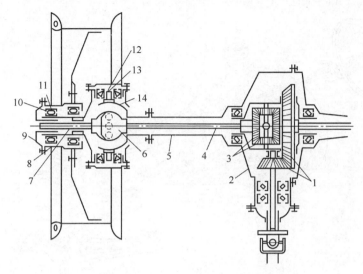

图 21-4 转向驱动桥示意图
1—主减速器；2—主减速器壳；3—差速器；4—内半轴；5—半轴套管；
6—万向节；7—转向节轴颈；8—外半轴；9—轮毂；10—轮毂轴承；
11—转向节壳体；12—主销；13—主销轴承；14—球形支座。

（左边的上轴承盖与转向节臂是一体）压紧在转向节外壳 7 上。下轴承盖 6 内装有一个钢球 5 及两个球碗，以承受主销的轴向载荷。上轴承盖内装有一个止推螺钉，并通过球碗 16 顶住主销，以防止主销轴向窜动。拧紧止推螺钉的预紧力不要太大，否则会使转向沉重。转向节支座下端面与主销下轴承座油封罩间应有一定间隙（1～2mm）。间隙过小（如小于 0.2mm）可能引起转向沉重，此时应在钢球 5 下球碗的下面加装垫片（厚 1mm）。

轮毂 14 通过两个圆锥滚子轴承装在转向节轴颈上，轮毂轴承用调整螺母 13、锁止垫圈 12、锁紧螺母 11 固紧。在转向节轴颈内压装一个青铜衬套 15，以便支承外半轴 9。当通过转向节臂 19 推动转向节时，转向节便可绕主销转动，实现转向。

2. 断开式转向驱动桥

断开式转向驱动桥与独立悬架相配置，图 21-5 为发动机前置前轮驱动的上海桑塔纳轿车转向驱动桥总成。主减速器和差速器在图中未画出。车桥上端通过断开式独立悬架与承载式车身相连接，下端通过左、右下摆臂 4 与副车架 13 相连接。其动力经主减速器和差速器传至左、右内半轴和左、右内等角速万向节 8 及左、右半轴（传动轴）3、9，并经球笼式左、右外等角速万向节 2 及左、右外半轴凸缘传到左、右轮毂，使驱动轮旋转。当转动转向盘时，通过齿轮齿条式转向器 14 和横拉杆 16 使前轮偏转，以实现转向。

四、支持桥

支持桥是既无转向功能又无驱动功能的车桥，有整体式、断开式和混合式 3 种。

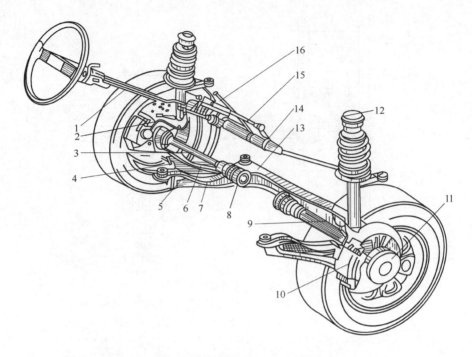

图 21-5 上海桑塔纳轿车转向驱动桥总成

1—转向柱；2—外等角速万向节；3—左（半轴）传动轴；4—左下摆臂；5—悬架臂后端的橡胶金属轴；6—横向稳定杆；7—发动机悬置；8—内等角速万向节；9—右（半轴）传动轴；10—制动钳；11—外半轴凸缘；12—减振器支柱；13—副车架；14—齿轮齿条式转向器；15—转向减振器；16—横拉杆。

图 21-6 为与非独立悬架相配置的整体式后支持桥。图 21-7 为与独立悬架相配置的断开式支持桥。图 22-36 是非断开式支持桥的一种特殊结构，由一根用钢板制成呈 V 形断面的横梁和左、右纵臂焊成一体，并与左、右后车轮相连接，称为复合式后支持桥。

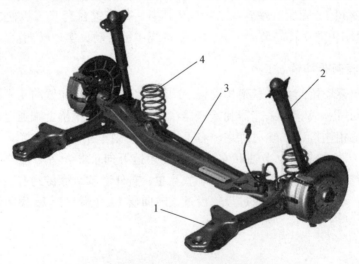

图 21-6 整体式后支持桥

1—纵摆臂；2—减振器；3—横梁；4—螺旋弹簧。

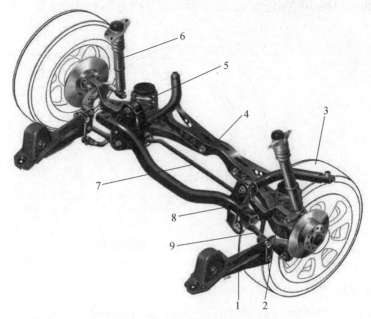

图 21-7 断开式后支持桥
1—纵摆臂;2—后下横摆臂;3—车轮;4—车架;5—螺旋弹簧;
6—减振器;7—横向稳定杆;8—上横摆臂;9—前下横摆臂。

五、转向轮定位参数

为保证汽车直线行驶的稳定性与操纵的轻便性,减少轮胎的非正常磨损,前桥的转向轮、主销和前轴之间的安装应具有一定的相对位置。这种安装位置称为转向轮定位。转向轮的定位参数主要有主销后倾角、主销内倾角、前轮外倾角和前轮前束。

1. 主销后倾角

主销后倾角:在汽车纵向平面内,主销上部有向后的一个倾角,即主销轴线和地面垂直线在汽车纵向平面内的夹角。

主销后倾角的作用:能形成回正力矩,保持汽车直线行驶的稳定性,使转向后的车轮自动回正。

如图 21-8 所示,当主销具有后倾角 γ 时,主销轴线与路面的交点 a 将位于车轮与路面接触点 b 的前面。汽车直线行驶时,若转向轮偶然受到外力作用而稍有偏转(如图中箭头所示向右偏转),将使汽车行驶方向向右偏离。这时,在车轮与路面接触点 b 处,由于汽车本身离心力的作用,路面对车轮产生一个侧向反作用力 F_y。此反作用力只对车轮形成绕主销轴线作用的力矩 $F_y L$,其方向正好与车轮偏转方向相反。在此力矩作用下,将使车轮回到原来的中间位置,从而保证汽车稳定直线行驶,故此力矩称为回正力矩。此力矩若过大,在转向时为了克服该稳定力矩,驾驶员需要在转向盘上施加较大的力,即出现转向沉重问题。回正力矩的大小取决于后倾角 γ 的大小(与力臂 L 有直接关系),一般采用的 γ 角不超过 2°~3°。现代高速汽车由于轮胎气压降低、弹性增加,而引起稳定力矩增大。因此，γ 角可以减小到接近于 0，甚至为负值（称为负主销后倾角）。

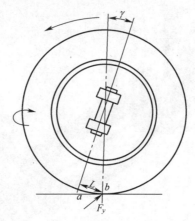

图 21-8　主销后倾角作用示意图

2. 主销内倾角

主销内倾角：在汽车的横向平面内，主销上部向内倾斜一个角度，即主销轴线与地面垂直线在汽车横向平面内的夹角。

主销内倾角的作用：使车轮自动回正，转向轻便。

如图 21-9（a）所示，主销内倾角为 β，当转向轮在外力作用下由中间位置偏转一个角度时，为解释方便，假设偏转了 180°，如图 21-9（b）所示，即转到如双点划线所示位置，车轮的最低点将陷入路面以下 h。但实际上车轮下边缘不可能陷入路面以下，而是将转向车轮连同整个汽车前部向上抬起一个相应的高度 h。这样，汽车本身的重力有使转向轮回到原来中间直线行驶位置的效应。

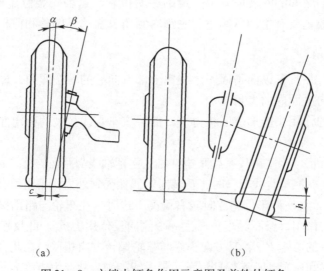

图 21-9　主销内倾角作用示意图及前轮外倾角

同时，主销内倾可使主销轴线与路面交点到车轮中心平面与地面交线的距离 c 减小（图 21-9（a）），从而减小转向盘上的转向力，使转向操纵轻便；也可减小从转向轮传到转向盘上的冲击力。但 c 值也不宜过小，即内倾角不宜过大，否则在转向时车轮绕主销偏转的过程中，轮胎与路面间将产生较大的滑动，进而增加轮胎与路面的摩擦阻力，不仅使转向变得沉重，而且加速轮胎磨损。

一般主销内倾角 β 不大于 8°，距离 c 为 40 ~ 60mm。主销内倾角通常在前梁设计中保证，由机械加工来实现。加工时，将前梁两端主销孔轴线上端向内倾斜就形成内倾角 β。

主销后倾角与主销内倾角都有使汽车转向自动回正、保持直线行驶的作用，但两者仍有区别，主销后倾的回正作用与车速有关，而主销内倾的回正作用几乎与车速无关。

在实际结构中，主销轴线因悬架类型而不同，对于非独立悬架，车桥两端都装有实际主销，对于独立悬架，上、下球节之间的连线构成了主销轴线。

3. 前轮外倾角

前轮外倾角：在汽车横向平面内，前轮中心平面向外倾斜的一个角度，如图 21-9 (a) 所示，即倾角 α。

前轮外倾角的作用：防止轮胎偏磨，减轻轮毂外轴承与轮毂螺母的负荷，与拱形路面相适应，即提高转向轻便性与行驶安全性。

在实际汽车结构中，如果空车时前轮的安装正好垂直于路面，则满载时，车桥将因承载变形而可能出现前轮内倾，这将加速汽车轮胎的偏磨损。另外，路面对前轮的垂直反作用力沿轮毂的轴向分力，将使轮毂压向轮毂外端的小轴承，加重了外端小轴承及轮毂紧固螺母的负荷，降低了它们的使用寿命。同时，前轮有了外倾角也可以与拱形路面相适应。但是，外倾角也不宜过大，否则会使轮胎产生偏磨损。因此，在安装前轮时应预先使其有一定的外倾角，以防止前轮内倾。前轮外倾角也不应过大，否则也会产生轮胎偏磨。

一般前轮外倾角 $\alpha \approx 1°$。前轮的外倾角是在转向节设计中确定的。设计时使转向节轴颈的轴线与水平面成一角度，该角度即为前轮外倾角 α。在现代汽车中，由于胎面变宽、悬架与车桥更坚固、路面更平整等原因，前轮外倾角接近采用零外倾角。

4. 前轮前束

前轮前束：在通过两前轮中心的水平面内，两前轮的前边缘距离 B 与后边缘距离 A 之间的差值，即 $A - B$ 的差值，如图 21-10 所示。

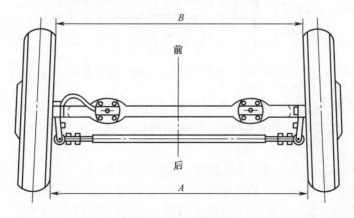

图 21-10 前轮前束

前轮前束的作用：消除前轮外倾产生的轮胎磨损。

前轮外倾角后，在滚动时就类似于滚锥，从而导致两侧前轮向外滚开。而由于转向横拉杆和车桥的约束使前轮不可能向外滚开，前轮必将在地面上出现边滚边向内侧滑动的现象，从而增加轮胎磨损。为了消除前轮外倾带来的这种不良后果，在安装前轮时，使汽车两前轮的中心面不平行，两轮前边缘距离 B 小于后边缘距离 A，如图 21-10 所示。这样可使前轮在每一瞬时滚动方向接近于向着正前方，从而减轻和消除由于前轮外倾而产生的不良后果。

一般前束值为 0~12mm。有时与负前轮外倾角相配合，其前束值也取负前束值（如桑塔纳轿车前束值为 -3~-1mm）。前轮前束可通过改变横拉杆的长度来调整。调整时，可根据各厂家规定的测量位置，使两轮前后距离差 $A-B$ 符合规定的前束值。测量位置除图示位置外，还通常取两轮胎中心平面处的前后差值，也可以选取两前轮钢圈内侧面处前后的差值。

5. 后轮定位

后轮定位参数主要包括后轮外倾角和后轮前束，其均为动态参数。现代汽车大约有 80% 的汽车不仅有前轮外倾角和前束，而且也有后轮外倾角和前束，尤其是前轮驱动汽车和独立悬架汽车。

后轮定位的作用：提高操作稳定性和减小后轮轮胎过早磨损。

（1）后轮外倾角。对于常用的负后轮外倾角，其主要有两个作用：①由于外倾角是负值，可增加后轮接地点的跨度，增加汽车的横向稳定性；②负外倾角是用来抵消当汽车高速行驶且驱动力 F 较大时，后轮出现的负前束（前张），以减少轮胎的磨损。该后轮前束角和外倾角均不可调整。如图 21-11 所示，汽车的驱动力 F 通过纵臂作用于后轴上。

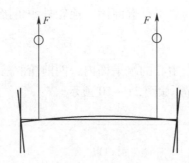

图 21-11　驱动力作用在后轴上的示意图

采用独立悬架的多数车辆、某些后轮驱动的重型汽车，其后轮通常设计成正外倾角，以使加载后汽车行驶时轮胎处于正确的接地位置，减少磨损，如太脱拉 138 型汽车。

（2）后轮前束。如果后轮没有前束角，当汽车行驶时，在驱动力 F 作用下，后轴将产生一定弯曲，使后轮出现前张现象，而预先设置的前束角就是用来抵消这种前张的。对于前轮驱动车辆，前驱动轮宜取正前束，后从动轮宜取负前束。

第二节 车 轮

一、车轮功用与组成

1. 功用

车轮是介于轮胎和车轴之间承受负荷的旋转组件,作为汽车行驶系统中的重要部件,其与轮胎配合具备以下功用:
(1) 支承整车。
(2) 缓和路面冲击。
(3) 通过轮胎同路面间存在的附着作用来产生驱动力和制动力。
(4) 汽车转弯行驶时产生侧抗力,以平衡离心力,并通过车轮产生的自动回正力矩,使汽车保持直线行驶方向。

2. 结构组成

车轮主要由轮辋和轮辐两个部件组成(GB/T 2933—2009)。轮辋是在车轮上安装和支承轮胎的部件,轮辐是在车轮上介于车轴和轮辋之间的支承部件。轮辋和轮辐可以是整体式的、永久连接式的或可拆卸式的。车轮除上述部件外,有时还包含轮毂。

二、车轮类型

按轮辐构造,车轮主要分为辐板式和辐条式。目前,轿车和货车上广泛采用辐板式车轮。

根据轮辋形式不同,可分为组装轮辋式、对开式、可反装式和可调式车轮。

按车轴一端安装一个或两个轮胎,可分为单式车轮和双式车轮。

按材质不同,车轮可分为铝合金车轮、镁合金车轮、钢车轮等。

1. 辐板式车轮

1) 货车辐板式车轮

如图 21-12 所示为货车辐板式车轮,由挡圈 1、辐板 2、轮辋 3 及气门嘴孔 4 等组成。用以连接轮辋和轮毂的圆盘称为辐板。辐板大多冲压制成,也有铸造的,后者主要用于重型汽车。辐板和轮辋是铆接或焊接在一起的,无内胎轮胎的车轮采用焊接法,以提高轮辋密封性。

2) 轿车辐板式车轮

轿车的车轮辐板所用钢板较薄,为提高刚度,常冲压成起伏多变的形状(图 21-12 (b))。为减小车轮质量和利于制动毂散热,常采用铝合金铸造而成。为保证高速行驶的平衡性能,还加有平衡块。

图 21-13 所示为红旗 CA7220 型轿车的车轮和轮胎总成,轮辋 7 和辐板 5 焊接在一

起，并用螺栓2将其安装在车轮轮毂或制动鼓上，组成车轮。用夹在轮辋7上的平衡块8对车轮进行动平衡，车轮饰板4装在辐板外面。

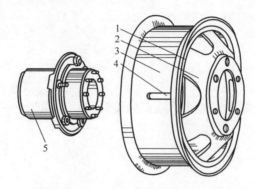

图21-12 货车辐板式车轮
1—挡圈；2—辐板；3—轮辋；4—气门嘴孔；5—轮毂。

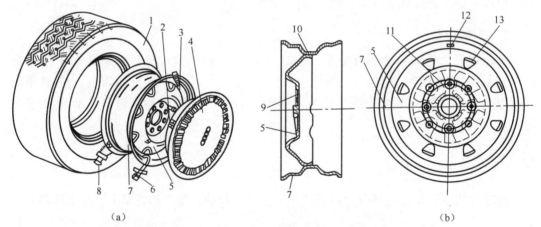

图21-13 红旗CA7220型轿车的车轮和轮胎总成
1—轮胎；2—螺栓 3—气门嘴；4—车轮饰板；5—辐板；6—平衡块定位弹簧；7—轮辋；
8—平衡块；9—螺栓孔；10—焊缝；11—车轮螺母座凸台；12—气门嘴孔；13—通风孔。

3) 双式车轮的辐板式车轮

对于载货汽车，其后轴负荷比前轴大得多，为使后轮轮胎不致过载，后轮一般采用双式车轮，如图21-14所示，即在同一轮毂上安装了两套辐板和轮辋。

如图21-15 (a) 所示，为防止汽车在行驶中固定辐板的螺母自行松脱，通常采用双螺母固定形式，两侧车轮上的辐板固定螺栓5一般采用旋向不同的螺纹，即左侧用左旋螺纹，右侧用右旋螺纹。目前某些载货汽车上，后桥双式车轮采用了单螺母的固定形式，如图21-15 (b) 所示，在该结构中采用了球面弹簧垫圈7，可防止螺母1自行松脱，故汽车左、右车轮上固定辐板的螺栓5均可用右旋螺纹，减少了零件数目。

2. 辐条式车轮

如图21-16所示，辐条式车轮的轮辐是钢丝辐条（图(a)）或者是与轮毂铸成一

第二十一章 车桥与车轮

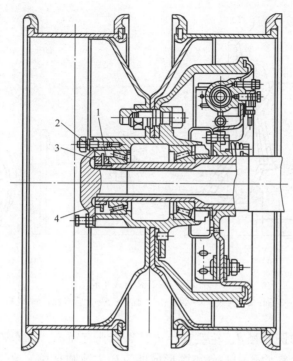

图 21-14 载货汽车双式车轮
1—调整螺母；2—锁止垫片；3—锁紧螺母；4—销钉。

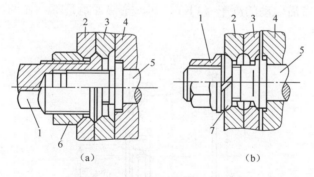

图 21-15 双式车轮辐板的固定
(a) 双螺母固定形式；(b) 单螺母固定形式；
1—螺母；2—外轮辐板；3—内轮辐板；4—轮毂；5—螺栓；6—锁紧螺母；7—球面弹簧垫圈。

体的铸造辐条（图 (b)）。钢丝辐条车轮价格昂贵、维修安装不便，故仅用于赛车和某些高级轿车上。铸造辐条式车轮用于装载质量较大的重型汽车上，螺栓 3 和特殊形状的衬块 2 将轮辋 1 固定在辐条 4 上。为了使轮辋与辐条很好地对中，在轮辋和辐条上都加工有配合锥面 5。

三、车轮规格

如图 21-17 所示，表示车轮的规格主要有轮辋宽度 B、轮辋直径 d、偏置距 E，此

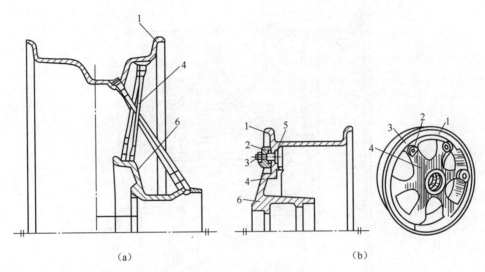

图 21-16 辐条式车轮
1—轮辋；2—衬块；3—螺栓；4—辐条；5—配合锥面；6—轮毂。

外，还有螺栓孔的节圆直径 d，轮毂直径 d_2，螺栓孔直径 d_3。即车轮通常用若干个螺栓安装在轮毂上，各个螺栓孔中心分布圆形成的直径为节圆直径，单位用 mm 表示。偏置距 E 表示了轮辋中心和车轮安装面之间的水平距离，是选择车轮的重要尺寸。装用偏置距不同的轮胎，影响车轮轮距，影响汽车操纵稳定性。对于发动机前置前驱动的汽车（FF）和发动机前置后驱动的汽车（FR），其车轮偏置距是不一样的，必须装用符合原车轮偏置距的车轮。

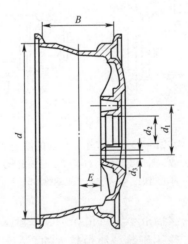

图 21-17 车轮的规格
d—轮辋直径；B—轮辋宽度；E—偏置距；
d_1—螺栓孔分布圆直径；d_2—轮毂直径；d_3—螺栓孔直径。

轮辋规格只表示轮胎与轮辋的匹配，而不明确是否与车身相匹配，选用时注意对车身的运动校核。

四、轮辋结构

轮辋是轮胎装配和固定的基础,每种规格的轮胎应配用标准轮辋,必要时也可配用规格与标准轮胎相近的轮辋(即容许轮辋)。当轮胎装入不同轮辋时,其变形位置与大小也发生变化。如果轮辋选用不当,特别是使用过窄的轮辋时,会造成轮胎早期损坏。

轮辋的常见形式主要有:深槽轮辋、平底轮辋、对开式轮辋、半深槽轮辋、深槽宽轮辋、平底宽轮辋以及全斜底轮辋等结构形式,如图 21 – 18、表 21 – 1 所示。

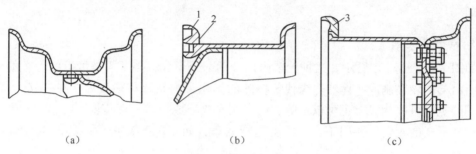

图 21 – 18 轮辋断面
(a)深槽轮辋;(b)平底轮辋;(c)对开式轮辋。
1、3—挡圈;2—锁圈。

表 21 – 1 国产轮辋类型及代号

序号	轮辋轮廓类型名称	轮辋代号	轮辋示意结构
1	深槽轮辋	DC	
2	深槽宽轮辋	WDC	
3	半深槽轮辋	SDC	
4	平底轮辋	FB	
5	平底宽轮辋	WFB	
6	全斜底轮辋	TB	
7	对开式轮辋	DT	

1. 深槽轮辋

如图 21 – 18(a)所示,轮辋为一整体,其断面中部为一深凹槽,以便于外胎的拆装。有带肩的凸缘,用以安放外胎的胎圈,其肩部通常略向中间倾斜,倾斜角一般为 5°±1°,倾斜部分的最大直径即称为轮胎胎圈与轮辋的着合直径。深槽轮辋的结构简单、刚度大、质量较小,对于小尺寸弹性较大的轮胎最适宜。但是尺寸较大、较硬的轮胎,很难装进这样的整体轮辋内。深槽轮辋主要用于轿车及轻型越野汽车。

2. 平底轮辋

如图21-18(b)所示,挡圈1是整体的,用一个开口弹性锁圈2来防止挡圈脱出。在安装轮胎时,先将轮胎套在轮辋上,而后套上挡圈,并将它向内推,直至越过轮辋上的环形槽,再将开口的弹性锁圈嵌入环形槽中。这种轮辋的结构形式很多,是货车常用的一种形式,如东风EQ1090E型和解放CA1091型汽车车轮,均采用这种形式的轮辋。

3. 对开式轮辋

如图21-18(c)所示,这种轮辋由内外两部分组成,挡圈3是可拆的。有的无挡圈,而由与内轮辋制成一体的轮缘代替挡圈的作用,内轮辋与辐板焊接在一起。其内、外轮辋的宽度可以相等,也可以不等,两者用螺栓连成一体。拆装轮胎时,拆卸螺母即可。这种形式的轮辋主要用于大、中型越野汽车,如东风EQ2080和延安SX2150型汽车车轮。

目前,为适应轮胎高负荷需要,开始采用宽轮辋,以进一步提高轮胎的使用寿命,进一步改善汽车的通过性和行驶稳定性。

五、国产轮辋规格的表示方法

1. 国产轮辋类型

(1) 按照轮辋轮廓不同,目前轮辋轮廓类型有7种,见表21-1。

(2) 按照轮辋结构的零部件数目,轮辋可分为一件式轮辋、二件式轮辋、三件式轮辋、四件式轮辋和五件式轮辋。一件式轮辋具有深槽的整体式结构,如图21-19(a)所示。二件式轮辋可以拆卸为轮辋体和弹性挡圈两个主要零件,如图21-19(b)所示。三件式轮辋可以拆卸为轮辋体、挡圈和锁圈3个主要零件,如图21-19(c)所示。四件式轮辋可以拆卸为轮辋体、挡圈、锁圈和座圈4个主要零件,也可以拆为轮辋体、锁圈和两个挡圈,如图21-19(d)所示。五件式轮辋可以拆卸为轮辋体、挡圈、锁圈、座圈和密封环5个主要零件,如图21-19(e)所示。

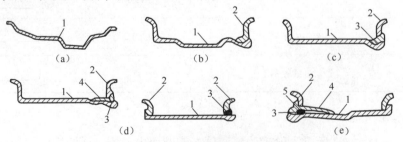

图21-19 轮辋结构形式

(a) 一件式轮辋;(b) 二件式轮辋;(c) 三件式轮辋;(d) 四件式轮辋;(e) 五件式轮辋。

1—轮辋体;2—挡圈;3—锁圈;4—座圈;5—密封环。

2. 国产轮辋的规格及表示

轮辋规格用轮辋名义宽度代号、轮缘高度代号、轮辋结构形式代号、轮辋名义直径代号和轮辋轮廓类型代号来共同表示。

轮辋名义宽度和名义直径代号的数值是以 in（英寸）表示（当新设计轮胎以 mm 表示直径时，轮辋直径用 mm 表示）。直径数字前面的符号表示轮辋结构形式代号，符号"×"表示该轮辋为一件式轮辋，符号"-"表示该轮辋为两件或两件以上的多件式轮辋。

在轮辋名义宽度代号之后的拉丁字母表示轮缘的轮廓（E、F、J、JJ、KB、L、V等）。有些类型的轮辋（如平底宽轮辋），其名义宽度代号也代表了轮缘轮廓，不再用字母表示。最后面的代号表示了轮辋轮廓类型代号（表21-1）。

例如，北京 BJ2020 型汽车轮辋为 4.50E×16，表示该轮辋名义宽度 4.5in，名义直径 16in，轮缘轮廓代号为 E 的一件式深槽轮辋。对于平底式宽轮辋，只有表示轮辋名义宽度和名义直径的数字，而没有表示轮缘轮廓的拉丁字母代号。例如，东风 EQ1090 型汽车轮辋规格为 7.0-20；解放 CA1091 型汽车轮辋规格为 6.5-20。

现有轮辋规格代号见 GB/T 2933—2009《充气轮胎用车轮和轮辋的术语、规格代号和标志》，以下列方式表示：

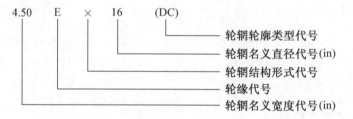

第三节 轮 胎

汽车轮胎安装在轮辋上，直接与路面接触。轮胎必须有适宜的弹性和承受载荷的能力。同时，与路面直接接触的胎面部分，应具有用以增强附着作用的花纹。

一、轮胎功用

汽车轮胎具有如下作用：
（1）承受汽车的重力，并传递其他方向的力和力矩。
（2）保证车轮和路面有良好的附着性，提高汽车牵引性、制动性和通过性。
（3）汽车行驶时，与汽车悬架一起缓和冲击，衰减振动，保证汽车良好的乘坐舒适性和行驶平顺性。

此外，车轮滚动时，轮胎在所承受的重力和由于道路不平而产生的冲击载荷作用下受到压缩。压缩消耗的功，在载荷去除后并不能完全回收，有一部分消耗于橡胶的内摩擦，结果使得轮胎发热。温度过高将严重地影响橡胶的性能和轮胎的组织，从而大大增加轮胎的磨损而缩短轮胎的使用寿命。

二、轮胎分类

1. 按用途分类

汽车轮胎可分为载货汽车轮胎和轿车轮胎；而载货汽车轮胎又分为重型、中型和轻型载货汽车轮胎。

2. 按胎体结构分类

汽车轮胎可分为充气轮胎和实心轮胎。

现代汽车绝大多数采用充气轮胎，充气轮胎主要有以下 3 种分类方式：

（1）按组成结构不同，分为有内胎轮胎和无内胎轮胎两种。

（2）按胎体中帘线排列的方向不同，可分为普通斜交轮胎、带束斜交轮胎和子午线轮胎。

（3）按轮胎气压不同，分为高压胎、低压胎和超低压胎 3 种。目前，因低压胎弹性好、断面宽、与道路接触面积大，以及壁薄而散热性良好，故轿车、货车几乎全部采用低压胎。

三、轮胎结构

目前，对于轮胎结构不同的有内胎轮胎和无内胎轮胎，以及对于轮胎胎体帘线排列不同的普通斜交轮胎和子午线轮胎在汽车上应用都很广泛，特别是子午线轮胎的应用最为广泛。下面主要介绍以上 4 种轮胎。

1. 有内胎的充气轮胎

有内胎的充气轮胎结构（图 21-20），由内胎、外胎和垫带组成。外胎是用以保护内胎使其不受外来损害的强度高而富有弹性的外壳，为内开环形口的环形橡胶体；内胎是一个环形橡胶管，具有良好的弹性，并能耐热和不漏气。内胎中充满着压缩空气，为使内胎在充气状态下不产生褶皱，其有效尺寸稍小于外胎内壁的尺寸；垫带放在内胎与轮辋之间，防止内胎被轮辋及外胎的胎圈擦伤和磨损。

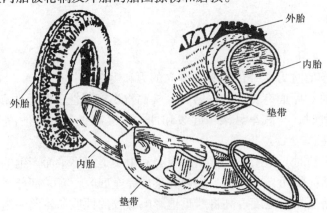

图 21-20 有内胎的充气轮胎的组成

轮胎外胎的一般构造和各部位名称，如图21-21所示。轮胎与地面的接触部分为外胎面，也称胎冠，是轮胎的主要工作部分。胎冠与胎侧的过渡部分为胎肩。轮胎与轮辋相接触部分称为胎缘。胎缘内部有钢丝圈。外胎内侧为胎体，也称帘布层。胎体与胎冠之间为缓冲层，也称带束层。

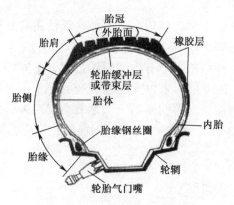

图21-21 充气轮胎外胎构造

内胎上装有充、放气的气门嘴，其构造如图21-22所示。它有一个金属座筒7，气门嘴底部的凸缘10通过内胎上的狭孔插入内胎中。用编织物和橡胶衬垫加强了内胎孔的边缘并紧密地包住座筒，由螺母8将它夹紧在两个垫片9之间，使气门嘴严密地装在内胎上。轮胎安装在车轮上时，气门嘴被固定在轮辋上的孔内。座筒7内装有带密封衬套3的气门芯。衬套3的环形槽内嵌有橡胶密封圈。当拧入螺母2时，密封圈即被压

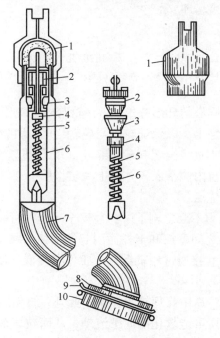

图21-22 气门嘴
1—盖；2、8—螺母；3—衬套；4—阀门；5—杆；
6—弹簧；7—座筒；9—垫片；10—凸缘。

紧在座筒的锥形凹座上。座筒外面旋上一个带橡胶密封罩的盖1，其柄部可以作为拧出气门芯螺母2的扳手。衬套3下面装有橡胶阀门4。当轮胎被充气时，阀门4被空气压力压下；充气完毕后，套在杆5上的弹簧6便将它紧密地压在阀座上。

2. 无内胎的充气轮胎

无内胎的充气轮胎在轿车和一些货车上日益广泛使用，其没有内胎，空气直接压入外胎中，故要求外胎和轮辋之间有很好的密封性。

无内胎轮胎在外观上和结构上与有内胎轮胎近似，不同的是无内胎轮胎的外胎内壁上附加了一层厚2~3mm的专门用来封气的橡胶密封层1（图21-23），它是用硫化的方法粘附上去的。在密封层正对着胎面的下面贴着一层用未硫化橡胶的特殊混合物制成的自粘层2。当轮胎穿孔时，自粘层能自行将刺穿的孔粘合，故名为带有自粘层的无内胎轮胎。

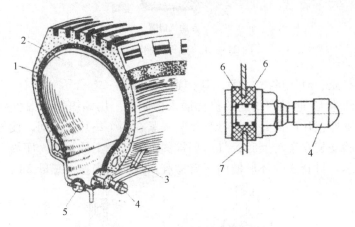

图21-23 无内胎的充气轮胎
1—橡胶密封层；2—自粘层；3—槽纹；4—气门嘴；5—铆钉；6—橡胶密封衬垫；7—轮辋。

在胎圈上做出若干道同心的环形槽纹3。在轮胎内空气压力的作用下，槽纹3能使胎圈可靠地紧贴在轮辋边缘上，以保证轮胎与轮辋之间的气密性。但也有的胎圈外是光滑而没有槽纹的。气门嘴4直接固定在轮辋7上，其间垫以密封用的橡胶密封衬垫6。铆接轮辋和辐板的铆钉5自内侧塞入，并涂上一层橡胶。

无内胎轮胎具有如下优点：
（1）轮胎穿孔时，压力不会急剧下降，能安全地继续行驶。
（2）不存在内、外胎之间摩擦和卡住而引起的损坏问题。
（3）气密性较好，可直接通过轮辋散热，工作温度低，使用寿命较长。
（4）结构简单，质量较小。

无内胎轮胎的缺点是：途中修理较为困难；此外，自粘层只有在穿孔尺寸不大时方能粘合；天气炎热时自粘层可能软化而向下流动，从而破坏车轮平衡。因此，一般多采用无自粘层的无内胎轮胎。它的外胎内壁只有一层密封层，当轮胎穿孔后，由于其本身处于压缩状态而紧裹着穿刺物，故能长期不漏气。即使将穿刺物拔出，无内胎轮胎只有在轮胎爆破时才会失效。

3. 普通斜交轮胎

帘布层和缓冲层各相邻层帘线交叉且与胎中心线呈小于90°角排列的充气轮胎，称为普通斜交轮胎。如图21-24所示，外胎由胎冠3、帘布层1、缓冲层5及胎圈8组成。帘布层是外胎的骨架，用以保持外胎的形状和尺寸，通常由成双数的多层挂胶布（帘布）用橡胶贴合而成。帘布的帘线与轮胎子午断面的交角（胎冠角）一般为52°~54°，相邻层帘线相交排列。帘布层数越多，强度越大，但弹性降低。在外胎表面上注有帘布层数（或层级）。

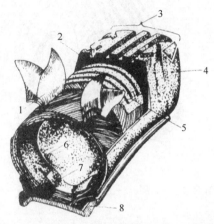

图21-24　有内胎的普通斜交轮胎的构造
1—帘布层；2—胎肩；3—胎冠；4—胎侧；5—缓冲层；6—内胎；7—垫带；8—胎圈。

帘布由纵向的强韧的经线和放在各经线之间的少数纬线织成。帘线可以是人造丝线、尼龙线和钢丝。采用人造丝可以使同样尺寸的轮胎增加其载荷容量，因为人造丝的强度和弹性大。尼龙丝又比人造丝好，耐用性高。因此，当采用人造丝、尼龙丝或钢丝帘线时，在轮胎的承载能力相同的情况下，帘布层数可以减少，此时在外胎表面上标注的是层级（相当于棉线帘布层数，而不是实际的帘布层数）。我国已大量采用人造丝和尼龙丝帘线，近来开始采用钢丝帘线。

缓冲层位于胎面与帘布层之间，是用胶片和两层或数层挂胶稀帘布制成，故弹性较大，能缓和汽车在行驶时所受到的不平路面的冲击，并防止汽车在紧急制动时胎面与帘布层脱离。

胎面是外胎最外的一层，由胎冠3、胎侧4和胎肩2组成，如图21-24所示。胎冠用耐磨的橡胶制成，它直接承受摩擦和全部载荷，能减轻帘布层所受冲击，并保护帘布层和内胎免受机械损伤。为使轮胎与地面有良好的附着性能，防止纵、横向滑移等，在胎面上有着各种形状的凹凸花纹，此花纹为胎面数热片。

胎肩是较厚的胎冠与较薄的胎侧间的过渡部分。一般也制有花纹，以利于散热。

胎侧橡胶层较薄，用以保护帘布层侧壁免受潮湿和机械损伤。

胎圈使外胎牢固地装在轮辋上，有很大的刚度和强度，由钢丝圈、帘布层包边和胎圈包布组成。

斜交轮胎的优点是：轮胎噪声小，外胎面柔软，价格也较子午线轮胎便宜。

它的缺点是：转向行驶时，接地面积小，胎冠滑移大，抗侧向力能力较差，滚动阻力较大，油耗偏高，高速行驶时稳定性和承载能力也不如子午线轮胎。

4. 子午线轮胎

图 21-25 所示为子午线轮胎的构造。它由帘布层 2、带束层 3、胎冠 4、胎肩 5 和胎圈 1 组成，并以带束层箍紧胎体。其特点是：

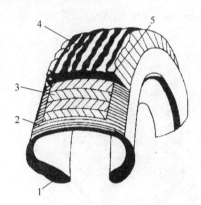

图 21-25 子午线轮胎
1—胎圈；2—帘布层；3—带束层；4—胎冠；5—胎肩。

（1）帘布层帘线排列的方向与轮胎的子午断面一致。由于帘线如此排列，使其强度得到充分利用。子午线轮胎的帘布层数一般可比普通斜交轮胎减少 40%～50%，胎体较柔软。

（2）帘线在圆周方向上只靠橡胶来联系。因此，为了承受行驶时产生的较大切向力，子午线轮胎具有若干层帘线与子午断面呈大角度（交角为 70°～75°）、高强度、不易拉伸的周向环形的类似缓冲层的带束层。带束层通常采用强度较高、拉伸变形很小的织物帘布（如玻璃纤维、聚酰胺纤维等高强度材料）或钢丝帘布制造。

子午线轮胎和普通斜交轮胎的结构比较，如图 21-26 所示。

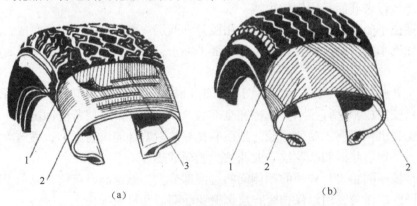

图 21-26 子午线轮胎和普通斜交轮胎结构的比较
(a) 子午线轮胎；(b) 普通斜交轮胎。
1—外胎面；2—胎体；3—缓冲层（带束层）。

子午线轮胎帘布层帘线排列的方向与轮胎的子午断面一致,即帘线排列成辐射状,所以胎侧部分柔软。但是,由于胎面内侧有带束层,从而提高了外胎面(胎冠)的刚度。普通斜交轮胎的帘布层帘线是按斜线交叉排列,因而从外胎面(胎冠)到胎侧的柔软度是均匀的。

子午线轮胎由于外胎面(胎冠)刚性大,而胎侧部分柔软,所以在侧向力的作用下,胎侧变形较大,胎冠的接地面积基本不变,如图21-27(a)所示。普通斜交轮胎在侧向力的作用下胎侧变形不大,但使整个轮胎发生倾斜,结果使轮胎胎冠的接地面积减小(图21-27(b))。可见,轮胎在承受侧向力时,子午线轮胎具有明显的优越性。

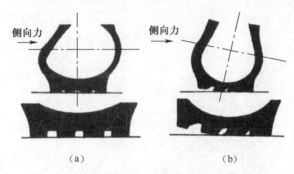

图21-27 子午线轮胎和普通斜交轮胎在承受侧向力时的变形状况
(a)子午线轮胎;(b)普通斜交轮胎。

综上所述,子午线轮胎的优点是:
(1)接地面积大,附着性能好,胎面滑移小,对地面单位压力也小,因而滚动阻力小,使用寿命长。
(2)胎冠较厚且有坚硬的带束层,不易刺穿;行驶时变形小,可降低油耗3%~8%。
(3)因为帘布层数少,胎侧薄,所以散热性能好。
(4)径向弹性大,缓冲性能好,负荷能力较大。

缺点是:因胎侧较薄,胎冠较厚,在其与胎侧的过渡区易产生裂口;由于胎侧柔软,受侧向力时变形较大,导致汽车横向稳定性差;制造技术要求高,成本也高。

由于子午线轮胎明显优越于普通斜交轮胎,因此在轿车上已普遍采用,在货车上也越来越多地采用了子午线轮胎。

5. 防爆轮胎

防爆轮胎又称泄气保用轮胎(RSC)、缺气保用轮胎,可分为两种,一种是胎壁增强式防爆轮胎,如图21-28所示,与普通轮胎最大的不同之处,在于它增加了胎壁厚度和韧度。另一种是支撑环式防爆轮胎,如图21-29所示,在轮胎失压后,支撑环可以从轮胎内侧支撑轮胎和车身质量,同时,还能防止轮胎失压后从轮胎垫圈上脱落,支撑环式防爆轮胎的胎侧厚度与普通轮胎的胎侧厚度相同。

四、轮胎花纹

轮胎花纹对轮胎的性能影响很大。目前,轮胎花纹主要有普通花纹、混合花纹和越

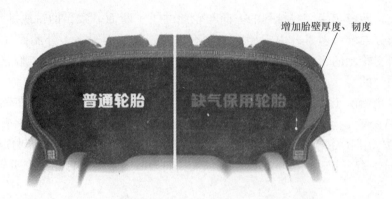

图 21-28　胎壁增强式防爆轮胎

图 21-29　支撑环式防爆轮胎

野花纹等，如图 21-30 所示。

普通花纹如图 21-30（a）和图 21-30（b）所示，其特点是花纹细而浅，花纹块接地面积大，因而耐磨性和附着性较好，适用于较好的硬路面。其中，轿车、货车均可选用纵向花纹（图 21-30（a））；横向花纹（图 21-30（b））仅用于货车。

越野花纹如图 21-30（d）和图 21-30（e）所示，其特点是凹部深而宽，在软路面上与地面的附着性好，越野能力强，适用于矿山、建筑工地以及其他一些松软路面上使用的越野汽车轮胎。当安装人字形越野花纹轮胎时，驱动轮胎面花纹的尖端与旋转方向一致，以免花纹之间被泥土所填塞。越野花纹轮胎不宜在较好的硬路面上使用，否则行驶阻力加大且加速花纹的磨损。

混合花纹如图 21-30（c）所示，其特点介于普通花纹与越野花纹之间，兼顾了两者的使用要求，中部为菱形、纵向为锯齿形或烟斗形花纹，两边为横向越野花纹，是适用于在城市、乡村之间的路面上行驶的汽车轮胎。现代货车驱动轮胎也多采用这种花纹。

拱形胎花纹如图 21-30（f）所示；低压特种花纹如图 21-30（g），有更宽的断面、更低的接地比压，附着性好，主要用于在软地面行驶的特种车辆。

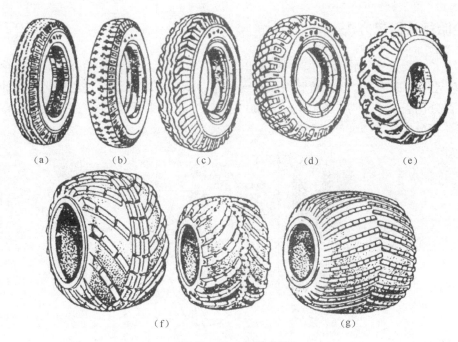

图 21-30 轮胎花纹

(a)、(b) 普通花纹;(c) 混合花纹;(d)、(e) 越野花纹;(f) 拱形胎花纹;(g) 低压特种花纹。

图 21-31 所示为轮胎胎面上花纹和沟槽的排列和布置。循环和交叉布置的宽槽 1 用于排水,具有较好的排水角,可提高滑水路面上胎面的附着能力;浅槽和纵向凸片 2 可以改善在雪地转弯时的侧向滑移;斜交线槽和十字凸片的布置 3 可使车辆在高转矩和高侧向力下有较好的纵向断面弹性。

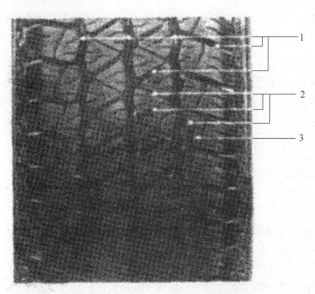

图 21-31 轮胎胎面上花纹和沟槽的排列和布置

1—循环和交叉布置的宽槽;2—浅槽和纵向凸片;3—斜交线槽和十字凸片的布置。

五、轮胎规格标记方法

轮胎（主要指充气轮胎）尺寸标注如图 21-32 所示，D 为轮胎外径、d 为轮胎内径、H 为轮胎断面高度、B 为轮胎断面宽度。轮胎断面高度 H 与 B 之比称为轮胎的高宽比（以百分比表示），即用 $(H/B) \times 100\%$ 表示，又称为轮胎的扁平率。通常高宽比有 80%、75%、70%、60%、55% 等。

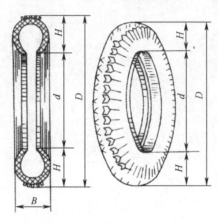

图 21-32 轮胎尺寸标记

轮胎的高宽比（扁平率）越小，说明轮胎的断面越宽，故高宽比小的轮胎称为宽断面轮胎。宽断面轮胎的优点是，因断面宽、接地面积大，所以接地比压小，磨损减小，滚动阻力也小，抗侧向稳定性强。因此，在相同的承载能力下，宽断面轮胎较普通轮胎的直径可以减小。

目前，充气轮胎一般习惯用英制单位表示法，但欧洲国家则常用米制单位表示法，有些国家用英制和米制单位混合表示，个别国家也有用字母作代号来表示轮胎规格尺寸的。我国轮胎规格标记主要采用英制单位，有些也用英制和米制单位混合表示。

我国制定了相应的轮胎标准，主要有轮胎术语及其定义——GB/T 6326—2005，轿车轮胎——GB 9743—2015，载重汽车轮胎——GB 9744—2015，轿车轮胎系列——GB/T 2978—2008，载重汽车轮胎系列——GB/T 2977—2008 等。标准中规定了轮胎规格、基本参数、主要尺寸、气压负荷对应关系等。现举例如下：

1. 轿车轮胎规格表示方法

示例：

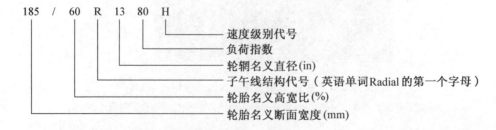

轮胎速度级别代号对应的最高行驶速度，见表 21-2。负荷指数从 GB/T 2978—2014 标准中可以查阅。

表 21-2 轮胎速度级别代号与对应的最高行驶速度

速度级别代号	最高行驶速度/(km·h^{-1})	速度级别代号	最高行驶速度/(km·h^{-1})
A1	5	K	110
A2	10	L	120
A3	15	M	130
A4	20	N	140
A5	25	P	150
A6	30	Q	160
A7	35	R	170
A8	40	S	180
B	50	T	190
C	60	U	200
D	65	H	210
E	70	V	240
F	80	W	270
G	90	Y	300
J	100		

2. 载货汽车轮胎规格表示方法

1）轻型载货汽车普通断面斜交轮胎

示例：

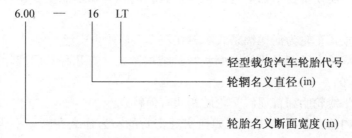

2）轻型载货汽车普通断面子午线轮胎

示例：

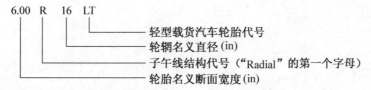

3）轻型载货汽车斜交米制单位系列轮胎

示例：

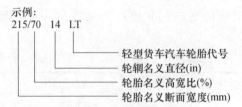

4）轻型载货汽车子午线米制单位系列轮胎

示例：

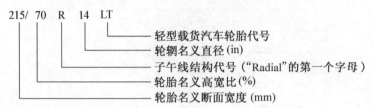

在同一种规格轮辋上可安装内径相同而断面高度不同（但接近于基本标准）的外胎，或内径相同但胎体的帘布层数较多的外胎，后者多在汽车超载或在坏路上行驶的情况下采用。

对于每种尺寸的轮胎，根据它的内压力和外胎中帘布层数目，制造厂提供了容许载荷的定额，以保证规定的使用寿命。

21-1 转向轮定位参数有哪些？各有何作用？前束如何测量和调整？

21-2 整体式车桥和断开式车桥各有什么特点？

21-3 转向驱动桥在结构上有何特点？其转向和驱动功能主要是依靠哪些零部件实现的？

21-4 辐板式车轮为何比辐条式车轮在汽车上应用更广泛？

21-5 轮辋轮廓类型及代号有哪些？其结构形式又有几种？国产轮辋规格代号是如何规定和表示的？

21-6 子午线轮胎和普通斜交轮胎相比有何特点？

21-7 无内胎轮胎在结构上是如何实现密封的？为什么在轿车上得到广泛使用？有自黏层和无自黏层的无内胎轮胎有何区别？有何特点？

21-8 有内胎轮胎有哪些种类？各有何特点？

第二十二章 悬 架

第一节 悬架的功用和组成

一、悬架的功用

汽车悬架是汽车的车架（或承载式车身）与车桥（或车轮）之间的一切传力连接装置的总称，如图 22-1 所示。它有如下功用：

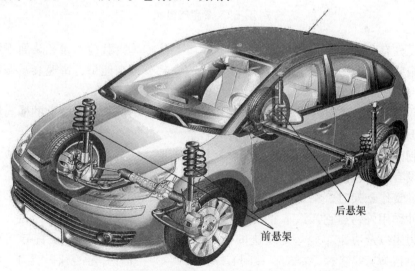

图 22-1 悬架在汽车上的布置

（1）连接车桥和车架。悬架将车桥（或车轮）和车架连接，并在车架与车桥之间进行力的传递，保证汽车正常行驶。

（2）缓和不平路面对汽车产生的冲击力，衰减振动。车轮受路面冲击时，上下跳动，并将冲击力传递到车架和车身。通过悬架上弹性元件缓和冲击和减振元件衰减振动之后,车身的振幅减小,提高汽车的舒适性。

(3) 对车轮相对车身的跳动起导向作用。当车轮相对车架跳动时,会对汽车的行驶状态产生影响,改变行驶轨迹。特别在转向时,行驶状态的这种改变是影响转向安全性的重要因素。因此,车轮的运动轨迹要符合一定的要求。悬架对车轮相对车身的良好导向,使车轮相对车身的运动满足车轮相对车架跳动的要求,并减小轮胎的磨损。

二、悬架的组成

汽车的悬架主要由弹性元件、减振装置和导向机构组成,如图 22-2 所示。此外,还辅设有横向稳定器和缓冲块。

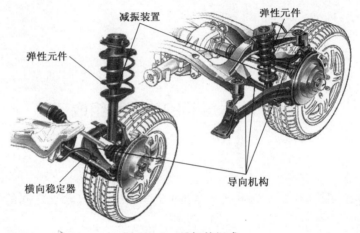

图 22-2 悬架的组成

弹性元件有弹簧、橡胶缓冲块等,用来承受和传递垂直载荷,缓和路面不平引起的冲击。减振装置有减振器、缓冲块等,用来吸收一部分冲击能量,快速衰减振动。导向机构由杆件组成,对车轮相对车架运动起导向和控制作用。

在多数轿车和客车上,为了防止车身在转向行驶等情况下发生过大的横向倾斜,在悬架中还设有横向稳定器,作为辅助弹性元件。

为限制弹簧的最大变形并防止弹簧直接撞击车架,在货车上辅设有缓冲块。在一些轿车上也设有缓冲块,以限制悬架的最大变形。

钢板弹簧作悬架时,集合了弹性元件、减振装置和导向机构的作用,除了作为弹性元件起缓冲作用外,当它在汽车上纵向安置并且一端与车架作固定铰链连接,起到传递各向力和力矩以及决定车轮运动轨迹的作用,因而没有必要再另行设置导向机构。此外,一般钢板弹簧是多片叠成的,片间有摩擦,其本身具有一定的减振能力,因而在对减振要求不高的车辆上,也可以不装减振器。

三、悬架工作过程描述

汽车的质量可分为簧载质量和非簧载质量两部分。支承在悬架弹性元件以上的质量称为簧载质量,支承在悬架弹性元件以下的质量称为非簧载质量。

汽车处于静止状态时，悬架只承受簧载质量，是静态力，此时悬架也处于静止状态。汽车处于行驶状态时，路面不平引起汽车振动，此时悬架总是处于振动状态。振动状态分为两个过程：在压缩过程中，弹性元件起主要作用，缓和路面冲击；在伸张过程中，减振装置起主要作用，消耗弹性元件的振动能量，并使悬架快速趋于平稳。

四、汽车悬架的类型

按照导杆机构的形式、结构特点，汽车悬架可分为两大类：非独立悬架和独立悬架。非独立悬架如图22-3（a）所示。其结构特点是悬架与整体式车桥连接，当一侧车轮因道路不平发生跳动时，会引起另一侧车轮在横向平面内发生摆动。独立悬架如图22-3（b）所示。其结构特点是悬架与断开式车桥连接，两个车轮可以实现单独跳动，当一侧车轮因道路不平发生跳动时，不会直接影响另一侧车轮。独立悬架多用于舒适性要求较高的轿车上，非独立悬架多用于舒适性要求不高的载货汽车上。

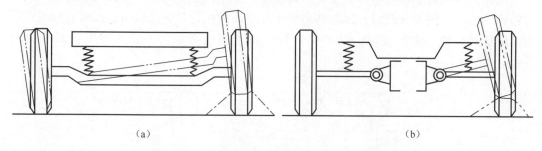

图22-3　非独立悬架与独立悬架跳动示意图
(a) 非独立悬架；(b) 独立悬架。

按照控制方式，汽车悬架可分为被动悬架和主动悬架。传统悬架多为被动悬架，其性能参数是固定不可调节的，这样的悬架对道路条件的适用范围比较窄。比如轿车主要适合在良好路面上行驶，越野车即使在公路上行驶舒适性也比较差等。主动悬架则可以根据行驶状态和道路条件在预设的范围内自动调节悬架刚度、阻尼和车身高度等参数，使得汽车可以适应多种道路条件，提高平顺性和操纵性。

第二节　减　振　器

根据减振器中阻力的调节性，减振器分为阻力不可调和可调式。阻力不可调减振器有双筒式减振器、单筒式减振器，目前汽车上使用最多的是双筒式减振器。阻力可调减振器有阀控式阻力可调减振器、液控式阻力可调减振器等。

减振器的阻尼力也会把路面冲击传递到车身上，从而减弱弹性元件的缓冲效果。为了较好地解决缓冲和减振之间的这种矛盾，在汽车上采用减振器和弹性元件并联安装的方式（图22-2），并按照如下方式工作：

（1）在悬架的压缩行程中（车轮和车身相互靠近），减振器阻尼力较小，以便充分发挥弹性元件的弹性作用，吸收冲击能量，缓和冲击。这时，弹性元件起主要作用。

（2）在悬架的伸张行程中（车轮和车身相互远离），弹性元件释放自身储存的能量，此时减振器阻尼力较大，快速将弹性能转化为热能散发出去，实现迅速减振。

（3）当车轮与车身之间的相对速度过大时，要求减振器能自动加大液流量，使阻尼力始终保持在一定限度之内，以避免承受过大的冲击载荷。

一、阻力不可调式减振器

1. 双筒式减振器

1）双筒式减振器的工作过程

双筒式减振器的工作过程如图22-4所示，通常有4个单向阀：压缩阀、伸张阀、流通阀和补偿阀。另有两个装有油液的缸筒：工作缸和储油缸。上端与车架相联，下端与车桥相联。流通阀和补偿阀是一般的单向阀，其弹簧很弱。当阀上的油压作用力与弹簧力同向时，阀处于关闭状态，完全不通液流；而当油压作用力与弹簧力反向时，只要有很小的油压，阀便能开启；压缩阀和伸张阀是卸载阀，其弹簧较强，预紧力较大，只有当油压升高到一定程度时，阀才能开启；而当油压降低到一定程度时，阀即自行关闭。

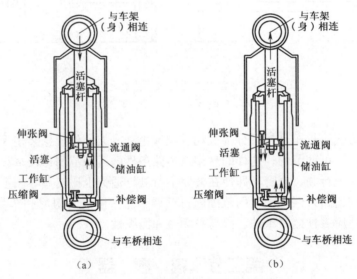

图22-4 双筒式减振器的工作过程
(a) 压缩行程；(b) 伸张行程。

减振器是利用油液流过阀门的阻力来消耗振动的能量，其工作原理可分为压缩和伸张两个行程来说明。

（1）压缩行程。在压缩行程时（图22-4(a)），车轮移近车身，减振器被压缩。此时减振器内活塞向下移动，活塞下腔室的容积减少，油压升高并推开流通阀，油液流向活塞上面的腔室（上腔）。由于上腔被下移的活塞杆多占去了一部分空间，因而上腔增加的容积小于下腔减小的容积，故多余的一部分油液就推开压缩阀，流回储油缸。这些阀对油液的节流作用形成了对悬架压缩运动的阻尼力，将汽车振动的能量转化为油液热能，散发到大气中去，起减振作用。

(2) 伸张行程。在伸张行程时（图22-4 (b)），车轮远离车身，减振器被拉伸。此时减振器的活塞向上移动，活塞上腔油压升高，流通阀被关闭，上腔内的油液推开伸张阀流入下腔。由于活塞杆的存在，自上腔流来的油液不足以补充下腔增加的容积，使下腔产生一定的真空度，这时储油缸中的油液在负压作用下推开补偿阀流进下腔进行补充。此时这些阀的节流作用就形成了对悬架伸张运动的阻尼力，同样将振动的能量转化为油液热能，并散发到大气中去，起减振作用。

在悬架的压缩行程中（车轮和车身相互靠近），由于流通阀的弹簧很弱，压缩阀的弹簧较强，油液能迅速流入活塞上腔，减振器阻尼力较小，这便于充分发挥弹性元件的弹性作用，缓和冲击。这时，弹性元件起主要作用。在悬架的伸张行程中（车轮和车身相互远离），弹性元件释放自身储存的能量，由于补偿阀的弹簧很弱，伸张阀的弹簧较强，活塞上腔油液不能迅速流入活塞下腔，此时减振器阻尼力较大，快速将弹性能转化为热能散发出去，实现迅速减振。当车轮与车身之间的相对速度过大时，减振器的阀门开度能自动加大液流量，使阻尼力始终保持在一定限度之内，以避免承受过大的冲击载荷。这些，有利于提高车辆行驶的平顺性。

2) 双筒式减振器的结构

图22-5为常见的双筒式减振器。它有3个同心钢筒：防尘罩21、储油缸筒20和工作缸筒19。防尘罩与活塞杆18和用于连接车架的上吊环26焊接在一起。工作缸筒装于储油缸筒内，并用储油缸螺母27通过密封圈25和导向座22压紧。储油缸筒的下端与连接车桥的下吊环10焊接在一起。在减振器工作时，这两个缸筒作为一个整体一起随车桥而运动。储油缸筒与工作缸筒之间形成储油腔，内装减振油液，但不装满，利用空气的可压缩性进行体积变化的补偿。工作缸筒内则充满减振油液。活塞杆18穿过储油缸筒和工作缸筒的密封装置而伸入工作缸筒内。在活塞杆的下端用压紧螺母9固定着活塞4。活塞的头部有内外两圈沿圆周均布的轴向通孔，外圈孔大、内圈孔小。在外圈大孔上面盖着流通阀3，并用流通阀弹簧片2压紧，再由流通阀限位座1限位。在内圈小孔下面，均布着四道小槽，其上面有伸张阀5和支承座圈6。当伸张阀被压紧时便形成4个缺口，该缺口为常通的缝隙，在压缩或伸张行程时，油液均可通过此缺口流动。在伸张阀与压紧螺母9之间装有调整垫片8，用于调整伸张阀弹簧7的预紧力。在工作缸筒下端装有支承座11，其上端面有两个小缺口被星形补偿阀15盖着，形成两道缝隙，作为工作缸筒与储油缸筒之间的常通缝隙。补偿阀中央有孔，孔中装着压缩阀杆16，杆上有中心孔和旁通孔，其上滑套着压缩阀14。不工作时，压缩阀在压缩阀弹簧13的作用下使其上端面压在补偿阀15上，使内部形成锥形空腔。此时，油液经阀杆上的中心孔，旁通孔仅能流到锥形空腔中，而不能进入储油缸筒。支承座11上端用翻边的方法将补偿阀弹簧片17紧压在压缩阀杆16顶端边缘。

工作缸筒的上部装有密封装置（橡胶密封圈25、油封28、油封盖29、油封垫圈30、油封弹簧24和储油缸螺母27等）和导向座22。橡胶密封圈25用于密封工作缸筒，橡胶油封28用于密封活塞杆。当活塞杆往复运动时，杆上的油液被密封件刮下，经导向座22上的径向小孔流回储油缸。导向座22用来为活塞杆导向。

由于流通阀和补偿阀的弹簧较软，当车轮跳动较小时，油液从这两个阀和一些孔缝

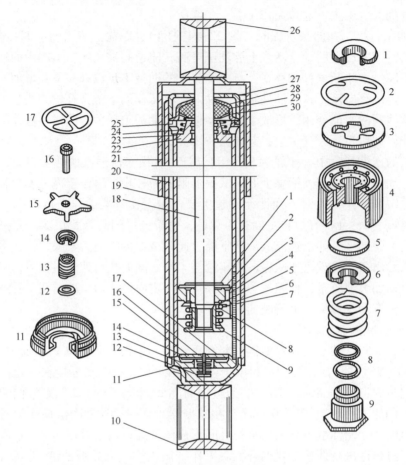

图22-5 双筒式减振器

1—流通阀限位座；2—流通阀弹簧片；3—流通阀；4—活塞；5—伸张阀；6—支承座圈；7—伸张阀弹簧；8—调整垫片；9—压紧螺母；10—下吊环；11—支承座；12—压缩阀弹簧座；13—压缩阀弹簧；14—压缩阀；15—补偿阀；16—压缩阀杆；17—补偿阀弹簧片；18—活塞杆；19—工作缸筒；20—储油缸筒；21—防尘罩；22—导向座；23—衬套；24—油封弹簧；25—密封圈；26—上吊环；27—储油缸筒螺母；28—油封；29—油封盖；30—油封垫圈。

中流过；而伸张阀和压缩阀的弹簧都较硬，预紧力也较大，故车轮剧烈跳动并使油压增大到一定程度时，才能顶开弹簧而流通。

2. 单筒式减振器

单筒式减振器又称充气式减振器，如图22-6所示。其结构特点是：在减振器缸筒5的下部有一个浮动活塞2和工作活塞8一起使工作腔形成3个部分。在浮动活塞与缸筒一端形成的腔室中充入高压氮气，浮动活塞用O形密封圈3密封，浮动活塞的上面是减振器油液；工作活塞8上装有随其运动速度大小而改变通道截面积的压缩阀4和伸张阀7，此二阀均由一组厚度相同、直径不等、由大到小排列的弹簧钢片组成，形成弹性阀门。

当车轮跳动时，减振器的工作活塞在油液中往复运动，使工作活塞的上腔与下腔之

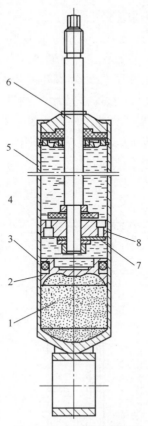

图22-6 单筒式减振器
1—密封气室；2—浮动活塞；3—O形密封圈；4—压缩阀；
5—工作缸筒；6—活塞杆；7—伸张阀；8—工作活塞。

间产生油压差，压力油便推开压缩阀或伸张阀而来回流动，产生阻尼，消耗振动的能量，使振动衰减。

对于活塞杆的进出而引起的缸筒容积的变化，会引起浮动活塞2的上下运动，这样密封气室1的容积也会发生变化。由于气体具有很强的可压缩性，所以利用气室内的高压氮气的膨胀和压缩，就可以自动进行体积补偿，不再需要储油腔，也就不需要储油缸筒了。

单筒式减振器的优点是不需要储油缸筒，减少了一套阀门系统，结构大为减化；高压氮气能减少车轮受到冲击时产生的高频振动，并有助于消除噪声。单筒式减振器的缺点是：对油封要求高；充气工艺复杂，修理困难；当缸筒受到外力冲击（如飞起的石块撞击）而变形时，减振器就无法正常工作了。

二、阻力可调减振器

1. 机械式阻力可调减振器

图22-7所示为一种较早获得应用和空气弹簧搭配使用的阻力可调式减振器。这种减振器采用机械式控制装置，其工作原理是调节节流孔7的大小来改变油液流动的阻尼

力。调节的能源来自与气室1相通的空气弹簧。当汽车载荷增加时，空气弹簧中的气压升高，与之相通的气室1内的气压也随之升高，促使膜片2向下移动，与弹簧3产生的压力相平衡。空心连杆5上开有节流孔7，连通着工作缸的上腔和下腔。膜片下移时带动与它相联的柱塞杆4和柱塞6下移，使得柱塞相对节流孔7的位置发生变化，结果减小了节流孔的通道截面面积，也就是减小了油液流经节流孔的流量，从而增加了油液的流动阻力。当汽车载荷减小时，柱塞上移，增大了节流孔的通道截面面积，结果减小了油液的流动阻力，从而实现了减振器阻尼力随汽车载荷的变化而改变的目标，保证了悬架系统具有良好的振动特性。阻力可调式减振器在一些高级轿车上获得了应用。

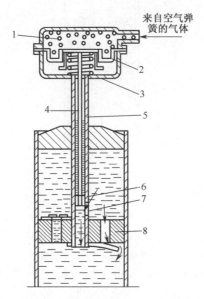

图22-7 阻力可调式减振器
1—气室；2—膜片；3—弹簧；4—柱塞杆；5—空心连杆；
6—柱塞；7—节流孔；8—活塞。

2. 阀控式阻力可调减振器

随着汽车电子技术的迅猛发展，电子控制技术也应用到了减振器的阻尼力调节上来。图22-8是别克君越轿车上CDC全时主动式液力减振稳定系统中所采用的减振器，为阀控式阻力可调减振器。该减振器的侧面装了一个电磁调节阀，阀门的开度大小决定了减振器的阻尼力，从而实现了阻尼力的连续可调。电磁阀由电控单元（ECU）控制。由于电控系统的响应速度非常快，这套控制系统的工作频率可达到每秒钟100次以上，完全可以满足高速行驶时的快速调节减振效果的要求。

3. 液控式阻力可调减振器

前面介绍的阀控式阻力可调式减振器是采用改变液体流通截面的大小来改变阻尼力的，而液控式阻力可调减振器则是通过改变液体介质的物理特性来实现阻尼力大小的调节的。这种电磁减振器内采用的不是普通的减振液，而是使用一种黏性连续

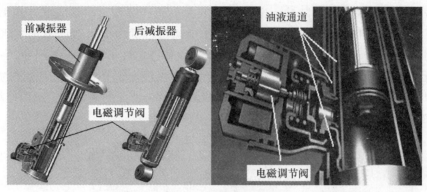

图 22-8 CDC 减振器

可控的新型功能材料——磁流变或电流变特殊减振液。根据减振液不同,电磁减振器又可细分为磁流变液减振器和电流变液减振器,其中,采用磁流变减振液的为磁流变减振器。

磁流变减振液主要由非导磁性液体和均匀分散于其中的高磁导率、低磁滞性的微小软磁性颗粒组成。在外部磁场作用下,其性能(如磁学、电学、热学、声学、光学及流变学等性能)可发生显著、迅速(在毫秒级时间内)、连续且基本完全可逆的变化。以流变性能为例,在磁场的作用下,磁流变液可以在毫秒级的时间内快速、可逆地由流动性良好的牛顿流体转变为高粘度、低流动性的宾汉姆塑性固体,其最高屈服强度可达 100kPa。也就是说,像油一样自由流动的液体在磁场作用下在瞬间凝固为橡胶状固体。通过这样的控制办法,就可以实现减振器阻尼力的大范围连续可调。

电流变减振液是由合成碳氢化合物以及 3~10μm 大小的磁性颗粒组成,在外加电场作用下,其性能也会发生显著的变化。将这种特殊减振液装入电流变减振器内,通过改变电场强度使电流变减振液的黏度改变,从而改变减振器的阻尼力。阻尼力大小随电场强度的改变而连续变化,从而实现阻尼力大范围调节。

目前一些高档轿车采用了磁流变减振器。通常这些车会为驾驶员提供多种模式选择:比如在舒适模式下,减振液较为黏稠,吸振效果较显著;而在运动模式下,减振液流动性较好,悬架系统会将路面的大幅度颠簸传递给驾驶员。不同的模式会给驾驶者带来截然不同的感受和乐趣。磁流变减振器除了具有良好、可控减振特性外,还具有体积小、质量小的优点。现在,越来越多的高档轿车采用了这样的减振装置,比如凯迪拉克 SRX、SLS 和 CTS,法拉利 599GTB 以及大众的多款车型。

图 22-9 所示为德国大众公司的奥迪 TT 跑车上所使用的磁流变减振器。该减振器的活塞上绕有电磁线圈。当线圈中无电流通过时,活塞内的 4 个微型减振液通道中的磁流变减振液未被磁化,不规则排列的磁性颗粒呈均匀分布状态,产生的阻尼力与普通减振油相同;一旦控制单元发出脉冲信号,线圈内便会产生电压和电流,从而形成一个磁场,并改变磁性颗粒的排列方式。这些磁性颗粒立即会按垂直于活塞运动的方向排列,阻碍减振液在活塞微型通道内流动,提高阻尼效果。活塞线圈中输入的电流强度越大,形成的磁场强度越强,磁性颗粒被磁化的程度越好,产生的阻尼力就越大。由此可见,

磁流变减振液的阻尼力大小随输入电流强度的大小而连续变化。该减振器在ECU的精准控制下，能达到1000Hz的工作频率（也就是说每秒钟最多可以调节出1000次不同的阻尼力），彻底解决了传统减振器存在的舒适性和稳定性不能兼顾的问题，并能适应变化的行驶工况，即使是在最颠簸的路面上，也能保证车辆平稳行驶。这样的减振器，不仅可以获得良好的减振效果，而且有助于提高轮胎与地面的附着力，从而使汽车获得更好的操纵性能和制动性能。

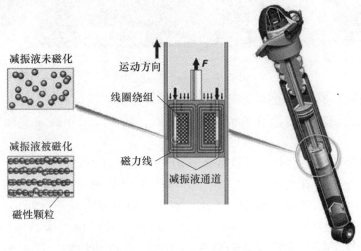

图22-9　奥迪TT跑车磁流变减振器原理图

第三节　弹性元件

汽车悬架中的弹性元件用来实现车身与车轮之间的弹性连接，缓和路面冲击。主要有钢板弹簧、螺旋弹簧、扭杆弹簧、气体弹簧和橡胶弹簧等结构形式。

一、钢板弹簧

钢板弹簧是汽车悬架中应用非常广泛的一种弹性元件。它是由若干片长度不等、曲率半径不同、厚度相等或不等的弹簧钢片叠合在一起而组成的一根近似等强度的弹性简支梁。包括等截面和变截面钢板弹簧。

1. 等截面钢板弹簧

图22-10所示为滑板对称式等截面多片钢板弹簧，由7片等厚、等截面但不等长的弹簧钢片组合而成。钢板弹簧3的第一片（最长的一片）称为主片，其前端弯成卷耳1，以便与固定在车架上的支架作铰链连接，第二片的后端折弯，以便与固定在车架上的支架车架作滑动连接，折弯部分起限位作用防止弹簧脱落。各片长度不等，形成近似等强度梁。中心螺栓4用以连接各弹簧片，并保证装配时各片的相对位置。对称式钢板弹簧的中心螺栓距两端卷耳的距离相等。连接各片的构件，除中心螺栓外，还有若干个弹簧夹（亦称回弹夹）2。其主要作用是当钢板弹簧反向变形（即反跳）时，使各片

不至相互分开，以免主片单独承载；此外，还可防止各片横向转动。弹簧夹用铆钉铆接在与之相联的最下面弹簧片的端部。

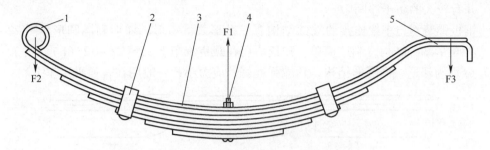

图 22－10　对称式等截面多片钢板弹簧（滑板式）
1—卷耳；2—弹簧夹；3—弹簧钢片；4—中心螺栓；5—滑板。

图 22－11 所示为吊耳非对称式等截面多片钢板弹簧。钢板弹簧的中部由 U 形螺栓 9、10 与车桥刚性连接，两端用钢板弹簧销 13、23 铰接在车架的支架上，U 形螺栓距两端卷耳的距离不相等。左端卷耳起到主要的传力作用，为加强第一片的卷耳，将第二片末端也弯成卷耳，把第一片卷耳包住。弹簧受压变形时它们之间会产生相对滑动，所以在第一片与第二片卷耳之间留有较大的空隙。右端卷耳通过吊耳 15 与车架连接。由于吊耳可以摆动，所以此端在弹簧变形时能够自行摆动来补偿弹簧长度的变化，同时此端只能传递横向力，不能传递纵向力，起辅助传力作用。

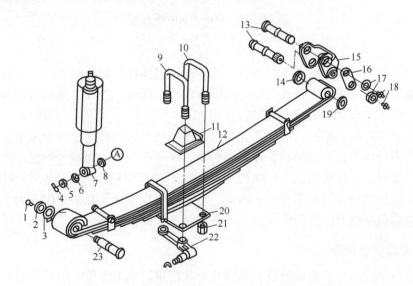

图 22－11　非对称式等截面多片钢板弹簧（吊耳式）
1、18—黄油嘴；2、17、21—锁紧螺母；3—防松垫圈；4—开口销；5—六角开槽螺母；
6、8—减振器垫圈；7—减振器总成；9、10—U 形螺栓；11—橡胶缓冲块；
12—前钢板弹簧总成；13、23—钢板弹簧销；14、19—衬垫；15—钢板弹簧吊耳；
16—锁紧片；20—底板；22—减振器支架。

钢板弹簧与车架连接的端部结构有三种形式：卷耳、滑板和卷包耳式。图 22－10

的钢板弹簧与车架连接的端部结构为前卷耳后滑板结构。图22-11的钢板弹簧与车架连接的端部结构均为卷包耳结构，第二片钢板弹簧的卷耳包在第一片钢板弹簧的卷耳上，并有较大的防干涉间隙。

钢板弹簧不与车架连接的端部结构有三种形式：矩形、梯形和椭圆形。图22-12（a）为矩形端部结构，制造简单，广泛应用在载货汽车上。图22-12（b）、图22-12（c）分别为梯形、椭圆形结构，片端弹性好，应力小，一般用在普通乘用车上。

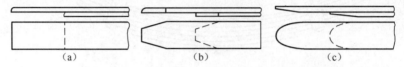

图22-12 钢板弹簧不与车架连接的端部结构
(a) 矩形；(b) 梯形；(c) 椭圆形。

钢板弹簧的横截面有三种形式：矩形、梯形和ω形。矩形截面钢板弹簧（见图22-13（a））结构简单，但受拉应力一面的棱角处易产生疲劳裂纹。图22-13（b）、（c）采用上下不对称的横截面，由于截面抗弯的中性轴线上移，不但可减小拉应力，而且节省了材料。

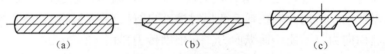

图22-13 钢板弹簧的横截面
(a) 矩形；(b) 梯形；(c) ω形。

钢板弹簧纵向弹性连接车架和车桥，工作时，起弹性导向杆的作用；钢板弹簧中间和两端受载，在载荷作用下挠性变形，起弹簧作用；同时，各片之间相对滑动，产生摩擦，可以促进车架振动的衰减，起减振作用。

钢板弹簧各片间干摩擦，将使车轮所受的冲击在很大的程度上传给车架，即降低了悬架缓和冲击的能力，并使弹簧各片加速磨损，这是不利的。为减少弹簧片的磨损，在装合钢板弹簧时，各片间须涂上较稠的润滑剂（石墨润滑脂），并应定期进行保养。为了在使用期间长期储存润滑脂和防止污染，有时将钢板弹簧装在护套内。为了保证在弹簧片间产生定值摩擦力以及消除噪声，可在弹簧片之间夹入塑料垫片。

2. 变截面钢板弹簧

以上介绍的是多片式钢板弹簧，其簧片形状简单，加工方便，但只能近似模拟等强度的悬臂梁，且簧片之间有磨损。为了更充分地利用弹簧材料，出现了变截面钢板弹簧（图22-14）。这种簧片的横断面尺寸从中间向两端是逐渐变小的，其等强度性好。因此，这种变截面钢板弹簧可减小质量40%~50%，对实现车辆的轻量化、节约能源和节省材料非常有利。二汽生产的EQ1141G型8t货车的前簧和后副簧以及一汽生产的解放CA1040系列轻型货车的前、后钢板弹簧，均采用了这种变截面钢板弹簧。

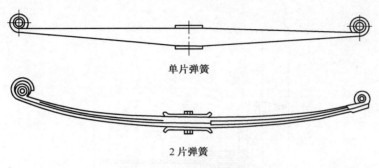

图 22-14 变截面钢板弹簧

3. 渐变刚度钢板弹簧

为提高汽车的行驶平顺性，有的轻型货车后悬架采用将副簧置于主簧之下的渐变刚度钢板弹簧（图 22-15）。载荷较小时，仅主簧起作用。随着载荷逐渐增加，主簧随之逐渐被压平，当载荷增加到一定值时，副簧开始与主簧接触，悬架刚度随之相应提高。

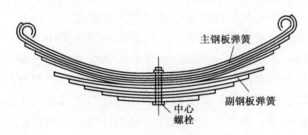

图 22-15 渐变刚度钢板弹簧

二、螺旋弹簧

螺旋弹簧是悬架上常见的弹簧，用弹簧钢的棒料卷制而成，可做成等螺距或变螺距的，前者刚度不变，后者刚度是可变的。螺旋弹簧在汽车悬架上的典型应用如图 22-1 和图 22-2 所示。与钢板弹簧相比，螺旋弹簧的优点是无需润滑，不忌泥污，所占用的纵向空间不大，弹簧质量小等。

螺旋弹簧本身没有减振作用，因此在螺旋弹簧悬架中必须另装减振器。此外，螺旋弹簧只能承受垂直载荷，故必须装设导向机构以传递垂直力以外的各种力和力矩。

三、扭杆弹簧

扭杆弹簧是一根具有扭转弹性的直线型金属杆件（图 22-16）。其横截面一般为圆形，少数为矩形或管形。它的两端可以做成花键、方形、六角形或带平面的圆柱形等，以便将一端固定在车架上，另一端固定在与车轮相联的摆臂上。有的扭杆由一些矩形断面的薄扭片组合而成，这种弹簧比较柔软。

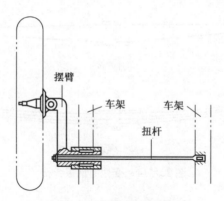

图 22 - 16 扭杆弹簧示意图

当车轮跳动时，摆臂便绕着扭杆轴线而摆动，使扭杆产生扭转弹性变形，以保证车轮与车架的弹性联系。

扭杆弹簧的刚度虽是常数，但由于摆臂摆动时，其投影在水平平面内的旋转力臂会发生长短变化，所以采用扭杆弹簧的悬架总体刚度是变化的。有时为了获得更大的刚度变化范围，可采用两根不同的扭杆弹簧做成两级式变刚度扭杆弹簧。

扭杆弹簧多用铬钒合金弹簧钢制成。为防止发生应力集中和疲劳破坏，弹簧表面必须加工得光滑无缺陷。为了保护其表面，通常涂以沥青和防锈油漆或者包裹一层玻璃纤维布，以防碰撞、刮伤和腐蚀。为提高寿命，减少交变应力，扭杆弹簧在制造时会预加扭应力，安装时左右扭杆预加扭转的方向都必须与扭杆安装在车上后承受工作载荷时扭转的方向相同，不能互换。为此，左右扭杆上必须标有不同的标记进行区分。

扭杆弹簧是单位质量的蓄能量最高的金属弹簧，所以采用扭杆弹簧的悬架质量较轻。同时结构简单，无需润滑，且容易实现车身高度的自动调节。和螺旋弹簧一样，扭杆弹簧也没有减振和导向的功能。

四、气体弹簧

气体弹簧是在一个密封的容器中充入压缩气体，利用气体的可压缩性实现弹簧的作用。这种弹簧的刚度是可变的：当作用在弹簧上的载荷增加时，容器内的定量气体气压升高，弹簧的刚度增大；反之，当载荷减小时，弹簧内的气压下降，刚度减小。这个刚度变化的特性恰好适应了汽车悬架固有频率的要求，故气体弹簧具有较理想的弹性特性，也因此成为汽车上舒适性最好的弹性元件。常用的气体弹簧有空气弹簧和油气弹簧两种，空气弹簧有囊式和膜式两种。

1. 空气弹簧

1）囊式空气弹簧

囊式空气弹簧多由橡胶气囊和金属腰环和上、下盖板等组合而成，如图 22 - 17 所示。橡胶气囊内层用气密性的橡胶制成，中间有帘线承载，而外层则用耐油橡胶制成，用于密封空气，并实现弹簧高度方向上的尺寸变化。气囊有单节和多节式，节数越多，弹性越好。节与节之间围有钢质的腰环，保持空气弹簧的主要形状，使中间部分不致有径向扩张，并防止两节之间相互摩擦。气囊的上、下盖板将气囊密闭。囊式空气弹簧应用于高档豪华大客车。

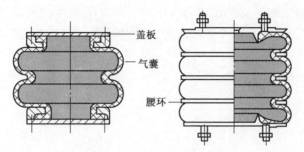

图 22-17 囊式空气弹簧

2）膜式空气弹簧

膜式空气弹簧的密闭气囊由橡胶膜片和金属压制件组成，如图 22-18 所示。与囊式相比，其刚度较小，车身自然振动频率较低，车辆平顺性好；尺寸较小，在车上便于布置，故多用在轿车上。膜片寿命短是其主要缺点。

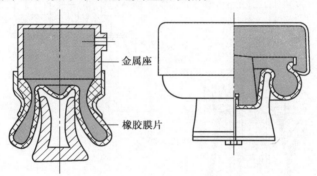

图 22-18 膜式空气弹簧

2. 油气弹簧

油气弹簧是在密闭的容器中充入压缩气体和油液，利用气体的可压缩性实现弹簧作用的装置。油气弹簧以惰性气体（氮气）作为弹性介质，用油液作为传力介质，一般是由气体弹簧和相当于液力减振器的液压缸所组成的。

1）单气室油气弹簧

图 22-19 所示为一种轿车和轻型汽车上用的单气室油气分隔式油气弹簧。油气隔膜将油气弹簧分为两部分，隔膜上方为氮气弹簧，下方为减振器。上、下半球室构成的球形气室固装在工作缸 10 上，球形气室的内腔用橡胶油气隔膜 5 隔开，上半球室充入高压氮气，形成氮气弹簧。下半球室通过减振器阻尼阀 9 与工作缸 10 的内腔相通，并充满了工作油液（减振器油），工作缸上有活塞 3，形成减振器。工作缸固定在车身（车架）上，其活塞 3 与导向缸 12 连接成一体，悬架活塞杆 1 的下端与悬架的摆臂（或车桥）相连接。

当载荷增加、悬架摆臂（车桥）与车身（车架）之间的距离缩短时，活塞 3 及活塞导向缸 12 上移，使活塞上方充满工作油液的内腔容积减小，迫使工作油液经压缩阀

18进入球形气室，推动油气隔膜，使氮气体积减小，氮气压力升高。当活塞向上的推力与氮气的反作用力相等时，活塞便停止移动，油液不流动，氮气的体积和压力不变。当载荷减小，即推动活塞上移的作用力减小时，油气隔膜在高压氮气作用下向下移动，迫使工作油液经伸张阀14流回工作缸内腔，推动活塞向下移动，车身（车架）与悬架摆臂（车桥）之间的距离变长，直到氮气室内的压力通过工作油液的传递转化为作用在活塞上的力与外界减小的载荷相等时，活塞才停止移动，此时，氮气的体积增大。

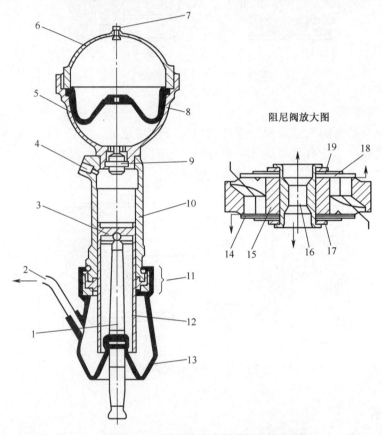

图22-19 单气室油气分隔式油气弹簧

1—悬架活塞杆；2—油溢流口；3—活塞；4—加油口；5—橡胶油气隔膜；6—上半球室；7—充气螺塞；8—下半球室；9—减振器阻尼阀；10—工作缸；11—密封装置；12—活塞导向缸；13—防护罩；14—伸张阀；15—阀体；16—油液节流孔；17—伸张阀限位挡片；18—压缩阀；19—压缩阀限位挡片。

汽车在行驶过程中，油气弹簧的体积、压力随所受的载荷变化，起弹簧作用；作用在油气隔膜上的载荷小时，气体弹簧的刚度较小；随着载荷的增加，气体弹簧的刚度变大，油气弹簧具有变刚度的特性。

当悬架摆臂（或车桥）与车身（或车架）相对运动时，活塞和活塞导向缸便在工作缸内上、下滑动，而工作油液通过减振器阻尼阀9来回运动，起到减振器的作用。

油气弹簧的优点是隔膜将弹性介质的高压氮气与工作油液分开，避免了工作油液乳化，同时也便于充气和保养。

图22-6充气式减振器也是油气弹簧，浮动活塞的下方为氮气弹簧，上方为减振器。

2) 双气室两级压力油气弹簧

双气室两级压力油气弹簧如图 22-20 所示。工作缸 1 通过球座 16 与车桥相连；而管形活塞 2、球形气室以及带有轴 4 的罩 3 连成一体，并与车架相连。左、右两个气室内设有橡胶油气隔膜 7，左边气室的气体压力大，右边气室的气体压力小，形成双气室两级不等压力的两个氮气弹簧。阻尼阀 6 和 9、管形活塞 2 等形成减振器。

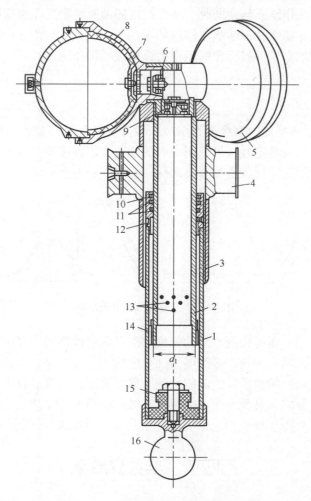

图 22-20 双气室两级压力油气弹簧
1—工作缸；2—管形活塞；3—罩；4—轴；5—第一级压力气室；6、9—阻尼阀；
7—橡胶油气隔膜；8—第二级压力气室；10—毛毡油封；11—橡胶油封；12、14—导向衬套；
13—常通孔；15—橡胶限位块；16—球座。

在压缩行程中，工作缸向上运动，管形活塞内腔的液体经阻尼阀 9 进入第一级压力气室 5 中。此时，如果载荷较小（工作缸中液体压力小于第二级压力气室 8 内的气体压力），则通过阻尼阀 6 的油液不能推动第二级压力气室 8 内的橡胶油气隔膜 7 左移。第二级压力气室 8 不参加工作。当缸内液体压力超过第二级压力气室的气压时，油气隔膜左移，则两个气室同时工作。在压缩行程的全过程中，液体流经阻尼阀 6 和 9，同时，管形活塞的内腔还有一部分油液经圆周布置的常通孔 13 进入逐渐增大的环形腔（缸壁与活塞间的空间）内，实施减振。在压缩行程终了时，橡胶限位块 15 的头部进入管形活塞下端的内部。这时，位于活塞下方的油液经夹布胶木制成的导向衬套 14 和缸筒间的间隙排到环形腔中。橡胶限位块相当于一个内置限位缓冲器。

在伸张行程中，由于缸内液体压力下降，气室内的气体反推油气隔膜，迫使油液经阻尼阀 6 和 9 返回工作缸。与此同时，环形腔内的油液经常通孔也返回工作缸。在接近最大伸张行程时，这些小孔逐渐被工作缸体上的导向衬套 12 堵住，油液流动的阻力逐渐增大，因此也就增大了伸张行程的阻尼力，增强减振作用。

五、橡胶弹簧

图 22-21 所示为常见的钢板弹簧用橡胶缓冲块，一般由金属底板和橡胶块两部分组成。金属底板用于安装连接，可以用很大的锁紧力牢固连接在车架或弹簧上。橡胶部分则在橡胶硫化时通过专用胶合剂直接固化在金属底板上。

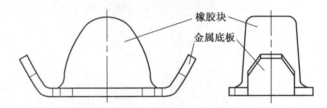

图 22-21　钢板弹簧用缓冲块

橡胶弹簧是利用受压时橡胶本身的弹性变形来起弹性作用，多用作悬架的副簧和缓冲块。如果用作悬架的主弹簧，必须要另加导向机构。

橡胶弹簧的优点：单位质量的储能量较金属弹簧多，内摩擦较大，可以较好吸收冲击和振动，隔音性能好，且具有变刚度特性。橡胶弹簧的主要缺点是耐高温性和耐油性比金属弹簧差，另外由于橡胶会老化变硬，因此其使用寿命也比金属弹簧短。

第四节　非独立悬架

绝大多数情况下，非独立悬架的舒适性会明显低于独立悬架。但非独立悬架由于结构简单、工作可靠和成本低廉，至今仍然在汽车上获得广泛的应用，尤其是对舒适性要求不高的载货汽车。行驶于恶劣路面条件的越野车和工程车辆也经常采用非独立悬架。

根据非独立悬架所用弹性元件不同，分为钢板弹簧、螺旋弹簧、空气弹簧、油气弹簧非独立悬架。

一、纵置钢板弹簧非独立悬架

钢板弹簧既有缓冲、减振的功能，又起传力和导向的作用，使得悬架结构大为简化，所以大多数载货汽车采用以钢板弹簧作为弹性元件的非独立悬架，部分轿车的非独立悬架后桥采用钢板弹簧作为弹性元件。钢板弹簧后端与车架的连接通常采用了以下几种结构形式：铰链支承式、吊耳支承式、滑板支承式和橡胶块支承式。

1. 铰链滑板钢板弹簧非独立悬架

图 22-22 所示为 EQ1108G 系列汽车的前悬架，钢板弹簧的前端和车架固定铰接，卷耳孔中压入衬套，弹簧销穿过衬套与前支架相联，形成固定的铰链支点，钢板弹簧销上钻有轴向油道及径向油道，可定期加锂基润滑脂，以免磨损加剧；钢板弹簧的后端采用了滑板支承式结构，在弹簧和后支架之间使用了弧形滑块，可减少磨损，钢板弹簧变形时，主片与弧形滑块的接触点是变动的，从而使弹簧工作长度发生变化，刚度略有变化。第二片弹簧后端带有直角弯，防止弹簧中部下落时钢板弹簧从支架中脱出。钢板弹簧中部用两个 U 形螺栓固定在前桥上。在簧盖板上装有橡胶缓冲块，以限制弹簧的最大变形，并防止弹簧直接撞击车架。

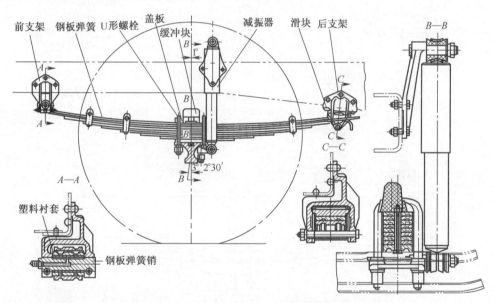

图 22-22　东风 EQ1108G 系列载货汽车前悬架

为加速振动的衰减，改善驾驶员的乘坐舒适性，在前悬架中装双向作用筒式减振器。减振器的上吊环通过橡胶衬套和减振器连接销与车架铰接，减振器的下吊环通过橡胶衬套和减振器连接销与前桥相铰接。

2. 铰链吊耳钢板弹簧非独立悬架

图 22-23 所示为解放 CA1040 系列轻型货车铰链吊耳钢板弹簧非独立前悬架。少片变截面钢板弹簧前卷耳通过前钢板弹簧销 10 和车架铰接。钢板弹簧后卷耳通过吊耳总成 9 及后支架总成 8 与车架相联，形成摆动吊耳支承端。

3. 主、副钢板弹簧非独立悬架

图 22-24 所示为东风 EQ1090E 型汽车主、副钢板弹簧非独立后悬架。它由主钢板弹簧和副钢板弹簧叠合而成，主、副钢板弹簧是并联。

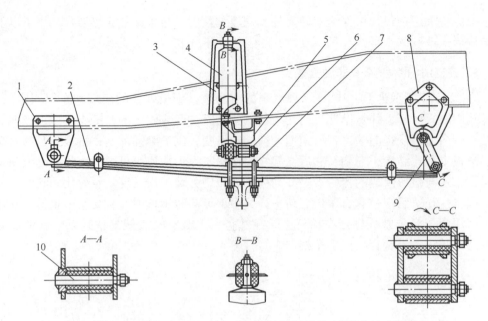

图 22-23 解放 CA1040 系列轻型货车铰链吊耳钢板弹簧非独立前悬架
1—前支架总成；2—前钢板弹簧（少片变截面钢板弹簧）总成；3—减振器上支架；
4—减振器；5—缓冲块总成；6—减振器下支架；7—U 形螺栓；
8—后支架总成；9—吊耳总成；10—前钢板弹簧销。

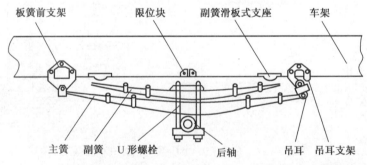

图 22-24 东风 EQ1090E 型汽车主、副钢板弹簧非独立后悬架

当汽车空载或实际装载质量不大时，副簧不承受载荷而由主簧单独工作。在重载和满载情况下，车架相对车桥下移，使车架上的副簧滑板式支座与副簧接触，即主、副簧共同参加工作，一起承受载荷，防止主簧强度不足而破坏。

这种结构形式悬架的主要缺点是在副簧起作用瞬间，悬架的刚度增加很突然，对汽车行驶平顺性不利。为提高汽车的平顺性，有的轻型货车后悬架采用图 22-15 所示将副簧置于主簧下面的渐变刚度钢板弹簧，这种渐变刚度钢板弹簧的特点是副簧逐渐地起作用，因此悬架刚度的变化比较平稳，从而改善了汽车行驶平顺性。

二、螺旋弹簧非独立悬架

图 22-25 所示为奔驰 G500 越野车螺旋弹簧非独立悬架。前后悬架都采用了螺旋弹

簧和减振器，上端连接车架，下端连接车桥。前后悬架的导向机构各用一根横向推力杆和两根纵向推力杆，横向推力杆承受车身左右方向的载荷，纵向推力杆承受前后方向的载荷。

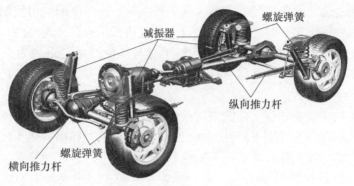

图 22 - 25　奔驰 G500 越野车螺旋弹簧非独立悬架

三、空气弹簧非独立悬架

图 22 - 26 所示为空气弹簧非独立悬架示意图。空气弹簧非独立悬架主要由囊式空气弹簧、压气机、车身高度调节控制阀、控制杆等组成。囊式空气弹簧的上、下端分别固定在车架和车桥上。由于空气弹簧不可能把高压气体完全封住不泄漏（就像气球、充气轮胎需要经常打气），所以空气弹簧都必须要有充气装置。从压气机产生的压缩空气经油水分离器和压力调节器进入储气筒。储气罐通过管路与两个（或几个）空气弹簧相通。储气罐和空气弹簧中的空气压力由车身高度调节阀控制。空气弹簧和螺旋弹簧一样只能传递垂直力，其纵向力和横向力及其力矩也是由纵向推力杆和横向推力杆（图中未示出）来传递。这种悬架中也装有减振器（图中未示出）。

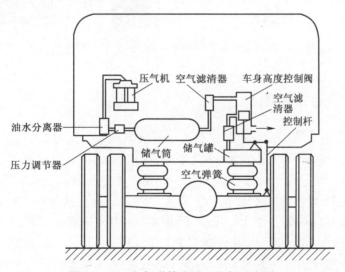

图 22 - 26　空气弹簧非独立悬架示意图

采用空气弹簧悬架时，容易实现车身高度的自动调节。在装有空气压缩机的汽车上，一般用随载荷的不同而改变空气弹簧内空气压力的方法来达到这个目的。图22-26所示的车身高度控制阀即起这个作用。高度阀固定在车架上，通过控制杆与车桥相联。高度阀体内有两个阀：通气源的充气阀和通大气的放气阀。这两个阀均由控制杆操纵。当汽车载荷增加、车桥移近车架时，控制杆上升，通过摇臂机构打开充气阀，压缩空气便进入空气弹簧，使车架和车身升高，直到恢复车身与车桥的原定距离为止；而当载荷减小、车桥远离车架时，控制杆下移，打开放气阀，则空气弹簧内的空气排入大气，车身和车架随即降低至原定数值。

空气弹簧非独立悬架的空气弹簧结构系统比较复杂，需要气压控制。但采用空气弹簧的悬架不仅具有良好的变刚度特性，而且通过气压调节可以很容易实现车身高度的自动调节，使得汽车可以获得非常好的平顺性和通过性。所以空气弹簧悬架越来越多地用于豪华车辆上。图22-27所示为空气弹簧非独立悬架在客车底盘上的应用。每个空气弹簧旁边都并联了一个液力减振器对弹簧进行减振。

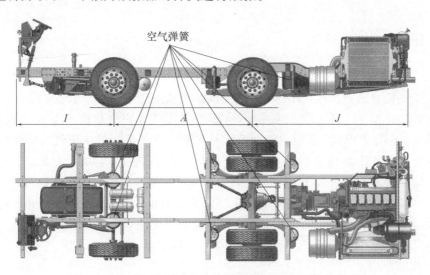

图22-27　前后都采用空气弹簧非独立悬架的客车底盘

四、油气弹簧非独立悬架

图22-28所示为油气弹簧非独立悬架。安装方式和螺旋弹簧、空气弹簧类似。两个油气弹簧1的两端分别固定在前桥6上的支架10和纵梁上的支架2上，承受垂直载荷。油气弹簧本身就包含了减振器，所以不需要再单独安装减振器。左、右两侧各有一根下纵向推力杆11，装在前桥6和纵梁4之间，一根上纵向推力杆8安装在前桥6的支架9和纵梁4的内侧支架上。上、下两纵向推力杆构成平行四边形，既可传递纵向力，承受制动力引起的反作用力矩，又可保证车轮上、下跳动时主销倾角不变，有利于汽车操纵稳定性。一根横向推力杆3装在左侧纵梁和前轴右侧的支架上，传递侧向力。在纵梁支架2下面装有橡胶缓冲块7，以避免在很大的冲击载荷作用下前桥直接碰撞车架。

油气弹簧和空气弹簧悬架类似，也具有变刚度特性。主要用于道路条件和装载条件都很恶劣的工地或矿用大型自卸车上。

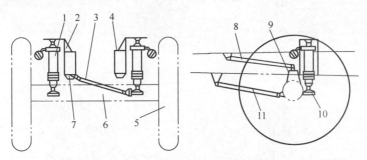

图 22-28 汽车前轮油气悬架示意图
1—油气弹簧；2、9、10—支架；3—横向推力杆；4—纵梁；5—车轮；
6—前桥；7—缓冲块；8—上纵向推力杆；11—下纵向推力杆。

第五节 独立悬架

独立悬架的结构特点是两侧的车轮各自独立地与车架或车身弹性连接，可独立跳动。汽车行驶时，路面不会同时冲击所有的车轮，每个瞬时各个车轮所受到的冲击都是不同的。因此，独立悬架的结构特点更符合汽车行驶时的受力状态，可使所有车轮和路面都有良好的接触，相比非独立悬架可以让汽车获得更好的行驶平顺性和操纵稳定性。

独立悬架也存在一些缺点：结构复杂，制造成本高，维修不便。车轮跳动时，多数独立悬架的车轮外倾角和轮距变化较大，使得轮胎磨损严重。

独立悬架很少用钢板弹簧作为弹性元件，而多采用螺旋弹簧和扭杆弹簧作为弹性元件，因而需要专门的导向机构。近些年，高档车型逐渐采用舒适性好的气体弹簧来取代螺旋弹簧。

独立悬架按车轮导向机构的运动形式可分为以下四大类：

（1）横臂式独立悬架。车轮在汽车横向平面内摆动的悬架（图 22-29（a））。

（2）纵臂式独立悬架。车轮在汽车纵向平面内摆动的悬架（图 22-29（b））。

（3）斜臂式独立悬架。车轮在汽车斜向平面内摆动的悬架（图 22-29（c））。

（4）车轮沿主销移动的悬架。包括烛式独立悬架（图 22-29（d））和麦弗逊式独立悬架（图 22-29（e））。烛式独立悬架因套筒与主销之间的摩擦阻力大，磨损严重，目前很少采用。

一、横臂式独立悬架

横臂式独立悬架分为单横臂式独立悬架和双横臂式独立悬架两种。

1. 单横臂式独立悬架

图 22-30 为德国戴姆勒-奔驰轿车采用的单横臂式后独立悬架示意图。在该结构

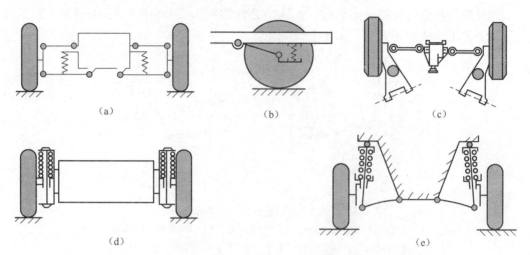

图 22-29 常见的独立悬架结构示意图
(a) 横臂式；(b) 纵臂式；(c) 斜臂式；(d) 烛式；(e) 麦弗逊式。

中，后桥半轴套管 8 是断开的，主减速器 5 的左侧有一个单铰链 4，半轴套管可绕其摆动形成单横臂。在主减速器上面安装着可调节车身水平位置的油气弹簧 2，它和螺旋弹簧 7 一起承受并传递垂直力。作用在车轮上的纵向力主要由纵向推力杆 6 承受。中间支承 3 不仅可以承受侧向力，而且还可以部分地承受纵向力。当车轮上下跳动时，为避免干涉，其纵向推力杆的前端用球铰链与车身连接。

采用单横臂式独立悬架的车轮上下运动时，车轮平面将产生倾斜而改变轮距的大小，并使主销内倾角及车轮外倾角均发生较大变化。轮距变化使轮胎产生横向滑移，破坏轮胎与地面的附着，因此转向轮不能采用这种悬架结构。

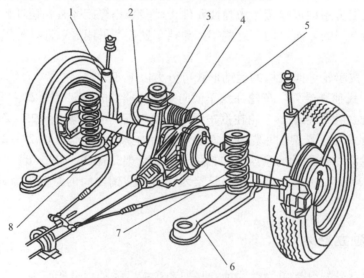

图 22-30 单横臂式后独立悬架示意图
1—减振器；2—油气弹性元件；3—中间支承；4—单铰链；
5—主减速器；6—纵向推力杆；7—螺旋弹簧；8—半轴套管。

2. 双横臂式独立悬架

图 22-31 为双横臂式独立悬架示意图，有等臂长和不等臂长。等臂长的双横臂式独立悬架为平行四边形机构，在车轮上下跳动时，虽然车轮平面不发生倾斜，却会使轮距发生较大的变化（图 22-31(a)），这将使车轮产生横向滑移。不等臂长的双横臂式独立悬架若两臂长度选择合适，则可以使主销角度与轮距的变化均不过大（图 22-31(b)）。由于上臂比下臂短，当车轮上下运动时，上臂的运动弧度比下臂小。这将使轮胎上部轻微地移动，而底部影响很小。这种结构有利于减少轮胎磨损，提高汽车行驶平顺性和方向稳定性。因此不等长的双横臂式独立悬架在轿车的前轮上应用较为广泛。

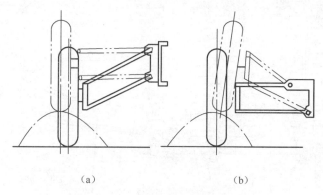

图 22-31 双横臂式独立悬架示意图
(a) 等臂长；(b) 不等臂长。

图 22-32 所示为轿车的不等臂长双横臂前悬架。上摆臂 11 和下摆臂 4 不等长，其内端分别通过摆臂轴 15 和 1 与车架作铰链连接，两者的外端则分别通过上球头销 14 和下球头销 3 与转向节 9 相联，承受侧向力。上摆臂 11 为叉形结构，承受纵向力。螺旋弹簧 5 的上、下端分别通过橡胶垫圈 7 支承于车架横梁上的支承座和下摆臂上的支承盘内，车架上的质量通过螺旋弹簧、下摆臂支承在车轮上。双向作用筒式减振器 6 的上、下两端，同样分别通过橡胶衬垫与车架和下摆臂的支承盘相联，下摆臂相对车架摆动时，减振器起减振作用。减振器在弹簧内，结构紧凑，同时弹簧对减振器有一定保护作用。

上摆臂与上球头销采用不可拆的铆接，其中装有弹簧 13，保证当球头销与销座有磨损时，自动消除两者之间的间隙。下摆臂和下球头销是可拆的。下球头销如有松动出现间隙时，可以拆开球头销，适当减少垫片 2 以消除间隙。

该轿车采用球头结构代替主销，属于无主销式，即上、下球头销的连心线相当于主销轴线，转向时车轮即围绕此轴线偏转。

主销后倾角由移动上摆臂在摆臂轴上的位置来调整，而上摆臂的移动是通过上摆臂轴 15 的转动实现的。前轮外倾角由加在上摆臂轴与固定支架间的调整垫片 12 调整。主销内倾角和车轮外倾角的关系已被转向节的结构所确定，故调整车轮外倾角以后，主销内倾角自然正确。

悬架的最大变形由上、下分置的两个缓冲块 10 和 8 限制。路面对车轮的垂直力依次通过转向节、下球头销、下摆臂和螺旋弹簧传递到车架。

图 22-33 所示为轿车上使用的不等臂长双横臂悬架立体图，可看出上、下摆臂为叉形结构，用于承受纵向力。也可看出螺旋弹簧和减振器上、下摆臂的结构位置。

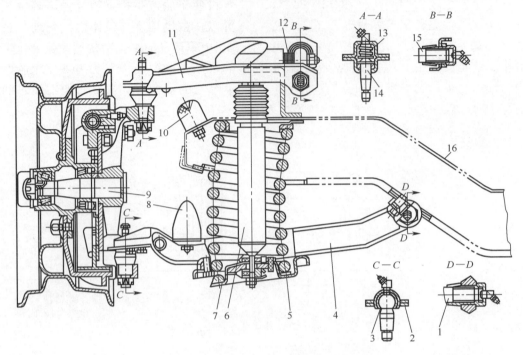

图 22-32　轿车的不等臂长双横臂前悬架
1—下摆臂轴；2—垫片；3—下球头销；4—下摆臂；5—螺旋弹簧；6—双向作用筒式减振器；
7—橡胶垫圈；8—下缓冲块；9—转向节；10—上缓冲块；11—上摆臂；12—调整垫片；
13—弹簧；14—上球头销；15—上摆臂轴；16—车架横梁。

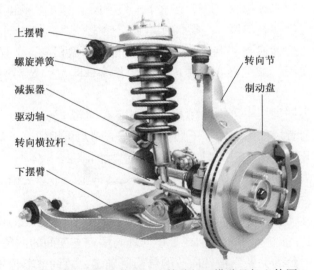

图 22-33　轿车上使用的不等臂长双横臂悬架立体图

二、纵臂式独立悬架

纵臂式独立悬架分为单纵臂式独立悬架和双纵臂式独立悬架两种。从图 22 – 34 (a) 可以看出，对于单纵臂式悬架，车轮跳动时主销后倾角会产生很大的变化。因此，单纵臂式悬架不适用于转向车轮。除此之外，车轮跳动时相对于路面没有其他角度的变化，也没有轮距的变化，所引起的前后方向的位移可以通过车轮自身的转动轻松消除，所以车轮和路面可以始终保持良好的接触。因此，单纵臂悬架较多地应用在不转向的后从动桥上。

和双横臂式悬架一样，双纵臂式悬架（图 22 – 34（b））可以做成等臂长和不等臂长两种。对于等臂长双纵臂式独立悬架（图 22 – 37），可以形成平行四边形连杆机构。这样车轮上下跳动时，主销的后倾角会保持不变，这种形式的悬架适用于转向轮。

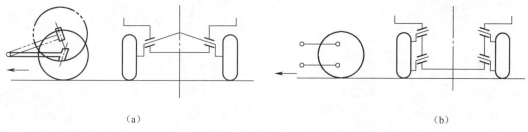

图 22 – 34　纵臂式独立悬架示意图
(a) 单纵臂式；(b) 双纵臂式。

1. 单纵臂式独立悬架

图 22 – 35 所示为富康轿车的单纵臂式后独立悬架。该独立悬架采用了扭杆弹簧作为弹性元件，两侧车轮通过一个后桥总成（它包括左、右扭杆弹簧支承架，左、右扭杆弹簧，横向稳定杆套管等），用前、后自偏转弹性垫块与车身作弹性连接。两个单纵臂通过左、右扭杆弹簧与后桥总成弹性连接，车轮相对车架运动时，扭杆弹簧扭转，并有相对固定端有一定弯曲。当汽车转弯行驶时，在路面对车轮的侧向反力作用下，前、后自偏转弹性垫块产生侧向弹性变形。由于前、后自偏转弹性垫块的变形不同，使两后轮产生与两前轮转向相同的不太大的偏转角，从而减小了后轮的侧偏角，增强了不足转向特性。转弯行驶速度越高，不足转向特性越好，因此该车高速行驶的操纵稳定性更好些。这种后轮随前转向轮按同一方向稍作偏转的特性，称为后桥的随动转向功能。它是富康轿车最具独创性的特点。

大众桑塔纳轿车的后悬架（图 22 – 36）很有特点，被称为单纵臂扭转梁式独立悬架。该悬架采用螺旋弹簧作为弹性元件，中间有减振器 4。纵摆臂 6 的前端通过橡胶与车架铰接，其后端与轮毂、减振器相联。两侧的纵摆臂 6 和中间的 V 形扭转梁焊接成为一个整体，共同承担所有纵向和横向力。V 形扭转梁用 6mm 厚的弹簧钢板制造，具有良好的扭转性，当一侧车轮相对另一侧车轮在高度方向上发生位置变化时，V 形扭转梁被扭转，此时它就相当于一根扭杆弹簧，产生反向弹性力矩来抵消这种车轮高度差，从而减弱车身倾斜的角度。

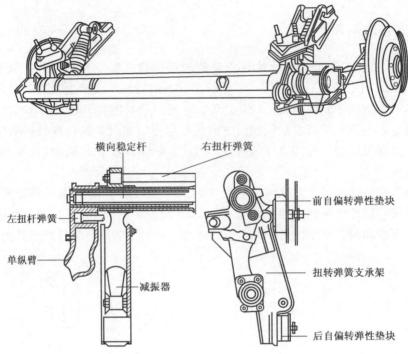

图 22-35 富康轿车后悬架

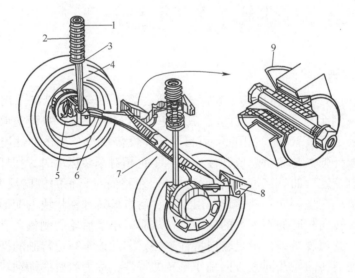

图 22-36 纵臂扭转梁式独立悬架（桑塔纳、捷达轿车后悬架）
1—弹簧上座；2—螺旋弹簧；3—弹簧下座；4—减振器；5—轮毂；
6—纵摆臂；7—V形扭转梁；8—支架；9—橡胶—金属支承。

当汽车行驶时，车轮连同V形扭转梁7相对车身以橡胶—金属支承9为支点作上、下摆动，相当于单纵臂式独立悬架。当两侧悬架变形不等时，则后V形断面横梁发生扭转变形。因纵摆臂和V形扭转梁焊接成为一个整体，故可保证良好的横向稳定性；这里需要注意的是，我们不能把这种结构理解为非独立悬架。本章第一节已经介绍过，非独立悬架一侧车轮跳动时,会引起另一侧车轮发生横向平面内的摆动。而本悬架结构中,V形扭转梁是偏离车轮轴线的,它的变形引起的是纵向摆臂和车轮在纵向平面内进行摆动,不会导致车轮横向平面内的摆动。所以我们不能看到两个车轮之间有V形扭转梁连接就认为是非独立悬架,而要根据车轮运动的特点对悬架类型做出准确的判断。

和图22-35富康轿车的后悬架相比,可以看出这种单纵臂扭转梁式悬架的优点是:结构简单,零件数量少,整体性强,刚度高,节省空间,便于拆装和维护。因为大大减少了运动连接件,所以易损件很少,制造和维护的成本都比较低。

2. 双纵臂式独立悬架

双纵臂式扭杆弹簧前独立悬架如图22-37所示。转向节和两个等长的纵臂作铰链式连接。在车架的两根管式横梁内,都装有若干层矩形断面的薄弹簧钢片叠成的扭杆弹簧。两根扭杆弹簧的内端用螺钉固定在横梁的中部,而外端则插入纵臂轴的矩形孔内。纵臂轴用衬套支承在管式横梁内。纵臂轴和纵臂为刚性连接。另一侧车轮的悬架与之完全相同而且对称。

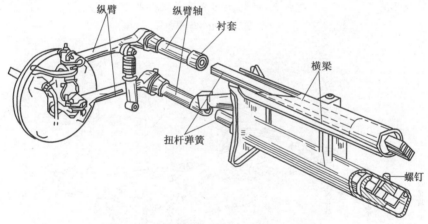

图22-37 双纵臂式扭杆弹簧前独立悬架

从图22-37中可以看出,两根纵臂会影响到车轮的转动空间,因而多数汽车的转向轮采用不占用车轮转动空间的横臂式悬架;此外,双纵臂式悬架相对于单纵臂式悬架结构复杂成本高,所以现代汽车很少采用双纵臂式悬架。

三、斜臂式独立悬架

斜臂式独立悬架是介于横臂式和纵臂式之间的悬架结构形式,如图22-38所示。单斜臂绕与汽车轴线成 θ 角的轴线摆动。采用这种悬架,可以在横向和纵向平面内都对车轮进行控制。合理地选择车轮与斜臂之间的夹角,可以使轮距、车轮倾角、前束等变化都比较小,从而获得良好的操纵稳定性。有的单斜臂式独立悬架,为了控制前束的变化,在单斜臂上安装一根辅助拉杆,称为控制前束杆1。

图22-39所示为单斜臂式独立后悬架。从双横臂悬架改进而来的双斜臂式独立前悬架如图22-40所示,上、下A字形摆臂都经过优化设计,用铝镁合金锻造而成,可

有效减轻非簧载质量,提高行驶平顺性。斜臂式悬架虽然可以获得良好的操控性能,但是设计、制造和维修都比较麻烦,因而只有少数中高级轿车采用。

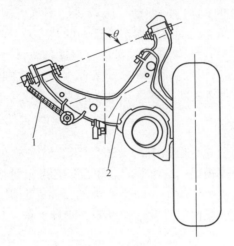

图 22-38 单斜臂式独立悬架
1—控制前束杆;2—单斜臂。

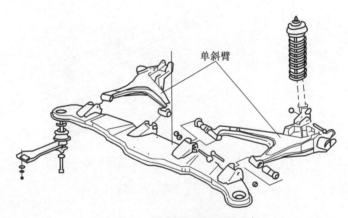

图 22-39 单斜臂式独立后悬架

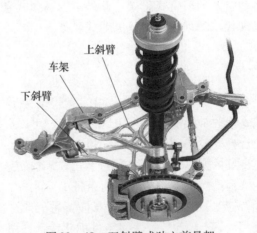

图 22-40 双斜臂式独立前悬架

四、麦弗逊式独立悬架

麦弗逊式悬架也称滑柱连杆式悬架,主要由滑动立柱和横摆臂组成。图 22-41 所示为捷达轿车的麦弗逊式前独立悬架。筒式减振器 7 可相对滑动,为滑动立柱。横摆臂 12 的内端通过铰链 10 与车身相联,其外端通过球铰链 15 与转向节 8 相联。减振器的上端通过带轴承的隔振块总成 2(可看做减振器的上铰链点)与车身相联,减振器的下端与转向节 8 固定。

筒式减振器上铰链的中心与横摆臂外端的球铰链中心的连线为主销轴线。此结构也是无主销结构。当车轮上、下跳动时,因减振器的下支点随横摆臂摆动,故主销轴线的角度是变化的。这说明车轮是沿着摆动的主销轴线而运动。因此,这种悬架在变形时,使得主销的定位角和轮距都有些变化。然而,如果适当地调整杆系的布置,可使车轮的这些定位参数变化极小。

麦弗逊悬架的优点是增大了两前轮内侧的空间,便于发动机及其一些部件的布置,且结构简洁,非簧载质量小,行驶平顺性较好;其缺点是滑动立柱摩擦和磨损较大。为减少摩擦,通常是将螺旋弹簧中心线与滑柱中心线的布置不相重合。另外,还可将减振器导向座和活塞的摩擦表面用减磨材料制成,以减少磨损。

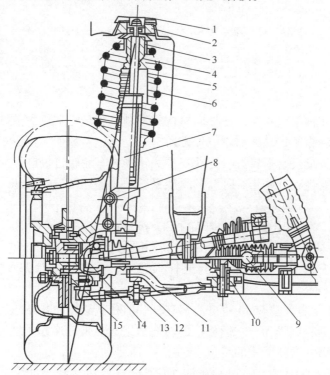

图 22-41　捷达轿车的麦弗逊式前独立悬架
1—连接板总成(汽车翼子板);2—带轴承的隔振块总成;3—螺旋弹簧上托盘;
4—前缓冲块;5—防尘罩;6—螺旋弹簧;7—筒式减振器;8—转向节;
9—转向拉杆内铰链;10—横摆臂内铰链;11—横向稳定器;
12—横摆臂;13—橡胶缓冲块;14—传动轴;15—横摆臂球铰链。

图 22-42 所示为奔驰 B150 轿车采用的麦弗逊式前独立悬架，横摆臂为叉形是为了承受纵向载荷。除了捷达、奔驰轿车使用麦弗逊式悬架外，国产的桑塔纳、高尔夫、奥迪 100、红旗 CA7220 型及富康等轿车，也都采用这种结构形式。麦弗逊式悬架是目前前置前驱动轿车和某些轻型客车首选的较好的悬架结构形式。

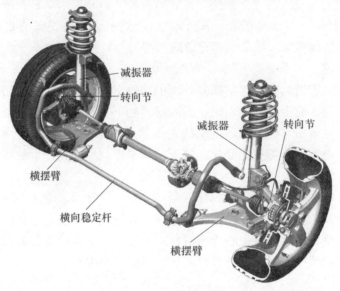

图 22-42　奔驰 B150 轿车采用的麦弗逊式前独立悬架

五、多连杆悬架

前面介绍的几种独立悬架，在导向机构支承刚度和车轮定位参数两方面始终存在矛盾。比如横臂式和纵臂式悬架都难以保证所有车轮定位参数变化范围很小，而沿主销移动的悬架又容易变形且磨损较大。为获得更为精确的车轮轨迹控制和更好的汽车操纵稳定性以及行驶平顺性，近些年一种新的悬架系统——多连杆悬架迅速发展起来，主要用于中高级车辆。

多连杆悬架，就是用多根杆将车轮和车身进行弹性活动连接的一套悬架机构。多连杆悬架中必须具有 3 种以上功能和作用不相同的摆臂或连杆。根据连杆种类的数量，目前主要有三连杆、四连杆和五连杆式悬架，且在独立悬架和非独立悬架上都有应用。

图 22-43 所示为奔驰 S500 轿车的多连杆式前独立悬架。其导向机构主要由上控制臂、前控制臂、后控制臂和与它们相连的转向节组成，是三连杆式悬架。可以看出，该悬架吸收了双横臂式与斜臂式的特点。

图 22-44 所示为奔驰 CLK240 跑车的多连杆式后独立悬架。其导向机构由主控制臂、纵向控制臂、连杆 1、连杆 2、连杆 3 和与它们相连接的轮毂组成，是五连杆式悬架。主控制臂和纵向控制臂是主要的承载元件，其他 3 个连杆起定位和辅助承载的功能。其中连杆 3 主要用来控制车轮的前束，防止因悬架变形引起前束变化而导致的轮胎非正常磨损。该悬架兼有横臂式、纵臂式和斜臂式的特点。

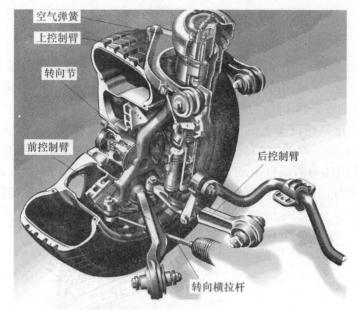

图 22-43　奔驰 S500 轿车多连杆式前独立悬架

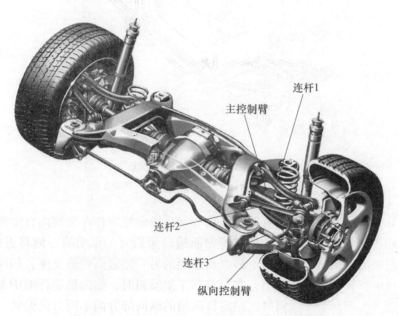

图 22-44　奔驰 CLK240 跑车多连杆式后独立悬架

多连杆悬架的优点是：导向机构可以实现全方位的高刚度支承，悬架变形小，减少了轮胎异常磨损；有效减小了制动"点头"和加速"抬头"现象，提高行驶平顺性。多连杆悬架也存在一些缺陷：占用空间大，各个连杆之间的运动会相互影响。过多的连杆会导致非簧载质量增加，影响平顺性。所以这些连杆多采用铝合金或铝镁合金锻造，减小质量。

六、横向稳定器

轿车的悬架一般都很软,受侧向力(转向时的离心力和横向风力等)时,车身会发生较大的横向倾斜和横向角振动,影响舒适性和安全性。为减少这种横向倾斜,往往在悬架中加设横向稳定器。用得最多的是杆式横向稳定器。

杆式横向稳定器在汽车上的安装如图 22-45 所示。弹簧钢制成的横向稳定杆 3 呈扁平的 U 形扭杆弹簧,横向地安装在汽车的前端或后端(有的轿车前后均有)。稳定杆 3 中部的两端自由地支承在两个橡胶套筒 2 内,而套筒 2 则固定在车架上。横向稳定杆的两侧纵向部分的末端通过竖直支杆 1 与悬架下摆臂上的弹簧支座 4 相联。

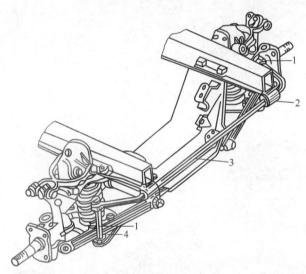

图 22-45 杆式横向稳定器
1—支杆;2—套筒;3—横向稳定杆;4—弹簧支座。

当车身只作垂直移动而两侧悬架变形相等时,横向稳定杆在套筒内自由转动而不起作用。当两侧悬架变形不等而车身相对于路面横向倾斜时,车架的一侧移近弹簧支座,稳定杆的该侧末端就相对于车架向上移,而车架的另一侧远离弹簧支座,相应的稳定杆的末端则相对于车架向下移。然而,在车身和车架倾斜时,横向稳定杆的中部对于车架并无相对运动,这样在车身倾斜时,稳定杆两边的纵向部分向不同方向偏转,于是稳定杆便被扭转,产生扭矩,阻碍悬架弹簧变形,因而减小了车身的横向倾斜和横向角振动。

图 22-42 中奔驰 B150 轿车横向稳定杆与减振器壳相联,两侧悬架变形不等而车身相对于路面横向倾斜时,减振器壳带动横向稳定杆扭转,起稳定作用。

第六节 多轴汽车的平衡悬架

对于重型汽车,为了使轮胎与地面之间的压强不会过大,就需要使用较多的车轮来分摊车重,这样就出现了超过两根车轴的多轴汽车。如果每根车轴都单独悬挂在车架上,那么3轴以上的汽车在不平路面行驶时,就容易出现车轮载荷分配不均,甚至车轮悬空的情况(图22-46(a))。当车轮垂直载荷变小甚至为零时,车轮对地面的附着力也随之变小甚至等于零。如果转向轮遇到这种情况,其转向操纵能力将大大降低甚至失去转向力;如果驱动轮遇到这种情况,将不能保证有足够的驱动力使汽车正常行驶;同时,一个车轮上垂直载荷减小,将引起其他车轮上垂直载荷的增加,严重时还会发生车桥及车轮超载损坏的情况。

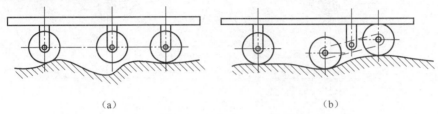

图22-46 三轴汽车在不平道路上的行驶情况示意图
(a)非平衡式悬架;(b)平衡式悬架。

如果将相邻的两个车桥(如三轴汽车的中桥和后桥)装在两根平衡杆的两端,而将平衡杆中部与车架铰链(图22-46(b))。这样,当一个车桥抬高将使另一车桥降低。如果平衡杆两臂等长,则两个车桥上的垂直载荷在任何情况下都会相等。这种能保证相邻车桥上车轮垂直载荷相等的悬架,称为平衡悬架。常见的平衡悬架有等臂式、摆臂式和三点支承式等。

一、等臂式平衡悬架

等臂式平衡悬架是多轴汽车上最常用的类型,而多数等臂式悬架又采用钢板弹簧结构。东风EQ2080E型三轴汽车中、后桥的平衡悬架结构如图22-47所示。钢板弹簧2的中部用U形螺栓5固定在心轴轴承毂7上。轴承毂通过衬套15与固定不动的悬架心轴16作铰链连接,悬架心轴通过心轴支架24固定在车架上。为防止轴承毂轴向移动或脱出,在悬架心轴的两端装有推力垫圈23,并用调整螺母9、锁环10、锁止垫圈11和锁紧螺母12压紧,外面用盖子14盖住防尘。钢板弹簧的两端自由地支承在中、后桥半轴套管上的滑板式支架内。这样,钢板弹簧便相当于一根等臂平衡弹性杆,它以悬架心轴为支点转动,从而可保证汽车在不平道路上行驶时,各轮都能着地,且使中、后桥车轮的垂直载荷平均分配。

在中、后桥上还装有导向杆1。每一车桥有一根上导向杆及两根下导向杆。上导向杆一端以球头销和桥壳上的导向杆上臂相联,另一端用球头销与固定在车架上的支架3连接。下导向杆一端用球头销与桥壳上的导向杆下臂相联,另一端用球头销与悬架心轴支架连接。导向杆用于传递驱动力、制动力等纵向力。横向力由装在心轴轴承毂内的推力垫圈23和推力环18承受。

图22-48所示为三轴全轮驱动越野汽车的中、后驱动桥平衡悬架的外观,两边结构对称,用4根导向杆传递驱动力、制动力。

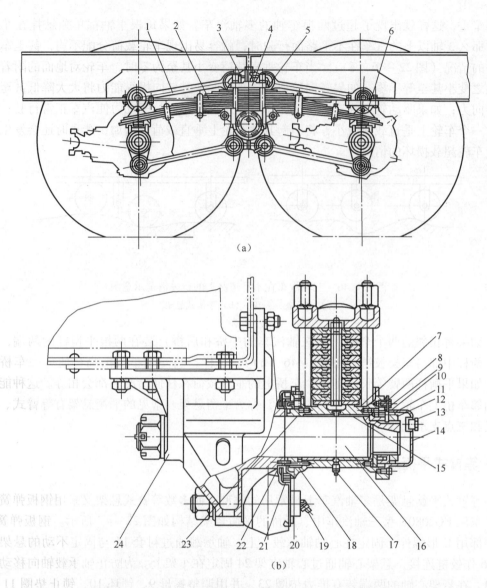

图 22-47 东风 EQ2080E 型三轴汽车中、后桥平衡悬架

1—导向杆；2—钢板弹簧；3—支架；4—钢板弹簧盖板；5—U 形螺栓；6—限位块；7—心轴轴承毂；
8—垫圈；9—调整螺母；10—锁环；11—锁止垫圈；12—锁紧螺母；13—加油螺塞；14—盖子；
15—心轴衬套；16—悬架心轴；17—滑脂嘴；18—推力环；19—导向杆球头滑嘴；20、21—油封；
22—封环；23—推力垫圈；24—心轴支架。

图 22-49 所示为 VOLVO 汽车采用的平衡式悬架。该悬架采用了变截面的少片钢板弹簧结构。钢板弹簧中部用两个 U 形螺栓连接在可以自由转动的悬架中间支承上，两端通过弹性支座和两组车桥相连接。这样钢板弹簧就成为了弹性平衡梁，两组车桥在钢板弹簧的约束下可以绕悬架中间支承自由转动，从而实现了两组车桥载荷始终相等。导向杆（8 根）承受和传递纵向力和横向力。4 个弹性支座用来补偿悬架变形时钢板弹簧和车桥之间的角度变化。两组车桥都是驱动桥，中间用万向传动轴实现同步驱动。由于采用平衡式悬架，两组驱动桥可以提供相同的驱动力和制动力。

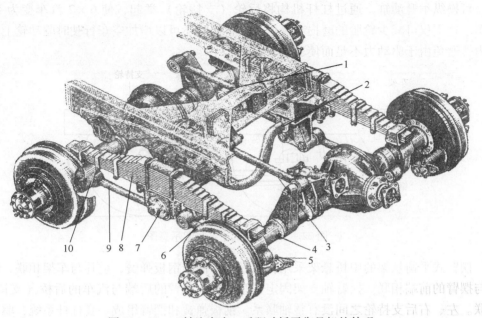

图 22-48 三轴汽车中、后驱动桥平衡悬架的外观
1、3、6、9—导向杆；2—平衡悬架心轴；4—中桥；5—弹簧支座；7—毂；8—钢板弹簧；10—后桥。

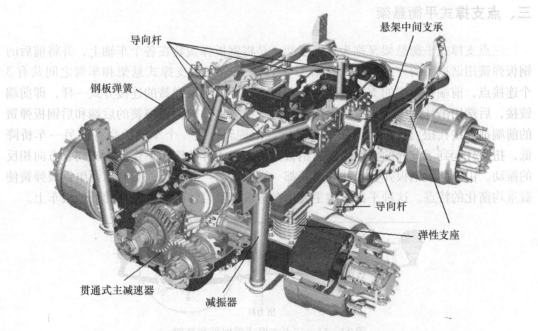

图 22-49 VOLVO 汽车采用的平衡悬架

二、摆臂式平衡悬架

摆臂式平衡悬架如图 22-50 所示，主要用于 6×2 的货车上。这种货车的结构特点是前桥为转向桥，中桥为驱动桥，后桥是可以升降的支持桥。当汽车在轻载或空载行驶

时，可操纵举升油缸，通过杠杆机构将后轮（支持轮）举起，使 6×2 汽车变为 4×2 汽车。这不仅可减少轮胎的磨损和降低油耗，同时还可以增加空车行驶时驱动轮上的附着力，避免由于驱动力不足而使驱动轮打滑。

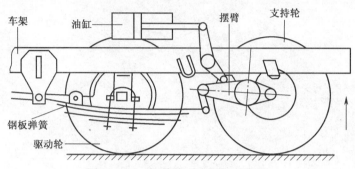

图 22-50　摆臂式平衡悬架示意图

摆臂式平衡悬架的中桥悬架采用普通纵置半椭圆钢板弹簧，前耳与车架相联，后吊耳与摆臂的前端相联。摆臂轴支架固定在车架上。摆臂的后端与汽车的后桥（支持桥）相联。左、右后支持轮之间没有整轴联系。钢板弹簧和摆臂组成一套杠杆系统，驱动轮和支持轮上的垂直载荷分配比例，取决于摆臂的杠杆比及钢板弹簧前、后段长度之比。

三、点支撑式平衡悬架

三点支撑式平衡悬架又称为瑞柯悬架，是将钢板弹簧装在各个车轴上，并将前后的钢板弹簧用谐振梁的方式连接，如图 22-51 所示。三点支撑式悬架和车驾之间共有 3 个连接点，前端和后端的支撑连接方式和普通吊耳式钢板弹簧的连接方式一样，即前端铰接，后端用吊耳。中间支撑则采用浮动的支撑方式，前钢板弹簧的后端和后钢板弹簧的前端都连接在扭力杆上，而扭力杆可以自由旋转，使一个车桥抬高将使另一车桥降低，扭力杆起到了杠杆的作用。前后钢板弹簧在扭力杆的连接下作振幅相同、方向相反的振动。由于两组钢板弹簧尺寸和形状都一样，所以三点支撑式具有靠两组钢板弹簧使载重均衡化的特点。这种平衡悬架主要用在运输轻量且体积大的货物的低地板车上。

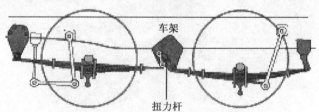

图 22-51　三点支撑式瑞柯平衡悬架

第七节　半主动悬架与全主动悬架

前面所介绍的悬架系统，其性能是预先设定好的，在汽车行驶过程中不能根据实际路况对悬架的性能（刚度、阻尼、车身角度和高度等）进行调整，无法做到在多种工况下都实现最佳的行驶平顺性和操纵稳定性。这种性能无法调整的悬架系统称为被动悬架。如果悬架系统的刚度、阻尼和车身位置能根据汽车的行驶条件（车辆的运动状态和路面状况等）进行动态自适应调节，使悬架系统始终处于最佳缓冲减振状态，这种悬架就称为主动悬架。

主动悬架系统按照是否包含动力源，可分为半主动悬架（无源主动悬架）和全主动悬架（有源主动悬架）两大类。

一、半主动悬架

半主动悬架不考虑改变悬架的刚度，只考虑改变悬架阻尼来调节的悬架的减振性能，因此其调节装置主要由无动力源的可控的阻尼元件组成。半主动悬架在被动悬架基础上增加的部件不多，工作时几乎不需要额外消耗车辆动力，但对汽车悬架的性能有明显的提高，因此这种系统具有较好的应用前景。

1. 无级半主动悬架

图 22-52 所示为别克君越汽车采用的无级半主动悬架系统，通用别克公司称其为 CDC 全时主动式稳定系统。该系统采用计算机系统来实现对悬架功能的控制，属于电子控制式主动悬架。系统中通过车身加速度传感器 3 和车轮加速度传感器 4 来采集汽车行驶状态的信息，并将信息传递给中央控制单元 1（ECU）。中央控制单元分析这些信息后作出调节指令，输出给 CDC 减振器上的 CDC 控制阀（图 22-8），控制阀通过其中的电磁阀控制减振器中流通孔的大小，从而改变了减振液的阻尼值，实现对悬架状态的调节。车轮加速度传感器主要感知汽车在加速、制动和横摆时惯性力对车身稳定状态的影响；车身加速度传感器主要感知悬架的伸张和压缩状态。传感器以 100 次/s 的速度读取路况信息，中央控制单元适时对减振器作出调整，控制车身的侧倾、俯仰、横摆等动作幅度，可以提高汽车高速行驶和转弯的稳定性。这套系统不仅可以无级连续调节悬架的性能，而且由于高速调节使得轮胎能够始终与地面保持良好接触，还可以提高转向操纵稳定性和制动效能。

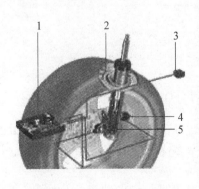

图 22-52 别克君越汽车采用的无级半主动悬架——CDC 全时主动式稳定系统
1—中央控制单元；2—CDC 减振器；3—车身加速度传感器；
4—车轮加速度传感器；5—CDC 控制阀。

图 22-9 所示的奥迪轿车采用的磁流变减振器也是用于半主动悬架的可变阻尼减振器。和 CDC 减振器不同的是，磁流变减振器是用改变减振液本身的粘度的方法来调节阻尼力的大小。奥迪的这种半主动悬架系统还可以提供"常规"和"运动"两个阶段的阻尼调整模式，可调的阻尼模式能够适应不同驾驶风格及多种路况要求。相比传统的减振器，奥迪磁流变减振器动作要快得多。在基本的舒适模式下，减振液较黏稠，吸振效果较显著。这种模式特别适合长距离驾驶或者行驶在不平道路上。在运动模式下，减液油较稀薄，可以展现奥迪跑车极致的动感特性，直率地传递道路表面的状况。一般设在常规模式，驾驶员也可通过中控板上的按钮激活运动模式。这两种模式能给驾驶者带来迥然不同的驾驶感受。

2. 有级半主动悬架

图 22-53 所示为三级阻尼可调式减振器。在减振器的活塞中装有可以调节的旁路控制阀，其阀芯和控制阀孔可以组成 3 组大小不同的减振液流通通道。调节电动机在系统的控制下带动阀芯旋转，使控制阀孔具有关闭、小开和大开 3 个位置，产生 3 个阻尼值，改变减振能力，来对悬架性能进行调节。驾驶员根据路况选择或根据传感器信号自动选择所需的阻尼级，也即选择减振器的减振能力。

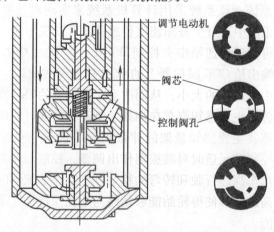

图 22-53 三级阻尼可调式减振器

二、全主动悬架

1. 全主动悬架系统

全主动悬架可以根据汽车的运动状态和路面状况，适时地调节悬架的刚度和阻尼，使其处于最佳减振状态。其中阻尼调节可以采用和半主动悬架相似的方法，而刚度调节则必须利用额外的能源来实现。

全主动悬架系统是在被动悬架系统（弹性元件、减振器、导向装置）中附加一个可控制作用力的装置，通常由执行机构、传感器和控制单元（ECU）组成（图 22-54）。

执行机构的功用是执行 ECU 的指令，完成悬架的刚度、高度、阻尼等调节，包括作动器及其动力源，作动器有主动空气、液压弹簧等。

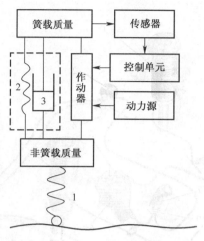

图 22-54　全主动悬架系统的组成
1—轮胎；2—弹性元件；3—减振器。

动力源是为作动器提供能量来做出调节动作。由于绝大部分的汽车总重都是由悬架系统来支承的，所以改变悬架的支承力必须依靠具有较大能量的动力源来支持才能实现。是否具有专门的动力源，是区别全主动悬架和半主动悬架的主要特征。

传感器的功用是为控制悬架特性提供车架高度变化、转向等信息。

控制单元的功用是处理传感器提供的数据和向执行机构适时地发出调节悬架的刚度和阻尼的指令。

图 22-55 所示为奔驰轿车所采用的一种液压式全主动悬架系统。径向柱塞泵 7 由发动机通过传动带直接驱动，输出高压油。经过脉动缓冲器 2 和压力供应阀 3 调节压力后，高压油储存在前轴储压器 11 和后轴储压器中。当悬架需要增加刚度或升高时，控制系统打开前轴阀 12（或后轴阀）的相应阀门，给对应的主动液力弹簧 1 增加油压。当悬架需要减少刚度或降低时，控制系统打开前轴阀装置 12（或后轴阀装置）的相应阀门，释放对应主动液力弹簧的油压。

全主动悬架系统的工作原理：全主动悬架的控制策略记录在汽车电脑 ECU 中。汽车状态的感知由各种传感器测量出来并不间断地发送结果给 ECU。这些传感器有转向角传感器、垂直加速度传感器、纵向加速度传感器、横向加速度传感器、悬架位置传感器、水平高度传感器、路况传感器、轮胎压力传感器以及和其他电控系统共用的节气门位置传感器、车速传感器等。ECU 持续接收传感器信息并计算出每个需要控制的悬架的工作指令，控制执行机构实现对全主动悬架的高速连续调整。例如遇到障碍物时，垂直加速度传感器输出信号，ECU 据此发出降低悬架刚度和阻尼力的指令，避免车身被大幅度抬起。通过障碍物后，又及时恢复或加大悬架刚度和阻尼力，使车身快速趋于平稳；汽车加速时，ECU 综合分析垂直/纵向加速度传感器、悬架位置传感器、节气门位置传感器和车速传感器等提供的信息，降低前悬架刚度，增加后悬架刚度，抑制车身向后俯仰翘头；而制动时，则增加前悬架刚度，降低后悬架刚度，抑制车身向前翻转点头；转向时，ECU 综合分析转向角传感器、横向加速度传感器、悬架位置传感器、节气门位置传感器和车速传感器等提供的信息，增加外侧悬架的刚度，降低内侧悬架的刚

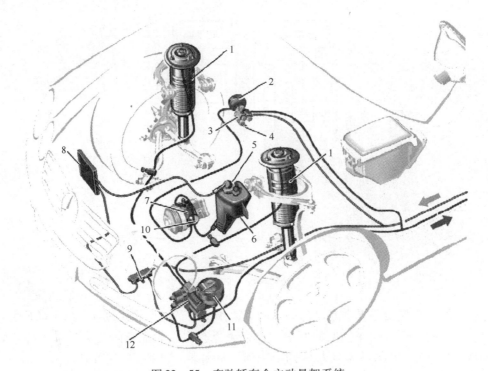

图22-55 奔驰轿车全主动悬架系统
1—前主动液力弹簧；2—脉动缓冲器；3—压力供应阀；4—压力传感器；
5—机油滤清器；6—储油罐；7—径向柱塞泵；8—机油冷却器；
9—油温传感器；10—泵油限流阀；11—前轴储压器；12—前轴阀。

度，抑制车身向外倾斜，甚至使车身主动向内倾斜，就像两轮摩托车转弯时那样，保证转向操纵稳定性，提高转向时的最高车速。

全主动悬架结构及控制策略复杂，其硬件要求高、耗能大、成本高，并且会增大整车质量，也给整车空间布置带来了一定的困难，这些是限制主动悬架普及的主要原因。目前全主动悬架主要用于高级车辆，半主动悬架主要用于中高级车辆。

2. 主动弹簧

全主动悬架的调节动作最终由主动弹簧来实现，它是全主动悬架系统执行机构，受ECU控制。主动弹簧有刚度可调的弹簧和阻尼可调的减振器。阻尼的调节一般采用和半主动悬架类似的无源调节方式，刚度的调节必须采用有源的方式。根据采用的可调节刚度的弹性元件种类，全主动悬架的主动弹簧分为主动油气、空气和液力弹簧。

1）主动油气弹簧

主动油气弹簧的工作原理：通过增减油气弹簧中的油液，改变空气的体积，实现弹簧刚度特性的变化；通过改变油液管路中节流孔的面积实现减振器阻尼特性调节。

在某客车上装用的一种以主动油气弹簧为弹性元件的全主动悬架如图22-56所示。4个车轮上的主动油气弹簧通过油路相联形成全封闭式环路控制系统。它将车身或车轮的振动量经传感器变换成一种信息传给控制阀，使控制阀调整弹性元件的高度和刚度，以达到调节车身高度、保证良好行驶平顺性的目的。当车身发生倾斜时，布置在前、后轴上的 4 个控制阀控制油路系统，通过增减油气弹簧中油液，保持车身高度不变，使汽车具有抗侧倾、抗纵倾的作用。

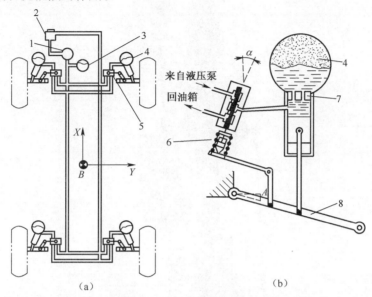

图 22-56　某客车上主动油气悬架的工作原理简图
(a) 全封闭环路控制系统；(b) 主动油气悬架及控制阀工作原理。
1—液压泵；2—储油箱；3—蓄能器；4—油气弹簧；5—控制阀；
6—传感器；7—减振器；8—摆臂。

2) 主动空气弹簧

主动空气弹簧的工作原理：通过增减空气弹簧中的空气量，实现弹簧刚度特性的变化；通过减振阀门大小的变化实现减振器阻尼特性调节。

图 22-57 所示为奔驰轿车采用的一种主动空气弹簧，用于前轴支承。在滑柱上有一个单管式充气减振器 6、一个空气室 3 和一个存储额外空气量的辅助储气罐 2。空气室就是空气弹簧，和辅助储气罐串联，共同支承车身载荷。减振器通过活塞杆 4 直接连接到悬架顶端，和两个气室并联。空气室套在减振器和活塞杆外面，呈筒状。空气弹簧套 8 由橡胶制成，在空气被压缩时可以变形，从而实现了悬架的上下伸缩运动。防尘保护套 5 由橡胶制成易伸缩的波纹管状，对悬架的滑动部分起到防尘保护作用。减振阀 7 是调节悬架阻尼的执行机构。滑柱阀装置 1 是调节悬架刚度的执行机构。一旦驾驶情况需要，将关闭滑柱阀装置中的辅助空气阀，变为两个独立的空气室，这会使得悬架变硬。通过改变空气室和辅助储气罐中的空气量，可以使悬架伸长/缩短，从而改变车身水平高度。该悬架完全展开时的空气体积为 $2700cm^3$，完全压缩后的空气体积为 $1600cm^3$。

3) 主动液力弹簧

主动液力弹簧的工作原理：通过向液压缸加注或释放油液，改变螺旋弹簧座的位置，实现弹簧刚度特性的变化；由液压缸和减振器分别在不同频率下实施阻尼力的调节。

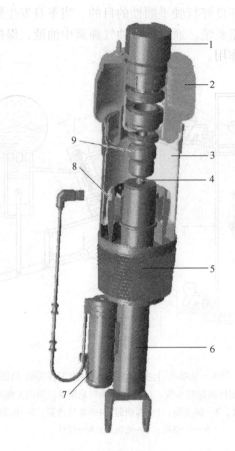

图 22-57 奔驰轿车采用的一种空气弹簧
1—滑柱阀装置；2—辅助储气罐；3—空气室；4—活塞杆；5—防尘保护套；
6—减振器；7—减振阀；8—空气弹簧套；9—止动缓冲器

图 22-58 所示为奔驰轿车采用的一种主动液力悬架。在每个悬架滑柱中有一个可动态调节的液压缸 5，底部固定连接着上弹簧座，与螺旋弹簧 6 串联，承受车身载荷。液压缸和螺旋弹簧一起与减振器 9 并联。悬架的弹簧力和悬架长度发生变化时，向液压缸加注或释放油液，引起缸底和上弹簧座位置变化，从而实现对悬架刚度的调节。车轮跳动引起螺旋弹簧下支点位置变化时，向液压缸加注或释放油液，液压缸同时对螺旋弹簧上弹簧座位置进行同向同幅度的位置调节，弹簧力就不会变化，从而消除了路面冲击振动。向悬架的 4 个液力弹簧的液压缸同时压入或释放液压油，就可以实现车身整体高度的调整。

液压缸和减振器分频段调节进行阻尼力的。当车身振动频率低于 5Hz 时，由液压缸进行减振，此时阻尼较小；当车身振动频率高于 5Hz 时，液压缸停止调节，由减振器进行减振，阻尼较大，减振效果和被动悬架相同。

主动液力弹簧中的液体是不可压缩的油液，使得主动液力弹簧悬架比主动空气弹簧悬架和主动油气弹簧的悬架具有更快响应速度，有利于悬架性能的快速调节。

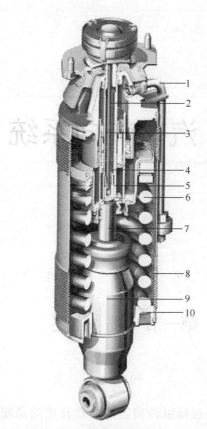

图 22-58 奔驰轿车采用的一种液力弹簧
1—液压管路；2—滑柱运动传感器；3—定位磁铁；4—活塞杆；5—液压缸；
6—螺旋弹簧；7—活塞杆减振器；8—防尘保护套；9—减振器；10—下弹簧座。

思考题

22-1 汽车悬架的功用是什么？一般由哪几部分组成？

22-2 弹性元件和减振器各自的功用是什么？为什么它们要并联安装？

22-3 为什么减振器的压缩行程和伸张行程的阻尼比不一样？双向作用筒式减振器的 4 个控制阀各起什么作用？

22-4 双向作用筒式减振器和充气式单筒减振器在结构上有什么区别？各有何优缺点？

22-5 常用的弹性元件有哪些？各有何特点和优缺点？

22-6 非独立悬架和独立悬架各有何特点和优缺点？

22-7 非独立悬架有哪些类型？最常用的非独立悬架是哪种？有何结构特点？

22-8 双横臂悬架、麦弗逊悬架和多连杆悬架各有何特点和优缺点？

22-9 为什么说单纵臂扭转梁悬架是独立悬架而不是非独立悬架？

22-10 平衡悬架的作用是什么？

22-11 什么是被动悬架、半主动悬架和主动悬架？它们各自有何特点？

第二十三章 汽车转向系统

第一节 概 述

一、转向系统的功用

汽车转向系统的功用是通过操纵转向盘按照驾驶员的意愿控制汽车的行驶方向。汽车在道路上行驶时，驾驶员根据道路情况和交通状况转动转向盘，使转向车轮偏转，改变汽车的行驶方向。汽车用来改变或保持汽车行驶方向的系统称为汽车转向系统。

汽车转向系统一般应该满足下列几个条件：
(1) 汽车转向系统应该有良好的操纵性能，准确、轻便、灵活。
(2) 汽车转向系统应有平顺的回转性能，转向盘无抖动和摆动现象。
(3) 汽车转向系统应尽量减少汽车转向轮从路面传来的冲击，但又要保证驾驶员有一定的路感。

二、汽车转向基本特性

汽车在转向时，要求转向系统保证各车轮在转向过程中绕同一中心 O 作纯滚动，如图 23-1 所示，此时内、外侧转向车轮偏转角度不相等，内侧车轮偏转角 β 比外侧车轮偏转角 α 大。在假设车轮为刚体的条件下，内、外侧转向车轮偏转角的理想关系式为

$$\cot\beta = \cot\alpha + \frac{B}{L}$$

式中：B 为两侧主销轴线与地面交点之间的距离，也称为轮距；L 为汽车轴距。

由转向中心 O 到外侧转向轮与地面接触点之间的距离 R 称为汽车的转弯半径。转弯半径越小，则汽车转向所需场地相对越小，其机动性越好。由图 23-2 可知，当前外

侧转向轮偏转角达到最大值 β_{max} 时，转弯半径有最小值 R_{min}。在图示理想情况下，最小转弯半径 R_{min} 与外侧转向轮最大偏转角 β_{max} 的关系为

$$R_{min} = \frac{L}{\sin\beta_{max}}$$

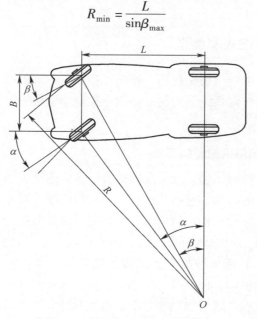

图 23-1 转向车轮偏转角的关系

三、转向系统的分类

1. 按转向动力源分类

根据转向动力源，汽车转向系统一般分为两大类：机械转向系统和动力转向系统。机械转向系统是以驾驶员的转向力作为转向能源，其中所有传力件都是机械的。动力转向系统是兼用驾驶员体力和发动机动力为转向能源的转向系统。

根据转向控制，动力转向系统又可分为气压助力转向系统、液压助力转向系统和电控助力转向系统。气压助力转向系统采用气压伺服系统控制助力，主要应用于前轴最大载质量为 3~7t 并采用气压制动系统的载货汽车。液压助力转向系统采用液压伺服系统控制助力，在不同种类型的乘用车和商用车上均有应用。电控助力转向系统采用电子控制助力转向，在中高档的乘用车和商用车有较多的应用。

2. 按转向轮的位置分类

根据转向轮的位置，汽车转向系统一般分为三大类：前轮转向系统、后轮转向系统和全轮转向系统。前轮转向系统的前轮为转向轮，前轮转向系统在汽车上广泛应用。后轮转向系统的后轮为转向轮，后轮转向系统在汽车上应用很少，主要应用在铲车等专用作业车上。全轮转向系统的所有车轮均为转向轮，其中，主要是 4 轮转向系统，应用于越野车等车辆上。

第二节 机械转向系统

一、机械转向系统的组成及类型

机械转向系统主要由转向操纵机构、转向器和转向传动机构三大部分组成。根据汽车的悬架的形式,机械转向系统分为与非独立悬架配用机械转向系统和与独立悬架配用机械转向系统。

1. 与非独立悬架配用机械转向系统

图23-2所示为一种与非独立悬架配用的机械转向系统的示意图。转向操纵机构是驾驶员操纵转向器工作的机构,包括从转向盘1到转向器5输入端的零部件。转向器5是改变传动方向的减速齿轮机构。转向传动机构包括由转向摇臂6至转向节9之间一系列零部件(不含转向节),包括转向摇臂6、转向直拉杆7、转向节臂8、左转向梯形臂10、转向横拉杆11、右转向梯形臂12。左转向梯形臂、转向横拉杆、右转向梯形臂用于左、右转向节之间的传动,使左右车轮同步转动。左转向梯形臂、转向横拉杆、右转向梯形臂与前梁一起组成等腰梯形机构,左、右转向梯形臂与转向横拉杆铰接。当汽车转向时,驾驶员对转向盘施加一个转向力矩,转动转向盘,该力矩通过转向轴2、转向万向节3和转向传动轴4输入转向器。经转向器放大后的力矩和减速后的运动传到转向摇臂,再经过转向直拉杆传给固定于左转向节上的转向节臂,使左转向节和它所支承的左转向轮偏转。再通过固定于左转向节上的梯形臂、转向横拉杆、固定于右转向节上的梯形臂带动右转向节左转动,使右转向节所支承的右转向轮偏转。

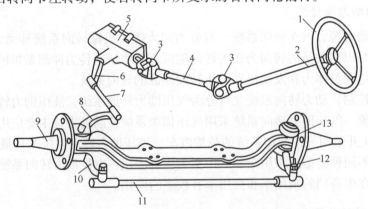

图23-2 与非独立悬架配用机械转向系统的组成和布置示意图
1—转向盘;2—转向轴;3—转向万向节;4—转向传动轴;5—转向器;6—转向摇臂;7—转向直拉杆;
8—转向节臂;9—左转向节;10、12—梯形臂;11—转向横拉杆;13—右转向节。

2. 与独立悬架配用机械转向系统

图23-3所示为一种与独立悬架配用的机械转向系统的示意图。转向操纵机构包括从转向盘1到转向器3输入端的零部件。转向传动机构包括由转向摇臂4至转向节之间

一系列零部件,包括转向摇臂 4、直拉杆 5、左转向横拉杆 6、转向摇臂 7、右转向横拉杆 8、转向节臂 9。汽车转向时,驾驶员转动转向盘 1,通过转向轴 2 将转向盘的运动输入转向器 3,经转向器减速增扭后将运动传到转向摇臂 4,再经过直拉杆将运动传给左转向横拉杆、右转向横拉杆,左转向横拉杆 6 通过固定于左转向节上的转向节臂使左转向轮偏转,右转向横拉杆 8 通过固定于右转向节上的转向节臂 9 使右转向轮偏转。

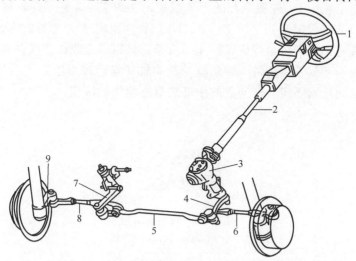

图 23-3　与独立悬架配用机械转向系统的组成和布置示意图
1—转向盘;2—转向轴;3—转向器;4—转向摇臂;5—直拉杆;
6—左转向横拉杆;7—转向摇臂;8—右转向横拉杆;9—转向节臂。

当转向盘直径一定时,驾驶员操纵转向盘手力的大小取决于转向系统角传动比的大小。转向系统角传动比 i_ω 是用转向盘转角增量与同侧转向节相应转角增量之比来表示。其数值是转向器角传动比 $i_{\omega 1}$ 和转向传动机构角传动比 $i_{\omega 2}$ 的乘积。转向器角传动比 $i_{\omega 1}$ 是转向盘转角增量与同侧转向摇臂转角相应增量之比。转向传动机构角传动比 $i_{\omega 2}$ 是转向摇臂转角增量与同侧转向节转角相应增量之比。

对于一般汽车而言,$i_{\omega 2}$ 大约为 1,$i_{\omega 1}$ 对于货车约为 16~32,轿车约为 12~20。由此可见,转向系统角传动比主要取决于转向器角传动比。转向系统角传动比越大,转向时加在转向盘上的力矩就越小,转向轻便,但会导致转向操纵不灵敏。

转向盘在驾驶室内安放的位置与各国交通法规有关。包括我国在内的大多数国家规定车辆右侧通行,相应地应将转向盘安置在驾驶室左侧,如图 23-2、图 23-3 所示。这样,驾驶员的左方视野较广阔,有利于两车安全交会。相反,在一些规定车辆左侧通行的国家使用的汽车上,转向盘则应安置在驾驶室的右侧。

二、转向操纵机构

1. 转向操纵机构的功用与组成

转向操纵机构的功用是将驾驶员转动转向盘的操纵力矩传给转向器。它主要由转向盘 1、转向轴 2 和万向传动装置等组成(图 23-2)。转向轴上部与转向盘固定连接,下部与转向器连接。转向轴与转向器的连接方式一般有两种,一种是与转向器的输入轴直接连接(图23-3),另一种是通过万向传动装置与转向器的输入轴接连(图23-2),这时,转向盘与转向器的输入轴可以不同轴,有利于它们布置。

2. 转向盘

转向盘主要由轮缘1、轮辐2和轮毂3组成,如图23-4所示。轮辐有两根辐条式(图23-5(a))、三根辐条式(图23-5(b))和四根辐条式(图23-5(c))。轮缘和轮辐的中心部有钢或铝合金等金属制作的骨架,外层以合成树脂或合成橡胶包覆,下侧做成波浪状以利于驾驶员把持。转向盘与转向轴通常通过带锥度的三角形花键连接,端部通过螺母轴向压紧固定。转向盘的中部装有电喇叭的按钮。

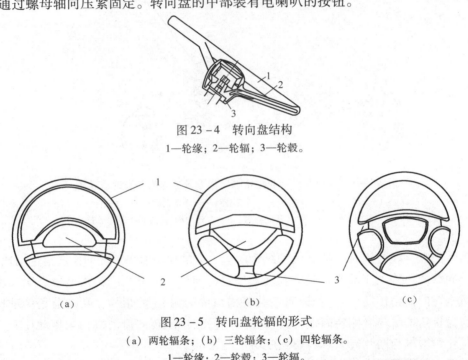

图23-4 转向盘结构
1—轮缘;2—轮辐;3—轮毂。

图23-5 转向盘轮辐的形式
(a)两轮辐条;(b)三轮辐条;(c)四轮辐条。
1—轮缘;2—轮毂;3—轮辐。

由于在整个转向系统中,各传动件之间存在着装配间隙,这些间隙最终反映到转向盘上就产生了转向盘的空转角度,即转向盘自由行程。在转向盘自由行程范围内,驾驶员操纵转向盘对各转向轮的偏转是不起作用的。转向盘自由行程对避免驾驶员过度紧张及缓和路面冲击是有利的。在转向轮处于直线行驶位置时,转向盘自由行程一般为转向盘向左或向右的空转转角不超过10°~15°。

3. 转向轴和转向管柱

转向轴用来连接转向盘和转向器,并将转向盘的转向转矩传递给转向器。转向轴分为普通式和能量吸收式。目前汽车常用的为能量吸收式转向轴。

转向管柱安装在车身上,起支承转向轴及转向盘的作用。转向轴从转向管柱内穿过,靠转向管柱内的轴承和衬套支承。为便于不同体型驾驶员操纵转向盘,转向管柱上装有能改变转向盘位置的装置。转向盘的安装角度和高度可以在一定范围内调整,以适应驾驶员的体形和驾驶习惯，如图 23-6 所示。

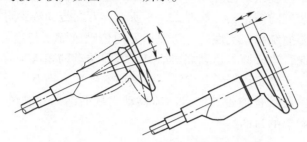

图 23-6 转向盘安装角度和高度的调整

4. 安全保护装置

为保证驾驶员在出现汽车碰撞时安全，安全气囊、能量吸收式转向轴和万向传动装置的防撞结构在转向操纵机构上得到运用，目的是为了避免或减轻对驾驶员的伤害。

1）安全气囊

安全气囊一般安装在转向盘上（图 23-7），主要由传感器、气体发生器、气囊系统三部分组成。传感器用于检测汽车发生碰撞时的车速、冲击参数，气体发生器根据传感器指令释放高压气体或引爆固体燃料，从而迅速向气囊充气，缓冲撞击力对驾驶员的伤害，达到保护的目的。

2）能量吸收式转向轴

能量吸收式转向轴的主要作用是在汽车发生正面碰撞时，能够有效地吸收碰撞能量，防止或减少碰撞对驾驶员的伤害。

在汽车发生正面碰撞时，转向操纵机构会和驾驶员产生两次碰撞，即在汽车碰撞力作用下，汽车的前部发生塑性变形，转向盘向驾驶员胸部方向运动的首次碰撞，以及汽车碰撞后驾驶员在惯性力作用下向转向盘方向运动的二次碰撞。第一次碰撞的能量通过转向盘由转向轴以机械的方式予以吸收，避免或减少其直接作用于驾驶员身上造成伤害。第二次碰撞由约束装置（如安全带、安全气囊等）加以吸收。汽车发生正面碰撞情况下转向盘与驾驶员系统的碰撞关系如图 23-7 所示。

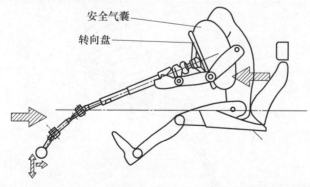

图 23-7 汽车正面碰撞情况下转向轴—驾驶员系统的碰撞关系

由于能量吸收的机理和形式的不同、转向管柱与车身受撞脱开方式以及转向轴受撞压缩的形式不同，能量吸收式转向轴的种类很多。典型的能量吸收式转向轴有万向传动装置防撞结构、网状管轴式结构。

（1）万向传动装置防撞结构。如图23-8所示，万向传动装置防撞结构是通过转向轴中的万向传动轴防撞结构来实现的。防撞型万向传动轴除了传递转向盘转向转矩外，在汽车发生正面碰撞，当碰撞力达到规定值时，万向传动轴随汽车前部发生塑性变形而向后弯曲，如图23-8中实线所示，虚线为碰撞前的位置。当万向传动轴向后弯曲变形时，使得上端转向轴及管柱连带转向盘向前移动，从而远离驾驶员，起到隔绝首次碰撞、同时减轻二次碰撞的目的。

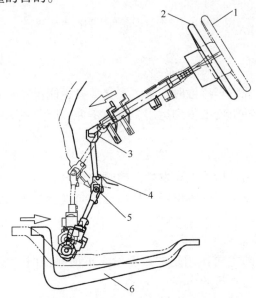

图23-8　万向传动装置防碰撞结构示意图
1—转向盘碰撞前位置；2—转向盘碰撞后位置；3—上万向节向前下方移动；
4—支点；5—下万向节向后下方移动；6—悬架构件。

（2）轴—套管防撞结构。如图23-9所示，将万向传动轴的中间轴制成轴—套管，轴和套管之间用销连接，当碰撞力达到规定值时销钉被切断，轴伸缩至套管深处，销吸收冲击的能量（图23-10）。

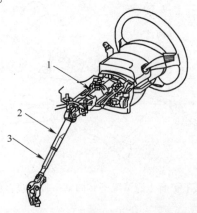

图23-9　轴—套管式能量吸收装置图
1—转向柱管；2—中间轴套管；3—中间轴。

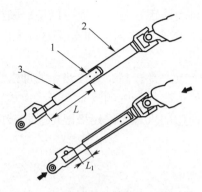

图 23 – 10 碰撞前后轴—套管变化
1—销子;2—中间轴套管;3—中间轴;
L—碰撞前的长度;L_1—碰撞后的长度。

(3) 网状管轴式防撞结构。如图 23 – 11 所示,转向轴管的部分管壁制成网状。当汽车发生正面碰撞而受到压缩时很容易轴向变形,吸收能量。

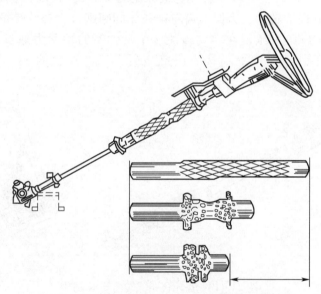

图 23 – 11 网状管轴式转向柱吸能装置示意图

三、机械转向器

1. 机械转向器的传动效率

机械转向器的传动效率是指转向器的输出功率与输入功率之比。转向摇臂输出功率与转向轴输入功率之比称为正效率。而转向摇臂输入功率与转向轴输出功率之比称为逆效率。汽车行驶时,驾驶员操纵转向盘的力矩通过转向器传到转向轮使车轮偏转,同时路面的冲击力也能够通过转向器反向传递到转向盘。为了减轻驾驶员操纵转向盘的体力消耗,应尽量提高转向器的正效率。同时机械转向器也需要一定的逆效率,一方面有利于汽车转向结束后转向轮的自动回正，另一方面可以使驾驶员获得路面反馈的信息，即"路感"。但逆效率如果过高，会造成路面的冲击反力过大时，反馈给转向盘的冲击力也大，极易造成"打手"情况。

可逆式转向器正效率和逆效率都较高，这样路面的冲击反力容易通过转向器传递给转向盘，所以一般用于在良好道路的行驶的汽车。不可逆式转向器在现代汽车上没有应用。在路面条件差的情况下使用的汽车多采用极限可逆式转向器，如越野汽车和工矿用自卸汽车。

2. 转向器的结构

根据转向器所采用的机构形式，机械转向器分为齿轮齿条式、循环球式、蜗杆曲柄双指销式转向器。

1) 齿轮齿条式转向器

如图 23-12 所示，齿轮齿条式转向器由转向齿轮 2、转向齿条 3、预紧力调整装置和壳体等组成。转向齿轮通过轴承支承在壳体内，转向齿轮的一端与转向轴连接，另一端与转向齿条啮合，将齿轮的转动转变为齿条的移动，再通过转向横拉杆、转向节臂（图 23-13），使转向节转动。为保证齿轮齿条无间隙啮合，补偿弹簧 5 产生的压紧力通过压板 6 将转向齿条 3 压紧在转向齿轮 2 上。弹簧的预紧力通过调整螺柱 4 进行调整。

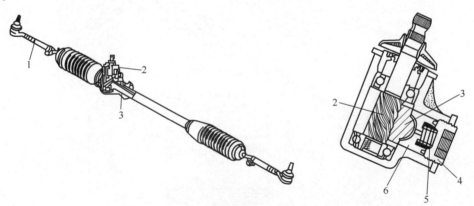

图 23-12　齿轮齿条式转向器示意图
1—转向横拉杆；2—转向齿轮；3—转向齿条；4—调整螺柱；5—补偿弹簧；6—压板。

图 23-14 所示为可变传动比齿轮齿条转向器。转向齿轮处于中间位置时传动比小，在两端位置时传动比大，以满足汽车高速行驶时转向稳定性和低速行驶时转向轻便的需要。

齿轮齿条式转向器结构简单，工作可靠，加工方便，寿命长，在使用中不需要调整齿轮齿条的间隙，因而在汽车上得到了广泛的应用。一汽红旗 CA7220 型轿车、奥迪 100 型轿车、捷达轿车、上海桑塔纳轿车、天津夏利轿车以及天津 TJ1010 型微型货车和南京依维柯轻型货车等，都采用了齿轮齿条式转向器。

2) 循环球式转向器

循环球式转向器如图 23-15 所示，由两级传动副、钢球、壳体和间隙调整装置等

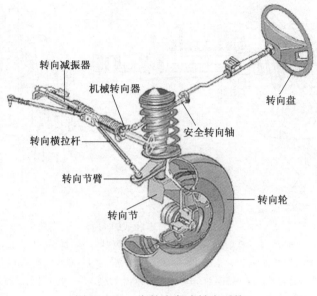

图 23-13　齿轮齿条式转向系统

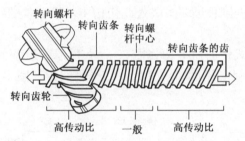

图 23-14　可变传动比齿轮齿条转向器示意图

组成。第一级传动副是螺杆—螺母传动副,由转向螺杆 3 和转向螺母 4 组成,转向螺杆与转向轴 12 连接;第二级是齿条—齿扇传动副,在转向螺母下平面上加工成齿条,齿扇与齿扇轴加工成一体。转向螺母既是第一级传动副的从动件,又是第二级传动副的主动件。为了减少转向螺杆与转向螺母之间的摩擦与磨损,提高传动效率,二者的螺纹不直接接触,而是做成内外滚道,滚道中间装有一定数量的钢球 5,成为滚珠螺旋传动,以实现滚动摩擦。转向螺母上装有两个钢球导管 7,钢球导管内装满了钢球,钢球导管与滚道连通,形成两条独立的供钢球循环滚动的封闭管路。

转向螺杆转动时,通过钢球将力传给转向螺母,使螺母沿轴向移动,再带动齿扇转动,将运动输出。

在转向螺杆转动时,钢球便在螺旋管状通道内滚动,形成"球流"。钢球在管状通道内绕行 1.5 周后,流出螺母而进入导管的一端,再由导管另一端流回螺旋管状通道。两列钢球只是在各自的封闭流道内循环,不致脱出。

齿条与齿扇的间隙用调整螺钉 14 调整。与齿条相啮合的齿扇是圆锥形,其齿厚是在分度圆上沿齿扇轴线按线性关系变化的,即为变厚齿扇。只要使齿扇轴 20 相对于齿条作轴向移动,即能调整两者的啮合间隙。调整螺钉 14 旋装在侧盖 16 上,齿扇轴内侧

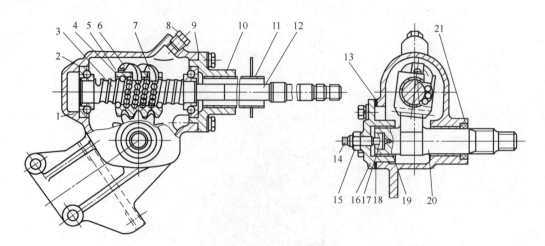

图 23-15 循环球式转向器

1—转向器壳体；2—推力角接触球轴承；3—转向螺杆；4—转向螺母；5—钢球；
6—钢球导管卡；7—钢球导管；8—六角头锥形螺塞；9—调整垫片；10—上盖；
11—转向柱管总成；12—转向轴；13—转向器侧盖衬垫；14—调整螺钉；15—螺母；
16—侧盖；17—孔用弹性挡圈；18—垫片；19—摇臂轴衬套；20—齿扇轴；21—油封。

端部有切槽，调整螺钉的圆柱形端头嵌入此切槽中。将调整螺钉旋入，啮合间隙减小；反之，啮合间隙增大。

可变传动比循环球式转向器结构如图 23-16 所示。齿条的齿顶面制成鼓形弧面，齿扇上的每一个齿的节圆半径也相应变化，使得中间齿节圆半径小，两端齿节圆半径大，便可得到变传动比。

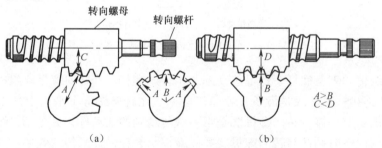

图 23-16 可变传动比循环球式转向器
(a) 转向盘最大转角时齿轮传动比大；(b) 转向盘直线行驶位置时齿轮传动比小。

循环球式转向器的正传动效率很高，一般可达 90%~95%，具有操纵轻便、使用寿命长、工作平稳可靠的特点，但其逆效率较高，一般用于在良好道路上行驶的汽车。循环球式转向器是目前国内外应用最为广泛的转向器结构形式之一，用于北京 BJ1041、北京 BJ2023 和解放 CA1040 等汽车上。

3) 蜗杆曲柄指销式转向器

图 23-17 所示为东风 EQ1090E 型汽车的蜗杆曲柄双指销式转向器，其传动副的主动件为转向蜗杆 3，而从动件是装在摇臂轴 11 曲柄端部的指销 13。转向蜗杆转动时，与之啮合的指销即绕摇臂轴轴线作圆弧运动，并带动摇臂轴转动。

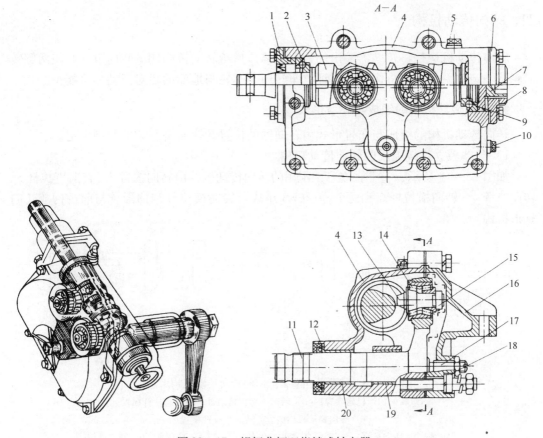

图 23-17 蜗杆曲柄双指销式转向器
1—上盖；2、9—向心推力球轴承；3—转向蜗杆；4—转向器壳体；5—加油螺塞；6—下盖；
7—调整螺塞；8、15—螺母；10—放油螺塞；11—摇臂轴；12—油封；13—指销；
14—双列圆锥滚子轴承；16—侧盖；17—调整螺钉；18—锁紧螺母；19、20—衬套。

具有梯形截面螺纹的转向蜗杆 3 支承于转向器壳体两端的两个向心推力球轴承 2 和 9 上。转向器盖上装有调整螺塞 7，用以调整上述两轴承的紧度，调整后用螺母 8 锁紧。蜗杆与两个锥形的指销相啮合。两个指销均用双列圆锥滚子轴承 14 支承于摇臂轴内端的曲柄上，其中靠指销头部的一列滚子无内圈，滚子直接与指销轴颈接触。这样，所受剪切载荷最大的这段轴颈的直径可以做得大一些，以保证指销有足够的强度。指销装在滚动轴承上可以减轻蜗杆和指销的磨损，并提高传动效率。螺母 15 用以调整轴承的紧度，以使指销能自由转动且无明显的轴向间隙为宜。

摇臂轴用粉末冶金衬套 19 和 20 支承在壳体中。指销同蜗杆的啮合间隙用侧盖 16 上的调整螺钉 17 调整，调整后用螺母 18 锁紧。

双指销式转向器在中间及其附近位置时，其两指销均与蜗杆啮合，故双指销所受载荷较单指销式转向器的指销载荷为小，因而其工作寿命较长。当摇臂轴转角相当大时，一个指销与蜗杆脱离啮合，另一指销仍保持啮合。因此双指销式的摇臂轴转角范围较单指销式为大。但双指销式结构较复杂，对蜗杆的加工精度要求也较高。

四、转向传动机构

转向传动机构是将转向器输出的力和位移传递给转向桥两侧的转向节,并使两侧转向轮按一定关系偏转的机构,以保证汽车转向时车轮与地面的相对滑动尽可能小。

1. 转向传动机构的组成与布置形式

转向传动机构的组成与布置形式由转向器的位置和转向桥悬架的类型决定。

1) 与非独立悬架配用的转向传动机构

如图 23-18 所示,与非独立悬架配用的转向传动机构由转向摇臂 2、转向直拉杆 3、转向节臂 4、转向横拉杆 6 和两个梯形臂 5 组成。转向横拉杆和梯形臂与前桥构成转向梯形机构。

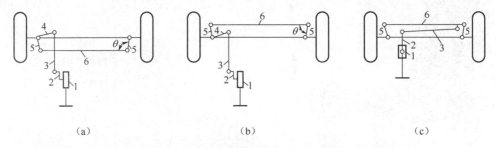

图 23-18　与非独立悬架配用的转向传动机构示意图
(a) 转向梯形机构后置；(b) 转向梯形机构前置,转向直拉杆纵置；
(c) 转向梯形机构前置,转向直拉杆横置。
1—转向器；2—转向摇臂；3—转向直拉杆；4—转向节臂；5—梯形臂；6—转向横拉杆。

这种转向传动机构的布置形式有 3 种：一是转向梯形机构后置（图 23-18 (a)、图 23-2）,适合于前桥仅为转向桥的情况,国内中型载重汽车上大多采用这种结构；二是转向梯形机构前置且转向直拉杆纵置（图 23-18 (b)）,适合于前桥为转向驱动桥的情况,避免布置转向传动机构时与其他机构之间的运动干涉；三是转向梯形机构前置且转向直拉杆横置（图 23-18 (c)）,越野汽车上常采用这种结构。

2) 与独立悬架配用的转向传动机构

与独立悬架相配的转向桥是断开式转向桥,因而转向传动机构中的转向梯形也必须是断开的,分成几段（图 23-19）。

图 23-19 (a) 和图 21-2 为转向梯形分两段的转向传动机构。图 23-19 (b) 和图 23-3 为转向梯形分 3 段的转向传动机构。

2. 转向传动机构主要零部件的结构

转向传动机构主要零部件包括：转向摇臂、转向直拉杆和转向横拉杆。转向传动机构的杆件都是传动件并作空间运动,因此杆件之间的连接一般采用球头销作空间铰链连接。杆件连接部分易磨损,需要定期加注润滑脂润滑。

1) 转向摇臂

转向摇臂是把转向器输出的力和位移传给转向直拉杆或转向横拉杆的传动件。其结

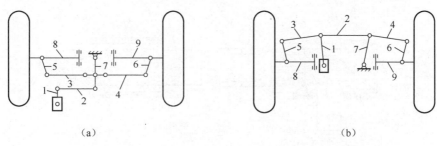

图 23-19　与独立悬架配用的转向传动机构示意图
（a）转向梯形分两段；（b）转向梯形分 3 段。
1—转向摇臂；2—转向直拉杆；3—左转向横拉杆；4—右转向横拉杆；5—左梯形臂；
6—右梯形臂；7—摇杆；8—悬架左摆臂；9—悬架右摆臂。

构如图 23-20 所示。转向摇臂 3 的上端加工有锥形三角形细花键槽孔，与转向器上的转向摇臂轴 1 外端带锥度的三角形花键相配合。为保证装配关系正确，在转向摇臂轴的外端面和摇臂上孔的外端面上刻有装配标志。转向摇臂的小端锥形孔装有与转向直拉杆相联接的球头销 4，球头销的球面部分应具有耐磨损和承受较大的冲击负荷的性能，一般要经过表面的强化和硬化处理。

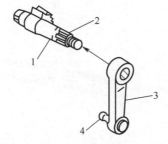

图 23-20　转向摇臂和摇臂轴
1—摇臂轴；2—带锥度的三角形花键；3—转向摇臂；4—球头销。

2）转向直拉杆

转向直拉杆是把转向摇臂传来的力和位移传递给转向梯形或转向节臂。其结构如图 23-21 所示。转向直拉杆的中段为实心或空心杆件，两端直径较大，内装球头销座 5（图 23-21 中为左端）。球头销座分别将两个球头销 2 和 10 的球头夹住，通过球头销 10 与转向摇臂连接，另一球头销 2 与转向节臂（或梯形臂）连接。在球头销座的两侧或一侧装有压缩弹簧 6 和端部螺塞 4，利用压缩弹簧的弹力消除球头销和球头销座间的间隙，并可缓和经车轮和转向节传来的路面冲击。弹簧预紧力可由端部螺塞根据需要调节。两压缩弹簧装在球头座后方（图中为右方）。这样，两个压缩弹簧可分别在沿轴线的不同方向上起缓冲作用，使直拉杆成为弹性杆，自球头销 2 传来的向后的冲击力由前压缩弹簧承受。当球头销 2 受到向前的冲击力时，冲击力依次经前球头座、前端部螺塞 4、直拉杆体 9 和后端部螺塞传给后压缩弹簧。润滑脂从油嘴 8 注入，润滑球头销和球头销座。

3）转向横拉杆

转向横拉杆是连接左、右梯形臂的传动件，其结构如图 23-22 所示。转向横拉杆

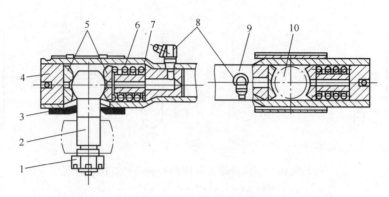

图 23-21 转向直拉杆

1—螺母；2—球头销；3—橡胶防尘垫；4—端部螺塞；5—球头销座；
6—压缩弹簧；7—弹簧座；8—油嘴；9—直拉杆体；10—转向摇臂球头销。

由转向横拉杆体 2 和两端的横拉杆接头 1 组成。球头销 14 的球头置于横拉杆接头的两球头座 9 内，球头销的尾部与梯形臂或转向节臂相联。球头座的形状如图 23-22（c）所示，上、下球头座 9 用聚甲醛制成，有很好的耐磨性，装配时，两球头座的凹凸部互相嵌合。弹簧 12 保证两球头座与球头紧密接触，并起缓冲作用，其预紧力由螺塞 11 调整。

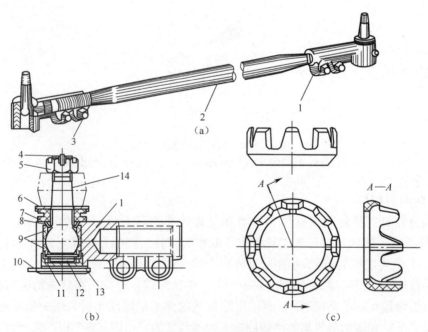

图 23-22 转向横拉杆

1—横拉杆接头；2—横拉杆体；3—夹紧螺栓；4—开口销；5—槽形螺母；6—防尘垫座；7—防尘垫；
8—防尘罩；9—球头座；10—限位销；11—螺塞；12—弹簧；13—弹簧座；14—球头销。

横拉杆接头 1 与横拉杆体 2 螺纹连接，接头螺纹部分有开口，用夹紧螺栓 3 夹紧。横拉杆体两端的螺纹分别为左、右旋，松开夹紧螺栓、转动横拉杆体，即可改变横拉杆的长度，从而调整转向轮前束。

第三节 液压助力转向系统

汽车转向时，操纵轻便性和转向灵敏性是相对矛盾的。对于机械转向系统，转向器的传动比是有一定限制的，过大会导致转向的灵敏性下降，过小会导致转向沉重。因此，为了获得更加轻便舒适的转向操纵性能，在汽车上广泛采用助力转向方式，完全靠驾驶员手力操纵的机械转向系统已经不能满足人们对转向系统性能要求。特别对于汽车前轴负荷较大货车、客车和工程车辆，必须借助动力来操纵转向系统。

采用助力转向系统的汽车，在正常情况下，汽车转向时驾驶员只需提供较小的能量，而由发动机（或电动机）提供大部分能量。一方面减轻转向操纵力，另一方面可以采用较小角传动比的转向器，就能满足转向灵敏性的要求。所以，助力转向系统兼顾了操纵省力和灵敏两方面的要求。

液压助力转向系统的工作压力可超过10MPa，其部件尺寸不大。液压系统工作时无噪声，工作滞后时间短，而且能吸收来自不平路面的冲击。使得液压助力转向系统在各类各级汽车上获得广泛应用。

一、液压助力转向系统的组成与分类

1. 液压助力转向系统的组成

液压助力转向系统由机械转向装置和液压转向助力装置组成，如图23-23所示。机械转向装置包括机械转向器7、转向摇臂等。液压转向助力装置包括转向液压泵2、转向动力缸8、转向控制阀6、转向油罐1和油管等。不转向时，转向控制阀6保持开启。转向动力缸8的活塞两边的工作腔，由于都与低压回油管路相通而不起作用。转向液压泵2输出的油液流入转向控制阀，又由此流回转向油罐1。因转向控制阀的节流阻力很小，故液压泵输出压力也很低，液压泵实际上处于空转状态。当驾驶员转动转向盘、通过机械转向器7使转向控制阀处于与某一转弯方向相对应的工作位置时，转向动力缸的相应工作腔方与回油管路隔绝，转而与液压泵输出管路相通，而动力缸的另一腔则仍然通回油管路。地面转向阻力经转向传动机构传到转向动力缸的推杆和活塞上，形成比转向控制阀节流阻力高得多的液压泵输出管路阻力。于是，转向液压泵输出压力急剧升高，推动转向动力缸活塞，活塞推动转向器输出端的摇臂转动，直到转向盘在某转向位置停止转动为止。转向盘停止转动后，转向控制阀随即回到中立位置，使动力缸停止工作。这种助力转向系统中，油液始终流动，也为常流式液压助力转向系统。

2. 液压助力转向系统的分类

根据机械式转向器、转向助力缸和转向控制阀三者在转向装置中的布置和联接关系的不同，液压助力转向装置分为带整体式动力转向器、带半整体式动力转向器和带转向加力器3种形式，如图23-24所示。

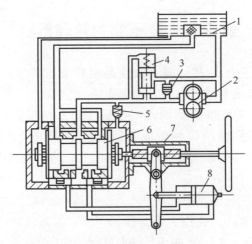

图 23-23 液压助力转向系统示意图
1—转向油罐；2—转向液压泵；3—溢流阀；4—流量控制阀；
5—单向阀；6—转向控制阀；7—机械转向器；8—转向动力缸。

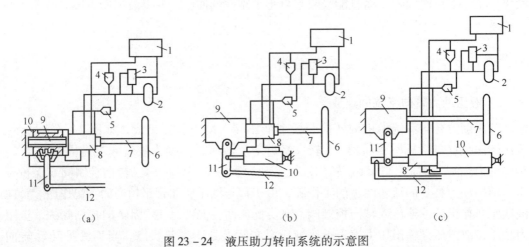

图 23-24 液压助力转向系统的示意图
（a）带整体式动力转向器；（b）带半整体式动力转向器；（c）带转向加力器。
1—转向油罐；2—转向液压泵；3—流量控制阀；4—溢流阀；5—单向阀；6—转向盘；7—转向轴；
8—转向控制阀；9—机械转向器；10—转向动力缸；11—转向摇臂；12—转向直拉杆。

带整体式动力转向器的液压助力转向系统如图 23-24（a）所示，机械转向器 9 和转向动力缸 10 设计成一体，并与转向控制阀 8 组装在一起，是三合一的部件，这种转向装置结构紧凑，输油管路简单，在汽车上易于布置，但其拆卸维修较为困难。带半整体式动力转向器的液压式助力转向系统如图 23-24（b）所示，转向控制阀 8 与机械转向器 9 组合成一个部件，转向动力缸则作为独立的部件。带转向加力器的液压式助力转向系统如图 23-24（c）所示，将机械转向器 9 作为独立部件，而将转向控制阀 8 和转向动力缸 10 组合成一个部件，称为转向加力器。

机械转向器主要有齿轮齿条式、循环球式。转向动力缸采用活塞在动力缸中移动的形式，通过活塞杆输出动力。

转向控制阀有滑阀式和转阀式两种。滑阀式转向控制阀是阀芯沿轴向移动来控制油液流量的转向控制阀,如图23-25所示。当阀体处于中间位置时,其两个凸棱边与阀套2的环槽形成4条缝隙。中间的两个缝隙分别与动力缸两腔的油道相通,而两边的两个缝隙与回油道相通。当阀体向右移动很小的一段距离时,右凸棱将右外侧的缝隙堵住,左凸棱将中间的左缝隙堵住,则来自液压泵的高压油经通道5和中间的右缝隙流入通道4,继而进入动力缸的一个腔;而动力缸另一腔的低压油被活塞推出,经由通道6和左凸棱外侧的缝隙流回储油罐。

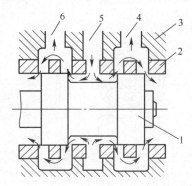

图23-25 滑阀式转向控制阀的结构和工作原理
1—阀芯;2—阀套;3—壳体;4、6—通动力缸左、右腔的通道;
5—通液压泵输出管路的通道。

转阀式转向控制阀是阀芯绕其轴线转动来控制油液流量的转向控制阀,如图23-26所示。该转阀具有4个互相联通的进油道A,通道B、C分别与动力缸的左、右腔连通。当阀芯1顺时针转过一个很小的角度时,从液压泵来的压力油经通道A流入4个通道C,继而进入动力缸的一个腔内。另外4个通道B的进油被隔断,压力油不能进入,因而动力缸另一腔的低压油在活塞的推动下经回油道流回储油罐。

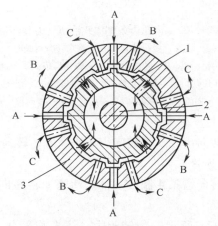

图23-26 转阀式转向控制阀的结构和工作原理
1—阀芯;2—扭杆(轴);3—壳体;A—通液压泵输出管路的通道;
B、C—通动力缸左、右腔的通道。

二、整体式液压助力转向器

1. 齿轮齿条整体式液压助力转向器

1) 齿轮齿条整体式液压助力转向器的结构

齿轮齿条整体式液压助力转向器的结构如图 23-27 所示,齿轮齿条式转向器、转向助力缸和转向控制阀设计成一体,组成整体式动力转向器。

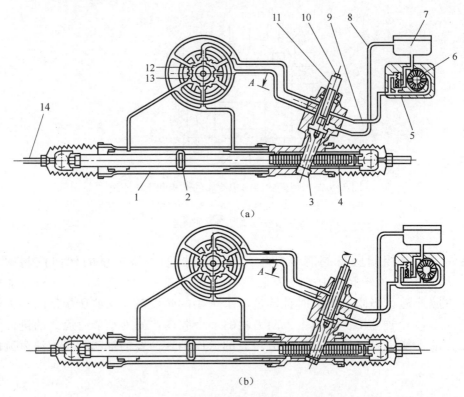

图 23-27 齿轮齿条整体式液压助力转向器
(a) 汽车直线行驶时;(b) 汽车转弯行驶时。
1—转向动力缸;2—动力缸活塞;3—转向齿轮;4—转向齿条;5—流量控制阀(带溢流阀);
6—转向液压泵(叶片泵);7—转向油罐;8—回油管路;9—进油管路;10—扭杆;
11—转向轴;12—阀芯;13—阀套;14—转向横拉杆。

齿轮齿条式转向器由转向齿轮 3 和转向齿条 4 组成,转向齿轮和转向齿条啮合,齿条的端部与转向横拉杆 14 连接。

转向动力缸活塞 2 与转向齿条 4 制成一体。活塞 2 将转向动力缸 1 分成左右两腔,分别与控制阀连接。

转向控制阀如图 23-28 所示,为转阀式,主要由阀体 3、阀套 4、阀芯 5 及扭杆 6 组成。扭杆 6 的前端用销 2 与转向齿轮连接,后端与阀芯 5 连接,而阀芯又与转向轴的末端固定在一起,因而转向轴可通过扭杆带动转向齿轮转动,驱动转向齿条，同时带动阀芯转动，控制转向控制阀。阀套 4 与转向齿轮制成一体。P 为转阀进油口，O 为转阀出油口，A 孔通助力油缸左腔的油口，B 孔通助力油缸右腔的油口。

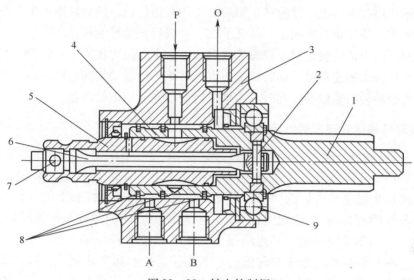

图 23-28 转向控制阀

1—转向齿轮；2、7—销；3—阀体；4—阀套；5—阀芯；6—扭杆；8—密封圈；9—轴承；P—转阀进油口；O—转阀出油口；A—通助力油缸左腔的油口；B—通助力油缸右腔的油口。

2）齿轮齿条整体式液压助力转向器的工作过程

汽车直线行驶时，转阀处于中间位置（图 23-27（a）），由转向油罐 7、转向液压泵（叶片泵）6、流量控制阀（带溢流阀）5 组成的供能装置输出的油液，流入转阀进油口 P 进入阀腔。由于转阀处于中立位置，它使动力缸的两腔相通，则油液经回油管路 8 流回转向油罐 7。因此，转向动力缸完全不起助力作用。

汽车右转弯时（图 23-27（b）），当刚一开始转动转向盘、转向轴连同阀心被顺时针转动时，因为受到转向节臂传来的路面转向阻力，动力缸活塞 2 和转向齿条 4 暂时都不能运动，所以转向齿轮暂时也不能随转向轴转动。这样，由转向轴传到转向齿轮的转矩只能使扭杆 10 产生少许扭转变形，使转向轴（即阀芯）得以相对转向齿轮（即阀套）转过不大的角度，从而转阀使动力缸左腔成为高压的进油腔，右腔则成为低压的回油腔。作用在动力缸活塞上向右的液压作用力，帮助转向齿轮迫使转向齿条开始右移，转向轮开始向右偏转。同时，转向齿轮本身也开始与转向轴同向转动。只要转向盘继续转动，扭杆 10 的扭转变形便一直存在，转向控制阀所处的右转向位置也不变。一旦转向盘停止转动，动力缸暂时还继续工作，导致转向齿轮继续转动，使扭杆的扭转变形减小，直到扭杆恢复自由状态，控制阀（转阀）回到中立位置，动力缸停止工作为止。此时，转向盘即停驻在某一位置上而不动，则车轮转角也就保持一定。若转向盘继续转动时，转向动力缸又继续工作。这种转向动力缸随转向盘的转动而工作，又随转向盘停止转动而停止助力的作用，称为助力转向系统的随动作用。

汽车左转弯时，转向盘逆时针转动时，扭杆、转阀阀心的转动方向以及动力缸活塞的移动方向与上述相反，起助力作用。

若汽车行驶过程中遇到外界阻力使车轮发生偏转，则阻力矩通过转向传动机构、转向齿条齿轮作用在阀体上，使阀套、阀芯产生相对角位移，助力缸则产生与车轮偏转方向相反的阻力，使车轮迅速回正，保证了汽车直线行驶的稳定性。

如果液压助力转向装置发生故障导致助力油缸不起阻力作用，则驾驶员需转动转向盘使扭杆产生较大的变形量，同时传递更大的转矩，以驱动转向齿轮旋转，从而通过转向传动机构带动转向轮偏转。此时，该助力转向器变成机械转向器。

2. 循环球整体式液压助力转向器

解放 CA1120PK2L2 型汽车所采用的循环球整体式液压助力转向器如图 23-29 所示，机械转向器为循环球-齿条齿扇式。转向器壳体 11，同时也是转向动力缸的缸体。转向螺母 9 也是动力缸的活塞，其上加工有齿条并与摇臂轴上的齿扇相啮合。转向螺母的前端用密封圈 12 将动力缸分成前、后两腔。转向螺杆 8 的前端用销 10 与扭杆 1 连接，后端制成圆筒形，其内圆面上加工有油道，并用轴承 14 支承在转向器后端盖 4 上。扭杆的后端用销 3 与转阀阀芯 2 连接。控制阀为转阀式，阀芯 2 与转阀阀体 5 用销 7 连接成一体，用花键与转向轴连接，其工作原理与图 23-30 所示的转阀式转向控制阀工作原理相同。这种转向器由于机械转向器采用了循环球-齿条齿扇式，转向效率较高。

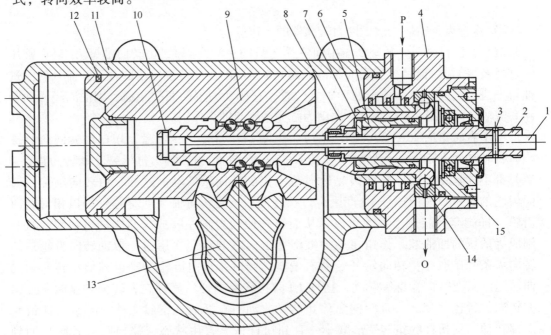

图 23-29 解放 CA1120PK2L2 型汽车的整体式动力转向器
1—扭杆；2—阀芯；3、7、10—销；4—转向器后端盖；5—转阀阀体；
6—转阀隔套；8—转向螺杆；9—转向螺母；11—转向器壳体；12—密封圈；
13—齿扇轴（摇臂轴）；14、15—轴承；P—转阀进油道；O—转阀回油道。

三、转向油罐与转向液压泵

(一) 转向油罐

转向油罐的功用是储存、滤清并冷却液压转向加力装置的工作油液。工作油液一般是锭子油或透平油。转向油罐一般是单独安装,但也有直接装在转向液压泵上的。

转向油罐如图23-30所示,中心油管接头座13与转向控制阀的回油管路连接。另外两个油管接头座12分别与转向液压泵的进油管和漏泄回油管连接。中心油管接头座下部有滤芯密封圈11,上部旋装着中心螺栓16。滤芯10套装在中心螺栓上,由锁销5限位的弹簧7压住。罐盖3靠翼形螺母1压紧。

转向油罐的工作原理:由转向控制阀和转向动力缸流回来的油液,通过中心油管接头座的径向油孔流入滤芯内部的空腔,经滤芯滤清后进入储液腔,准备供入转向液压泵。滤芯弹簧7的预紧力不大,当滤芯堵塞而回油压力略有增高时,便在液压作用下升起,让油液不经过滤清便进入储液腔,以免液压泵进油不足。滤网片14用以防止油液乳化。

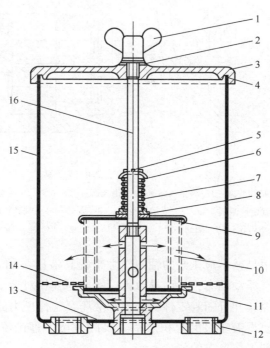

图23-30 转向油罐
1—翼形螺母;2—垫圈;3—罐盖;4—罐盖密封环;5—锁销;6、8—弹簧座;
7—弹簧;9—橡胶密封垫圈;10—滤芯;11—滤芯密封圈;12—油管接头座;
13—中心油管接头座;14—滤网片;15—罐体;16—中心螺栓。

(二) 转向液压泵

转向液压泵是助力转向系统的动力源,它由发动机通过V形皮带驱动或由曲轴或凸轮轴通过齿轮驱动，通过转向控制阀向动力油缸提供压力油。常见的转向液压泵结构形式有齿轮式、叶片式、转子式、柱塞式、滚子叶片式等，其中在国内、外汽车动力转向系统中应用最多的是外啮齿轮式转向液压泵。

1. 外啮齿轮式转向液压泵

1）外啮齿轮式转向液压泵的结构和工作原理

外啮齿轮式转向液压泵的结构如图 23-31 所示。液压泵顶部的右孔口为进油口，左孔口为出油口。主动齿轮 14 和从动齿轮 13 均与轴制成一体。两者的轴颈借轴套支承在泵体 10 和泵盖 18 上。左侧两轴套 11 的轴向位置是固定的，右侧两浮动轴套 12 和 15 可轴向移动。

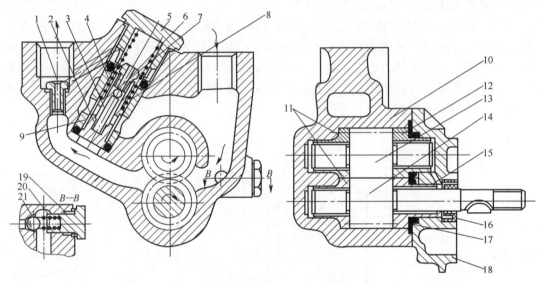

图 23-31　外啮齿轮式转向液压泵

1—量孔；2—流量控制阀柱塞；3—溢流阀弹簧；4—溢流阀弹簧座；5、19—螺塞；6—溢流阀阀门；7—溢流阀座；8—流量控制阀弹簧；9—流量控制阀；10—泵体；11—轴套；12、15—浮动轴套；13—从动齿轮；14—主动齿轮；16—油封；17—弹簧片；18—泵盖；20—单向阀弹簧；21—单向阀阀门。

采用浮动轴套作用是减小液压泵的轴向间隙来提高液压泵的容积效率和工作压力。普通的齿轮液压泵没有浮动轴套，从而导致齿轮端面与其相对运动件泵体、泵盖之间必须留有一定的轴向间隙，并且随着零件的磨损和液压泵工作压力的升高，轴向间隙和漏泄量都将急剧增加，使得液压泵的容积效率（实际流量与理论流量的比值）降低，而且输出压力可能达不到工作要求的值。

浮动轴套凸缘的背面与泵盖 18 之间留有一个密闭空间，经泵体上的小油孔与泵腔中压力较高的腔室相通，其中还装有弹簧片 17。液压泵不工作时，浮动轴套在弹簧片作用下与齿轮端面贴合。当液压泵工作时，泵腔中压力油的作用力使浮动轴套向外移动，形成少量的轴向间隙，同时浮动轴套凸缘背面也受到压力油的作用力。在齿轮泵设计时，需保证浮动轴套背面的压力油与弹簧的作用力之和略大于泵腔内液压油的作用力，这样当液压泵输出压力升高时，浮动轴套可在凸缘背面压力油和弹簧的作用力作用下内移，对轴向间隙增量加以补偿。液压泵输出压力越高，补偿作用越强。零件磨损所致的轴向间隙增量则由弹簧片随时补偿。

在每个齿轮两轴颈的端面处各有一个漏泄油腔。这 4 个油腔借泵体上的孔道和齿轮 13 的中心孔道相互连通。由齿轮端面处的轴向间隙漏泄出来的油液在润滑各摩擦面之后流到漏泄油腔中。漏泄油腔中的压力受控于由阀门 21、弹簧 20 和螺塞 19 组成的单向阀。单向阀进油口与固定轴套 11 一侧的漏泄油腔相通，出油口则与液压泵进油腔相通。当漏泄油腔的压力达一定值时，单向阀开启，使液压泵内部润滑循环油路接通。

2) 流量控制阀和溢流阀

一般情况下，液压泵输出流量应该与齿轮转速成正比。在转向液压泵的设计时，为了保证发动机在怠速或低速运转的情况下，其输出流量也能满足急速转向时助力缸的流量需求（活塞达到最大移动速度）。但这样会导致当发动机高速时，液压泵输出流量过大，从而导致液压泵功率消耗过多和油温过高。为此，必须设置流量控制阀来限制转向液压泵最大输出流量。

转向液压泵的输出压力取决于液压系统的负荷（即转向阻力矩）。当转向阻力矩过大时，液压系统会因超载而导致零部件损坏。为此，液压系统中还必须设置限制系统最高压力的溢流阀。

流量控制阀的工作原理如图 23-32 所示，差压式流量控制阀装于液压泵进油腔和出油腔之间，与液压泵齿轮副并联。溢流阀则位于流量控制阀 9 内。流量控制阀内的柱塞 2 在弹簧 8 的作用下处于下极限位置。柱塞上方通液压泵出油口，下方通液压泵出油腔。在液压泵出油口与出油腔之间有一量孔 1。当油液自出油腔以一定速度流过量孔时，由于量孔的节流作用，量孔内侧的出油腔压力大于量孔外侧的出油口压力。液压泵输出的流量越大（即量孔内流速越高），则量孔内外的压力差越大。在液压泵流量增大至规定值时，柱塞 2 在两端压力差的作用力克服弹簧 8 的预紧力上移，当柱塞下密封环带高于径向油孔的下边缘时，液压泵出油腔即与进油腔连通，出油腔中的一部分油液通过流量控制阀流入进油腔，导致流经量孔的流量减小。当量孔中的流量降低到一定值，量孔内外的压力差不足以克服弹簧力时，柱塞便下移，重新切断进油腔到出油腔的通路，液压泵的流量被限定在一定值内。

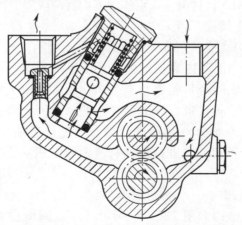

图 23-32 流量控制阀工作原理示意图

溢流阀的工作原理如图23-33所示，溢流阀座7通过螺纹固定在流量控制阀柱塞的上端。阀门6及弹簧3所处的柱塞内腔与液压泵进油腔相通，阀门上方油腔经泵体内的油道通向量孔外的出油口。当液压泵输出压力达到规定值时，溢流阀开启将进油腔与出油口接通泄油，使出油口压力降低。

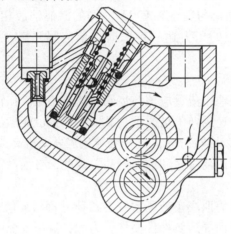

图23-33 溢流阀工作原理示意图

目前汽车上使用的齿轮式液压泵的最高工作压力多为6~7MPa，也有高达14~16MPa的。

2. 叶片式转向液压泵

1) 叶片式转向液压泵的结构及工作原理

图23-34（a）所示为一种双作用叶片转向液压泵结构示意图，由储油罐1、转子6、叶片5、定子环4、前配油盘8、后配油盘7、流量控制阀2、驱动轴及皮带轮9、泵体10等组成。储油罐置于泵体之上，泵体内的转子由皮带轮通过驱动轴驱动。转子两侧有前配油盘和后配油盘。转子上开有均匀分布的径向槽（图23-34（b）），径向槽末端形成小油腔，配油盘上有油槽与小油腔相通，使小油腔内充满高压油。叶片安装在转子的径向槽内，并可在槽内往复滑动。定子内表面有两段大半径的圆弧、两段小半径的圆弧和过渡圆弧组成腰形结构。转子和定子环同心。

双作用叶片转向液压泵的工作原理如图23-35所示。转子在驱动轴的带动下旋转时，叶片在离心力和小油腔内高压油的作用下紧贴定子环表面，随转子顺时针转动，使相邻叶片之间形成的密封腔容积产生由小变大、由大到小的周期变化。转子每旋转一周，每个工作腔各自吸、压油两次，即完成两次吸油行程和压油行程，故将这种工作形式的叶片泵称为双作用叶片泵。当进行吸油行程时，容积由小变大，密封腔形成一定真空度吸油；当进行压油行程时，容积从大变小，压缩油液，由压油口向外供油。

2) 流量—安全组合阀

流量—安全组合阀结构如图23-36所示，流量阀由柱塞6和弹簧2组成；在流量阀阀体内腔中由钢球3、阀杆4和弹簧5组成安全阀。其工作原理为：流量阀

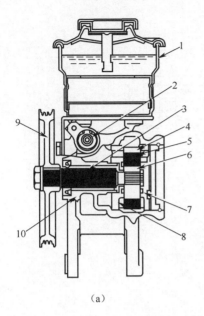 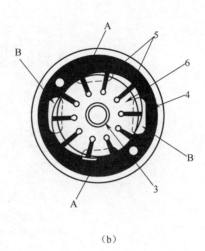

(a) (b)

图 23-34 双作用叶片转向液压泵

(a) 液压泵结构；(b) 叶片泵。

1—储油罐；2—流量控制阀；3—转子阀；4—定子环；5—叶片；6—转子；7—后配置盘；
8—前配置盘；9—驱动轴及皮带轮；10—泵体；A—吸油口；B—压油口。

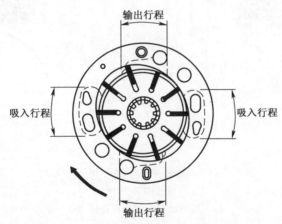

图 23-35 双作用叶片转向液压泵工作原理

柱塞 6 右侧承受来自油泵出油腔 A 室油压，左侧承受来自油泵出油口 B 室油压和弹簧的压力，当流量不大时，流量阀柱塞处在靠右侧位置，A 室与储油罐不通；当流量大到一定值时，由于通往 B 室的节流孔 1 的作用，B 室油压低于右侧一端，且流量越大，节流作用越大，压差越大，当流量阀柱塞两侧的压差足以克服弹簧 2 的压力时，柱塞向左移动，油泵出油腔 A 室和储油罐导通泄油，起到限制流量的作用（图 23-37（a））。当出油口压力大到一定值时，克服安全阀弹簧 5 的压力，推开单向阀钢球 3 使出油口与储油罐相通泄压，起到限制液压助力转向系统最大工作压力的作用（图 23-37（b））。

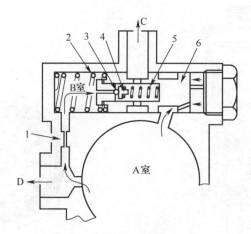

图 23-36 流量-安全组合阀
1—节流孔；2—弹簧；3—钢球；4—阀杆；5—弹簧；
6—柱塞；C—流向储油罐；D—流向转向控制阀。

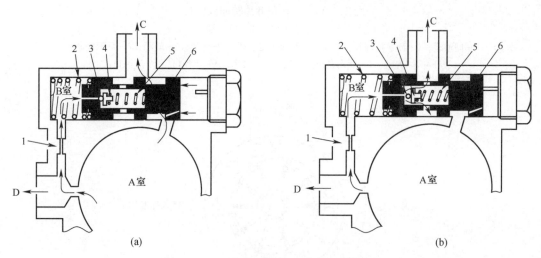

图 23-37 流量-安全组合阀工作原理
（图注同图 23-36）
（a）限制流量；（b）限制压力。

第四节　电控助力转向系统

　　传统液压助力转向系统由于转向操纵灵活、轻便，在汽车设计时对转向器结构形式的选择灵活性大，能吸收路面对前轮产生的冲击等优点，在汽车的转向系统中被广泛使用，特别是在中型、重型载货汽车上。但由于传统的液压助力转向系统能效低，其助力特性不能随车速的变化而自动调节，无法兼顾汽车低速时的转向轻便性和高速时良好的转向路感的原因，正在被助力特性可以随着车速和转向盘角速度变化而改变的电控助力转向系统所取代。相对传统液压助力转向系统而言，电控助力转向系统的能耗更低,高速行驶的操纵稳定性和低速转向轻便性更好,助力特性能随车速的变化而自动调节,很好地解决了转向轻便与转向灵活的矛盾,同时提高行驶安全性、舒适性和经济性。

一、电控助力转向系统的组成与分类

电控助力转向系统,根据动力源不同可分为液压式电控制助力转向系统和电动式电控制助力转向系统。

液压式电控助力转向系统是在传统的液压助力转向系统的基础上增设控制液体流量的装置,如车速和方向盘角速度、扭矩传感器和电子控制单元等。电子控制单元根据检测到的车速,转向盘参数等信号来控制进入转向系统液压油的压力和流量,使转向助力放大倍率实现连续可调,从而满足高、低车速时的转向助力要求。

电动式电控制助力转向系统是在传统的机械式转向系统的基础上,利用直流电动机作为转向的动力源,电子控制单元根据转向参数和车速等信号,控制电动机转矩的方向和大小。电动机的转矩由电磁离合器通过减速机构减速增扭后,通过汽车的转向传动机构,得到一个与工况相适应的转向作用力。

二、液压式电控助力转向系统

根据动力源提供方式不同,液压式电控助力转向系统可分为电动液压助力转向系统(电动液压式)和电磁阀控制助力转向系统,电磁阀控制助力转向系统根据控制方式不同分为流量控制式和反力控制式等。

1. 电动液压式

电动液压式助力转向系统主要包括转向盘转角传感器、车速传感器、电控单元(ECU)、电动液压泵、转向阀、助力油缸等,其工作原理如图23-38所示。

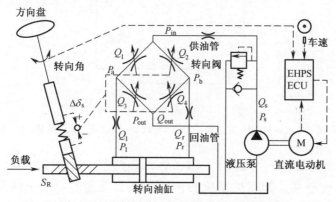

图23-38 电动液压式助力转向系统的原理图

汽车转向时,系统的电控单元(ECU)根据车速传感器、转向盘角速度传感器测量的信号,经计算处理后对直流无刷电机输出脉宽调制的占空比信号,以控制其转速,从而使电动机驱动的液压泵的输出流量发生改变,进而控制进入助力油缸油液的压力,以控制助力大小。该系统不仅可为汽车低速行驶、转向盘快速转动和转向盘大转矩3种工况下提供大助力,保证转向轻便,而且还可为汽车高速行驶、转向盘慢速转动及转向盘小转矩3种工况下提供小助力,保证汽车操作稳定性的同时使驾驶员获得较强的路感。当汽车不需要提供转向助力时,电动机以小电流维持低转速转动,便于需要助力时能快速提速,同时也达到节能的目的。

1)电动液压泵

电动液压泵如图23-39所示,电动液压泵由齿轮泵、无刷直流电动机4和储油罐1等集成在一起构成,其结构很紧凑,质量小,安装方便。齿轮泵由相互啮合的主动齿轮2、从动齿轮6组成,主动齿轮通过联轴器3与电动机相联,电动机带动齿轮泵泵油。这种齿轮泵浸没在储油罐中液压油里,不需要进油管路,自吸能力强,能快速泵油,防止进油口吸不到油产生真空现象。

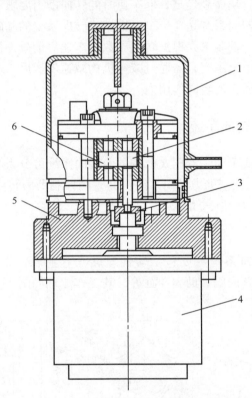

图23-39 电动液压泵结构

1—储油罐;2—主动齿轮;3—联轴器;4—电动机;5—泵与电动机连接体;6—从动齿轮。

齿轮泵内安装有安全阀(图23-40(a))和调压阀(图23-40(b))。安全阀的作用是防止系统超载,起保护系统的作用。压力升高时,安全阀门向上,打开安全阀,降低油压;压力下降时,安全阀门向下,关闭安全阀。调压阀的作用是调压。当齿轮泵负载增高时,该阀会向上关闭出油腔,使出油压力迅速升高;当负载下降过快时,该阀会向下打开,使出油腔和储油罐连通,对出油腔补偿油量,防止产生真空。

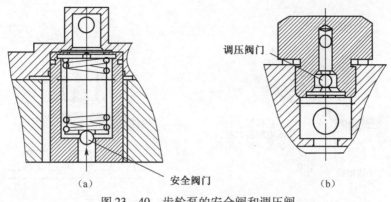

图 23-40 齿轮泵的安全阀和调压阀

2) 传感器的结构与原理

电动液压式助力转向系统主要根据车速传感器和转角传感器检测的信号,由电控单元(ECU)来控制电动机,使电动机带动液压泵输出相应压力和流量的液压油。车速传感器与汽车其他控制系统共用,转角传感器有电容式和霍耳式。

(1) 电容式转角传感器。电容式转角传感器的原理如图 23-41 所示,转向轴上的转子在 9 个小型平板电容器之间旋转,平板电容器的电容将由此而变化,传感器的电子元件根据此电容的变化计算出转向轴的转向角和转向角速度提供给助力转向装置控制单元,去控制电动液压泵的转速。

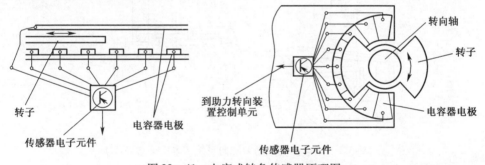

图 23-41 电容式转角传感器原理图

(2) 霍耳式转角传感器。霍耳式转角传感器是一个电子控制开关,它由一个转子(带 60 块磁铁的磁环)、集成在传感器中的半导体及霍耳集成电路组成,如图 23-42 所示。在霍耳集成电路中,电流流过半导体,转子在空隙中旋转。当转子的磁铁直接位于霍耳集成电路的范围之内,则这个位置被称为磁栅栏,在这种情况下,霍耳集成电路内部的半导体上会产生一个霍耳电压,该霍耳电压的大小取决于永久磁铁之间的磁场强度。当转子相应的磁铁通过转动离开了磁栅栏,则霍耳集成电路的磁场将发生偏转,霍耳集成电路中的霍耳电压下降且霍耳集成电路断开。霍耳集成电路将霍耳元件间歇产生的霍耳电压信号放大整形后,向 ECU 输送电压脉冲信号,转子旋转 1 周产生 60 个脉冲信号,1 个脉冲周期相当于转向盘旋转 6°转角的时间,ECU 再将 1 个脉冲周期均分为 6 等分,可求得转向盘旋转 1°所对应的时间,并根据这一信号计算转向盘的转角、角速度和角加速度,去控制电机液压泵的转速。

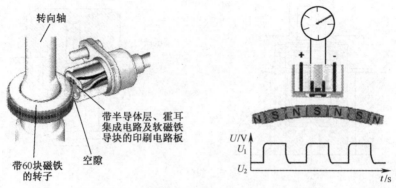

图 23-42　霍耳式转角传感器安装和原理图

2. 流量控制式

图 23-43 所示为丰田凌志汽车上采用的流量控制式电控助力转向系统。该系统主要由车速传感器 5、电磁阀 2、转向液压泵 1、整体式助力转向控制阀 3 和电子控制单元 4 等组成。电磁阀安装在通向转向助力缸活塞两侧油室的油道之间，当电磁阀的阀针完全开启时，两油道就被电磁阀旁路。

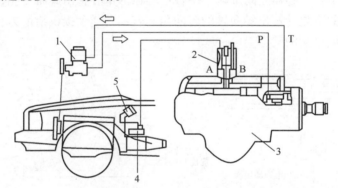

图 23-43　流量控制式助力转向系统（丰田凌志轿车）
1—助力转向液压泵；2—电磁阀；3—助力转向控制阀；
4—ECU；5—车速传感器。

流量控制式助力转向系统的工作原理：它是根据车速传感器的信号，控制电磁阀阀针的开启程度，从而控制转向助力缸活塞两侧油室的液压油流量来改变转向助力的大小。车速越高，流过电磁阀电磁线圈的平均电流值越大，电磁阀阀针的开启程度越大，旁路液压油流量越大，液压助力越小，使转动转向盘的力也随之增加。

3. 反力控制式

反力控制式助力转向系统如图 23-44 所示，主要由转向控制阀 8、分流阀 3、电磁阀 4、转向助力缸 14、转向液压泵 1、储油罐 2、车速传感器及电控单元等组成。

转向控制阀是在传统的整体转阀式助力转向控制阀的基础上增设了油压反力室 18 而构成。扭力杆 5 的上端通过销子与转阀阀芯 8 相联，下端与小齿轮轴 12 用销子 11 连

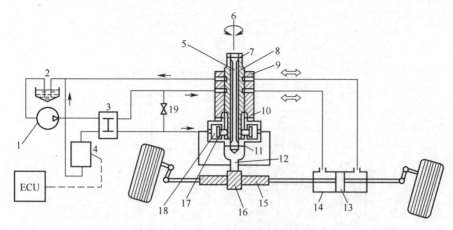

图 23-44 反控制式助力转向系统
1—液压泵；2—储油罐；3—分流阀；4—电磁阀；5—扭力杆；6—转向盘；
7、10、11—销子；8—转阀阀芯；9—控制阀阀套；12—小齿轮轴；13—活塞；
14—转向助力缸；15—齿条；16—小齿轮；17—柱塞；18—油压反力室；19—小孔。

接。小齿轮轴的上端部通过销子 10 与控制阀阀套 9 相联。转向时，转向盘上的转向力通过扭力杆传递给小齿轮轴。当转向力增大、扭力杆发生扭转变形时，控制阀体和转阀阀杆之间将发生相对转动，于是改变了阀套和阀芯之间油道的通、断关系和工作液压油的流动方向，从而实现转向助力作用。

分流阀是把来自转向液压泵的油液向控制阀一侧和电磁阀一侧分流，按照车速和转向要求，改变控制阀一侧与电磁阀一侧的油压，确保电磁阀一侧具有稳定的流量。固定小孔 19 的作用是把供给转向控制阀的一部分流量分配到油压反力室 18 一侧。

电磁阀根据需要开启适当的开度，将油压反力室一侧的油液流回储油罐。工作时，电控单元（ECU）根据车速的高低线性控制电磁阀的开口面积。当车辆停驶或速度较低时，ECU 使电磁阀线圈的通电电流增大，电磁阀开口面积增大，经分流阀分流的油液通过电磁阀重新回流到储油罐中，使作用于柱塞的背压（油压反力室压力）降低。于是柱塞推动控制阀转阀阀芯的力较小，因此只需要较小的转向力就可使扭力杆扭转变形，使阀套与阀芯发生相对转动而实现转向助力作用。当车辆在中高速区域转向时，ECU 使电磁阀线圈的通电电流减小，电磁阀开口面积减小，所以油压反力室的油压升高，作用于柱塞的背压增大，于是柱塞推动转阀阀芯的力增大，此时需要较大的转向力才能使阀套与阀芯之间作相对转动而实现转向助力作用，使得在中高速时驾驶员可获得良好的转向手感和转向特性。

三、电动式电控助力转向系统

1. 电动助力转向系统的组成与原理

电动式电控助力转向系统又称电动助力转向（Electric Power Aided Steering，EPAS）系统，是在机械转向机构的基础上，增加电动助力机构和转向助力控制系统。图 23-45 为电动助力转向系统的简图。

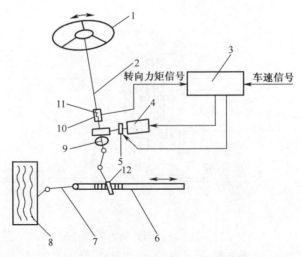

图 23-45　电动助力转向系统简图

1—转向盘；2—转向轴；3—ECU；4—电动机；5—电磁离合器；6—转向齿条；
7—横拉杆；8—转向轮；9—输出轴；10—扭力杆；11—转矩传感器；12—转向齿轮。

电动助力转向系统的工作原理：利用电动机 4 作为助力源，电控单元 3 根据转向操纵力、车速等参数，计算得到最佳的转向助力转矩，并向电动助力机构输出控制信号，实现最佳的转向助力控制。当操纵转向盘 1 时，装在转向轴上的转矩传感器 11 不断地测出转向轴上的转矩信号，该信号与车速信号同时输入到电控单元。电控单元根据这些输入信号，确定助力转矩的大小和方向，即流入电动机的电流大小和方向，从而调整转向助力的大小和方向。电动机的转矩由电磁离合器 5 通过减速机构减速增扭后，加在汽车的转向传动机构上，使之得到一个与汽车工况相适应的转向助力。

2. 电动助力转向系统的优点

与液压式电控助力转向系统相比，电动助力转向系统具有如下优点：

（1）能耗降低。电动式电控助力转向系统只有转向时系统才工作，能量消耗较少。因而与电动式电控助力转向系统相比，在各种行驶工况下均可节能 80% ~ 90%。

（2）轻量化显著。电动式电控助力转向系统无液压式电控助力转向系统必须具有的助力缸、液压油泵、转向阀、液压管道等部件，因此其结构紧凑，质量小，无油渗漏，易于布置。

（3）优化助力控制特性。液压助力的增减有一定的滞后性，反应敏感性较差，随动性不够。电动式电控助力转向系统由于采用电子控制，可以使转向系统的转向性能得到优化，增强随动性。

（4）系统安全可靠。当系统出现故障时，可立即切断电动机与助力齿轮机构的动力传送，迅速转入人工—机械转向状态。

3. 电动助力转向系统的类型

按照转向助力机构安装位置不同，将电动助力转向系统分为 3 类：转向轴助力式、齿轮助力式和齿条助力式。

(1) 转向轴助力式。转向助力机构安装在转向轴上（图23-46（a））。电动机的动力经离合器、电动机齿轮传给转向轴的齿轮，然后经万向节及中间轴传给转向器。

(2) 齿轮助力式。转向助力机构安装在转向器的小齿轮处（图23-46（b））。与转向轴助力式相比，可以提供较大的转向助力，适用于中型车。这种助力形式的助力控制特性方面较为复杂。

(3) 齿条助力式。转向助力机构安装在转向齿条处（见图23-46（c））。电动机通过减速传动机构直接驱动转向齿条。与转向器小齿轮助力式相比，可以提供更大的转向助力，适用于大型车辆。这种助力形式对原有的转向传动机构有较大改变。

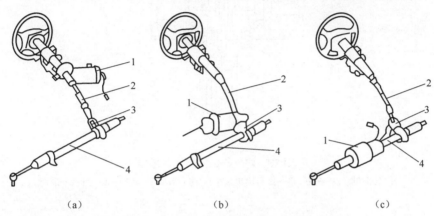

图23-46 电动式电控助力转向系统的类型
(a) 转向轴助力式；(b) 齿轮助力式；(c) 齿条助力式。
1—电动机；2—转向轴；3—转向齿轮；4—转向齿条。

4. 电动助力转向系统的主要部件

1) 转矩传感器

转矩传感器是测量驾驶员作用在转向盘上力矩的大小与方向的，有的转矩传感器还能够测量转向盘转角的大小和方向。

转矩传感器有接触式与非接触式两种。非接触式转矩传感器的优点是体积小、精度高，缺点是成本较高。

图23-47所示为一种接触式转矩传感器，它在转向轴1与转向小齿轮5之间安装了一个扭杆2。当转向系统工作时，利用滑环6和电位计4测量扭杆的变形量并转换为电压信号，从而将转矩转变为电压信号，再通过信号输出端3将信号输出，转向控制单元根据这个电压信号，经计算得出助力转矩，向助力电动机输出电流，驱动助力电动机转动。

图23-48所示为一种非接触式转矩传感器，它有两对磁极环4，当输入轴1与输出轴3之间发生相对转动时，磁极环之间的空气间隙发生变化，从而引起电磁感应系数的变化，在线圈2中产生感应电压，从而将转矩转变为电压信号，向控制单元输出。

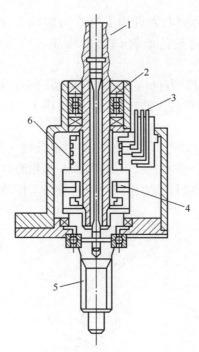

图 23-47 接触式转矩传感器

1—转向轴；2—扭杆；3—信号输出端；4—电位计；5—转向小齿轮；6—滑环。

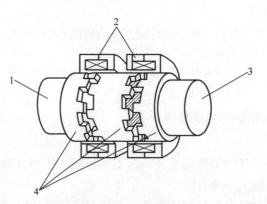

图 23-48 非接触式转矩传感器

1—输入轴；2—线圈；3—输出轴；4—磁极环。

2）助力电动机总成

助力电动机总成由电动机和减速机构组成。电动机为低惯性的永磁式直流电动机，分为有刷式和无刷式两种。

减速机构起降速增扭作用，与电动机相联，形成减速电机。减速机构常采用蜗轮蜗杆减速机构、滚珠螺杆螺母减速机构和行星齿轮减速机构等。蜗轮蜗杆减速机构一般应用在转向轴助力式 EPAS 系统上，而行星齿轮减速机构则被应用在齿条助力式 EPAS 系统和齿轮助力式 EPAS 系统上。

图 23-49 所示为蜗轮蜗杆减速电机，蜗杆 5 与电动机 3 的输出轴相联，通过蜗轮 6 和蜗杆的啮合传动将电动机的转矩作用到转向轴 1 上，以实现转向助力。

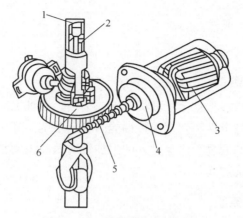

图 23-49 蜗轮蜗杆减速电机
1—转向轴；2—扭杆；3—电动机；4—离合器；5—蜗杆；6—蜗轮。

离合器 4 用于蜗轮蜗杆减速电机与转向轴连接，EPAS 系统只在设定的行驶车速范围内离合器接合，电动机起助力作用。当车速达到界限值时，离合器分离，电动机停止工作，转向系统变为手动转向系统。此时，系统不再受电动机部件惯性力的影响。另外，当电动机发生故障时，离合器将自动分离，不影响转向系统工作。

3）电控单元

电动助力转向控制单元也即电控单元（ECU），它功能是根据车速传感器和转矩传感器等的信号进行逻辑分析与计算，然后发出驱动信号来控制离合器和助力电动机的工作。此外，ECU 还有安全保护和自我诊断功能。通过采集电动机的电流、发电机电压、发动机工况等信号，判断其系统工作状况是否正常。一旦系统工作异常，将自动取消助力作用，同时还将进行故障诊断分析。电动式助力转向系统的控制原理如图 23-50 所示。

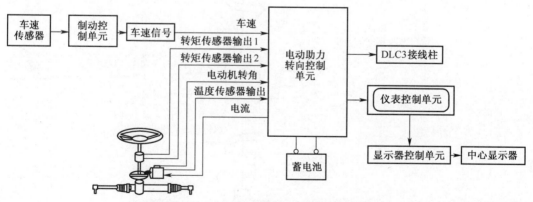

图 23-50 电动式助力转向系统控制原理框图

ECU 通常是采用单片机系统，也有采用数字信号处理器（Digital Signal Processing，DSP）作为控制单元的。控制系统与控制算法是 EPAS 系统的关键之一。控制系统应具有很强的抗干扰能力，以适应汽车多变的行驶环境。控制算法应快速精确，满足实时控制的要求，实现理想的转向助力特性。

四、主动转向系统

1. 主动转向系统分类

主动转向系统是指能够独立于驾驶员的转向干预，实现主动改变前轮转向角，以达到提高车辆的操纵性、稳定性和轨迹保持性能的转向系统。其核心在于由电控系统对前轮施加一个不依赖驾驶员通过转向盘输入的附加转向角。主动转向系统分为机械式主动转向系统和线控转向系统。

2. 机械式主动转向系统

机械式主动转向系统是在机械式转向系统的基础上，通过双行星齿轮机构电控叠加一个输入自由度的附加转向，改变转向传动比，实现主动改变前轮的转向。可变转向传动比是机械式主动转向系统的核心功能之一。

机械式主动转向系统主要由三部分组成，液压助力齿轮齿条动力转向系统、双行星齿轮机构和电控系统，如图23-51所示。液压助力齿轮齿条动力转向系统包括转阀式转向控制阀、带转向动力缸的齿轮齿条转向器。双行星齿轮机构是变传动比的执行机构，有两个自由度，输入端为转向控制阀和调节电动机，输出端为带转向动力缸的齿轮齿条转向器。电控系统包括ECU、传感器和调节电动机，传感器有转向盘转角传感器、车速传感器等。为了满足转向系统低速轻便、高速稳定的要求，在设计时根据理想的转向动态响应特性，求出转向传动比、转向盘转角和车速的关系，做成表格存储于ECU中。

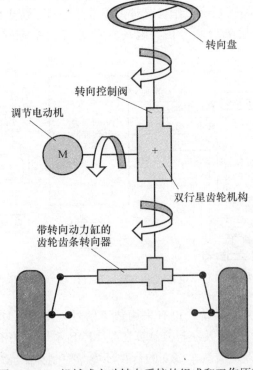

图23-51 机械式主动转向系统的组成和工作原理

在驾驶过程中，驾驶员从转向盘输入转角经转向控制阀输入双行星齿轮机构，同时ECU根据车速、转向盘转角和横向加速度等传感器输入的信息，控制调节电动机转动，调节电动机的转角也输入双行星齿轮机构，双行星齿轮机构将转向盘转角和调节电动机的转角叠加后形成总转向角，输出给带转向动力缸的齿轮齿条转向器，由转向控制阀流出的液压油通过转向动力缸推动齿条，伺服助力转向。前轮机械式主动转向系统（AFS）已装备于部分宝3系列和5系列轿车上。

双行星齿轮机构如图23-52所示，在转向系统中的安装位置如图23-53所示，它集成在转向控制阀与齿轮之间转向柱上。双行星齿轮机构包括左右两排2K-H行星齿轮机构，共用一个行星架进行动力传递。左侧行星齿轮机构的主动太阳轮1的轴与转向盘相连，转向盘的转角由此输入，齿圈2固定，因此左侧行星齿轮3将左侧太阳轮的转动传递给行星轮架4。右侧的行星齿轮机构与左侧的一样，这样可以保证右侧机构的右侧太阳轮9可以获得与左侧太阳轮相等的转角。右侧行星机构的齿圈7并不是固定不动的，而是与蜗轮制成一体的。蜗轮与调节电动机5轴端的蜗杆6相啮合。这样，右侧太阳轮的轴作为输出轴，其输出的转向角度就是由转向盘转向角度与伺服电动机驱动的转向角度叠加得到。低速时，伺服电动机驱动的行星架转动方向与转向盘转向相同，叠加后增加了实际的转向角度；高速时，伺服电动机驱动的行星架转动方向与转向盘转向相反，叠加后减少了实际的转向角度，实现了主动变转向传动比的传动。

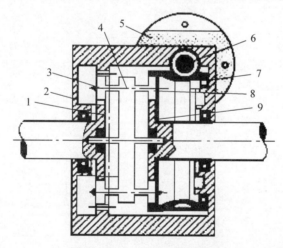

图23-52　双行星齿轮机构

1—左侧太阳轮；2—壳体（左侧齿圈）；3—左侧行星齿轮；4—行星齿轮架；
5—调节电动机；6—蜗杆；7—蜗轮（右侧齿圈）；8—右侧行星齿轮；9—右侧太阳轮。

3. 线控转向系统

线控转向（Steer-by-Wire）系统用传感器记录驾驶员的转向意图和车辆的行驶状况，数据线将信号传递给控制器（ECU），控制器据此作出判断，并决定转向执行电动机的输出电流，使转向轮偏转相应的角度实现转向。

线控转向系统由转向盘总成、转向执行总成和控制器三个主要部分以及故障处理控制器、电源等辅助系统组成，如图23-54所示。

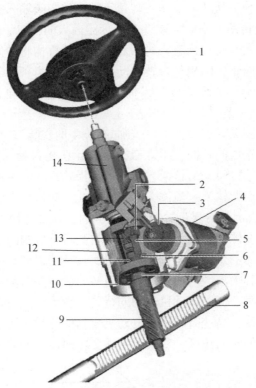

图 23-53 双行星齿轮机构在转向系统中的安装位置

1—转向盘；2—左侧行星齿轮；3—蜗杆；4—调节电动机；5—行星齿轮架；6—右侧行星齿轮；7—齿轮轴；8—齿条；9—齿轮；10—壳体（左侧齿圈）；11—右侧太阳轮；12—蜗轮（右侧齿圈）；13—左侧太阳轮；14—转向控制阀。

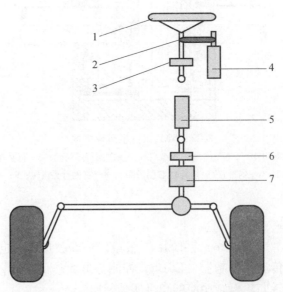

图 23-54 线控转向系统的结构示意图

1—转向盘；2—传动带；3—转向盘转角传感器；4—转向盘回正力矩电动机；5—转向电动机；6—转向齿轮转角传感器；7—转向助力单元。

转向盘总成包括：转向盘1、转向盘转角传感器3、转向盘回正力矩电动机4等。转向盘总成的主要功能是将驾驶员的转向意图（通过测量转向盘的转角获得）转换成数字信号，并传递给ECU；同时接受ECU送来的力矩信号，产生转向盘回正力矩，以提供给驾驶员相应的路感信号。

转向执行总成包括转向齿轮转角传感器6、转向电动机5、转向助力单元7和转向梯形机构等。总成的功能是接受ECU的命令，由转向电动机通过转向助力单元和转向梯形机构等带动转向车轮转动，实现驾驶员的转向意图。

控制器对采集的信号进行分析处理，判别汽车的行驶状态，向转向盘回正力矩电动机和转向电动机发送指令，控制两个电动机的工作，保证各种工况下都具有理想的车辆响应。同时控制器还对驾驶员的操作进行判别。当汽车处于非稳定行驶状态或驾驶员发出错误指令时，线控转向系统会将驾驶员错误的转向操作屏蔽，而自动进行稳定控制，使汽车尽快地恢复到稳定行状态。

自动防故障系统包括一系列的监控和实施算法，针对不同的故障形式和故障等级做出相应的处理，以求最大限度地保持汽车的正常行驶。

线控转向系统的转向盘与转向轮之间没有机械连接，而是用数据线替代了转向盘与转向轮之间的机械连接，线控转向系统用数据线替代了传统的转向盘与转向轮之间的机械连接和控制，转向盘与转向轮之间没有机械连接，使发动机的布置空间增大而且安装方便，转向系统的布置更加灵活，从发动机和转向系统布置的角度出发，线控转向系统有良好的发展空间，尤其在全轮转向系统中，省去了前后轮之间的机械转向连接。线控转向系统主要缺点是无法获得真实路感，只能用软件模拟实际情况。线控转向系统已在许多概念车和实验室研究的车辆中获得广泛采用，如通用公司的Sequel概念车就采用了线控转向技术。

第五节　四轮转向系统

四轮转向（Four Wheel Steering，4WS）系统是指当驾驶员转动方向盘时，能够同时操纵4个车轮偏转的一种转向系统。四轮转向系统与只在汽车前轮设置转向装置转向系统的性能相比较，其优点在于：缩短转向动作过程；提高转向时的稳定性；提高转向操作随动性和正确性；变换车道容易和缩短最小转弯半径。

根据后轮转向的控制方式，四轮转向系统可以分为机械式四轮转向系统、机电控制四轮转向系统和电控四轮转向系统（其中又有电控—电动和电控—液压驱动之分）。

一、机械式四轮转向系统

机械式四轮转向系统如图23-55所示，前后轮都设置有转向器，两转向器之间用中央轴5连接，转向盘直接操纵的前轮转向器，前轮转向角决定后轮转向角的大小。

当驾驶员转动转向盘4时，通过齿轮齿条式的前轮转向器1、前横拉杆2等使前轮

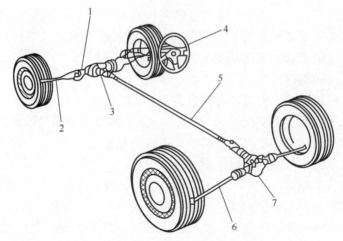

图 23-55　机械式四轮转向系统
1—前轮转向器；2—前横拉杆；3—输出齿轮轴；4—转向盘；5—中央轴；
6—后横拉杆；7—后轮转向器。

转向，同时，前轮转向器的齿条带动输出齿轮轴 3 转动，经中央轴使后轮转向器 7 的转向齿轮产生转动，再通过后轮转向器、后横拉杆 6 等使后轮转动。

当转向盘转动量较小时，后轮与前轮同向偏转；当转向盘转动量较大时，后轮与前轮反向偏转。这样可以提高汽车高速时的操纵稳定性，并可以减小汽车的转弯半径。其工作特性和各轮转向如图 23-56 所示。

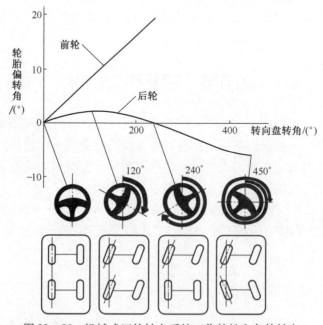

图 23-56　机械式四轮转向系统工作特性和各轮转向

在前、后轮转向器的基础上，增加液压助力装置，即形成液压助力转向器及液压助力四轮转向系统。

二、机电控制式四轮轮向系统

机电控制式四轮转向系的组成如图 23-57 所示，前、后转向机构由联接轴 3 联接。转向盘的转动传到前轮转向器（齿轮齿条式）中的齿条，齿条带动前转向横拉杆 14 左右移动，使前轮转向；同时，使前转向器主动齿轮 2 转动，并通过连接轴 3 将动力传到后转向器中。

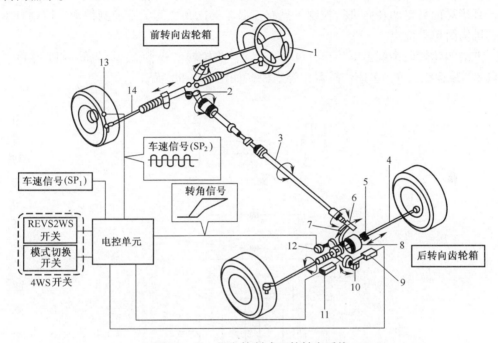

图 23-57 机电控制式四轮转向系统
1—转向盘；2—前转向器主动齿轮；3—连接轴；4—后转向横拉杆；5—连接杆；
6—驱动小齿轮；7—扇形齿轮；8—转向轴；9—辅助电动机；10—变换器；
11—主电动机；12—转角比传感器；13—车速传感器；14—前转向横拉杆

后转向器中的转向轴 8 为一个大轴承，其外圈与扇形齿轮 7 为一体，可以绕转向轴左右旋转中心偏转；内圈与一个凸出在连接杆 5 上的偏心轴相联。连接杆由变换器 10 中的主电动机 11 驱动，可以绕其转动中心正反向运动，并使偏心轴在转向轴内上下旋转约 55°。变换器主要由驱动部分（主电动机与辅助电动机）、减速部分（行星齿轮）以及使连接杆转动的蜗杆组成。

当转向盘 1 通过连接轴 3 使驱动小齿轮 6 向左或向右旋转时，带动扇形齿轮 7 转动，扇形齿轮带动转向轴 8 通过偏心轴使连接杆 5 左右移动，联接杆又带动后转向横拉杆 4 以及后转向节臂转动，实现后轮转向。

电控单元根据车速信号控制主电动机 11 驱动连接杆，从而改变偏心轴与转向轴的相对位置。当偏心轴的前端与转向轴的左右旋转中心一致时，转向轴即使向左右倾斜，连接杆也不发生轴向移动，此时，后轮处于中间位置；当偏心轴的前端位于转向轴旋转中心上方或下方偏离转向轴中心时，转向轴的左右倾斜将使连接杆产生轴向位移。当偏心轴前端分别位于转向轴上、下方时，后轮相对于前轮分别作反向与同向转动。

三、电动式四轮转向系统

电动四轮转向系统的前后轮转向器均为电动助力，两转向器之间无任何机械连接装置及液压管道等部件，转向盘与转向轮之间没有机械连接，ECU 接受转向盘等转向信号，直接对前后轮的转向进行控制，具有前后轮转向角之间关系控制精确、控制自由度高、机构简单等优点。

电动四轮转向系统由电控单元（ECU）7、前轮转向机构2、后轮转向机构11、电动机8、减速机构9、车速传感器5等组成，如图23-58所示。

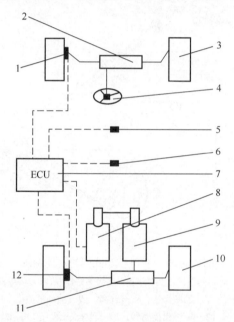

图23-58 电动式四轮转向系统布置示意图
1—前轮转角传感器；2—前轮转向机构；3—前车轮；4—转向盘；5—车速传感器；
6—横摆角速度传感器；7—ECU；8—步进电动机；9—减速机构；10—后车轮；
11—后轮转向机构；12—后轮转角传感器。

汽车转向时，驾驶员转动转向盘，ECU 根据转向盘转角和转矩、车轮转角、汽车行驶速度、横摆加速度和侧向加速度等信号，进行分析计算，判断驾驶员的转向意图及汽车运动状态，通过内部预设的控制模式，确定后轮转角，并向步进电动机输出驱动信号，电动机驱动后轮偏转，实现汽车的四轮转向。同时，ECU 计算后轮目标转角与实际转角之差并进行调整，从而实现汽车行驶状况的实时监控。

电动四轮转向系统属于车速、前轮偏转角及偏转角速度响应型四轮转向系统，不仅可以改善汽车高速行驶转向时的稳定性，又可以提高汽车高速转向时的转向响应，同时还可以减小汽车低速行驶转向时的转弯半径。

思考题

23-1 汽车转向系统的功用是什么？汽车转向时，若使四轮都作纯滚动，应满足什么条件？

23-2 简述汽车机械转向系统的基本工作原理。

23-3 汽车转向系统分为哪几类？各由哪几部分组成？

23-4 为什么目前在轻型、微型轿车和货车上大多采用齿轮齿条式转向器？

23-5 简述齿轮齿条式转向器的基本结构和工作原理。

23-6 简述循环球式转向器的基本结构和工作原理。

23-7 简述转向控制阀的工作原理。

23-8 简述叶片式转向液压泵的工作原理。

23-9 简述电动液压式电控助力转向系统的工作原理。

23-10 简述电动助力转向系统的工作原理。

23-11 电动助力转向系统是如何分类的？与液压助力式相比较，它有哪些优点？

23-12 简述机械式主动转向系统的组成和工作原理。

23-13 四轮转向有哪些优越性？

第二十四章 汽车制动系统

第一节 概　　述

一、制动系统的功用和组成

1. 制动系统的功用

制动系统是汽车利用外界（主要是路面）在汽车某些部分（主要是车轮）施加一定的力，对其进行一定程度的强制制动的一系列专门装置。其基本功用是使行驶中的汽车按照驾驶员的意志进行强制减速甚至停车，使已停驶的汽车在各种道路条件下（包括在坡道上）稳定驻车，使下坡行驶的汽车速度保持稳定。

2. 制动系统的组成和工作原理

汽车制动系统是由产生制动作用的制动器和制动操纵系统组成，如图 24-1 所示。制动器主要由制动鼓 8、制动蹄 10、制动底板 11 和制动蹄回位弹簧 13 等组成。制动鼓 8 固定在车轮轮毂上，随车轮一同旋转。制动底板 11 固定在转向节或车桥的桥壳上，不旋转；制动底板 11 上有两个支承销 12，支承着两个弧形制动蹄 10 的下端。制动蹄的外圆面上装有摩擦片 9。制动蹄回位弹簧 13 两端拉着制动蹄 10。制动操纵系统主要由制动踏板 1、推杆 2、制动主缸 4、制动轮缸 6 和油管 5 等组成。

制动系统不工作时，制动鼓 8 的内圆面与制动蹄摩擦片 9 的外圆面之间保持一定的间隙，使车轮和制动鼓可以自由旋转，旋转方向如图 24-1 中箭头所示。

汽车制动时，驾驶员踩下制动踏板 1，通过推杆 2 和主缸活塞 3，使主缸内的油液在一定压力下经由油管 5 流入制动轮缸 6，并通过两个轮缸活塞 7 推动两制动蹄 10 绕支承销 12 转动而张开，消除了制动鼓与制动蹄之间的间隙后，使摩擦片 9 压紧在制动鼓的内圆面上。这样，不旋转的制动蹄就对旋转着的制动鼓作用了一个摩擦力矩 M_μ，其方向与车轮旋转方向相反，如图 24-1 所示。制动鼓将该力矩 M_μ 传到车轮后，由于车

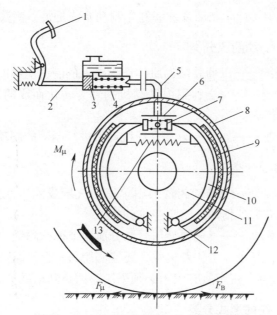

图 24-1 液压制动系统工作原理示意图
1—制动踏板；2—推杆；3—主缸活塞；4—制动主缸；5—油管；6—制动轮缸；7—轮缸活塞；
8—制动鼓；9—摩擦片；10—制动蹄；11—制动底板；12—支承销；13—制动蹄回位弹簧

轮与路面之间有附着作用，车轮对路面作用一个向前的周缘力 F_μ，同时路面也对车轮作用着一个向后的反作用力，即地面制动力 F_B。制动力由车轮经车桥和悬架传给车架及车身，迫使汽车产生一定的减速度，从而使汽车减速甚至停车。地面制动力 F_B 越大，则汽车减速度越大，制动距离越短。显然，地面制动力 F_B 不仅取决于摩擦力矩 M_μ，而且还取决于轮胎与地面之间的附着条件。只有制动器提供足够的摩擦力矩 M_μ，同时轮胎与地面之间的附着条件较好时，才能产生较好的制动效果。

解除制动时，驾驶员松开制动踏板，制动蹄回位弹簧 13 将制动蹄拉回原位，制动蹄推动活塞回位，油液回流，制动鼓和制动蹄之间出现间隙，摩擦力矩和制动力消失，则制动解除。

二、制动系统的类型

1. 按制动系统的功用分类

（1）行车制动系统——是由驾驶员用脚来操纵的，故又称脚制动系统。它的功用是使行驶中的汽车减速或在短距离内停车。

（2）驻车制动系统——是由驾驶员用手来操纵的，故又称手制动系统。它的功用是使已经停驶的汽车驻留原地不动。

（3）第二制动系统——在行车制动系统失效的情况下，保证汽车仍能实现减速或停车的一套装置。在许多国家的制动法规中规定，第二制动系统也是汽车必须具备的。

（4）辅助制动系统——用以在下长坡时稳定车速的装置。辅助制动系统能降低车速或保持车速稳定，但不能将车辆紧急制动到停止。

上述各制动系统中，行车制动系统和驻车制动系统是每一辆汽车都必须具备的。

2. 按制动系统的制动能源分类

（1）人力制动系统——以驾驶员的肌体作为唯一的制动能源的制动系统。

（2）动力制动系统——完全利用由发动机的动力转化而成的气压或液压形式的势能进行制动的制动系统。

（3）伺服制动系统——兼用人力和发动机动力进行制动的制动系统。

3. 按制动回路多少分类

（1）单回路制动系统——传动装置采用单一的气压或液压回路的制动系统。单回路制动系统中，只要有一处损坏，整个系统就失效。

（2）双回路制动系统——气压或液压管路分属两个彼此隔绝的回路的制动系统。双回路制动系统中，即使其中一个回路失效，还能利用另一个回路获得一定的制动力。我国自1988年1月1日起，规定所有汽车必须采用双回路制动系统。

4. 按制动操纵系统的形式分类

分为机械、液压、气压、电控制动系统等，相应的制动操纵系统分别为机械制动操纵、液压制动操纵、气压制动操纵、电控制动操纵系统等。

第二节 制 动 器

制动器按照安装位置可分为车轮制动器和中央制动器两大类。旋转元件固装在车轮或半轴上，即制动力矩分别直接作用于两侧车轮上的制动器，称为车轮制动器。旋转元件固装在传动系统中间的传动轴上，其制动力矩须经过驱动桥再分配到两侧车轮上的制动器，称为中央制动器。车轮制动器一般用于行车制动，也有兼用于第二制动和驻车制动的。中央制动器一般只用于驻车制动和缓速制动。

凡利用固定元件与旋转元件工作表面的摩擦作用产生制动力矩的制动器，都称为摩擦制动器。除各种缓速装置以外，行车制动、驻车制动及第二（或应急）制动系统所用的制动器，几乎都属于摩擦制动器。

汽车上所用的摩擦制动器按照结构可分为鼓式制动器和盘式制动器两大类。前者摩擦副中的旋转元件为制动鼓，其工作表面为圆柱面；后者的旋转元件则为圆盘状的制动盘，以其端面为工作表面。本节将分别介绍鼓式制动器和盘式制动器。

一、鼓式制动器

鼓式制动器分外束型和内张型两种。外束型制动鼓的工作表面则是外圆柱面，目前只有极少数汽车用做驻车制动器；内张型制动鼓以内圆柱面为工作表面，在汽车上应用广泛。

内张型鼓式制动器都采用带摩擦片的制动蹄作为固定元件。位于制动鼓内部的制动蹄在一端承受促动力时，可绕其另一端的支点向外旋转，压靠到制动鼓内圆柱面上，产生摩擦力矩（制动力矩）。凡对蹄端加力使蹄转动的装置，统称为制动蹄促动装置。常用的促动装置有液压制动轮缸、凸轮促动装置和楔促动装置等，相应的鼓式制动器称为轮缸式制动器、凸轮式制动器和楔式制动器等。

就制动蹄的工作特征而言，制动蹄上产生的摩擦力矩因受制动鼓旋转方向的影响有明显差异，因而制动蹄有领蹄和从蹄之分。根据制动过程中两制动蹄产生的制动力矩不同，鼓式制动器可分为领从蹄式制动器、双向双领蹄式制动器、双从蹄式制动器、单向自增力式制动器和双向自增力式制动器等形式，下面将分别进行介绍。

（一）轮缸式制动器

1. 领从蹄式制动器

图 24-2 为领从蹄式制动器示意图，设汽车前进时制动鼓旋转方向（这称为制动鼓正向旋转）如图中箭头所示。沿箭头方向看去，制动蹄的支承点在其前端，制动轮缸 7 对其施加的促动力 F_{S1} 作用于其后端，因而该制动蹄张开时的旋转方向与制动鼓的旋转方向相同。具有这种属性的制动蹄称为领蹄。与此相反，制动蹄 2 的支承点 4 在其后端，制动轮缸 7 对其施加的促动力 F_{S1} 作用于其前端，其张开时的旋转方向与制动鼓的旋转方向相反。具有这种属性的制动蹄称为从蹄。当汽车倒驶时，制动鼓的旋转方向与图 24-2 中箭头方向相反（这称为制动鼓反向旋转），则制动蹄 1 变成从蹄，而制动蹄 2 则变成领蹄。这种在制动鼓正向旋转和反向旋转时，都有一个领蹄和一个从蹄的制动器即称为领从蹄式制动器。

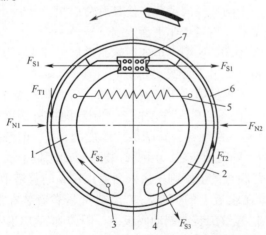

图 24-2 领从蹄式制动器示意图
1—领蹄；2—从蹄；3、4—支承点；5—回位弹簧；6—制动鼓；7—制动轮缸。

图 24-2 所示的结构中，轮缸中的两个活塞都可在轮缸内轴向浮动，且两者直径相同，因此制动时两个活塞对两个制动蹄所施加的促动力永远是相等的。凡两蹄所受促动力相等的领从蹄制动器，都称为等促动力制动器。

领从蹄式制动器受力如图 24-2 所示。制动时，两活塞施加的促动力是相等的，领蹄 1 和从蹄 2 在相等的促动力 F_{S1} 的作用下，分别绕各自的支承点和旋转到紧压在制动鼓 6 上。旋转着的制动鼓即对两制动蹄分别作用着法向力 F_{N1} 和 F_{N2}（摩擦片微元所受法向力的等效合力),以及相应的切向力 F_{T1} 和 F_{T2} (摩擦片微元摩擦力的等效合力),两蹄上的这些力分别被各自的支点 3 和 4 的支反力 F_{S2} 和 F_{S3} 所平衡。

从图 24-2 中可以看出,领蹄上的切向力 F_{T1} 所造成的绕支点 3 的力矩与促动力 F_{S1} 所造成的绕同一支点的力矩是同向的。所以力 F_{T1} 的作用结果是使领蹄 1 在制动鼓上压得更紧,力 F_{N1} 变得更大,从而力 F_{T1} 也进一步增大。这表明领蹄具有"增势"作用。与此相反,从蹄 2 上的切向力 F_{T2} 所造成的绕支点 4 的力矩与促动力 F_{S1} 所造成的绕支点 4 的力矩是反向的,所以力 F_{T2} 的作用结果有使从蹄 2 脱离制动鼓的趋势,使力 F_{N2} 变小,从而使力 F_{T2} 变小,这表明从蹄具有"减势"作用。

由上述可见,虽然领蹄和从蹄所受促动力相等,但制动鼓所受法向力 F_{N1} 和 F_{N2} 却不相等,且 $F_{N1} > F_{N2}$,相应地 $F_{T1} > F_{T2}$,故两制动蹄对制动鼓所施加的制动力矩并不相等。一般来说,相同的促动力作用下,领蹄制动力矩约为从蹄制动力矩的 2~2.5 倍。倒车制动时,虽然蹄 2 变成领蹄,蹄 1 变成从蹄,但整个制动器的制动效能还是同前进制动时一样,这是由领从蹄式制动器受力决定的。

由于领蹄和从蹄所受法向反力 F_{N1} 和 F_{N2} 不相等,在两蹄摩擦片工作面积相等的情况下,领蹄摩擦片上的单位压力较大,因而磨损较严重。为了使领蹄和从蹄的摩擦片寿命相近,有些领从蹄式制动器的领蹄摩擦片尺寸设计得较大,但是这样将使得两蹄摩擦片不能互换,从而增加了零件种数和制造成本。

此外,领从蹄式制动器的制动鼓受到两蹄法向力 F_{N1} 和 F_{N2} 的反作用力是不相等的,因此它们不能相互平衡,则此两蹄的法向力之和只能由车轮的轮毂轴承的反力来平衡,这就对轮毂轴承造成了一个附加径向载荷,使其寿命缩短。凡制动鼓所受来自两蹄的法向力不能互相平衡的制动器,均属于非平衡式制动器。

图 24-3 所示的北京 BJ2020N 型汽车的后轮制动器,即为领从蹄式制动器。制动鼓 11 固装在车轮轮毂的凸缘上。作为不旋转部分零件装配基体的制动底板 3,用螺栓与后驱动桥壳上的凸缘连接。用钢板焊成 T 形截面的前、后两制动蹄 1 和 9,以其腹板下端的孔分别同两支承销 14 上的偏心轴颈作动配合。制动蹄的外圆面上,用埋头铆钉铆接着摩擦片 2。铆钉头顶端埋入深度约为新摩擦片厚度的 1/2。前摩擦片较后摩擦片的弧长大。制动轮缸 12 是制动蹄促动装置,用螺钉装在制动底板上。活塞顶块 6 压合在制动轮缸活塞 5 上,制动蹄腹板的上端则松嵌入活塞顶块 6 的直槽中。两制动蹄由回位弹簧 4 和 10 拉拢,并以焊在腹板上的调整凸轮锁销 8 紧靠着装在制动底板上的调整凸轮 7。制动蹄限位杆 18 借螺纹旋装在制动底板上,限位弹簧 17 使制动蹄腹板紧靠着制动蹄限位杆 18 中部的台肩,以防止制动蹄轴向窜动。

制动时,两蹄在制动轮缸 12 中的液压的作用下,各自绕其支承销偏心轴颈的轴线向外旋转,紧压到制动鼓 11 上。解除制动时,撤除液压,两蹄便在回位弹簧 4 和 10 的作用下回位。

上海桑塔纳轿车的后轮制动器是兼有驻车制动的领从蹄式制动器,如图 24-4 所示。其制动蹄采用了浮式支承。制动蹄的上、下支承面均加工成弧面,其下端支靠在支承板 8 上,而支承板 8 固定于制动底板上。制动轮缸 21 的活塞通过支承块对制动蹄的上端施加促动力。这种支承结构的优点是可使整个制动蹄沿支承平面有一定的浮动量,制动蹄可以自动定心,从而保证其能够与制动鼓全面接触。这种结构的另一特点是,该

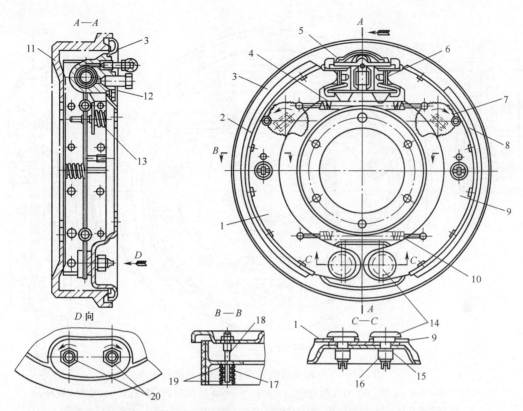

图 24-3 北京 BJ2020N 型汽车后轮鼓式制动器结构图

1—前制动蹄；2—摩擦片；3—制动底板；4、10—制动蹄回位弹簧；5—制动轮缸活塞；
6—活塞顶块；7—调整凸轮；8—调整凸轮顶销；9—后制动蹄；11—制动鼓；12—制动轮缸；
13—调整凸轮压紧弹簧；14—支承销；15—弹簧垫圈；16—螺母；17—制动蹄限位弹簧；
18—制动蹄限位杆；19—弹簧盘；20—支承销内端面上的标记。

行车制动器可兼做驻车制动器，因此在制动器中还装设了驻车制动机械促动装置。

驻车制动机械促动装置主要由驻动制动杠杆 6、推杆 5、推杆内弹簧 3，推杆外弹簧 4 等组成。驻车制动杠杆 6 上端用平头销 2 与后制动蹄 7 联接，其上部卡入驻车制动推杆 5 右端的切槽中作为中间支点，下端与拉绳连接。前、后制动蹄的腹板卡在驻车制动推杆 5 两端的切槽中。驻车制动推杆外弹簧 4 左端钩在推杆 5 的左弯舌上，而右端钩在后制动蹄 7 的腹板上，驻车制动推杆内弹簧 3 的左端钩在前制动蹄 17 的腹板上，而右端则钩在推杆 5 的右弯舌上。

进行驻车制动时，须将驾驶室中的手动驻车制动操纵杆拉到制动位置，经一系列杠杆和拉索传动，将驻车制动杠杆 6 的下端向前拉，使之绕上端支点（平头销 2）转动。在转动过程中，其中间支点推动制动推杆 5 左移，将前制动蹄 17 向左推向制动鼓，直到前制动蹄 17 压靠到制动鼓上之后，驻车制动推杆 5 停止运动，则驻车制动杠杆 6 的中间支点成为其继续转动的新支点。于是驻车制动杠杆 6 的上端右移，通过平头销使后制动蹄 7 上端靠向制动鼓，直到两蹄都压靠到制动鼓上，从而实现了驻车制动。

解除驻车制动时，应将驻车制动操纵杆推回到不制动位置，制动杠杆 6 在回位弹簧

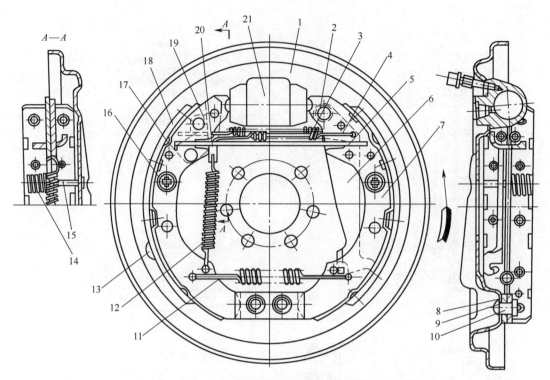

图 24-4 上海桑塔纳轿车后轮制动器结构图

1—制动底板；2—平头销；3—驻车制动推杆内弹簧；4—驻车制动推杆外弹簧；5—驻车制动推杆；
6—驻车制动杠杆；7—后制动器；8—支承板；9—挡板；10—铆钉；11—制动蹄回位弹簧；
12—制动间隙调节弹簧；13—观察孔；14—限位弹簧；15—限位销钉；16—限位弹簧座；
17—前制动蹄；18—摩擦衬片；19—楔形支承；20—楔形调节块；21—制动轮缸。

（图中未示出）作用下回位，同时制动蹄回位弹簧 11 将两蹄拉拢。推杆内、外弹簧 3 和 4 除可将两蹄拉回到原始位置之外，还可以防止制动推杆在不工作时窜动，碰撞制动蹄而产生噪声。

目前，国内一些轿车（如红旗 7220 型、奥迪 100 型和捷达轿车等）的后轮鼓式制动器与上述结构基本相同。

2. 单向双领蹄式制动器

汽车前进制动时，两蹄均为领蹄的制动器称为单向双领蹄式制动器，其结构示意图如图 24-5 所示。

单向双领蹄式制动器与领从蹄式制动器在结构上主要有两点不相同，一是单向双领蹄式制动器的两制动蹄各用一个单活塞式轮缸，而领从蹄式制动器的两蹄共用一个双活塞式轮缸；二是单向双领蹄式制动器的两套制动蹄、制动轮缸、支承销在制动底板上的布置是中心对称的，而领从蹄式制动器中的制动蹄、制动轮缸、支承销在制动底板上的布置是轴对称布置的。

如图 24-6 所示的北京 BJ2020N 型汽车前轮制动器即为单向双领蹄式制动器。两制动蹄分别采用一个单活塞式制动轮缸 2 促动，且两套制动蹄、制动轮缸、支承销和调整

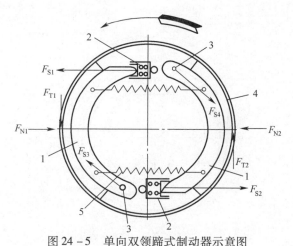

图 24-5 单向双领蹄式制动器示意图
1—制动蹄；2—制动轮缸；3—支承销；4—制动鼓；5—回位弹簧。

凸轮等在制动底板上的布置是中心对称的，以代替领从蹄式制动器中的轴对称布置。两个轮缸可通过轮缸联接油管 13 连通，使其中的油压相等。

单向双领蹄式制动器在汽车前进制动时，两蹄均为领蹄，这样可提高前进方向的制动效能。倒车制动时，该制动器两制动蹄变为从蹄，制动效能下降很多。

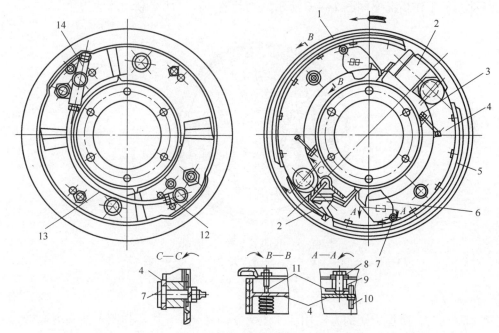

图 24-6 北京 BJ2020N 型汽车前轮制动器
1—制动底板；2—制动轮缸；3—制动蹄回位弹簧；4—制动蹄；5—摩擦片；6—调整凸轮；7—支承销；8—调整凸轮轴；9—弹簧；10—调整凸轮锁销；11—制动蹄限位杆；12、14—油管接头；13—轮缸连接油管。

3. 双向双领蹄式制动器

汽车前进和倒车制动时，两蹄均为领蹄的制动器称为双向双领蹄制动器，其结构示意图如图 24-7 所示。

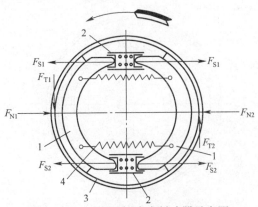

图 24-7 双向双领蹄式制动器示意图
1—制动蹄；2—制动轮缸；3—制动鼓；4—回位弹簧。

图 24-8 所示是一种双向双领蹄式制动器的具体结构。汽车前进制动时，所有的制动轮缸活塞都在液压作用下向外移动，将两制动蹄 4 和 8 压靠到制动鼓 1 上。在制动鼓的摩擦力矩作用下，两蹄都绕车轮中心朝箭头所示的车轮旋转方向转动，将两轮缸活塞外端的支座 9 推回，直到顶靠到轮缸端面为止。此时两轮缸的支座 9 成为制动蹄的支点，制动器的工作情况便同图 24-6 所示的制动器一样，两个制动蹄均为领蹄。

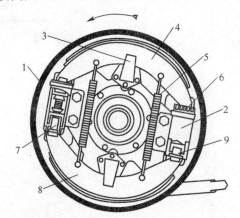

图 24-8 双向双领蹄式制动器
1—制动鼓；2—制动轮缸；3—制动蹄限位片；4、8—制动蹄；
5—回位弹簧；6—调整螺母；7—可调支座；9—支座。

倒车制动时，摩擦力矩的方向相反，使两制动蹄绕车轮中心逆图示箭头方向转过一个角度，将可调支座 7 连同调整螺母 6 一起推回原位，于是两个支座 7 便成为制动蹄的新支承点。这样，每个制动蹄的支点和促动力作用点的位置都与前进制动时相反，两个制动蹄仍然都是领蹄，其制动效能同前进制动时完全一样。

与领从蹄式制动器相比，双向双领蹄式制动器在结构上主要有几个特点：一是采用两个双活塞式制动轮缸；二是两制动蹄的两端都采用浮式支承，且支点周向位置也是浮动的；三是制动底板上的所有固定元件，如制动蹄、制动轮缸、回位弹簧等都是成对的，而且既按轴对称、又按中心对称布置；四是在前进或倒驶时两制动蹄都为领蹄，可使前进、倒驶两方向制动效能相同。

4. 单向双从蹄式制动器

汽车前进制动时，两制动蹄均为从蹄的制动器称为单向双从蹄式制动器，其结构示意图如图24-9所示。

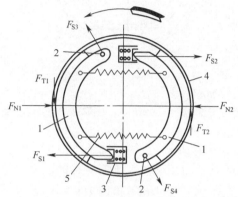

图24-9 双从蹄式制动器示意图
1—制动蹄；2—支承销；3—制动轮缸；4—制动鼓；5—回位弹簧。

这种制动器与单向双领蹄式制动器结构很相似，二者的差异只在于固定元件与旋转元件的相对运动方向不同。虽然单向双从蹄式制动器的前进制动效能低于单向双领蹄式和领从蹄式制动器，但其效能对摩擦系数变化的敏感程度较小，即具有良好的制动效能稳定性。

对于单向双领蹄式、双向双领蹄式、单向双从蹄式制动器，其固定元件布置都是中心对称的。如果间隙调整正确，则其制动鼓所受两制动蹄施加的两个法向合力能够互相平衡，不会对轮毂轴承造成附加径向载荷。因此，这3种形式的制动器都属于平衡式制动器。

5. 单向自增力式制动器

单向自增力式制动器的结构原理及制动蹄的受力情况如图24-10所示。假设汽车前进制动时制动鼓旋转方向如图中箭头所示。第一制动蹄1和第二制动蹄6的下端分别浮支在浮动顶杆7的两端。制动器只在上方有一个支承销3。不制动时，两蹄上端均借各自的回位弹簧拉靠在支承销上。

汽车前进时，制动器增力，其原理是利用第一制动蹄增势，通过顶杆，推动第二制动蹄，使制动器总摩擦力矩增大；汽车倒车制动时，制动器不增力。具体分析如下：

汽车前进制动时，单活塞式制动轮缸5只将促动力F_{S1}加于第一蹄，使其上端离开支承销，整个制动蹄绕顶杆左端支承点旋转，并压靠在制动鼓4上。显然，第一蹄是领蹄，并且在促动力F_{S1}、法向合力F_{N1}、切向（摩擦）合力F_{T1}和沿顶杆轴线方向的支反力F_{S2}的作用下处于平衡状态。由于顶杆7是浮动的，故其成为第二蹄的促动装置，将与力F_{S2}大小相等、方向相反的促动力F_{S3}施加于第二蹄的下端，故第二蹄也是领蹄。因为顶杆是完全浮动的，不受制动底板约束，所以作用在第一蹄上的促动力和摩擦力不会像一般领蹄那样完全被制动鼓的法向力和固定于制动底板上的支承件的支反力所抵消，而是通过顶杆传到第二蹄上，形成第二蹄促动力F_{S3}。由于制动鼓对第一蹄的摩擦

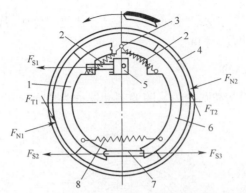

图 24-10 单向自增力式制动器示意图
1—第一制动蹄；2—回位弹簧；3—支承销；4—制动鼓；
5—制动轮缸；6—第二制动蹄；7—顶杆；8—拉紧弹簧。

增势作用使得 F_{S3} 大于 F_{S1}，而且力 F_{S3} 对第二蹄支承点的力臂也大于力 F_{S1} 对第一蹄支承点的力臂，因此第二蹄的制动力矩必然大于第一蹄的制动力矩。由此可见，汽车前制动时制动器增力；此外，在制动鼓尺寸和摩擦因数相同的条件下，这种制动器的前进制动效能不仅高于领从蹄式制动器，而且也高于两蹄呈中心对称布置的双领蹄式制动器。

倒车制动时，第一蹄上端压靠支承销不动。此时，第一蹄虽然仍是领蹄，且促动力 F_{S1} 仍与前进制动时的相等，但其力臂却大为减小，因而第一蹄此时的制动效能比一般领蹄的要低得多，第二蹄则因未受到促动力而不起制动作用。因此，汽车倒车制动时制动器不增力，整个制动器这时的制动效能甚至比双从蹄式制动器的效能还低。

图 24-11 所示为单向自增力式制动器结构图。第一制动蹄 6 和第二制动蹄 1 的上端被各自的制动蹄回位弹簧 5 拉拢，并以铆于腹板上端两侧的夹板 4 的内凹弧面支靠着支承销 3。两蹄下端以凹入的平面分别浮支在可调顶杆两端的直槽底面上，并用拉紧弹簧 8 拉紧。受法向力较大的第二蹄摩擦片的面积做得比第一蹄大，从而使两蹄的单位压力相近。该制动器的间隙调整可借改变可调顶杆的长度来调节。

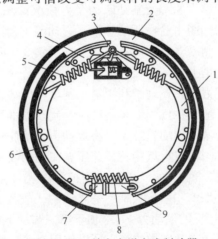

图 24-11 单向自增力式制动器
1—第二制动蹄；2—制动鼓；3—支承销；4—夹板；5—回位弹簧；
6—第一制动蹄；7—顶杆套；8—拉紧弹簧；9—可调顶杆体。

6. 双向自增力式制动器

双向自增力式制动器的结构原理如图 24-12 所示。其特点是汽车前进和倒车制动时均能借蹄鼓摩擦起自增力作用，故称双向自增力式制动器。

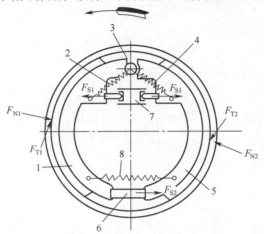

图 24-12 双向自增力式制动器示意图
1—前制动蹄；2—前制动蹄回位弹簧；3—支承销；4—后制动蹄回位弹簧；
5—后制动蹄；6—顶杆；7—轮缸；8—拉紧弹簧。

双向自增力式制动器的结构与单向自增力式不同之处在于两个制动蹄的上方采用的是双活塞制动式轮缸 7，可向两蹄同时施加相等的促动力 F_{S1}。制动鼓正向（如箭头所示）旋转时，前制动蹄 1 为第一制动蹄，后制动蹄 4 为第二制动蹄；制动鼓反向旋转时，则情况相反。由图 24-12 可见，在制动时第一蹄只受一个促动力 F_{S1}，而第二蹄则有两个促动力 F_{S1} 和 F_{S2}，且 $F_{S2} > F_{S1}$。考虑到汽车前进制动的机会远多于倒车制动，且前进制动时制动器工作负荷也远大于倒车制动，故后制动蹄 4 的摩擦片面积做得较大。

丰田皇冠轿车后轮制动器和北京吉普有限公司生产的切诺基 BJ2021 轻型越野车的后轮制动器，都属于双向自增力式制动器。图 24-13 所示为丰田皇冠轿车后轮制动器，其中还加了一套机械促动装置兼充驻车制动器。

7. 制动器的结构特性比较

以上介绍的几种轮缸式制动器各有利弊。就制动效能而言，在基本结构参数和轮缸工作压力相同的条件下，自增力式制动器由于对摩擦助势作用利用得最为充分而居首位，以下依次为双领蹄式、领从蹄式和双从蹄式。但蹄鼓之间的摩擦因数是一个不稳定的因素，随制动鼓和摩擦片的材料、温度和表面状况（如是否沾水、沾油，是否有烧结现象等）的不同，可在很大范围内变化。自增力式制动器的制动效能对摩擦因数的依赖性最大，因而其效能的稳定性最差。此外，在制动过程中，自增力式制动器制动力矩的增长在某些情况下显得过于急速。双向自增力式制动器多用于轿车后轮，原因之一是便于兼做驻车制动器。单向自增力式制动器一般用于中、轻型汽车的前轮，因倒车制动时对前轮制动器效能的要求不高。

双从蹄式制动器的制动效能虽然最低，但却具有最良好的效能稳定性，因而还是有

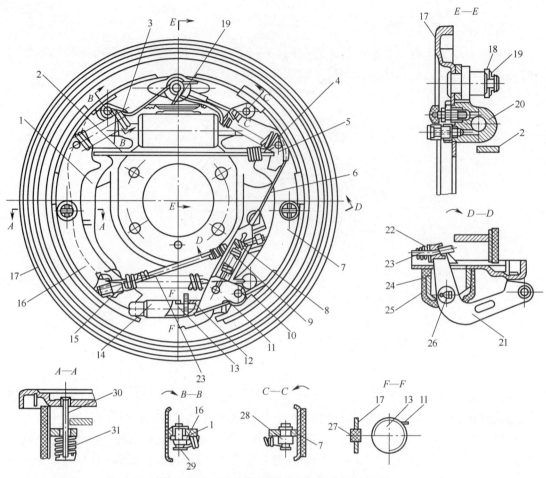

图 24-13 丰田皇冠轿车后轮制动器结构图

1—驻车制动杠杆;2—驻车制动推杆;3—制动蹄回位弹簧;4—推杆弹簧;5—自调拉绳导向板;6—自调拉绳;
7—后制动蹄;8—弹簧支架;9—自调拉绳弹簧;10—自调拨板回位弹簧;11—自调拨板;12—可调顶杆套;
13—调整螺钉;14—可调顶杆体;15—拉紧弹簧;16—前制动蹄;17—制动底板;18—垫圈;
19—自调拉绳吊环;20—制动轮缸;21—驻车制动摇臂;22—驻车制动限位板;23—驻车制动拉绳;
24—摇臂支架;25—防护罩;26—摇臂销轴;27—调整孔堵塞;28—后蹄回位弹簧固定销;
29—前蹄回位弹簧固定销;30—制动蹄限位杆;31—制动蹄限位弹簧。

少数高档轿车为保证制动可靠性而采用。

双领蹄式、双向双领蹄式和双从蹄式等具有两个轮缸的制动器,最宜布置双回路制动系统。

领从蹄式制动器发展较早,其效能及效能稳定性均居中游,且有结构较简单等优点,故目前仍相当广泛地用于各种汽车。

8. 制动器的间隙调整

制动器间隙是指制动器不制动时,制动鼓与制动蹄或制动盘与制动块之间的间隙。对于鼓式制动器而言,制动蹄在不工作的原始位置时,其摩擦片与制动鼓之间应保持合适的间隙。其设定值由汽车制造厂规定,一般在 0.25~0.5mm 之间。制动器间隙如果过小,就不易保证彻底解除制动,造成摩擦副的拖磨;如果过大,又将使制动踏板行程太长,以致驾驶员操作不便,同时也会推迟制动器开始起作用的时刻,使制动距离加大。制动器间隙会随制动器摩擦片的磨损而增大,直接影响制动器起作用的时间,严重时会导致制动滞后,使制动距离延长,因此,要求任何形式的制动器在结构上必须保证能够检查和调整其间隙。

制动器间隙可以手动调整,也可以自动调整,目前大多数汽车的制动器都带有间隙自动调整装置。

1) 手动调整装置

一般在制动鼓腹板外边开有一个检查孔,以便用塞尺检查摩擦片与制动鼓之间的间隙(制动器间隙)是否符合规定值,否则要用下列方法进行调整。

(1) 调整凸轮的调整方式。如图24-14所示的制动器中,调整凸轮的轮廓为带齿的阿基米德螺旋线,调整凸轮固定在制动底板上,支承销固定在制动蹄上。若发现制动器间隙过大时,可按照图中箭头所示方向转动调整凸轮,通过支承销将制动蹄向外顶,使得制动器间隙将减小。图24-3中,支承销14是个偏心轮,转动支承销时,制动蹄的支点位置变化,制动器间隙被调整。

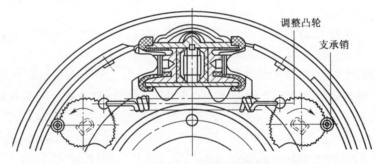

图24-14 调整凸轮调整制动器间隙示意图

(2) 调整螺母的调整方式。有些制动器轮缸两端的端盖制成调整螺母,如图24-15所示。用一字旋具5拨动调整螺母1的齿槽4,使螺母转动,带动螺杆的可调支座3向内或向外作轴向移动,可使制动蹄上端靠近或远离制动鼓,则制动器间隙便减小或增大。间隙调整好以后,用锁片插入调整螺母的齿槽中,使螺母的角位置固定。

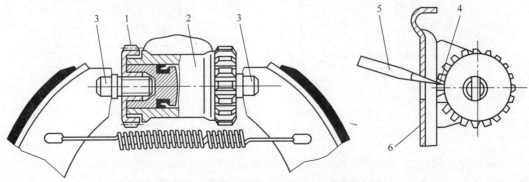

图24-15 用调整螺母调整制动器间隙的示意图

1—调整螺母;2—制动轮缸;3—可调支座;4—齿槽;5—一字旋具;6—制动底板。

(3) 调整可调顶杆长度的方式。在自增力式制动器中,两制动蹄下端支承在可调顶杆上,其间隙调整的示意图如图 24-16 所示。可调顶杆由顶杆体 3、调整螺钉 1 和顶杆套 2 组成。顶杆套一端具有带齿的凸缘,套内制有螺纹,调整螺钉借螺纹旋入顶杆套内,顶杆套与顶杆体作动配合。当拨动顶杆套带齿的凸缘,可使调整螺钉沿轴向移动,改变可调顶杆的总长度,从而调整了制动器间隙。顶杆上方的拉紧弹簧嵌入顶杆套一端的齿槽中,将间隙调整后的顶杆套锁住。

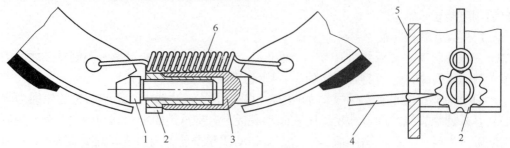

图 24-16 改变顶杆长度来调整制动器间隙的示意图
1—调整螺钉;2—顶杆套;3—顶杆体;4——字旋具;5—制动底板;6—拉紧弹簧

2) 自动调整装置

为了减少或消除制动器间隙调整的工作量,制动器间隙的自动调整装置在汽车上得到广泛应用。其结构形式有以下几种:

(1) 摩擦限位式间隙自调装置。图 24-17 所示为一种装在轮缸内的摩擦限位式间隙自调装置。摩擦限位环 2 用以限定不制动时制动蹄内极限位置,其装在轮缸活塞 3 内端的环槽中(图 24-17 (a))或借矩形螺纹旋装在活塞内端(图 24-17 (b))。摩擦限位环是一个有切口的弹性金属环,压装入轮缸后与缸壁之间的摩擦力可达 400~550N。活塞上的环槽或螺旋槽的宽度 B 大于摩擦限位环厚度 b,活塞相对于摩擦限位环的最大轴向位移量即为两者之间的间隙 $\Delta = B - b$。间隙 Δ 应等于在制动器间隙为设定的标准值时,施行完全制动所需的轮缸活塞行程。

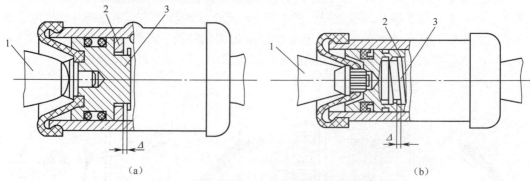

图 24-17 装在轮缸内的间隙自动调整装置
1—制动蹄;2—摩擦限位环;3—活塞

制动器不制动时,制动蹄回位弹簧只能将制动蹄向内拉到轮缸活塞与摩擦限位环外端面接触为止,因为回位弹簧的拉力远远不足以克服摩擦限位环与缸壁间的摩擦力。此时如图 24-17 所示,间隙 Δ 存在于活塞与摩擦限位环内端面之间。

制动器制动时，轮缸活塞外移。若制动器间隙刚好等于设定值，则当活塞移动到与摩擦限位环内端面接触（即间隙 Δ 消失）时，制动器间隙应已消失，并且蹄鼓已压紧到足以产生最大制动力矩的程度。若制动器间隙由于种种原因增大到超过设定值，则活塞外移到 Δ=0 时仍不能实现完全制动。但只要轮缸液压达到 0.8～1.1MPa，即能将活塞连同摩擦限位环继续推出，直到实现完全制动。这样，在解除制动时，活塞随制动蹄向后移动到与处于新位置的摩擦限位环接触为止，即制动器间隙恢复到设定值。由此可见，正是摩擦限位环与缸壁之间通过摩擦力连接，使它们之间存在以上向左的不可逆转的单向轴向相对位移，补偿了制动器的过量间隙，这也是一切摩擦限位式间隙自调装置的共同原理。

图 24-18 为一种装在制动蹄上的摩擦限位式间隙自调装置。套筒 3 穿过制动蹄腹板 4 的长圆孔，并借被弹簧 5 压紧的两个摩擦限位片 1 保持其与制动蹄腹板 4 的相对位置，其内孔又套在固定于制动底板 6 上的具有球头的限位销 2 上。套筒与限位销球头间的间隙 Δ 限定了套筒及制动蹄相对于限位销的位移量，从而限定了制动器的设定间隙。当制动器内存在着过量间隙时，作用在制动蹄上的促动力可以使制动蹄克服腹板与摩擦限位片之间的摩擦力，相对于套筒及限位销继续压向制动鼓，以实现完全制动。撤除促动力后，套筒回到图示原始位置，但制动蹄却不可能再回到制动前的位置，因为借以抵消过量间隙的蹄与套筒间的相对位移是不可逆转的。这意味着制动器间隙已恢复到设定值。

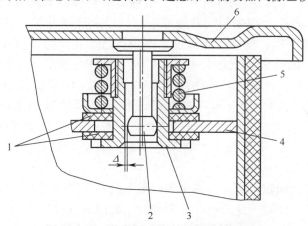

图 24-18　装在制动蹄上的间隙自调装置
1—摩擦限位片；2—限位销；3—套筒；4—制动蹄腹板；5—弹簧；6—制动底板。

具有摩擦限位式间隙自调装置的制动器，在装配时不需要调校间隙，只要在安装到汽车上以后，经过一次完全制动，即可以自动调整间隙到设定值。这种自调装置属于一次调准式，使用方便。

（2）楔块式间隙自调装置。图 24-19 所示为上海桑塔纳轿车后轮鼓式制动器楔块式间隙自调装置示意图。上海桑塔纳轿车后轮鼓式制动器结构如图 24-4 所示。前、后制动蹄 17 和 7 在驻车制动推杆 5 及其内、外弹簧 3、4 的作用下向内拉拢。制动推杆两端开有缺口，左端缺口中的楔形调节块 20 左侧齿形面靠着固定在前制动蹄 17 腹板上的楔形支承 19 上，右侧齿形面压在制动推杆 5 左端缺口的端面上。在弹簧 3 的作用下，制动推杆紧紧压住楔形调节块和楔形支承，它们之间没有间隙。制动推杆右端缺口的头部有一凸耳（图 24-19），它与驻车制动杠杆 6 的外侧面之间有一个设定间隙 S。弹簧 4

使制动杠杆 6 与制动推杆右端缺口端面紧贴在一起。

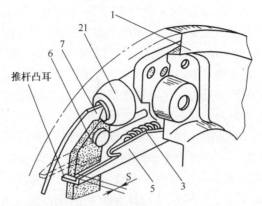

图 24-19　上海桑塔纳后轮制动器间隙自调装置示意图（图注同图 24-4）

该制动器间隙自调装置也属一次调准式，其调整原理：在行车制动时，轮缸活塞推动制动蹄 7 和 17 绕各自的支点转动。由于内弹簧 3 的刚度很大，在正常制动器间隙下制动时不被拉伸，所以推杆 5 始终压住楔形调节块 20 和前制动蹄 17 一起向左运动，靠到制动鼓上，同时制动杠杆 6 的上端随着后制动蹄 7 向后移动，杠杆 6 与推杆 5 的凸耳距离越来越小。如果制动器间隙不超过设定值制动时，杠杆 6 不会与推杆凸耳接触。当制动蹄磨损、制动器间隙过大而进行行车制动时，杠杆 6 与推杆 5 的凸耳接触并克服弹簧 3 的拉力将推杆向右移动，这样推杆与楔形块之间就产生了间隙，在弹簧 12 的作用下，楔形块向下移动，补偿这个间隙。解除制动时，由于楔形块下行填补了过量制动器间隙，使支承在两制动蹄腹板之间的制动推杆的有效长度变大，因此两制动蹄已不可能恢复到制动前的位置，于是过大的制动器间隙便得到了补偿，恢复到初始的设定值，从而实现了制动器间隙的自动调整，使制动蹄与制动鼓之间的间隙保持在 0.2~0.3mm。

制动器中的过量间隙并不完全是由于摩擦副磨损所致，还有一部分是由于制动鼓热膨胀变形使直径增大所致。此外，制动鼓和制动蹄的弹性变形也会使制动时所需的活塞行程增大。因此，在确定冷态制动器间隙自调装置中的间隙 Δ 时，就要尽量将可能产生的制动蹄和制动鼓的弹性变形和热变形考虑在内。但是，为了不使制动踏板行程增加过多，确定 Δ 值时并没有计入上述种种变形的最大值。因此，当出现过大的上述各项变形时，一次调准式自调装置将不加区别地一律随时加以补偿，造成调整过头。这样，当制动器恢复到冷态时，即使完全放松制动踏板，制动器的摩擦副也不会完全脱离接触，而是发生拖磨甚至抱死现象，因为自调装置只能将间隙调小而不能调大。

（3）阶跃式间隙自调装置。丰田皇冠轿车双向自增力式制动器（参看图 24-14）安装了阶跃式间隙自调装置，它只在若干次倒车制动后方起调整作用。自调装置中包括用以拨转调整螺钉的拨板、拉绳及其导向板、拉绳弹簧及其支架。拉绳的上端通过吊环（见 E—E 剖视图）固定在制动蹄支承销上，下端与弹簧支架相联，中部支靠着导向板的弧面。导向板以其中央孔的圆筒状卷边（高约 3mm）插入后制动蹄的孔中，形成其自由转动的支点。支架经弹簧与自调拨板连接，拨板以其右臂端部的切口支在后制动蹄的销钉上，可绕此销钉转动。拨板的自由端向上运动时，可以插入调整螺钉的凸缘棘齿间（参看 F—F 剖视图）。未进行倒车制动时，自调拨板在弹簧的作用下，保持在最下面的平衡位置。此时，拨板与调整螺钉的棘齿完全脱离。

倒车制动时，后制动蹄的上端离开支承销，整个制动蹄压靠到制动鼓上，并在摩擦力作用下，随制动鼓顺时针（从图上看，以下同）转过一个角度。在后蹄（连同导向板和拨板的销轴）相对于支承销运动的过程中，套在支承销上的拉绳吊环被拉离后蹄，支架上端也被向上拉（此时导向板也在拉绳摩擦力作用下逆时针转动，使拉绳不致磨损），并通过弹簧将拨板的自由端向上拉起。这一系列零件的位移量取决于当时制动器实际间隙的大小。如果间隙还保持着设定值或增大很少，则自调拨板自由端向上的位移量不足以使之嵌入调整螺钉的棘齿间。只有在制动器过量间隙增大到一定值时，拨板方能嵌入棘齿间。解除倒车制动时，制动蹄回位，自调拨板被弹簧按回到下平衡位置，同时将调整螺钉拨过相应于一个棘齿距的角度。若棘齿数为 z，螺距为 P，则调整螺钉被拨转角度为 $1/z$ 周，相应地从可调顶杆体中旋出的距离为 P/z。于是，所累积的制动器过量间隙被完全消除。前进制动时，该自调装置完全不起作用。

采用只有在倒车制动时才可能起调整作用的间隙自调装置，将大大减少调整过头的可能性，因为倒车制动的机会本来很少，且进行倒车制动的时机未必正好是制动鼓受热严重的时候。

（二）凸轮式制动器

1. 制动器的形式

目前，气压制动系统中的车轮制动器多为凸轮式制动器，采用凸轮促动车轮，制动蹄一般为领从蹄式。

凸轮式制动器的结构简图如图 24-20 所示。制动凸轮轴 4 与制动调整臂 3 固定连接。不制动时，在回位弹簧 5 的作用下，两制动蹄 6 被压靠在凸轮上。制动时，制动调整臂 3 沿图中所示方向摆动，带动凸轮绕其轴线转动，两制动蹄绕支承销 8 外张，从而将制动蹄顶靠到制动鼓 7 的内圆周上。

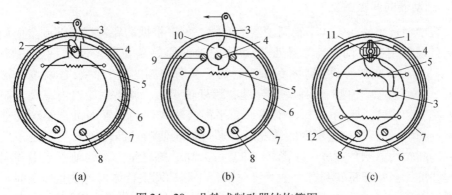

图 24-20 凸轮式制动器结构简图
（a）等加速等减速形凸轮，轴线固定；（b）渐开线凸轮，轴线固定；（c）移动凸轮，轴线浮动。
1—移动凸轮；2——般形凸轮；3—制动调整臂；4—制动凸轮轴；5—回位弹簧；
6—制动蹄；7—制动鼓；8—支承销；9—滚轮；10—渐开线凸轮。

凸轮工作表面轮廓有等加速等减速形（图24-20（a））、渐开线形（图24-20（b））。对于等加速等减速凸轮，促动力对凸轮中心的力臂随凸轮转角而变化，因而即使输入凸轮轴的力矩不变，凸轮对制动蹄端的促动力也会随凸轮转角而发生变化。而对于渐开线形轮廓的凸轮，促动力对于凸轮中心的力臂为定值（等于基圆半径的1/2），与凸轮转角无关。因此，不论制动器间隙和制动蹄摩擦片磨损程度如何，凸轮对制动蹄端的促动力始终不变，但是这种凸轮轮廓加工工艺比较复杂。

凸轮式制动器有等位移式和等促动力式制动器。由轴线固定的凸轮促动的领从蹄式制动器为等位移式制动器。若两蹄摩擦片的相应点与制动鼓间的间隙完全一致，则制动时两蹄对制动鼓的压紧程度以及所产生的制动力矩相等；又因为制动鼓对制动蹄的摩擦力力图使领蹄端部离开凸轮，而使从蹄端部更加靠近凸轮，其结果使凸轮对从蹄的促动力大于对领蹄的促动力。由于结构上不是中心对称，等位移式制动器两蹄作用于制动鼓的微元法向力的合力虽然大小相等，但是却不在同一直线上，不能相互平衡，故其仍属于非平衡式制动器。由轴线浮动的凸轮促动的领从蹄式制动器为等促动力式制动器，由于凸轮相对制动凸轮轴4滑动，降低了机械效率且凸轮滑动面磨损严重。

2. 制动器的结构

东风EQ1090E型汽车的前轮制动器即为凸轮式制动器，如图24-21所示。制动蹄2是可锻铸铁的，不制动时由回位弹簧3拉靠在制动凸轮轴4的凸轮上。制动凸轮轴通过支座10固定在制动底板7上，其尾部花键轴插入制动调整臂5的花键孔中。

制动时，制动调整臂在制动气室6的推动下，带动制动凸轮轴转动，推动两制动蹄压靠在制动鼓8上。由于凸轮轮廓的中心对称性，以及两蹄结构和安装的轴对称性，凸轮转动所引起的两蹄上相应点的位移必然相等。该领从蹄式制动器也是一种等位移式制动器。

若促动装置中的凸轮可在导向槽中自由滑动，如图24-22所示，则此制动器两蹄所受的促动力相等，是一种等促动力式制动器，与轮缸促动的领从蹄式制动器相同，其领蹄的制动效能远高于从蹄。

3. 制动器的间隙调整

一般中型货车的凸轮式车轮制动器的间隙，可以根据需要进行局部或全面调整。局部调整只是利用制动调整臂来改变制动凸轮轴的原始角位置。制动调整臂的结构如图24-23所示，在制动调整臂体6和两侧的盖8所包围的空腔内装有调整蜗轮2和调整蜗杆7。单线的调整蜗杆借细花键套装在蜗杆轴4上，调整蜗轮以内花键与制动凸轮轴的外花键相接合。转动蜗杆，图24-22平衡凸块式促动装置即可在制动调整臂与制动气室推杆10的相对位置不变的情况下，通过蜗轮使制动凸轮轴转过一定角度，从而改变制动凸轮的原始角位置。在图24-23（a）中，蜗杆轴一端的轴颈上沿周向有6个均布的凹坑，当蜗杆每转到有一个凹坑对准位于制动调整臂体内的锁止球3时，锁止球便在弹簧作用下嵌入凹坑，便蜗杆轴角位置保持不变。在图24-23（b）中，锁止套11左端的六角孔与蜗杆轴4左端的六角头相配合，锁止螺钉12固定了它们的周向位置。调整间隙时，将锁止套按入制动调整臂体的孔中，即可转动调整蜗杆。调整后放开锁止套，弹簧5即将锁止套推回与蜗杆六角头接合的左极限位置，蜗杆轴与制动调整臂的相对位置又被固定。后一种锁止装置更为可靠。

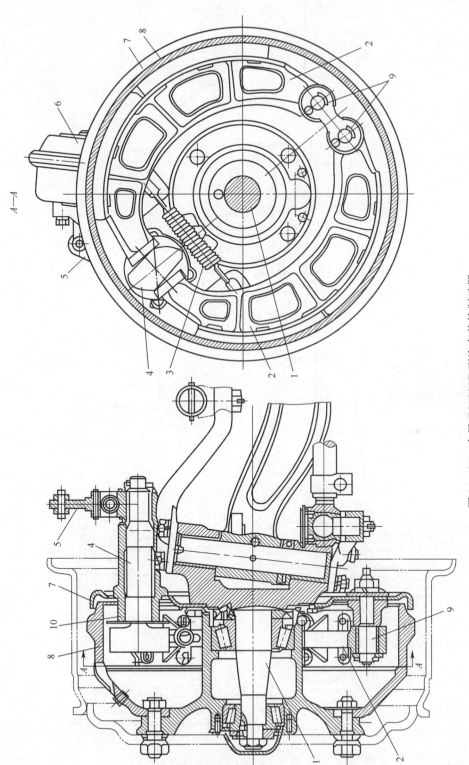

图 24-21 东风 EQ1090E 型汽车前轮制动器

1—转向节轴颈；2—制动蹄；3—回位弹簧；4—制动凸轮轴；5—制动调整臂；6—制动气室；7—制动底板；8—制动鼓；9—支承销；10—制动凸轮轴支座。

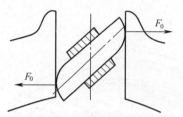

图 24-22 平衡凸块式促动装置

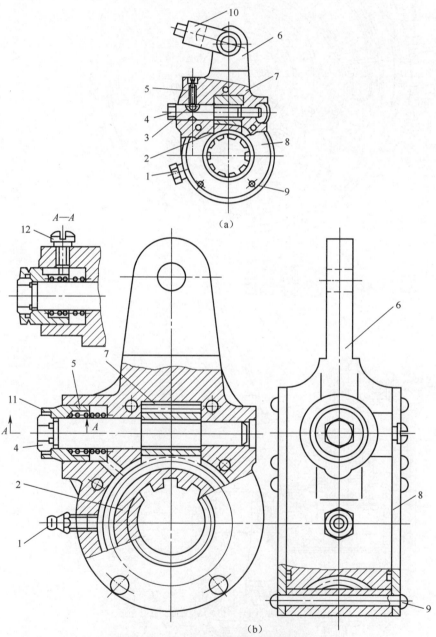

图 24-23 凸轮式制动器的制动调整臂

1—油嘴；2—调整蜗轮；3—锁止球；4—蜗杆轴；5—弹簧；6—制动调整臂体；
7—调整蜗杆；8—盖；9—铆钉；10—制动气室推杆；11—锁止套；12—锁止螺钉。

二、盘式制动器

盘式制动器摩擦副中的旋转元件是以端面为工作表面的金属圆盘,此圆盘称为制动盘。根据摩擦元件的结构形式,盘式制动器分为两类。一类是钳盘式制动器,其不旋转元件由工作面积不大的摩擦块与其金属背板组成,形成扇形制动块,每个制动器中有 2 个~4 个制动块。这些制动块及其促动装置都装在横跨制动盘两侧的夹钳形支架中,总称为制动钳。这种由制动盘和制动钳组成的制动器,称为钳盘式制动器。另一类是全盘式制动器,其不旋转元件的金属背板和摩擦片呈圆盘形,制动盘的全部工作面可同时与摩擦片接触。

钳盘式制动器用做中央制动器和车轮制动器。全盘式制动器只有少数汽车(主要是重型汽车)用做车轮制动器,个别情况下还可作为缓速器。以下将分别介绍两种盘式制动器。

(一)钳盘式制动器

1. 定钳盘式制动器

1)制动器的工作原理

定钳盘式制动器的结构示意图如图 24-24 所示。跨置在制动盘 1 上的制动钳体 6 固定安装在车桥 7 上,它既不能旋转,也不能沿制动盘轴线方向移动,钳体两侧各有一制动块促动装置——制动轮缸及其活塞 2,以便在制动时分别将两侧的制动块压向制动盘。

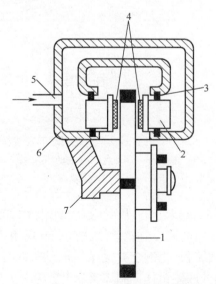

图 24-24 定钳盘式制动器示意图
1—制动盘;2—活塞;3—密封圈;4—摩擦块;5—进油口;6—制动钳体;7—车桥部。

不制动时,制动盘 1 和摩擦块 4 之间有间隙,摩擦块不影响制动盘的转动,不产生制动。

制动时，制动油液由制动总泵（制动主缸）经进油口 5 进入钳体中两个相通的液压腔中，制动盘两侧的摩擦块 4 由两个制动轮缸单独促动，将两侧的摩擦块 4 压向与车轮固定连接的制动盘 1，从而产生制动。

2）制动器的结构

图 24-25 所示为丰田皇冠轿车前轮的定钳盘式制动器在桥上的安装情况。图 24-25 中，制动盘 3 用 5 个螺钉 2 固定在前轮毂 1 上，制动钳 8 则用两个螺钉 9 固定在前桥转向节 5 上（见 A—A 剖面图）。在转向节凸缘上还借 4 个螺栓 10 固定着用钢板冲压制成的制动器护罩 4。护罩又焊有加强盘 7 及制动油管支架 6。调整垫片 11 用以调整制动钳的支足部分与制动盘的距离 L，使其不小于一定值。

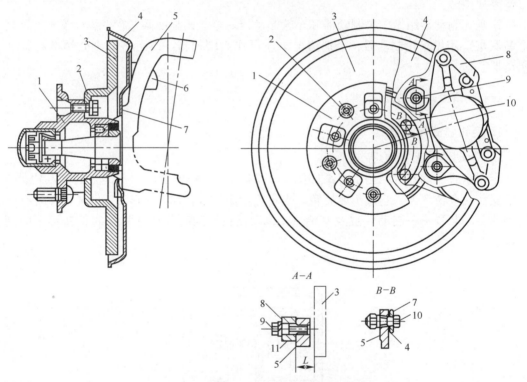

图 24-25　丰田皇冠汽车前轮制动器安装图
1—前轮毂；2、9—螺钉；3—制动盘；4—制动器护罩；5—转向节；
6—油管支架；7—护罩加强盘；8—制动钳；10—调整垫片。

制动钳的结构如图 24-26 所示。制动钳体由内侧钳体 1 和外侧钳体 2 借螺钉 19 连接而成。制动盘 21 伸入制动钳的两个制动块 3 之间。制动块由以石棉为基础材料加热模压制成的摩擦块 23 和钢质背板 22 铆合并黏结而成，通过两个导向销 15 悬装在钳体上，并可沿导向销移动。内外两侧钳体 1 和 2 实际上各为一个液压缸缸体，其中各有一个活塞 4。液压缸壁上有梯形截面的环槽，其中嵌入矩形截面的活塞密封圈 8。将制动钳安装到汽车上时，须将进油口防污螺塞 18 取下，再将油管接头旋入进油口，并使之压紧在垫塞 17 上。内、外侧钳体的前部有油道将两侧液压缸接通。内侧液压缸的油道中装有放气阀 13。

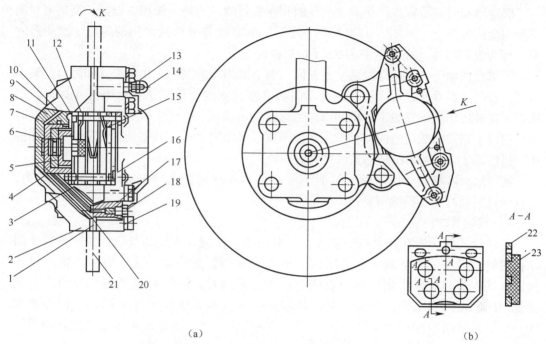

(a)

(b)

图 24-26 丰田皇冠轿车盘式前轮制动器的制动钳
(a) 制动钳；(b) 制动块。

1—内侧钳体；2—外侧钳体；3—制动块；4—活塞；5—活塞垫圈；6—压圈；7—压圈密封圈；
8—活塞密封圈；9—橡胶防护罩；10—防护罩锁圈；11—消声片；12—弹簧；13—放气阀；
14—放气阀防护罩；15—制动块导向销；16—R 形销；17—进油口堵塞；18—防污螺塞
（装接油管时取下）；19—螺钉；20—橡胶垫圈；21—制动盘；22—制动块背板；23—制动块摩擦块。

3）制动器的间隙调整

制动时，制动液被压入内、外两侧液压缸中。两活塞 4 在液压作用下移向制动盘，并通过垫圈 5 和压圈 6 将制动块压靠到制动盘上。在活塞移动过程中，橡胶密封圈 8 的刃边在摩擦作用下随活塞移动，使密封圈产生弹性变形。相应于极限摩擦力的密封圈极限变形量 Δ 应等于制动器间隙为设定值时完全制动所需的活塞行程（图 24-27（a））。

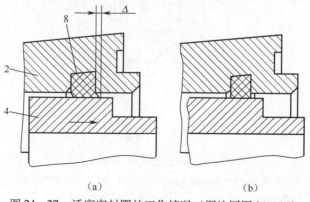

(a)   (b)

图 24-27 活塞密封圈的工作情况（图注同图 24-26）

解除制动时,活塞连同垫圈 5 和压圈 6 在密封圈 8 的弹力作用下退回,直到密封圈变形完全消失为止(图 24 - 27 (b))。此时,摩擦块与制动盘之间的间隙(制动器间隙)即为设定间隙(在本例中为 0.1mm 左右)。

定钳盘式制动器采用橡胶活塞密封圈兼做活塞回位弹簧的一次调准式间隙自动调准装置。若制动器存在过量间隙,则制动时活塞密封圈的变形量达到极限值 Δ 以后,活塞仍可在液压作用下克服密封圈的摩擦力继续向前移动,直到实现完全制动为止。这时活塞相对于密封圈的刃边向前移动了一段距离。解除制动后,活塞密封圈将活塞拉回的距离仍然等于 Δ,制动器间隙又恢复到设定值。

液压缸活塞与制动块之间通过消声片 11、压圈 6 和粉末冶金活塞垫圈 5 来传力,可以减轻制动时发生的噪声。

4)制动器的特点

定钳盘式制动器存在着以下缺点:油缸较多,使制动钳结构复杂;油缸分置于制动盘两侧,必须用跨越制动盘的钳内油道或外部油管来连通,这使得制动钳的尺寸过大,难以安装在现代化轿车的轮辋内;热负荷大时,油缸和跨越制动盘的油管或油道中的制动液容易受热汽化,甚而使制动失灵;若要兼用于驻车制动,则必须加装一个机械促动的驻车制动钳。自 20 世纪 70 年代以来,其逐渐被浮钳盘式制动器所取代。

2. 浮钳盘式制动器

1)制动器的工作原理

图 24 - 28 所示为浮钳盘式制动器原理示意图。制动钳体 2 通过导向销 8 与车桥 9 相联,可以沿导向销 8 相对于制动盘 1 轴向移动。制动钳体只在制动盘的内侧设置油缸,而外侧的摩擦块则附装在钳体上。

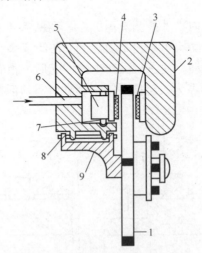

图 24 - 28 浮钳盘式制动器示意图

1—制动盘;2—制动钳体;3—固定摩擦块;4—活动摩擦块;
5—活塞;6—进油口;7—密封圈;8—导向销;9—车桥。

制动时,来自制动总泵的液压油通过进油口6进入制动油缸,推动活塞5及其上的活动摩擦块4向右移动,并将活动摩擦块4压到制动盘1上,与此同时,作用在制动钳体2上的反向液压力推动制动钳体沿导向销8向左移动,使固定在制动钳体上的固定摩擦块3压靠到制动盘上。于是,制动盘两侧的摩擦块夹紧制动盘,在制动盘上产生与运动方向相反的制动力矩,促使汽车制动。

2)制动器的结构

图24-29所示为桑塔纳轿车液压操纵的浮钳盘式制动器。制动钳支架10固定在转向节上。制动盘14内侧的制动块13和外侧的制动块12用保持弹簧11卡在制动钳支架10上,可以轴向移动但不能上下窜动。螺栓3外面套塑料套6、导向缸套5、橡胶衬套4后,穿过制动钳体1上两边的孔,固定在制动钳支架10上,可相对制动钳支架轴向移动。制动钳只在制动盘内侧有液压缸。制动时,内制动块在液压作用下由活塞7推靠到制动盘14上,同时制动钳体1在反向液压力作用下向内移动,将附装在制动钳支架中的外制动块也推靠到制动盘14上。

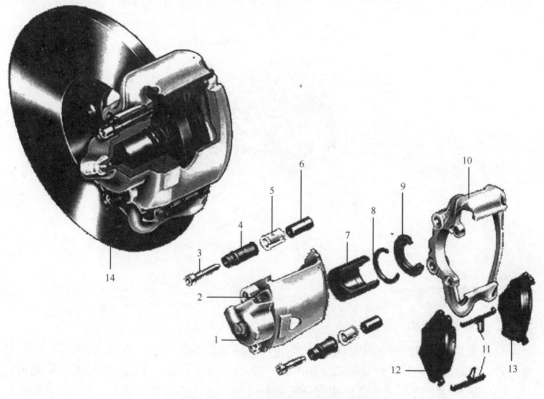

图24-29 桑塔纳轿车浮钳盘式制动器
1—制动钳体;2—排气塞;3—螺栓;4—橡胶衬套;5—导向缸套;6—塑料套;
7—活塞;8—油封;9—活塞防尘罩;10—制动钳支架;11—保持弹簧;
12—外侧制动块;13—内侧制动块;14—制动盘。

常见的制动盘为铸铁的,中间无通风孔(图24-29)或有通风孔(图24-30)和内置的风扇叶片,制动盘表面上无孔或有轴向通孔,有轴向通孔的制动盘散热性好;此外,还有散热性更好的陶瓷制动盘和重量特轻的碳纤维制动盘。

3）制动器的特点

与定钳盘式制动器相比，浮钳盘式制动器轴向和径向尺寸较小，而且制动液受热汽化的机会较少。此外，浮钳盘式制动器在兼做驻车制动器的情况下，只须在行车制动钳油缸附近加装一些用以推动油缸活塞的驻车制动机械传动零件即可。

3. 气压盘式制动器

图 24 – 30 为气压盘式制动器，是一种气压操纵的浮钳盘式制动器，活塞促动机构中有推动制动块和制动钳的杠杆等。图 24 – 31 为气压盘式制动器的结构示意图，气压盘式制动器制动时，支承销 7 的中心相对杠杆轴 8 的中心有一偏置距 r。制动时，制动气室 10 中的推杆推动杠杆 9 及杠杆轴 8 逆时针方向转动，支承销 7 便通过跨接块 6 推动制动块 4 压靠到制动盘 3 的右侧面上。而制动盘对制动块 4 的反力再反过来通过跨接块 6、支承销 7、杠杆轴 8 传到制动钳 1 上，使制动钳 1 右移而带动制动块 2 压靠到制动盘 3 的左侧面上。这样，两侧的制动块 2 和 4 同时将制动盘 3 夹持住，对制动盘 3 进行制动。解除制动时，在回位弹簧 5 的作用下，两侧制动块 2 和 4 离开制动盘 3，制动作用消失。

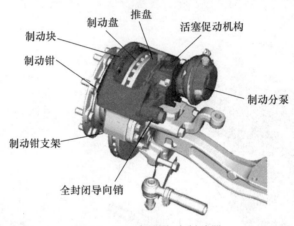

图 24 – 30 气压盘式制动器

（二）全盘式制动器

1. 制动器的结构

全盘式制动器摩擦副的固定元件和旋转元件都是圆盘形的，分别称为固定盘和旋转盘，其结构原理与摩擦离合器相似。如图 24 – 32 所示为一种多片全盘式制动器的构造图。

固定于车桥上的制动器壳体由盆状的外侧壳体 3 和内侧壳体 6 组成，用 12 个螺栓 4 联接。每个螺栓 4 上都铣切出一个平键。装配时，两个固定盘 2 以外周缘上的 12 个键槽与 12 个螺栓上的平键作滑动配合，使两个固定盘不能旋转，但可以轴向自由滑动。两面都铆有 8 块扇形摩擦片的两个旋转盘 5，与旋转花键毂 1 借滑动花键连接，花键毂则固定于车轮轮毂上，旋转盘与花键毂一同旋转。

内侧壳体 6 上装有 4 个液压缸。不制动时，活塞套筒 9 由回位弹簧 8 推到外极限位置。套筒 9 的台肩与固定弹簧盘 15 之间保持间隙，该间隙值等于制动器间隙为设定值时完全制动所需的活塞行程。带有 3 个密封圈 11 的活塞 10 与套筒作滑动配合。

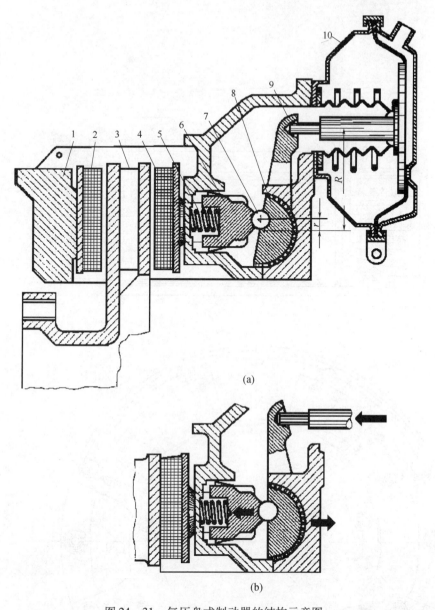

图 24-31 气压盘式制动器的结构示意图
(a) 不制动时；(b) 制动时。
1—制动钳；2、4—制动块；3—通风式制动盘；5—回位弹簧；
6—跨接块；7—支承销；8—杠杆轴；9—杠杆；10—制动气室。

2. 制动器的工作原理

不制动时，旋转盘上与摩擦片 17 的外侧有间隙，使旋转盘随旋转花键毂 1 自由转动。制动时，在液压作用下，液压缸活塞 10 连同套筒 9 压缩回位弹簧 8，将所有的固定盘 2 和旋转盘 5 都推向外侧壳体 3（实际上是一个单面工作的固定盘）。各盘互相压紧而实现完全制动时，液压缸中的间隙就消失。解除制动时，回位弹簧 8 使活塞 10 和套筒 9 回位，各固定盘 2 和旋转盘 5 之间的压紧力消失。

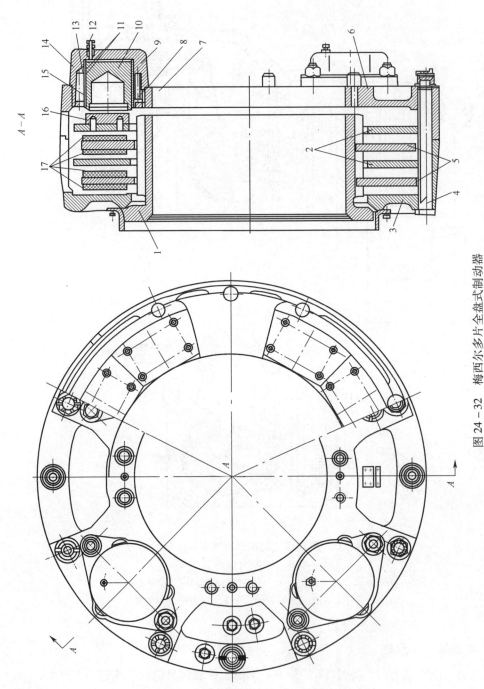

图 24-32 梅西尔多片全盘式制动器

1—旋转花键毂；2—固定盘；3—外侧壳体；4—带键螺栓；5—旋转盘；6—内侧壳体；7—调整螺圈；8—活塞套筒回位弹簧；9—活塞套筒；10—活塞；11—活塞密封圈；12—放气阀；13—套筒密封圈；14—液压缸体；15—固定弹簧盘；16—垫块；17—摩擦片。

在制动器有过量间隙的情况下制动时，间隙一旦消失，套筒9即停止移动，但活塞仍能在液压作用下克服密封圈11与套筒间的摩擦阻力而相对于套筒继续移动到完全制动为止。解除制动时，套筒在回位弹簧8作用下回到原位，而活塞与套筒的相对位移却不可逆转，于是制动器过量间隙不复存在。

多片全盘式制动器的各盘都封闭在壳体中，散热条件较差，严重影响制动热稳定性，并影响在汽车上推广应用。

（三）盘式制动器的特点

钳盘式制动器与鼓式制动器相比，具有以下优点：
（1）制动盘大部分外露，散热性好，使制动器热稳定性好，制动效能较稳定。
（2）浸水后效能降低较少，而且只需经一两次制动即可恢复正常。
（3）在输出制动力矩相同的情况下，尺寸和质量一般较小。
（4）制动盘沿厚度方向的热膨胀量极小，不会像制动鼓的热膨胀那样使制动器间隙明显增加而导致制动踏板行程过大。
（5）较容易实现间隙自动调整，其他保养修理作业也较简便。

盘式制动器不足之处：
（1）一般无摩擦助势作用，制动效能较低，故用于液压制动系统时所需制动促动管路压力较高，一般需伺服装置。
（2）兼用于驻车制动时，需要加装的驻车制动传动装置较鼓式制动器复杂。

目前，盘式制动器已广泛应用于轿车，在货车上，盘式制动器也有采用。

三、制动器摩擦材料

为了环保需要，现代汽车上制动器的摩擦材料多用无石棉的无机或有机材料。无机摩擦材料可以是半金属材料（是20世纪70年代发展起来的一种新型制动材料，其金属纤维和粉末的含量在40%以上）、陶瓷金属材料；有机摩擦材料如以高强度纤维芳纶等为主料加以其他辅料模压而成的复合材料。对摩擦材料的要求主要有以下几点：

（1）摩擦系数。高的摩擦系数有利于降低踏板力、减小促动装置的尺寸，但是过高的摩擦系数会引起增力式制动器的自锁。现如今摩擦材料平均摩擦系数一般在0.3~0.5之间。

（2）热衰退及其后期恢复。热衰退是指摩擦片或者制动块在温度很高的情况下摩擦系数减小，导致制动性能降低的现象。良好的摩擦材料，在其工作温度范围内，能维持其摩擦系数不变，而在更高的工作温度下，其摩擦系数允许适度减小，待温度降下来后，又能很快恢复原有的摩擦性能。

（3）耐磨性。它关系到摩擦材料的使用寿命，高温下材料结构变弱，为此要增强其剪切强度，这可导致材料损耗率的增大。

（4）受潮和水衰退。水衰退是指当汽车涉水后，因水进入制动器，制动摩擦片或制动块受水浸泡，短时间内制动效能的降低的现象。要求湿的摩擦片仍有较好的摩擦性能，并能快速恢复原有性能，而不会飘忽不定。易受潮的摩擦材料容易出现制动噪声、制动过猛等不良现象。

第三节　液压制动操纵系统

液压制动操纵系统按照操纵能源不同可分为人力液压制动操纵系统、液压伺服式制动操纵系统和动力式液压制动操纵系统。人力液压制动操纵系统是以驾驶员的肌体作为制动能源；液压伺服式制动操纵系统是兼用人力和发动机动力进行制动的液压制动操纵系统；动力式液压制动操纵系统是以由汽车发动机驱动的液压泵产生的液压能作为制动能源。

一、人力液压制动操纵系统

(一) 操纵系统的结构和工作原理

1. 操纵系统的结构

如图 24-33 所示为人力液压制动系统的示意图。制动踏板 4 与制动主缸 5 相连，制动主缸 5 通过油管 3、8、6 与前、后轮制动器 1 和 7 中的制动轮缸 2 相连。制动主缸是单向作用活塞式液压缸。

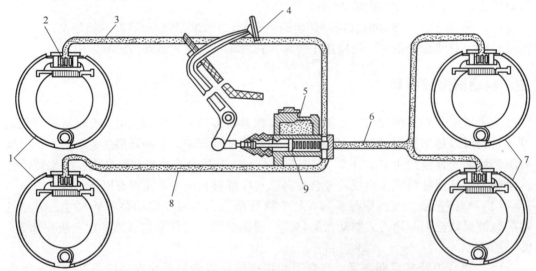

图 24-33　人力液压制动操纵系统示意图

1—前轮制动器；2—制动轮缸；3、6、8—油管；4—制动踏板；5—制动主缸；7—后轮制动器；9—活塞。

制动踏板机构 4 和制动主缸 5 一般都装在车架（或车身）上，而制动器则安装在车轮处，它们之间用管路连接。此外，因为车轮是通过悬架与车架弹性联系的，而且前轮又是转向轮，所以制动轮缸相对于车架的位置经常发生变化。故制动主缸与制动轮缸之间的连接管路除用金属管（铜管）外，还要有特制的橡胶制动软管做柔性连接。各液压元件之间及各段油管之间还有各种管接头。制动前，整个液压系统中应当充满专门配制的制动液。

对于人力液压制动操纵系统，踏板全行程不超过 150（轿车）～180mm（货车）。制动器间隙调整正常时,踩下踏板到完全制动的踏板工作行程不应超过全行程的50%~60%。最大踏板力一般不应超过350(轿车)~550N(货车)。

2. 操纵系统的工作原理

踩下制动踏板,制动主缸即将制动液经油管压入前、后制动轮缸,将制动蹄推向制动鼓。在制动器间隙消失之前,管路中的液压不可能很高,仅足以平衡制动蹄回位弹簧的张力以及油液在管路中的流动阻力。在制动器间隙消失并开始产生制动力矩时,液压力与踏板力开始增长,直到完全制动。从开始制动到完全制动的过程中,由于存在液压作用下油管(主要是橡胶软管)的弹性膨胀变形和摩擦元件的弹性压缩变形,踏板和轮缸活塞都可以继续移动一段距离。松开制动踏板,制动蹄和轮缸活塞在回位弹簧作用下回位,将制动液压回主缸。

(二)管路布置

制动系统按制动管路的套数可分为单管路和双管路制动系统。单管路制动系统已经被淘汰。交通法规要求现代汽车的行车制动系统都必须采用双管路制动系统,若其中一套管路发生故障而失效时,另一套管路仍能继续起制动作用,从而提高了汽车制动的可靠性和行车安全性。比较常见的双管路布置形式有 H 形、X 形和双 T 形等,如图 24 – 34 所示。

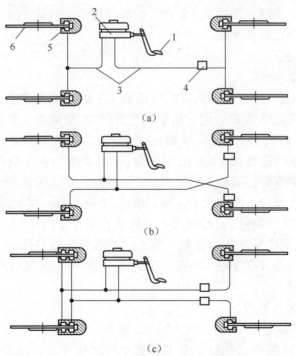

图 24 – 34 制动管路布置示意图
(a) H 形布置;(b) X 形布置;(c) 双 T 形布置。
1—制动踏板;2—制动主缸;3—管路;4—压力调节阀;5—制动轮缸;6—制动器。

H 形管路的特点是两前轮共用一条管路、两后轮共用另一条管路,如图 24 – 34 (a) 所示。当前轮管路出现故障时,由于汽车制动时载荷前移,轿车的前轮承担 2/3

的制动力作用,而后轮承担 1/3 的制动力作用,使整车的制动力严重减少,所以不宜用于轿车,它主要用于对后轮制动依赖性较大的发动机后置后轮驱动的汽车。H 形管路布置的优点是,当其中的任意一条管路出现故障时,两侧车轮的制动力相等,不容易出现制动跑偏。

X 形管路的特点是对角线上的前、后轮共用一条管路,如图 24 - 34 (b) 所示。当任意一条管路出现故障时,都有一前轮和一后轮承担制动作用,前、后制动力都减小 1/2,剩余制动力仍能保持正常总制动力的 50%。但由于制动力对汽车质心的力矩作用,制动时汽车容易出现跑偏,为此,主销内倾的布置要采用负的接地距,这种布置一般用于轿车。

T 形管路布置的特点是两前轮和一后轮共用一条管路,每个前轮的两条管路是独立的;前轮制动轮缸采用双腔结构如图 24 - 34 (c) 所示。T 形管路布置可以充分利用前轮的制动作用,当任一管路出现故障时,都有两前轮和一后轮产生制动作用,制动性、安全性好,但是制动系统结构较复杂,要用两套制动管路等,成本较高。

(三) 制动主缸、制动轮缸和制动液

1. 制动主缸

制动主缸的作用是将制动踏板机械能转换成液压能。目前国内轿车及大多数国外轿车大都采用等径制动主缸,即制动主缸两腔的缸径相等,而某些国外轿车上装用了不等径制动主缸,或称异径制动主缸。

1) 等径制动主缸

(1) 制动主缸的结构。

图 24 - 35 所示为一轿车的串列双腔等径制动主缸(带报警装置)。该制动主缸相当于两个单腔制动主缸串联在一起而构成的。缸体 13 呈筒形,缸体内有两个活塞,8 和 12 (图 24 - 35 (a))。第二活塞 12 将主缸分成左右两个工作腔。储油罐 6 中的油液经每一腔的补偿孔 3 和进油孔 5 流入主缸的前、后工作腔,在主缸前、后工作腔内产生的液压分别经各自的管路传到前、后轮制动器的轮缸。第二活塞 12 两端都承受弹簧力,当主缸不工作时,在弹簧 1 的作用下,第二活塞 12 向右移,受到限位销 4 的限制使之处在正确的中间位置,使各缸的补偿孔 3 和回油孔都与缸内相通。第一活塞 8 在弹簧 11 的作用下压靠在限位环 9 上,使其上的左端凸缘处于右腔的补偿孔和回油孔之间。每个活塞上左端凸缘部分都有轴向小孔,皮碗 2、7 的底部压在小孔的一侧,以便两腔建立油压并保证密封。

(2) 制动主缸工作原理。

当踩下制动踏板时(图 24 - 35 (b)),踏板传动机构通过推杆推动第一活塞 8 左移,直到皮碗 7 盖住补偿孔后,右工作腔中的液压升高,油液一方面通过腔内出油口进入第一制动管路,一方面又推动第二活塞 12。在右腔液压和弹簧的作用下,第二活塞 12 向左移动,左腔压力也随之提高,油液通过腔内出油口进入第二制动管路。当继续向下踩制动踏板时,左、右腔的液压继续提高,使前、后制动器都产生制动。

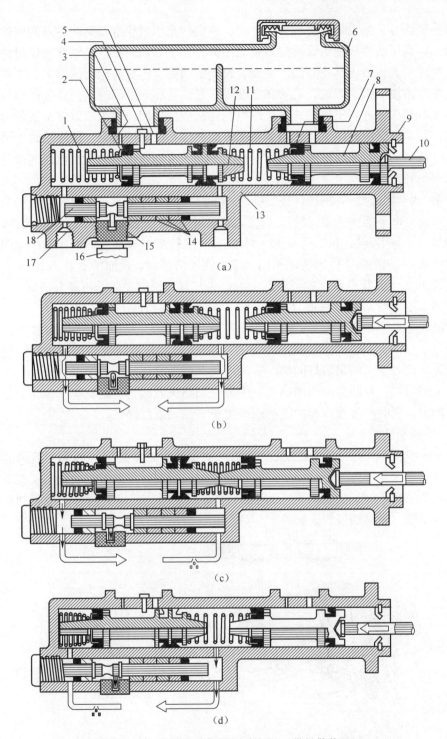

图 24-35 串列双腔等径制动主缸（带报警装置）
(a) 未制动；(b) 制动；(c) 第一管路泄漏；(d) 第二管路泄漏。
1—第二活塞弹簧；2、7—皮碗；3—补偿孔；4—限位销；5—进油孔；6—储油罐；8—第一活塞；9—限位环；10—推杆；11—第一活塞弹簧；12—第二活塞；13—缸体；14—套筒环；15—活动销；16—报警开关；17—O形圈；18—平衡活塞。

解除制动时,制动踏板机构和主缸前、后腔活塞以及轮缸活塞在各自的回位弹簧作用下回位,高压油液从制动管路流回制动主缸,于是制动解除。若活塞回位过快,工作腔容积迅速增大,油压迅速降低。制动管路中的油液由于管路阻力的影响,来不及充分流回工作腔,使工作腔形成一定的真空度,于是储油罐6中的油液便经过进油口和活塞上的小孔推开皮碗进入工作腔,防止影响制动踏板快速回位,当活塞完全回位时,补偿孔开放,制动管路中流回工作腔的多余油液经补偿孔流回储油罐。液压系统中因密封不良而产生的制动液泄漏和因温度变化而引起的制动液膨胀或收缩,都可以通过补偿孔和旁通孔得到补偿。

若第一制动管路损坏漏油(图24-35(c)),则当踩下制动踏板时,起初只是第一活塞8前移,而不能推动第二活塞12,因右腔中不能建立液压。但在第一活塞8直接顶触到第二活塞12时,第二活塞12前移,使左工作腔建立必要的液压而产生制动。由于平衡活塞18两端腔体中的液压不同,活塞便轴向移动,从而使活动销15下移而触发报警开关16,于是仪表盘上的报警灯闪烁,告知驾驶员制动管路可能有泄漏。

若第二制动管路损坏漏油(图24-35(d)),则当踩下制动踏板时,只有右腔中能建立液压,左腔中无压力。此时在液压差作用下,第二活塞12迅速前移直到活塞前端顶到主缸缸体13上。此后,右工作腔中的液压方能升高到制动所需的值。同时触发报警开关,仪表盘上的报警灯闪烁,告知驾驶员制动管路可能有泄漏。

由上述可见,双回路液压制动系统中任一回路失效时,主缸仍能工作,只是所需踏板行程加大,同时将导致汽车的制动距离增长,制动效能降低。

2)异径制动主缸

图24-36所示为异径制动主缸示意图。该制动主缸中的第一活塞5后部的缸径比其前部的尺寸大,加大后部缸径的目的是通过缩短活塞行程改善制动效率。在第一活塞和储液罐2之间还装了快充阀3,目的在于解除制动时,使第一活塞的中间轴径部分快速充满制动液,制动踏板快速回位。

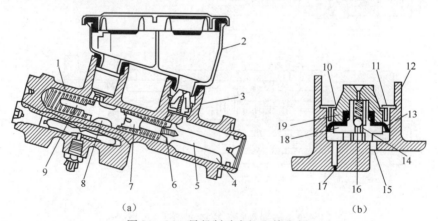

图24-36 异径制动主缸和快充阀
(a)制动主缸;(b)快充阀。

1—第二高压腔;2—储液罐;3—快充阀;4—第一低压腔;5—第一活塞;6、13—密封皮碗;
7—第一高压腔;8—第一低压腔;9—第二活塞;10—小孔;11—弹性挡环;12—缸体;14—旁通槽;
15—进油孔;16—单向阀;17—补偿孔;18—阀座;19—阀座套。

刚开始制动时，第一活塞5向左移动，由于其后部直径大于前部，使得第一低压腔4建立起一定的油压；而由于制动器间隙的存在，第一高压腔7尚未建立起油压。于是第一低压腔4中的油液通过密封皮碗6的唇边进入第一高压腔7，使得第一管路建立起一定的压力，同时使第二活塞9左移，使第二管路也建立起油压，从而使制动器提前动作，缩短制动主缸起作用的时间。

当第一低压腔的油压达到一定值（470～670kPa）时，阀座升起，快充阀的单向阀开启，第一低压腔中的油液通过单向阀进入储液罐2，如图24-37（a）所示。解除制动时，第一活塞右移，第一低压腔出现真空，储液罐中的油液通过密封皮碗的唇边进入第一低压腔，如图24-37（b）所示。

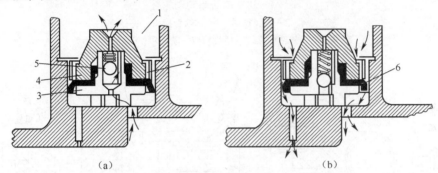

图24-37 快充阀的工作情况
（a）制动；（b）解除制动。
1—储油罐；2—小孔；3—阀座；4—阀座套；5—单向阀；6—密封皮碗。

2. 制动轮缸

（1）单活塞轮缸。

单活塞制动轮缸如图24-38所示。它借活塞端面凸台保持的进油间隙形成轮缸内腔。为减小轴向尺寸，液压腔密封件不用抵靠活塞端面的皮碗，而是采用装在活塞导向面上切槽内的皮圈4。放气阀1的中部有螺纹，右端有密封锥面，平时应旋紧压靠在阀座上。与密封锥面相联的圆柱面两侧有径向孔，与阀中心的轴向孔道相通。需要放气时，先取下橡胶护罩2，再连踩几下制动踏板，对缸内空气加压；然后踩住踏板不放，将放气阀旋出少许，空气即行排出，防止空气影响油压升高。空气排尽后再将放气阀旋紧。

（2）双活塞轮缸。

图24-39所示为解放CA1040系列轻型货车后轮制动器采用的双活塞制动轮缸。缸体1用螺栓固定在制动底板上，缸内有两个活塞2，两者之间的间隙形成轮缸内腔。每个活塞上装有一个皮圈3，以使内腔密封。制动时，制动液自油管接头和进油孔10进入内腔，活塞在液压作用下外移，通过顶块5和支承盖7推动制动蹄，使车轮制动。防护罩6除防尘外，还可防止水分进入，以免活塞和轮缸因生锈而卡住。旋转调整轮4，可以调整制动间隙。

3. 制动液

制动液也是液压制动系统的重要组成部分，其质量好坏对制动系统的工作可靠性有

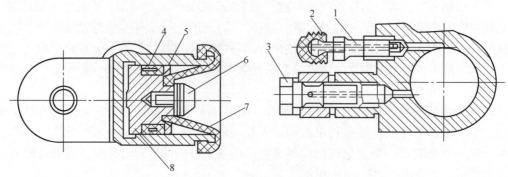

图 24-38　单活塞制动轮缸

1—放气阀；2—橡胶护罩；3—进油管接头；4—皮碗；
5—缸体；6—调整螺钉（顶块）；7—防护罩；8—活塞。

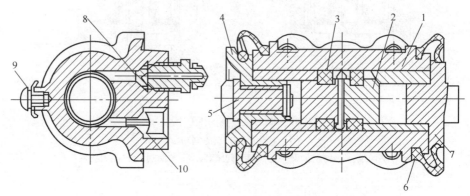

图 24-39　双活塞制动轮缸

1—缸体；2—活塞；3—皮圈；4—调整轮；5—顶块（调整螺钉）；
6—防护罩；7—支承盖；8—放气螺钉；9—调整轮锁片；10—进油孔。

很大影响。为此，对制动液提出如下要求：

（1）高温下不易汽化，否则将在管路中产生气阻现象，使制动系统失效。

（2）低温下有良好的流动性。

（3）不会使与之经常接触的金属（铸铁、钢、铝或铜）件腐蚀，不会使橡胶件发生膨胀、变硬和损坏。

（4）能对液压系统的运动件起到良好的润滑作用。

（5）吸水性差而溶水性良好，即能使渗入其中的水汽形成微粒而与之均匀混合，否则将在制动液中形成水泡而大大降低汽化温度。

汽车缸液压制动系统使用合成制动液和矿物制动液。我国生产的合成制动液的汽化温度超过190℃，在-35℃的低温下流动性良好，适用于高速汽车制动器，特别是盘式制动器。此外，合成制动液对金属件（铝件除外）和橡胶件都无害，溶水性也很好，但目前成本还较高。矿物制动液在高温和低温下性能都很好，对金属也无腐蚀作用，但溶水性较差，且易使普通橡胶膨胀。因此，采用矿物制动液时，活塞皮碗及制动软管等都必须用耐油橡胶制成。

二、助力式液压制动操纵系统

助力式液压制动操纵系统是在人力液压制动操纵系统的基础上加设一套动力伺服系统形成的,即兼用人力和发动机作为制动能源的制动系统。它的特点是,在正常情况下,制动能量大部分由动力伺服系统供给,减轻了驾驶员的劳动强度;而在动力伺服系统失效时,可以全靠驾驶员供给制动能量,仍能有效地进行制动。

助力式液压制动操纵系统可分为真空助力式(直接操纵式)、增压式(间接操纵式)和液压助力式等形式。真空助力式和液压助力式液压制动操纵系统的伺服系统用制动踏板机构直接操纵,其输出力与踏板力共同作用于液压主缸,以助踏板力之不足;增压式液压制动操纵系统的伺服系统用制动踏板机构通过主缸输出的液压操纵,且伺服系统的输出力与主缸液压共同作用于一个中间传动液缸(辅助缸),使该液缸输出到轮缸的液压远高于主缸液压。目前用的较多的是真空助力式,它利用汽油机进气管中的真空度产生助力,可以简化助力系统的结构。以下将分别进行介绍。

(一)真空助力式液压制动操纵系统

1. 制动操纵系统

真空助力式液压制动系统广泛应用于各种轿车。图24-40所示为真空助力式液压制动操纵系统示意图。它采用的是X型双回路液压制动操纵系统,即左前轮缸与右后轮缸为一液压回路,右前轮缸与左后轮缸为另一液压回路。

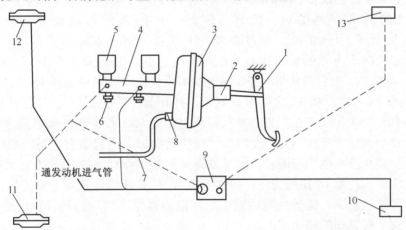

图24-40 真空助力式液压制动操纵系统示意图
1—制动踏板机构;2—控制阀;3—真空伺服气室;4—制动主缸;5—储液罐;
6—制动信号灯液压开关;7—真空功能管路;8—真空单向阀;9—感载比例阀;
10—左后轮缸;11—左前轮缸;12—右前轮缸;13—右后轮缸。

真空伺服气室3和控制阀2组合成一个整体部件,称为真空助力器。真空助力器装在制动踏板机构1和制动主缸4之间,它们一起用螺栓固定在车身前围板上。制动主缸4即直接装在真空伺服气室的前端,真空单向阀8直接装在伺服气室上。真空伺服制动气室的前方是串列双腔制动主缸,主缸的前腔通往左前轮制动器的轮缸11,并经感载比例阀 9 通向右后轮制动器的轮缸 13。主缸 4 的后腔通往右前轮制动器的轮缸 12，并经感载比例阀通向左后轮制动器的轮缸 10。制动时，制动踏板 1 直接操纵真空助力器，两者联合推动制动主缸 4 的活塞，主缸输出的高压油液通过 X 型双回路液压制动管路传递到各个车轮制动器的制动轮缸。

2. 真空助力器

真空助力器是真空助力式液压制动系统的核心部件，是利用发动机进气管的真空和大气之间的压差起助力作用。根据真空助力膜片的多少，真空助力器分为单膜片式和串联膜片式两种。

图 24-41 所示为单膜片真空助力器结构图。前壳体 5 和后壳体 19 组成气室，该气室被助力膜片 7 及其膜片座 6 分成前后两个腔 8 和 9。气室前腔 8 经单向阀 20 直通发动机的进气管。膜片座 6 内有用以连通气室前腔 8 和后腔 9 的通道 A 及通道 B。控制阀 12 安装在膜片座 6 后端的内腔中，由它来控制真空助力器的工作。踏板推杆 15 与柱塞 18 用球头铰接。

真空助力器的工作原理：汽车不制动时，弹簧 17 将踏板推杆 15 连同柱塞 18 推到后极限位置（即真空阀开启），如图 24-41（a）所示。此时，在弹簧 13 的作用下，控制阀 12 膜片伸长，与柱塞 18 后端面紧密接触，关闭前、后腔通向大气的阀门，外界空气不能进入后腔 9，气室前、后腔经通道 A 和 B 互相联通，不产生助力作用。发动机开始工作以后，真空单向阀 20 被吸开，伺服气室前、后两腔都产生一定的真空度。

踩下制动踏板时，起初伺服气室尚未起作用，膜片座 8 固定不动，故来自踏板机构的控制力可以推动控制阀推杆 12 和控制阀柱塞 18 相对于膜片座前移。当柱塞与橡胶反作用盘 4 之间的间隙消除后，控制力便经反作用盘传给制动主缸推杆 2，如图 24-41（b）所示。与此同时，控制阀 12 膜片也在控制阀弹簧 13 的作用下变形向前移，直到与膜片座 6 内腔的端面接触为止，关闭通道 A 与通道 B 的阀门如图 24-41（b）所示，此时，气室后腔 9 与前腔 8 隔绝，不再抽真空。踏板推杆 15 继续推动柱塞 18 前移，柱塞 18 与控制阀 12 之间出现缝隙，打开前、后腔通向大气的阀门，通道 A 与通道 B 的阀门仍关闭，于是，外界空气即经过滤芯 14、控制阀腔和通道 B 充入伺服气室后腔，使腔内压力升高、真空度降低，开始向前加力，起助力作用。在此过程中，助力膜片 7 与膜片座 6 也不断前移，如果踏板推杆 15 不动，则膜片座 6 连同控制阀 12 前移，直到重新与柱塞 18 接触为止，如图 24-41（c）所示，达到一平衡状态。因此，在任何一个平衡状态下，伺服气室后腔中的一定的真空度均与踏板行程成递增函数关系，这就体现了控制阀的随动作用。

为了提高真空助力，可以将两个膜片串联，形成串联双膜片式真空助力器，如图 24-42 所示。与单膜片真空助力器相比，双膜片真空助力器除了增加一个膜片 1 和中间隔盘 2 外，在控制阀座上还增加了连通 A 腔和 C 腔的通道 E，以及连通 B 腔和 D 腔的通道 F，其工作原理和过程与单膜片真空助力器相同，此处不再详述。

（二）真空增压式液压制动操纵系统

1. 制动操纵系统

图 24-43 为真空增压式双回路液压制动操纵系统示意图。这种制动操纵系统比人

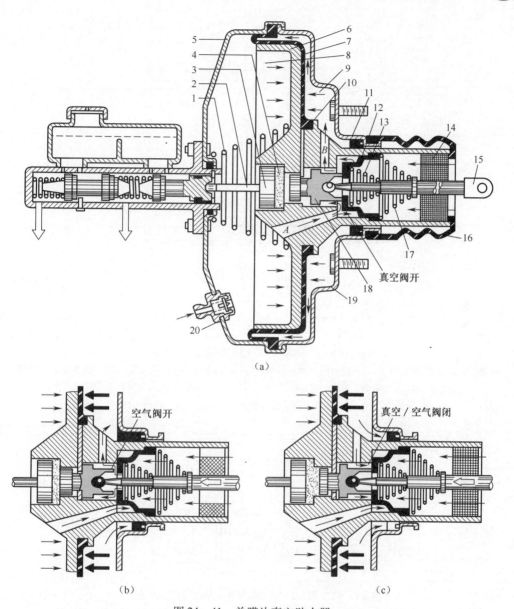

图 24-41 单膜片真空助力器
(a) 解除制动；(b) 施加制动；(c) 制动保持。
1、17—回位弹簧；2—制动主缸推杆；3—反作用活塞；4—橡胶反作用盘；5—前壳体；6—膜片座；
7—助力膜片；8—前腔；9—后腔；10—限位盘；11—支承密封垫；12—控制阀；13—控制阀弹簧；
14—空气滤芯；15—踏板推杆；16—防尘罩；18—柱塞；19—后壳体；20—单向阀。

力液压制动操纵系统多一套真空伺服系统，其中包括由发动机进气管 12（真空源）、真空单向阀 11、真空罐 10 组成的供能装置；作为控制装置的控制阀 6；作为传动装置的真空伺服气室 8；与液压制动系统共用的中间传动液缸——辅助缸 5。辅助缸、真空伺服气室和控制阀通常组合装配成一个部件，称为真空增压器。

发动机工作时，在进气管 12 中的真空度作用下，真空罐 10 中的空气经真空单向阀 11 被吸入发动机，因而真空罐中产生并积累一定的真空度，作为制动伺服的能源。真

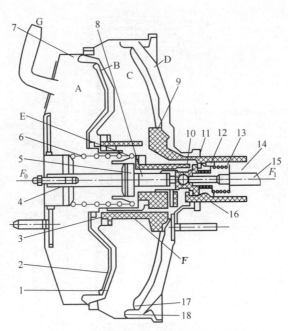

图 24-42 双膜片真空助力器结构示意图

1—第二膜片；2—中间隔盘；3—控制阀座密封组件；4—输出顶杆；5—反作用盘；6—回位弹簧；7—壳体；8—控制活塞；9—控制阀座；10—真空阀座；11—控制阀；12—控制阀内弹簧；13—控制阀外弹簧；14—空气入口；15—输入推杆；16—空气阀座；17—第一膜片托盘；18—第一膜片。

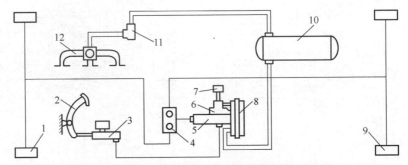

图 24-43 真空增压式液压制动操纵系统示意图

1—前制动轮缸；2—制动踏板机构；3—制动主缸；4—安全缸；5—辅助缸；6—控制阀；7—进气滤清器；8—真空伺服气室；9—后制动轮缸；10—真空罐；11—真空单向阀；12—发动机进气管。

空伺服系统中的工作真空度最高可达 0.07MPa。

踩下制动踏板时，制动主缸的输出液压首先传入辅助缸 5，一方面作为制动促动压力传入前、后制动轮缸 1 和 9，另一方面又作为控制压力输入控制阀 6。控制阀实质上是一个液压控制的气压继动阀，它在主缸液压控制下，使真空伺服气室的工作腔通真空罐或通大气，并保证伺服气室输出力与主缸液压以及制动踏板力和踏板行程成递增函数关系。真空伺服气室的输出力与来自主缸的液压作用力一同作用于辅助缸活塞，使辅助缸输送至轮缸的压力高于主缸压力，实现增压。

柴油机进气管中一般无节气门，管中真空度不高，因而柴油车要采用真空伺服制动时，必须装设由发动机驱动的真空泵，或在进气管中加装引射器，作为真空能源。

该制动系统中,虽然液压制动系统和真空伺服系统都是单管路的,但是由于在真空增压器之后装设了一个双腔安全缸4,使得在安全缸以后的前、后轮制动促动管路之一损坏漏油时,该管路上的安全缸腔即自动将该管路封堵,保证另一促动管路仍能保持其中的压力,故可认为该制动系统是一种局部双回路制动系统。

2. 安全缸

图24-43中,安全缸4实际上是一种双腔安全缸。双腔安全缸的结构如图24-44所示。它是在同一个缸体中安装了两个独立的安全缸。正常情况下,轮缸放气顶杆6旋入至上极限位置,进油阀杆9则旋出至进油孔C完全敞开的位置(即图示位置)。安全缸内空间被活塞5隔成上、下两个腔室,其中都充满制动液。上、下两个腔室通过活塞上的轴向孔E(直径仅为0.5~1mm)连通。在汽车正常行驶过程中,由于温度变化而引起的上下腔及其连通管路中的压力不平衡,可以通过孔E进行补偿。

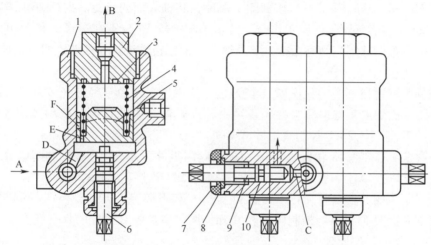

图24-44 双腔安全缸的结构示意图
1—安全缸体;2—旋塞;3—软金属环;4—回位弹簧;5—活塞;
6—轮缸放气顶杆;7—防护罩;8—挡圈;9—进油阀杆;10—密封圈。
A—进油口;B—出油口;C—进油孔;D—油道;E—轴向孔;F—径向孔。

制动时工作原理:踩下制动踏板时,制动主缸输出的压力油通过进油口A、进油孔C和油道D流入安全缸下腔。下腔压力高于上腔,活塞5便压缩弹簧4上移,并将上腔部分的油液通过出油口B压入制动轮缸。同时,下腔少部分的油液经轴向孔E和径向孔F进入上腔。松开制动踏板,撤除下腔压力时,在轮缸压力和弹簧力的作用下,活塞立即下降至初始位置,制动液自轮缸流回安全缸。

漏油时安全保护原理:当自出油口B至轮缸的管路破损漏油时,上腔压力将立即下降到零。此时,若踩下制动踏板,则活塞将在下腔液压作用下迅速上升到顶,其顶部的凸环面紧压在镶嵌于旋塞2上的软金属环3上,将出油口B封闭。这样,损坏的促动管路虽然失效,但不再漏油,其余促动管路还能保持制动所需压力,即安全缸起到了一定的制动压力保护作用,这也正是安全缸名称的由来。在发现漏油后,应立即停车,将进油阀杆9旋入到使进油孔C完全封闭的位置。

放气操作过程：当制动轮缸需要放气时，除旋开轮缸上的放气阀以外，还必须将安全缸的放气顶杆 6 向下旋出，使活塞下降到图中用假想线表示的下极限位置，上、下腔通过活塞上直径较大的径向孔 F 连通。然后，再缓踩制动踏板，将制动液压入轮缸，驱除其中的空气。放气完毕后，应将放气顶杆 6 重新旋入至初始位置，否则安全缸将不可能再起安全作用。

3. 真空增压器

1）增压器的结构

图 24-45 所示为一种真空增压器的结构。它由辅助缸 3、控制阀 15、16 和真空伺服气室（C、D）三部分组成。辅助缸 3 的内腔被活塞 4 分隔成两部分（图 24-45（b）），左腔经出油接头 1 通向前、后制动轮缸；右腔经进油接头通向制动主缸（图 24-45（a））。推杆 26 的前端嵌装着球阀 5，其阀座在辅助缸活塞 4 上。推杆 26 穿过尼龙制的密封圈座 10，并以两个橡胶双口密封圈 9 保证孔和轴表面的密封。推杆 26 后端与伺服气室膜片 22 连接。伺服气室不工作时，活塞 4 和推杆 26 分别在弹簧 2 和 25 的作用下处于右极限位置。球阀与阀座保持一定距离，从而保持辅助缸 3 两腔连通，也使主缸与轮缸相通。

真空伺服气室被其中的膜片 22 分隔成左、右两腔。左腔 C 经前壳体 20 端面的真空管接头（图中已剖去）通向真空罐，且经由辅助缸体 3 中的孔道与控制阀下气室 B 相通；其右腔 D 经气管 28 与控制阀上腔 A 相通。

控制阀是由真空阀 15 和大气阀 16 组成的阀门组件。大气阀座在控制阀体 18 上，真空阀座则在膜片座 14 上，膜片座下部与控制阀柱塞 11 连接。不制动时，如图 24-45（a）所示，大气阀关闭，真空阀开启，控制阀上腔 A 和下腔 B 连通。这样，控制阀上腔 A 和伺服气室右腔 D 便具有与控制阀下腔 B 和伺服气室左腔 C 同等的真空度。

2）增压器的工作原理

踩下制动踏板时（图 24-45（b）），制动液即由制动主缸输入辅助缸，经过活塞 4 上球阀的孔进入各制动轮缸。轮缸液压即等于主缸液压。与此同时，输入液压还作用在控制阀柱塞 11 上，使膜片座上移，先关闭真空阀，使上腔 A 和下腔 B 隔绝，接着再开启大气阀 16。于是，外界空气便经进气滤清器流入控制阀上腔 A 和伺服气室右腔 D，降低其中的真空度（即提高其中的压力）。此时，控制阀下腔 B 和伺服气室左腔 C 中的真空度仍保持原值不变。在 D、C 两腔压力差作用下，膜片 22 带动推杆 26 左移，使球阀 5 关闭。这样，制动主缸便与辅助缸左腔隔绝。此时，在辅助缸活塞 4 上作用着两个力，即主缸液压作用力和伺服气室输出的推杆力，其结果是辅助缸左腔及各轮缸的压力高于主缸压力，实现增压。

在 A、D 两腔真空度降低的过程中，膜片 13 和阀门组逐渐下移。A、D 两腔真空度下降到一定值时，即因大气阀 16 落座而保持稳定。这个稳定值的大小取决于输入控制压力（即主缸压力），而输入控制压力又取决于踏板力和踏板行程。

当制动踏板回升一定距离时（图 24-45（c）），主缸液压即下降一定值，控制阀平衡状态被破坏，柱塞 11 连同膜片座 14 下移，使真空阀 15 开启。于是 A、D 两腔中的空气有一部分又被吸入真空罐，因而伺服气室 D、C 两腔的压力差也有所减小，辅助缸

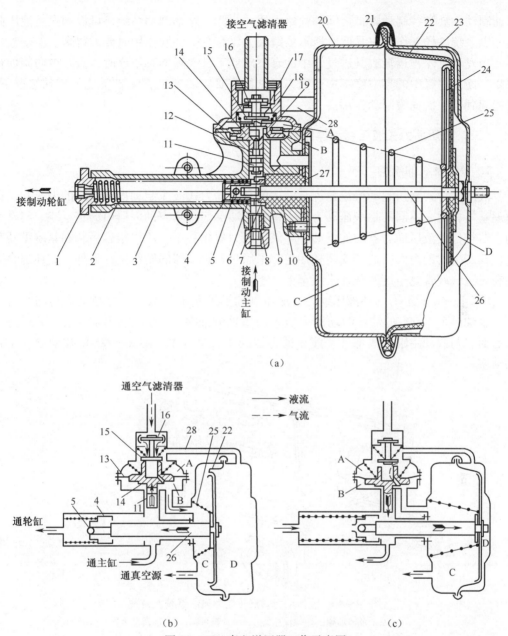

图 24-45 真空增压器工作示意图
(a) 不制动时；(b) 踩下制动踏板时；(c) 制动踏板回升时。

1—辅助缸出油接头；2—辅助缸活塞回位弹簧；3—辅助缸体；4—辅助缸活塞；5—球阀；6、12—皮圈；7—活塞限位座；8—辅助缸进油接头；9—密封圈；10—密封圈座；11—控制阀柱塞；13—控制阀膜片；14—膜片座（带真空阀座）；15—真空阀；16—大气阀；17—阀门弹簧；18—控制阀体（带大气阀座）；19—控制阀膜片回位弹簧；20—伺服气室前壳体；21—卡箍；22—伺服气室膜片；23—伺服气室后壳体；24—膜片托盘；25—伺服气室膜片回位弹簧；26—伺服气室推杆；27—连接块；28—气管

输出压力也就保持在较低值，增压减小。完全放开制动踏板时，所有运动件都在各自的回位弹簧作用下回到图 24-45（a）所示位置，不增压。

在真空管路无真空度或真空增压器失效的情况下，辅助缸中的球阀 5 将保持开启，

保证制动主缸和各制动轮缸之间的油路畅通。这样，整个制动系统还可以同人力液压制动操纵系统一样工作，只是此时所需的踏板力比有真空伺服作用时要大得多。

当发动机停止运转或其进气管中的真空度低于真空罐的真空度时，真空单向阀即行关闭，使真空罐中的真空度不遭受损失。这样，真空罐便能在无真空能补充的情况下，仍能起到若干次伺服制动作用。

（三）液压助力式液压制动操纵系统

1. 操纵系统的结构

液压助力式液压制动操纵系统与前述的真空助力式液压制动操纵系统的组成和工作原理基本相同，不同的是液压助力器中是采用油泵代替真空助力器中的真空罐。与真空助力器相比，液压助力器的优点如下：液压助力器体积小，可以很容易装在紧凑型轿车上；其产生的助力大，适合安装在四轮都采用盘式制动器的轿车上；另外，它还适合安装在无进气歧管真空度的柴油机汽车上。

图24-46所示为一种液压助力式液压制动操纵系统示意图，它与助力转向系统共用一个油泵1（也有的液压制动助力器采用单独的油泵），液压助力器4在制动主缸2的后面，与制动主缸构成部件。液压助力器的主缸推杆1（图24-26）推动制动主缸的活塞。

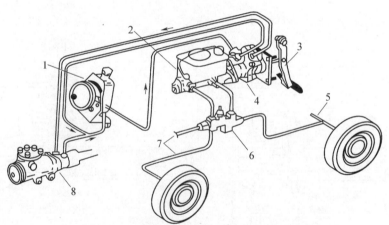

图24-46 液压助力式液压制动操纵系统示意图
1—油泵及储油罐；2—制动主缸；3—踏板机构；4—液压助力器；
5—后制动管路；6—组合制动阀；7—前制动管路；8—助力转向器。

2. 液压助力器

图24-47所示为液压制动助力器的工作原理示意图。液压制动助力器主要由控制阀管5、动力活塞8和反作用柱塞10等组成。

不制动时，在回位弹簧6的作用下，控制阀管5、动力活塞8、反作用柱塞10等都位于右端极限位置（图24-47（a）），控制阀管5上的进油孔7关闭，回油孔4开启，动力腔9中的油液经回油孔、阀管内的轴向孔向储油罐回油，油液流动路径如图24-47（a）中箭头所示。

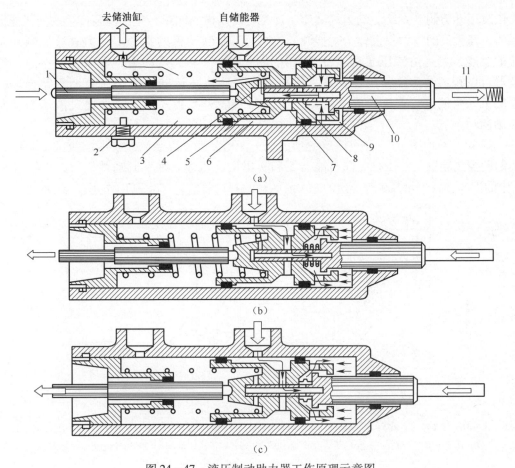

图 24-47 液压制动助力器工作原理示意图
(a) 不制动；(b) 制动助力；(c) 制动最大助力。
1—主缸推杆；2—限位螺钉；3—压力腔；4—回油孔；5—控制阀管；6—回位弹簧；
7—进油孔；8—动力活塞；9—动力腔；10—反作用柱塞；11—踏板推杆。

制动时，踩下制动踏板，制动踏板推杆 11 推动反作用柱塞 10 和控制阀管 5 一起向左移动，将动力活塞中的回油孔 4 关闭，使阀管上的径向孔和动力活塞上的进油孔 7 部分对齐（图 24-47（b））。来自储能器的油液则通过阀管 5 上的径向孔和中心孔进入动力腔 9。于是动力腔中的油压升高，推动动力活塞 8 左移，活塞 8 推动主缸推杆 1 左移，产生助力作用。如果保持制动踏板位置不动，则踏板推杆 11 不再推动阀管 5 左移，由于动力活塞 8 左移，使得动力活塞上的进油孔 7、回油孔 4 全部关闭，活塞处于平衡静止状态，这样就保持了一定的制动力。图 24-47（c）所示为提供最大助力的情况，阀管 5 上的径向孔和动力活塞 8 上的径向进油孔完全对齐。

三、动力式液压制动操纵系统

1. 操纵系统的结构

对于大吨位汽车而言，若上述助力装置中的助力部分大大超过了人力部分，此时就应该改用动力制动系统。动力式液压制动系统所需要的能量,是由油泵产生的液压能提供的,驾驶员的体力仅仅作为对能源的控制,而非制动力的来源。动力式液压制动系统的供能装置是由液压泵和蓄能器等组成的。液压泵提供动力,常采用柱塞泵。蓄能器可以积蓄液压能,以保证在发动机或液压泵停止运转,或是在泵油管路损坏的情况下,仍能进行若干次完全制动,蓄能器一般为气囊式。驾驶员通过液压制动阀控制制动系统。

图 24-48 所示为一种较简单的动力式全液压制动操纵系统示意图。液压制动阀 10 为制动控制装置。液压泵 3 向蓄能器 5 和 9 提供高压油。踩下制动踏板时,蓄能器 5、9 中的液压油便经液压制动阀 10 进入前后轮的制动轮缸,产生制动作用。

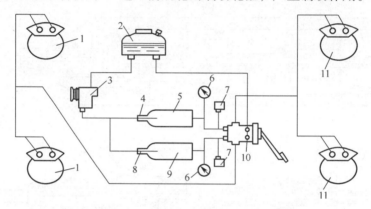

图 24-48　动力式全液压制动操纵系统示意图
1—前轮制动器(盘式);2—储液罐;3—液压泵;4、8—单向阀;5—后轮制动蓄能器;6—压力表;
7—低压报警灯开关;9—前轮制动蓄能器;10—并列双腔液压制动阀;11—后轮制动器(盘式)。

2. 液压泵

图 24-49 所示为一种常用的往复式单柱塞液压泵。泵体低压腔 A 内充满由储液罐供给的低压油。泵缸柱塞 1 由发动机通过曲轴 9 和连杆 11 驱动在泵体内做往复运动。一般情况下,泵缸进油孔 2 与低压腔 A 连通。柱塞上行时经进油孔吸油,下行时封堵进油孔,对缸内油液加压。高压油经出油阀 3 和出油口 4 输出至蓄能器。蓄能器压力又经管路和卸荷控制压力输入口 7 反馈进入卸荷柱塞 6 右端的卸荷油腔,作为卸荷控制压力并通过卸荷柱塞作用在卸荷阀 5 上,当蓄能器压力高达规定值(本例中为 17.6MPa)时,卸荷油腔的液压作用力增大到足以克服弹簧预紧力而迫使卸荷阀 5 左移,将泵体上的总进油口封闭。于是,泵缸柱塞上行时不能吸油,即液压泵卸荷空转。与卸荷装置并联的溢流阀 8 将系统压力控制在较高的规定值(本例中为 22.4MPa)以内。由于制动液的润滑性能较差,需将曲轴主轴颈和连杆轴颈的承压面积设计得较大。曲轴上连杆轴颈的截面为偏心轮。

3. 蓄能器

蓄能器一般是气囊式的,如图 24-50 所示。气囊 5 一般用耐油橡胶制成,外面有带许多通油孔的夹持环 4,对充油的的流量脉动起阻尼作用。气囊内腔中有固定在蓄能

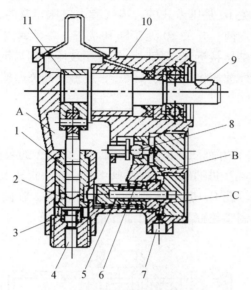

图 24-49 往复式单柱塞液压泵

1—泵缸柱塞；2—进油孔；3—出油阀；4—出油口；5—卸荷阀；6—卸荷柱塞；
7—卸荷控制压力输入口；8—溢流阀；9—曲轴；10—滑动轴承；11—连杆；
A—低压腔；B、C—油道。

器壳体上的钢支承管 6，内腔为充氮腔 3，内充有一定压力的氮气，气囊外围为压力油腔。图示储能器的气囊预充气压力应达到规定值（本例中为 6.4MPa）。压力油自液压泵经进油螺塞 1 上的进油孔充入蓄能器时，气囊被压缩，气囊内气压等于气囊外液压。当液压制动阀进油阀开启时，蓄能器中的压力油便经油道 9 和出油孔 8 通过制动阀进入制动轮缸。

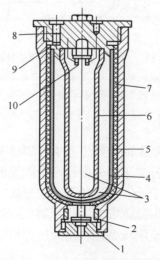

图 24-50 蓄能器结构示意图

1—进油螺塞；2—单向阀；3—充氮腔；4—夹持环；5—气囊；6—钢支承管；
7—蓄能器壳体；8—出油孔；9—油道；10—充气低压报警灯开关。

充气低压报警灯开关 10 是压差式的。当气囊内气压正常时，气囊与钢支承管 6 不接触，气囊内、外压力均衡，开关 10 处于断开状态。一旦囊内气压降低到一定值（本例中约至 2MPa），则当油压接近最高值时，气囊便被压缩到与钢支承管 6 接触而不可能进一步压缩。此时，囊外油压将高于囊内气压，压差式开关即接通而开亮报警灯，表示应立即补充氮气。

4. 制动阀

图 24-51 所示为一种并列双腔液压制动阀。进油孔 A 通蓄能器，出油孔 B 通制动轮缸，回油孔 C 通储液罐。进油阀 5 和回油阀 4 装在同一阀杆上成为阀门组件。反作用活塞 3 下部的空腔通回油孔 C，其下端锥面即为回油阀座。在图示不制动状态下，进油阀关闭而回油阀开启，制动轮缸与低压回油管路相通。

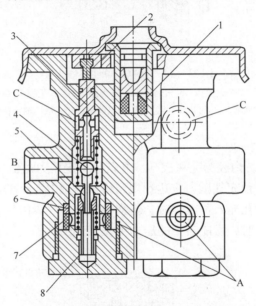

图 24-51 并列双腔液压制动阀结构示意图
1—橡胶平衡弹簧；2—平衡杠杆；3—反作用活塞；
4—回油阀；5—进油阀；6—橡胶垫；7—滤芯；8—平衡活塞；
A—进油孔；B—出油孔；C—回油孔。

汽车制动时，加于制动踏板上的控制力经推杆和柱塞传到橡胶平衡弹簧 1，再经过平衡弹簧外的柱塞套、平衡杠杆 2 平均分配给两个阀腔的反作用活塞 3，使之下移，先关闭回油阀，再推开进油阀。于是，油压传入制动轮缸，实现制动。随着出油压力的升高，反作用活塞不断回升（平衡弹簧被进一步压缩），最后达到平衡位置，出油压力趋于稳定。由于橡胶平衡弹簧的变刚度特性，出油压力与踏板力及踏板行程成非线性递增关系。

空套在阀杆下端的平衡活塞 8 也承受进油压力的作用，因而可平衡进油阀所受的油压作用力，使阀门组件的下移阻力减小。

第四节 气压制动操纵系统

气压制动系统与液压制动系统都属于动力制动系统,在气压制动系统中用以进行制动的能量是空气压缩机产生的气压能,空气压缩机是由汽车发动机驱动的。在气压制动系统中,驾驶员的脚力仅仅作为控制能源,而不是制动能源。由此,以发动机动力驱动空气压缩机作为制动器制动的唯一能源,驾驶员脚力仅作为控制能源的制动系统称为气压制动系统。气压制动系统是发展最早的一种动力制动系统。其供能装置和传动装置全部是气压式的,其控制装置大多数是由制动踏板机构和制动阀等气压控制元件组成。

相对于全液压制动系统,气压制动的优点是:气压低,降低了管路以及元器件的密封要求,稍有渗漏仍能正常工作,方便带拖挂车辆的制动。气压制动的缺点是:气动元件的尺寸较大,但大型车辆有足够的空间布置大型元件,丝毫不妨碍气压制动的采用。

我国生产的中型以上货车或客车一般都采用了气压制动系统,其回路和液压制动系统一样采用了双回路或多回路制动系统。

一、气压制动回路

图 24-52 所示为东风 EQ1090E 型汽车气压双回路制动系统示意图。其中备有两个主储气罐 14 和 17。单缸空气压缩机 1 产生的压缩空气,首先通过储气罐单向阀 4 输入湿储气罐 6 进行油水分离,之后分成两个回路:一个回路经过主储气罐 14、并列双腔制动阀 3 的后腔而通向前制动气室 2;另一个回路是经过主储气罐 17、并列双腔制动阀 3 的前腔和快放阀 13 而通向后制动气室 10。当其中一个回路发生故障失效时,另一回路仍能继续工作,以维持汽车具有一定的制动能力,从而提高了汽车行驶的安全性。但是,切不可仅利用一个制动回路长时间行车,以防发生意外。

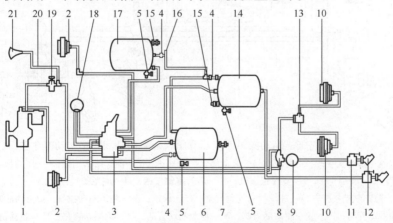

图 24-52 东风 EQ1090E 型汽车气压双回路制动系统
1—空气压缩机;2—前制动气室;3—并列双腔制动阀;4—储气罐单向阀;5—放水阀;6—湿储气罐;7—溢流阀;8—高压空气选择阀;9—挂车制动阀;10—后制动气室;11—挂车分离开关;12—连接头;13—快放阀;14—主储气罐(供前制动器);15—低压报警阀;16—取气阀;17—主储气罐(供后制动器);18—双针气压表;19—气压调节阀;20—气喇叭开关;21—气喇叭。

驾驶员通过制动踏板操纵制动系统,踩下制动踏板后,主储气罐14和17中压缩空气经制动阀分别流向前、后制动气室,实施制动。松开制动踏板后,前制动气室中压缩空气经制动阀排入大气,后制动气室中压缩空气直接由快放阀13排入大气,解除制动。

装在制动阀3至后制动气室10之间的快放阀13的作用是:当松开制动踏板时,使后轮制动气室放气路线和时间缩短,保证后轮制动器迅速解除制动。前、后制动回路的储气罐上都装有低压报警器15。当储气罐中的气压低于0.35MPa时,便接通装在驾驶室内转向柱支架内侧的蜂鸣器,使之发出断续的鸣叫声,以警告驾驶员,注意储气罐内气压过低。在不制动情况下,前制动储气罐14还通过挂车制动阀9、挂车分离开关11、连接头12向挂车储气罐充气。制动时,双腔制动阀的前、后腔输出气压可能不一致,但都通入高压空气选择阀8。高压空气选择阀则只让压力较高一腔的压缩空气输入挂车制动阀9,后者输出的气压又控制装在挂车上的继动阀,使挂车产生制动。

图24-53所示为带有应急制动和驻车制动的双回路气压制动操纵系统。双膜片制动气室1用于行车和应急制动,驻车制动助力气室14用于驻车制动。应急制动,驻车制动和行车制动有各自单独管路。

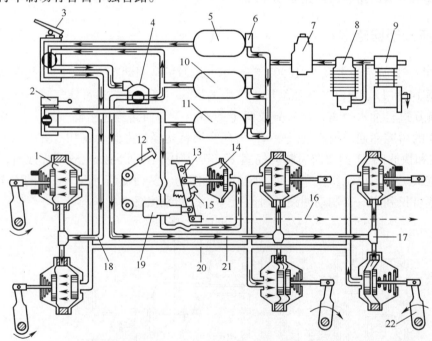

图24-53 双回路气压制动操纵系统示意图(应急制动和驻车制动有单独管路)
1—双膜片制动气室;2—手控阀;3—制动阀;4—快充阀;5—前管路储气罐;6—压力保护阀;
7—卸荷阀;8—湿储气罐;9—空气压缩机;10—后管路储气罐;11—应急储气罐;12—驻车制动手柄;
13—驻车制动杠杆;14—驻车制动助力气室;15—棘爪;16—驻车制动拉杆;17—快放阀;
18—前制动管路;19—驻车制动助力阀;20—应急制动管路;21—后制动管路;22—制动调整臂。

当踩下制动踏板后,制动阀3开启,前管路储气罐5中的压缩空气经制动阀和快放阀进入前制动气室,在气压的作用下,制动调整臂运动使制动器起作用,对前轮产生制动作用,与此同时,由后管路储气罐10中的压缩空气经制动阀3向继动阀4输出一个压力信号,使快充阀4开启,让距中后桥较近的储气罐10中的压缩空气不经制动阀而经继动阀、快放阀 17 进入中、后桥的制动气室，通过制动调整臂的运动使制动器产生制动作用。当放松制动踏板时，通往各制动气室的气压消失，由于快放阀的存在，它将所有制动气室中的空气快速排入大气。

需要应急制动时，将手控阀 2 开启，则应急储气罐 11 中的压缩空气经手控阀 2 进入各制动气室的第二制动气室作应急制动。当需要驻车制动时，拉起驻车制动手柄 12，驻车制动助力阀 19 开启，应急储气罐 11 中的压缩空气经驻车制动助力阀 19 进入中央制动的驻车制动助力气室 14 中，帮助推动驻车制动杠杆 13 使棘轮机构 15 自动啮合，实现驻车制动。当需要解除驻车制动时，放下驻车制动手柄 12，助力阀 19 关断应急储气罐 11 与驻车制动助力气室 14 的通路，则助力失效，加载的棘轮机构 15 脱离啮合，从而实现解除驻车制动。

二、气压制动系统的供能装置

气压制动系统的供能装置包括：空压机和储气罐；调压阀及安全阀；进气滤清器、排气滤清器、管道滤清器、油水分离器、空气干燥器、防冻器等；多回路压力保护阀等部件。

1. 空气压缩机及调压阀

空气压缩机（空压机）的功用是产生制动用的压缩空气，一般固定在发动机气缸盖的一侧，由发动机通过风扇带轮和 V 带驱动，也有的通过凸轮轴直接驱动。

东风 EQ1090E 型汽车的空压机是单缸风冷式的，具有与发动机类似的曲柄连杆机构如图 24-54 所示。发动机工作时，通过带轮、曲轴、连杆带动活塞上下往复运动。当活塞下行时，在气缸内真空度作用下，进气阀门开启，外界空气经进气滤清器由进气口、进气门被吸入气缸。活塞上行时，气缸内空气被压缩，压力升高，顶开出气阀门，经排气口充入储气筒。气缸和气缸盖上有风冷散热片散热。

在进气阀门上方设置了利用调压阀控制的卸荷装置。在空压机向储气罐正常充气过程中，卸荷柱塞上方的卸荷气室经调压阀通大气。卸荷柱塞被弹簧顶推到上极限位置，其杆部与进气阀之间保持一定间隙，卸荷装置因而不起作用。当储气罐中的气压升高到规定值时，来自储气罐的压缩空气便能经调压阀而进入空压机卸荷装置的卸荷气室中，使卸荷柱塞下移而顶开进气阀门，使气缸与大气相通。此时，空压机的活塞虽然还在上下运动，但不产生压缩空气，只是通过进气门将空气吸入而后又排出，故空压机停止向储气罐供气。

东风 EQ1090E 型汽车的调压阀如图 24-55 所示。一个管接头接空压机卸荷装置；另一个管接头接储气罐（图 24-52、图 24-56）。阀体与阀盖之间夹装有膜片组件。膜片组件中心借螺纹连接着与阀体中央孔作动配合的芯管，其上部有径向孔，与其轴向孔道相通。其预紧力由调整螺钉调定的调压弹簧将膜片连同芯管压推到下极限位置。芯管下端面（出气阀门）紧密压住排气阀门，并使之离开阀体上的排气阀座。也就是说，调压阀的排气阀门开启，芯管的出气阀门关闭。此时，空压机卸荷气室与储气罐隔绝，而经调压阀的排气口 A 与大气相通。

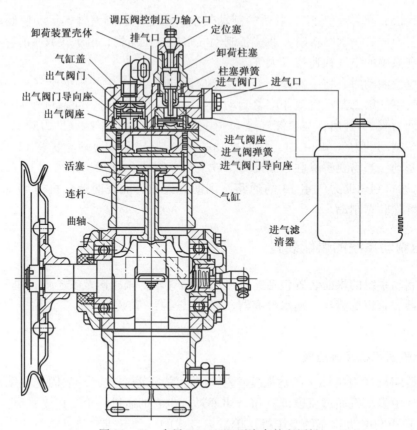

图 24-54　东风 EQ1090E 型汽车的空压机

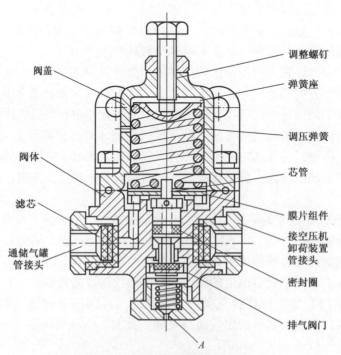

图 24-55　东风 EQ1090E 型汽车调压阀

在空压机向储气罐充气的过程中,若储气罐气压尚低,则调压阀不起作用。当储气罐气压升高到 0.7~0.74MPa 时,膜片下方气压作用力足以克服调压弹簧预紧力而推动膜片向上拱曲,使芯管和排气阀门随之上移到排气阀门关闭而芯管的出气阀门开启的位置(图 24-56)。于是,储气罐中的压缩空气便沿图中箭头所标明的路线充入空压机的卸荷气室,迫使卸荷柱塞下移,将空压机进气阀压下,使之保持在开启位置不动。这样,空压机虽然在运转,但并不产生压缩空气,即空压机卸荷空转。当储气罐气压下降到 0.56~0.6MPa 时,调压阀的膜片、芯管、排气阀门又上移到芯管的出气阀门关闭而排气阀门开启的位置。空压机卸荷气室中的压缩空气乃经调压阀排气口 A 排入大气。卸荷柱塞在弹簧作用下向上回位,于是空压机恢复向储气罐充气。

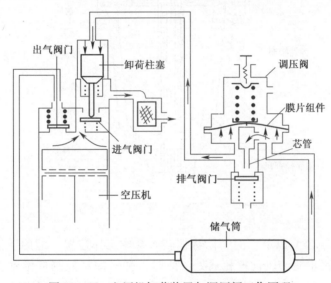

图 24-56 空压机卸荷装置与调压阀工作原理

2. 防冻器

为了防止在寒冷季节中,积聚在管路和其他气压元件内的残留水分冻结,有必要在气压制动系统中装设防冻器。防冻器一般是一种酒精蒸发器,当汽车处于寒冷环境时,将雾状酒精引入气流中,从而降低空气中水分的结冰点。

奔驰 2026A 型汽车防冻器如图 24-57 所示。液杯盛有乙醇溶液,液面高度可用液面检查尺检查,盖内垂直安装着连通管,自进气口 A 到出气口 B 的水平气道与液杯内腔经连通管上端的节流孔相通。控制杆的上段与盖上部的中央孔和座圈内孔作动配合。控制杆的下段伸入乙醇溶液内,外套弹簧,弹簧周围包有吸液绳,吸液绳上下两端分别被弹簧压支在控制杆凸肩和弹簧座上,控制杆中部凸缘盘的外缘有对称布置的两个径向定位销。盖中圆罐形气腔的下部车有环形槽 C,而在内圆面上则车有两条轴向槽。

当防冻器处于图示的暖季工作位置时,两定位销插于环槽 C 内。这样,控制杆便被固定在下极限位置,而将盖中的水平气道与液杯内腔基本隔绝,只有极少量乙醇蒸气经连通管的节流孔被吸出,随压缩空气流入回路。

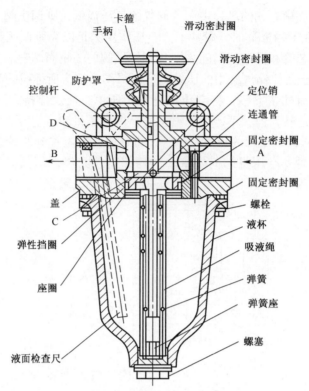

图 24-57　奔驰 2026A 型汽车防冻器

当环境温度低（5℃以下）时，防冻器转入寒季工作位置，即用手柄将控制杆转过 90°，定位销转到环形槽与轴向槽相通处。此时，弹簧即将控制杆推到上极限位置，使盖中水平气道与液杯内腔连通，而且吸液绳上部也露在气道中。因控制杆下段部分退出液杯而在杯内造成的真空度，由自连通管渗入的空气补偿。这时，大量的从液面及吸液绳表面蒸发出来的乙醇蒸气随由 A 到 B 流动的压缩空气流进入回路，回路内的冷凝水溶入乙醇后，其冰点降低，防止了管路冻结。

3. 多回路压力保护阀

多回路制动系统中，来自空压机的压缩空气可经多回路压力保护阀分别向各回路的储气罐充气。当有一个回路损坏漏气时，压力保护阀能保证其余的完好回路继续充气。

图 24-58 所示为黄河 JN1181C13 型汽车的双回路压力保护阀。平时两活塞阀门在弹簧作用下分别将两出气口封闭。压缩空气由进气口进入，经两侧气道分别流入左右两阀腔，当阀腔中压力超过 0.52MPa 时，两侧气压作用力超过弹簧的预紧力，推使两活塞阀门离开出气接头上的阀座，压缩空气便经两出气口分别充入两回路储气罐。当出气压力达到 0.6MPa 时，两活塞阀都被推靠到挡圈上，阀的开度达到最大（此时弹簧的压缩变形量最大）。因为一个活塞阀门上的气压作用力可以经弹簧传到另一个活塞阀门上，所以有可能因两出气口的反压力不同而使得两活塞阀门的开启有先后。当两活塞阀均开启时，前、后两制动储气罐连通，二者可互相进行压力补偿。

压力保护阀的工作原理：若在正常充气过程中有一回路突然损坏漏气，即有一端出

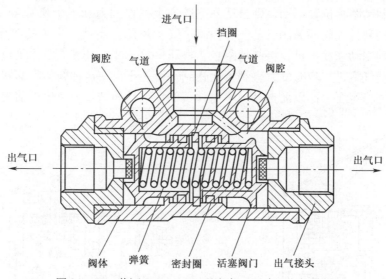

图 24-58 黄河 JN1181C13 型汽车双回路压力保护阀

气口（如左端出气口）处压力突然降低，甚至降为大气压力，则在开始瞬间，自进气口输入的和由另一出气口倒流回来的压缩空气都流向左端出气口，导致两阀腔压力均下降，两活塞阀门都关闭。以后随着空压机不断供气，两阀腔气压又渐渐升高。因为右活塞阀门所承受的右端出气口处气压高于左活塞阀门所受的左端出气口处气压，右活塞阀门开启所需的右阀腔气压低于左活塞阀开启所需的左阀腔气压，所以右活塞阀门将首先重新开启，即与右端出气口相通的完好回路将继续充气。不过所能达到的充气压力较低，一般可达 0.5~0.55MPa，因为压力若超过此值，左活塞阀门亦将重新开启而放气。

三、气压制动操纵系统的控制装置

（一）制动阀

制动阀是气压行车制动系统的主要控制装置，用以起随动作用并保证有足够强的踏板感，即在输入压力一定的情况下，使其输出压力与输入的踏板力成一定的递增函数关系，驾驶员通过踩在踏板上的脚感知。制动阀输出压力可以作为促动管路压力直接输入到制动气室，也可作为控制信号输入继动阀等控制装置。双回路气压制动操纵系统的制动阀有串列双腔和并列双腔式。

1. 串列双腔制动阀

图 24-59 所示为串列双腔制动阀。驾驶员将制动踏板 7 由图 24-59（b）的位置踩下一定距离，滚轮 8 便通过内、外柱塞 10、6 推动上活塞 11、中活塞 12、下活塞 14 向下移动，使上进排气阀 20 和下进排气阀 16 中的排气口关闭，随着阀 20 和 16 的下移使两进气口开启，如图 24-59（a）所示。于是，储气罐中的压缩空气分别由前进气口 4、后进气口 15 沿图中箭头方向进入前后制动气室 5 和 13，使制动器产生制动。在此过程中，当压缩空气进入到上活塞下面的腔室 A 和下活塞下面的 B 时，在气体压力作用下力图克服平衡弹簧 18 的作用，推动活塞上移，使进气阀开度减小。此时，如果

驾驶员保持制动踏板位置不动,则当活塞下腔向上的作用力和平衡弹簧18的作用力平衡时,进气阀和排气阀都关闭,如图24-59(c)所示,制动气室中的气压保持恒定。若驾驶员感到制动强度不足,将制动踏板再踩下一些,上、下腔的进气阀又重新开启,储气罐对制动气室进一步充气,直到再次达到平衡为止。在这种新的平衡状态下,制动气室所保持的稳定压力比以前更高,平衡弹簧的压缩量和踏板力也比以前更大。

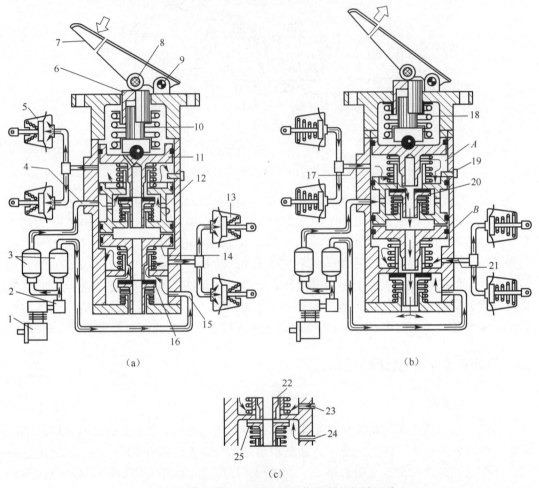

图24-59 串列双腔制动阀工作原理及相关回路
(a) 制动;(b) 解除制动;(c) 制动保持。
1—空压机;2—调压阀;3—储气罐;4—前进气口;5—前制动气室;6—外柱塞;7—制动踏板;8—滚轮;9—铰链;10—内柱塞;11—上活塞;12—中间活塞;13—后制动气室;14—下活塞;15—后进气口;16—下进排气阀;17—上进气口;18—平衡弹簧;19—限位螺钉;20—上进排气阀;21—下排气口;22—活塞;23—排气口;24—进气口;25—进排气阀。

当松开制动踏板时,平衡弹簧18恢复到原来的装配长度,上活塞及进排气阀在各自弹簧的作用下移动到上极限位置,如图24-59(b)所示。此时,上下进气口关闭、排气口开启,各制动气室的气体沿图中箭头所示方向排入大气,制动器解除制动。当任一制动管路发生泄漏时,制动阀的另一腔室仍能按上述方式正常工作。

2. 并列双腔制动阀

图 24-60 所示为并列双腔制动阀。当驾驶员踩下制动踏板时,摆臂 1 绕摆臂轴 28 逆时针转动。摆臂的一端压下平衡弹簧上座 2,并经平衡弹簧 3、平衡弹簧下座 5、钢球 6、推杆 8 和钢球 10,使平衡臂 9 下移。平衡臂的两端推动两腔内的膜片 14 下凹,并经芯管 16 首先将排气阀座 F 关闭,继而打开进气阀座 G。此时,储气罐中的压缩空气经进气口 A_1、A_2、进气阀座 G 和出气口 B_1、B_2 充入前、后制动气室,使制动器产生制动。

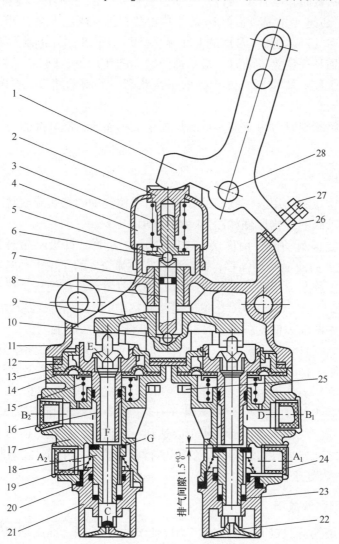

图 24-60 EQ1090E 型汽车并列双腔制动阀
1—摆臂;2、5—弹簧座;3—平衡弹簧;4—防尘罩;6、10—钢球;7、12、23、24—密封圈;
8—推杆;9—平衡臂;11—上阀体;13—钢罩;14—膜片;15—膜片回位弹簧;
16—芯管;17—下阀体;18—进排气阀;19—阀门复位弹簧;20—密封垫;
21—导向座;22—防尘堵片;25—防尘堵塞(运输及储存时用);26—锁紧螺母;27—调整螺钉;28—摆臂轴;
A_1—进气口(通前储气罐);A_2—进气口(通后储气罐);B_1—出气口(通前制动气室及挂车气管);
B_2—出气口(通后制动气室);C—下排气口;D—节流孔;E—上排气口;F—排气阀座;G—进气阀座

由前、后制动储气罐来的压缩空气充入前、后制动气室的同时，还经节流孔 D 进入膜片的下腔，推动两腔的芯管 16 上移，促使平衡臂 9 等零件向上压缩平衡弹簧 3。此时若踏板保持不动，进排气阀 18 将进气阀座 G 和排气阀座 F 同时关闭，制动阀处于平衡状态，压缩空气保留在制动气室中。当驾驶员继续踩下制动踏板时，则制动气室进气量增多，气压升高。当气压升高到一定值，进、排气阀座又同时关闭，此时制动阀又处于新的平衡状态。

当放松制动踏板时，摆臂 1 回行，平衡弹簧伸张，压力减小，则膜片 14 在回位弹簧 15 的作用下上凸起，并带动芯管 16 等零件上移，排气阀座 F 被打开，制动气室及制动管路内的压缩空气经芯管 16 内孔道上部排气口 E、阀 18 内孔道以及下部排气口 C 排出。当踏板放松到某一位置不动时，在平衡弹簧 3 的作用下，阀 18 又将进气阀座 G 和排气阀座 F 同时关闭，制动阀又处于新的平衡状态。当制动踏板完全放松时，制动作用完全解除。

若任制动管路断裂时，由于前、后腔压缩空气不相通，制动阀的另一腔仍按上述方式正常工作。

3. 手控制动阀

驻车制动或应急制动用放气制动的方法，由手控制动阀来实施或解除驻车制动或应急制动。手控制动阀的结构原理如图 24 – 61 所示。

应急制动或驻车制动时，由图 24 – 61（b）位置顺时针扳动带球形捏手 13 的杠杆 14，由于凸轮 1 的曲面转动偏移，圆盘阀柱 3 在弹簧 2 的作用下，紧随凸轮 1 向上移动，阀管 5 也向上移至支承活塞 4 的进气口处将其关闭，圆盘阀柱 3 和阀管 5 间的排气通道打开，如图 24 – 61（a）所示。驻车制动气室中的压缩空气经继动阀 10 排气通道排出，而由气室中的动力制动弹簧 11 向右推动推杆 12，实施制动。

解除制动时，杠杆 14 由图 24 – 61（a）的位置逆时针转动到解除制动位置，如图 24 – 61（b）所示，凸轮 1 推动圆盘阀柱 3 下移，先关闭阀柱 3 和阀管 5 的排气通道，再开启阀管 5 和支承活塞 4 之间的进气口。手控制动阀出来的压缩空气使继动阀 10 动作，让储气罐 9 中的压缩空气进入驻车/应急制动气室 16 而压缩动力制动弹簧 11 解除制动。当压缩空气进入支承活塞 4 上腔达到一定值时，气压迫使活塞 4 下移而关闭活塞 4 和阀柱 5 之间的进气口。因此，在车辆行驶过程中，驻车/应急制动气室中的动力制动弹簧 11 一直处于被压缩状态。

（二）快充阀和快放阀

储气罐和制动气室通过制动阀一般要用较长的管路连接，储气罐向制动气室充气以及制动气室内压缩空气排入大气，都必须迂回流经制动阀，这将导致制动和解除制动的滞后时间过长，不利于汽车的及时制动和快速解除制动。在气压回路中加入快充阀，使压缩空气不流经制动阀而直接充入制动气室以缩短充气时间；加入快放阀，使压缩空气不流经制动阀而从制动气室直接排入大气，以缩短放气时间。

1. 快充阀

快充阀主要由阀体上部的控制活塞 2 和阀体下部的进排气阀 3 组成，如图 24 – 62

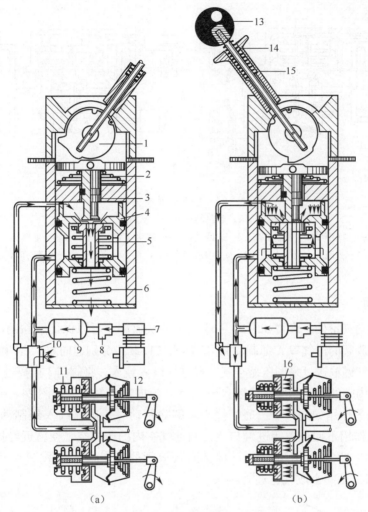

图 24-61 手控制动阀及相关回路
(a) 驻车/应急制动；(b) 解除驻车/应急制动。
1—凸轮；2—弹簧；3—圆盘阀柱；4—支承活塞；5—阀管；6—弹簧；7—空压机；
8—调压阀；9—储气罐；10—继动阀；11—动力制动弹簧；12—推杆；13—球形捏手；
14—杠杆；15—锁止柱塞；16—驻车/应急制动气室。

所示。入口 A 与制动阀的出气口相通，出气口 B 直接通制动气室，进气口 C 直接通储气罐。解除制动时，入口 A 处没有控制气体压力，控制活塞 2 及进排气阀 3 在各自弹簧的作用下移至上极限位置，此时进排气阀的进气通道关闭、排气通道开启，如图 24-62 (a) 所示，制动气室 4 中的压缩空气便经进排气阀和片阀 5 排入大气（片阀 5 具有防尘作用）。制动时，入口 A 有来自控制阀的控制压力，控制活塞便下移，先关闭进排气阀的排气通道、再开启进气通道，储气罐中的压缩空气便直接通过进气口 C 和出气口 B 充入制动气室，而不必流经制动阀。继动阀的存在大大缩短了制动气室的充气管路，加速了制动气室的充气过程。因此，快充阀有时也称为加速阀或继动阀。

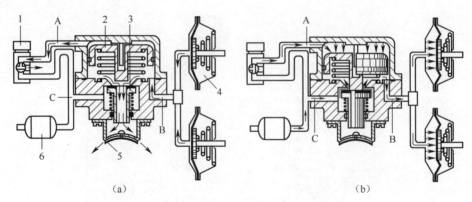

图 24-62 快充阀及相关回路
(a) 解除制动；(b) 制动。
1—制动阀；2—控制活塞；3—进排气阀；4—制动气室；5—片阀；6—储气罐；
A—控制压力空气入口；B—促动压力空气出气口；C—促动压力空气进气口。

2. 快放阀

在靠近制动气室处，设置如图 24-63 所示的快放阀，可以保证解除制动时制动气室迅速排气。快放阀的进气口 A 通制动阀 1，两出气口 B 可分别通向左、右两侧制动气室 4。制动时，由储气罐输送过来的压缩空气，自进气口 A 流入，将阀门 3 推离进气阀座，进而使之压靠阀盖内端的排气阀座，然后自出气口 B 流向制动气室，如图 24-63（a）所示，此时，快放阀的作用如同一个三通管接头。解除制动时，进气口 A 经制动阀 1 通大气，阀门在弹簧 2 作用下回位关闭进气口 A，制动气室内的压缩空气便就近经排气口 C 排入大气，如图 24-63（c）所示。制动保持时快放阀的工作状态如图 24-63（b）所示，排气口 C 关闭，是一个放气三通管接头。

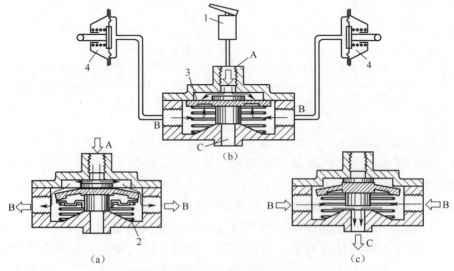

图 24-63 快放阀
(a) 施加制动；(b) 制动保持；(c) 制动解除。
1—制动阀；2—弹簧；3—膜片发；4—制动气室；A—进气口；B—出气口；C—排气口。

（三）差动保护阀

在驻车/应急制动采用放气制动的操纵机构中，其制动气室是复合式，即将行车制动气室和应急/驻车制动气室串联在一起，向行车制动气室中充入气压产生制动的同时，要向驻车/应急制动气室中充入气压来解除制动。为避免行车制动和驻车/应急制动同时工作，在制动回路中加有差动保护阀，以防止制动推杆的过载，如图24-64所示。差动保护阀11主要由外活塞14、内活塞15组成，其壳体上有A、B、C、D 4个通气口，A口与行车制动管路、B口与驻车/应急制动管路、C及D与前、后驻车/应急制动气室相通。下面分几种情况来讨论差动保护阀的工作。

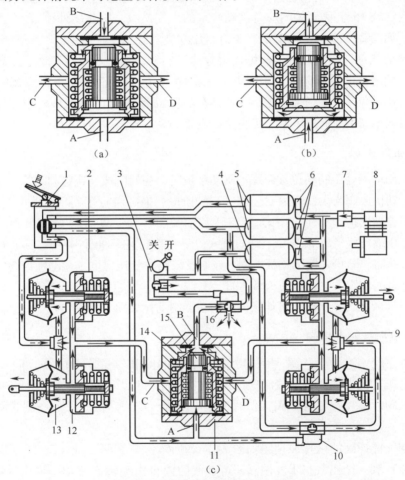

图24-64 差动保护阀及相关回路
(a) 正常行驶；(b) 应急制动；(c) 行车制动。
1—制动阀；2—复合制动气室；3—手控制动阀；4—应急制动储气罐；5—行车制动储气罐；6—压力保护阀；7—卸荷阀；8—空压机；9—快放阀；10—行车制动继动阀；11—差动保护阀；12—应急制动气室；13—行车制动气室；14—外活塞；15—内活塞；16—应急制动继动阀；A、B、C、D—通气口。

1. 行车制动及驻车制动全解除

当松开制动脚踏板、手控制动阀3位于制动解除位置时，行车制动管路通过快放阀排出空气，解除行车制动；而应急制动管路中的压缩空气经 B 口进入，推差动保护阀 11 的内外活塞 14、15 向下，如图 24-64（a）所示，并经差动保护阀 11 的 C、D 两出口进入应急制动气室 12，使储能弹簧压缩，解除驻车制动。这时行车制动及驻车制动全解除，汽车可正常行驶。

2. 应急制动

行车制动踏板在踩下状态，而又作应急制动，应急制动气室中的压缩空气要经差动保护阀 11 通过手控制动阀排入大气，以便放气制动，如图 24-64（c）所示，管路内气压开始下降，而行车制动管路中的气压会因制动高于应急管路中的气压，结果使差动保护阀的内活塞 15 上移而关闭应急制动气室的出气口 B，压差使外活塞 14 上移开启 A 口的阀门，如图 24-64（b）所示。于是，压缩空气经 A 口入，由 C、D 口出，又重新进入应急制动气室，使储能弹簧压缩而解除应急制动，避免了行车制动与应急制动作用相互冲突。此时，若抬起制动踏板，差动保护阀 11 的内外活塞在回位弹簧的作用下下移，使应急制动气室与行车管路隔断而与应急制动管路相通，因此应急制动气室经差动保护阀 11 排气，储能弹簧伸张而使制动器应急制动。

3. 行车制动

若手控制动阀处于制动位置而踩下制动踏板时，初始阶段，应急制动管路经手控制动阀及应急制动快放阀与大气相通属于放气制动阶段，但随着行车制动管路中的压力升高，压缩空气使差动保护阀 11 中的内活塞 15 上移而关闭 B 口、外活塞 14 离开差动保护阀底部。于是，压缩空气经 A 口和 C、D 口进入应急制动气室，如图 24-64（b）所示，应急制动解除。此时，若松开制动踏板，则行车制动管路中气压降低，差动保护阀的内、外活塞在回位弹簧的作用下下移，使 A 口关闭、B 口开启，应急制动气室中的压缩空气经 C、D 口和 B 口排入大气，储能弹簧伸张而使制动器制动，如图 24-64（c）所示。

（四）高压气源选择阀

在制动系统中有两个气源（例如，行车制动回路和应急制动回路）向一条管路供气时，用高压气源选择阀（又称梭阀）来连接，选择高压回路供气，所以梭阀是选高压空气供气阀。高压空气选择阀工作时，无论由哪一条回路供气，另一供气回路就断开不参与工作。

高压空气选择阀的工作原理图如图 24-65 所示。它有两个进气口 A_1、A_2（分别通向两个气源）和一个出气口 B。梭阀 2 可在阀腔内自由地轴向移动。当进气口 A_1 处气压高于进气口 A_2 处气压时，高压空气选择阀在气压差作用下将低压进气口 A_2 封闭。此时，仅由进气口 A_1 经出气口 B 向用气管路供气，如图 24-65（a）所示。一旦进气口 A_2 的气压变得高于进气口 A_1 的气压时，高压空气选择阀将移向进气口 A_1 将它封堵，改由进气口 A_2 所接受的气源单独供气，如图 24-65（b）所示。

四、制动气室

制动气室的功用是将压缩空气的势能转变为对机械杆件的推力，使制动器产生动

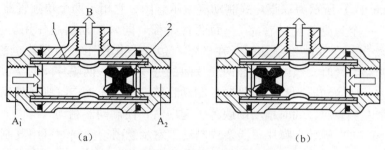

图 24-65 高压空气选择阀的工作原理
(a) 左边进气；(b) 右边进气。
1—导套；2—梭阀；A_1、A_2—进气口；B—出气口。

作。制动气室的主要类型有：单膜片式、双膜片（或三膜片）式、膜片—活塞式和复合式（放气弹簧制动）。

图 24-66（a）所示为单膜片式制动气室示意图。夹布层橡胶膜片 1 的周缘用卡箍 8 夹紧在壳体 3 和盖 2 的凸缘之间。盖 2 与膜片 1 之间为工作腔，压缩空气可进入其内，膜片右方则通大气。解除制动时弹簧 4 通过与推杆 5 相联的支承盘 7 将膜片推到图示的左极限位置。制动时，压缩空气推动膜片和推杆 5 的外端通过连接叉 6 推动制动器的制动调整臂 14 如图 24-66（c）所示。制动器上与调整臂相联的凸轮转动，实施制动。

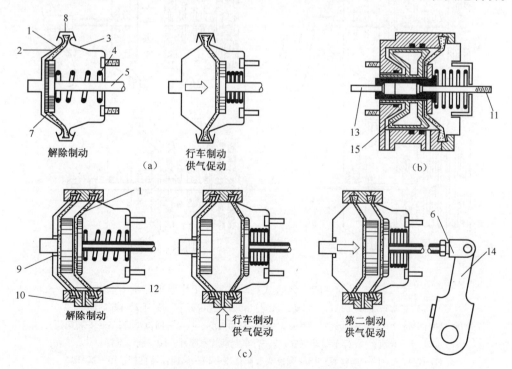

图 24-66 制动气室工作原理
(a) 单膜片式；(b) 膜片—活塞式；(c) 双膜片式。
1—橡胶膜片；2—盖；3—壳体；4—弹簧；5—推杆；6—连接叉；7—支承盘；8—卡箍；9—密封唇；10—进气环；11—手制动拉杆；12—第二制动气室膜片；13—促动器拉杆；14—制动调整臂；15—活塞。

图 24-66（c）所示为双膜片式制动气室示意图，它用于两个单独管路（一个为行车制动管路，一个为应急制动管路），而两管路都对同一制动器起作用。从图 24-66（a）中可以看出，全部放松制动时，在气室右边弹簧作用下，两膜片全被推到左边，当行车制动管路充气时，压缩空气经两膜片间的进气口进入两膜片间的空腔，空气压力推动膜片右移，使制动器制动。若是应急制动管路充气，压缩空气则从气室外壳端面上进气口进入最左侧空腔，同时推动两膜片一起向右，使制动器制动。

图 24-66（b）所示为膜片—活塞式制动气室示意图，它同时可用气制动或手拉制动。行车制动时，压缩空气进入活塞左边的气室，活塞、膜片、中心套、拉杆一起向右移，引发制动。应急制动时，由应急管路来的压缩空气进入活塞右边的气室，只是使膜片向右移，使制动器动作。无论行车制动或应急制动都不会使手制动杆移动。只有拉动手制动拉杆，才能使中心套移动，使拉杆移动而制动。

图 24-67 所示为一种复合式制动气室示意图，它由驻车制动气室 3 和行车制动气室 8 串联而成，因此可完成行车制动和应急制动。行车制动的工作原理和上述膜片式一样，而应急制动的工作原理却改成放气制动的办法，具体工作原理如下。

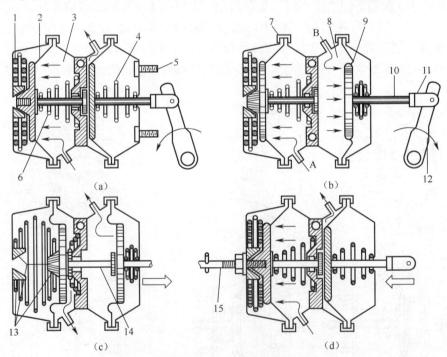

图 24-67 复合式制动气室及工作原理
（a）正常行驶；（b）行车制动；（c）驻车及应急制动；（d）手动解除制动。
1—储能弹簧；2—驻车制动气室膜片；3—驻车制动气室；4、6—回位弹簧；5—安装螺栓；
7—卡箍；8—行车制动气室；9—行车制动气室膜片；10—制动推杆；
11—连接叉；12—调整臂；13—圆锥头及圆锥座；14—储能弹簧推杆；15—螺杆。

制动气室 3 和 8 各有一个通气口 B 和 A，分别与驻车/应急和行车制动管路相通。正常行驶时，不制动，驻车制动气室 3 中有压缩空气，行车制动气室 8 无压缩空气、弹簧 4 将膜片 9 和推杆 10 推到左边，如图 24-67（a）所示。行车制动时，踩下制动踏板，即有压缩空气经通气口 B 充入行车制动气室 8，将行车制动膜片推到制动位置，而驻车制动气室内仍有压缩空气，储能弹簧受压缩，活塞保持在不制动位置，如图 24 – 67 (b) 所示。驻车制动或作应急制动，扳动手控制动阀操纵杆，使驻车制动气室放气，储能弹簧便立即伸张而将两个膜片都推到制动位置，如图 24 – 67 (c) 所示。手动解除驻车制动时，气压制动系统失效不能对驻车制动气室充气以解除驻车制动，可将螺杆 15 旋入膜片 2 的支承盘中，使推杆 14 连同膜片 2 向前压缩储能弹簧，制动即可解除，如图 24 – 67 (d) 所示，这时，驻车制动气室 3 中非压缩空气。

第五节　驻车制动系统

驻车制动系统也称为紧急制动系统或手制动系统，是车辆用于长时间停车的一套制动装置。驻车制动器的作用是使汽车可靠地驻留在原地，不致滑溜，或者在行车中遇到紧急情况时，可以同时使用行车制动器和驻车制动器，使汽车紧急制动。为了实现在坡道上的驻车，采用机械锁止的办法才能实现，所以驻车制动系统大多采用机械式传动装置，它是汽车不可缺少的制动装置之一。

一、机械驻车制动系统

（一）鼓式中央驻车制动系统

图 24 – 68 所示是典型鼓式中央驻车制动器的原理图。驻车操纵手柄 3 安装在驾驶室里。按下手柄 1，可使锁止棘爪 6 转动解除锁止。当向后拉动驻车操纵手柄时，驻车制动手柄绕着轴销 5 摆动，通过传动杆 7、拐臂 8、拉杆 15、摆臂 17 等一系列传动杆件，使凸轮轴 14 转动。制动鼓 9 安装在传动轴上，随传动轴一起转动。制动底板 12 安装在变速器壳体上，它为不动件。在制动底板上安装制动蹄 10，制动蹄在制动蹄回位弹簧 13 的作用下，上端抵靠在凸轮轴上，下端抵靠在推杆总成 11 上。推杆总成与制动底板无直接联系，浮动地装在两个制动蹄之间。当停车需要使用驻车制动时，拉起驻车操纵手柄 3，使制动蹄 10 张开，将制动鼓 9 抱死，即制动传动轴，使车轮无法转动，从而使汽车可靠地停车，在拉紧驻车制动手柄的同时，锁止棘爪锁止，防止驻车制动自行松动。

（二）盘式中央驻车制动系统

图 24 – 69 所示是后盘式中央驻车制动系统的示意图。制动蹄装在变速器壳体后壁，制动盘 2 用螺栓与变速器第二轴后端的凸缘盘连接，制动蹄通过销轴与制动蹄臂 7 和 10、支架、拉杆臂连接，并利用拉簧和定位弹簧使制动蹄和制动盘之间保持一定的间隙。驻车制动杆 15 用销轴与固定于变速器壳上的齿扇 14 及传动拉杆 12 铰接，其下端装有棘爪，利用棘爪拉杆和手柄上的弹簧，能将制动器锁止在某一位置。不制动时，驻车制动杆位于最前端位置，在定位弹簧 8 和拉簧 6 的作用下，两个制动蹄摩擦片与制动盘保持一定间隙，制动器无制动作用。制动时，向后扳动制动杆上端，传动拉杆前移，使拉杆臂逆时针方向摆动，推动前制动蹄臂后移压向制动盘。同时通过蹄臂拉杆拉动后

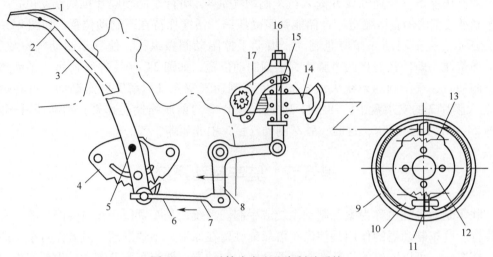

图 24-68 后鼓式中央驻车制动系统

1—手柄；2—棘爪拉杆；3—驻车操纵手柄；4—扇齿；5—轴销；6—锁止棘爪；7—传动杆；8—拐臂；9—制动鼓；10—制动蹄；11—推杆总成；12—制动底板；13—制动蹄回位弹簧；14—凸轮轴；15—拉杆；16—调整螺母；17—摆臂。

制动蹄臂压缩定位弹簧，使后制动蹄前移，两制动蹄夹紧制动盘，产生制动作用，并由棘爪将手制动杆锁止在制动位置。解除制动时，按下制动杆上端的拉杆按钮，使下端棘爪脱出，然后将制动杆扳向最前端位置，前后两蹄在定位弹簧作用下回位到不制动时的位置。

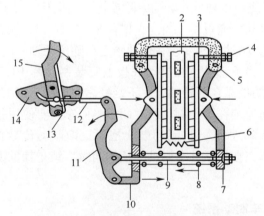

图 24-69 后盘式中央驻车制动系统

1—支架；2—制动盘；3—制动蹄；4—调整螺钉；5—销；6—拉簧；7—后制动蹄臂；8—定位弹簧；9—蹄臂拉杆；10—前制动蹄臂；11—拉杆臂；12—传动拉杆；13—棘爪；14—齿扇；15—驻车制动杆。

（三）鼓式复合驻车制动系统

图 24-70 所示是典型的鼓式复合驻车制动系统。驻车制动操纵部分安装在驾驶室里，驻车制动操纵杆 3 可以绕销轴 6 摆动。拉索 8 安装在驻车制动操纵杆 3 上，用调整螺母 4 可以调整拉索的长度，按下按钮 2 可以解除销止。制动器为简单的非平衡式车轮制动器。驻车制动杠杆 13 上端铰接在后制动蹄上，下端与拉索连接。传力杆 12 的左端

抵靠在前制动蹄 10 上，右端支承在驻车制动杠杆 13 上。当停车后需要驻车制动时，拉起驻车制动操纵杆 3，通过驻车制动操纵杆拉动拉索 8。在拉索产生的拉力作用下，驻车制动杠杆以上铰接点为传力点，将驱动力传给后制动蹄，使后制动蹄右移，抵靠到制动鼓上产生制动；同时通过传力杆将驱动力传给前制动蹄，使前制动蹄左移，抵靠到制动鼓上产生制动。当解除驻车制动时，按下按钮解除锁止，向下扳动驻车制动操纵杆，驻车制动杠杆上的拉索拉力消失，制动蹄在回位弹簧的作用下回位，解除制动。拉索的有效长度必须符合要求，如拉索过紧，使制动杠杆受到一定的拉力，会改变已调好的蹄、鼓间隙，在不制动时，使蹄、鼓不能完全脱开，造成制动拖滞；如过松，驻车制动时，制动蹄张开量不够，达不到规定的驻车制动性能。一般要求拉动驻车操纵杆，响 4~6 声后达到规定的制动效果。

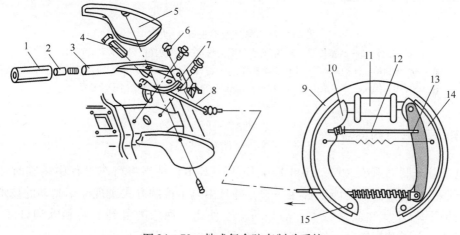

图 24-70　鼓式复合驻车制动系统

1—手柄；2—按钮；3—驻车制动操纵杆；4—调整螺母；5—护罩；6—销轴；7—锁止棘轮；8—拉索；9—制动鼓；10—前制动蹄；11—制动轮缸；12—传力杆；13—驻车制动杠杆；14—后制动蹄；15—支承销。

（四）盘式复合驻车制动系统

图 24-71 所示为盘式复合驻车制动钳，在摩擦片中间装上与图 24-30 中类似的制动盘及装上与图 24-70 中类似的手动驻车操纵系统，即形成盘式复合驻车系统。在图 24-71 中，驻车制动杆 9 穿过钳体 1 深入轮缸活塞 14 内，左端制有螺旋角较大的螺纹，其上拧有自调螺母 12，为制动间隙自动调整机构。驻车制动杆的中部有密封圈 4，保证轮缸的密封，右端伸出钳体，在回位弹簧 8 的作用下，其斜面抵靠在驻车制动杠杆 7 的凸轮上。自调螺母插有箍紧弹簧 13，箍紧弹簧左端有簧爪，插入活塞底部的定位孔中，右端自由地安装在螺母上。箍紧弹簧对自调螺母的箍紧力随着螺母的旋入而增大，旋出而减少。自调螺母的左端与轮缸活塞有一间隙，保证在驻车制动不工作时，制动盘与制动块有足够的间隙。自调螺母凸缘的右边装有推力轴承 11，由挡片 10 限位。当停车需要驻车制动时，通过拉索使驻车制动杠杆摆动，驻车制动杠杆的凸轮给驻车制动杆产生一个向左的推力，驻车制动杠杆带动自调螺母左移。当消除自调螺母与轮缸活塞之间的间隙后，推动轮缸活塞左移，活塞驱动制动块使制动块夹紧制动盘，从而产生驻车制动。当解除驻车制动时，驻车制动杆在回位弹簧的作用下右移，轮缸活塞在密封圈的

作用下右移，解除驻车制动。

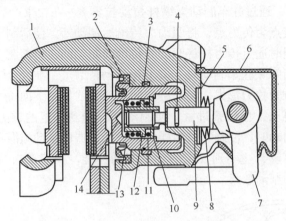

图24-71 盘式复合驻车制动钳
1—钳体；2—活塞护罩；3—活塞密封圈；4—驻车制动杆密封圈；5—弹簧座；
6—驻车制动杠杆护罩；7—驻车制动杠杆；8—驻车制动杆回位弹簧；9—驻车制动杆；
10—挡片；11—推力轴承；12—自调螺母；13—箍紧弹簧；14—轮缸活塞。

二、电子驻车制动系统

电子驻车制动系统（Electrical Park Brake，EPB）是指将行车过程中的临时性制动和停车后的长时性制动功能整合在一起，并且由电子控制方式实现停车制动的技术。该系统最早于2001年在菲亚特中、高档轿车上使用，现已配备到北美和欧洲许多车型。如果安装了电子驻车制动系统，车厢内就可以取消手动驻车制动杆。

（一）电子驻车制动系统的构成和工作原理

迈腾车电控驻车制动系统由ABS控制单元（J104）、电子驻车制动系统控制单元（J540）、离合器位置传感器（G476）、驻车制动开关（E538）、自动驻车（AUTOHOLD）开关（E540）、后轮制动钳及一些指示灯等组成，如图24-72所示。电子驻车制动系统控制单元根据下列参数决定何时接通电子驻车制动系统：车辆倾斜角度（由电子驻车制动控制单元中的纵向加速度传感器来获悉）；发动机转矩；加速踏板位置；离合器操纵（在手动变速器车辆中会分析离合器位置传感器的信号）；所期望的行驶方向（在自动变速器车辆中，通过选择的行驶方向来获悉，在手动变速器车辆中，则通过倒车灯开关来获悉）。

驻车时按下驻车制动开关，把控制信号通过信号线输入电子驻车制动系统控制单元，控制单元控制起动两个后车轮制动器制动电动机，电控机械式制动过程完成。驾驶员再次按下驻车制动开关并同时踩下制动踏板，控制后轮驻车制动器松开或电子驻车制动系统控制单元满足一定条件后自动松开。

EPB的执行机构主要由直流电动机、同步带传动机构、少齿差行星齿轮传动机构、蜗杆传动机构、制动摩擦块和制动盘等部件组成，如图24-73所示。

当需要实施驻车制动时，直流电动机的输出经同步带传动机构和传动比很大的少齿

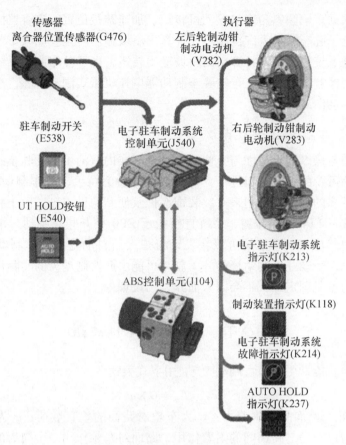

图 24-72 迈腾车电控驻车制动系统

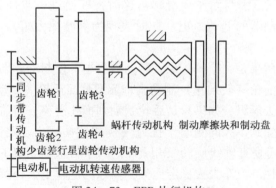

图 24-73 EPB 执行机构

差行星齿轮传动机构的降速增扭后,由蜗杆传动机构将旋转运动转换为直线运动,最终通过推动制动摩擦块对制动盘产生压紧力,当需要解除驻车制动时,直流电动机反转,制动摩擦块自动松开。由于减速机构传动比很大,电动机转动一周,蜗杆传动机构推动制动摩擦块产生的位移很小,所以通过控制电动机的转速就可以控制制动摩擦块与制动盘之间的间隙,从而达到间隙自调的目的。

当坡道起步时,接通电子驻车制动系统。驾驶员想要起动车辆,选择第 1 挡并且踩下加速踏板。根据车辆倾斜角度、发动机转矩、加速踏板位置、离合器操纵或选择的前进挡的信息，电子驻车制动系统控制单元计算出斜坡输出转矩。如果车辆输入转矩大于由电子驻车制动系统控制单元计算出的斜坡输出转矩，电子驻车制动系统控制单元起动两个后车轮制动器制动电动机，车轮驻车制动器电控机械式制动解除，车辆起步，且起步过程中车轮不会向后溜。

（二）电子驻车制动系统的优点

提高了驾驶与操纵的舒适性与方便性。由于车厢内取消了手动驻车制动杆，停车制动通过一个触手可及的电子按钮进行，驾驶员不必费力拉手动驻车制动杆，简单省力；为车厢内留出更多的空间，可用来安装装饰部件及便利的设施等。由于驻车制动由电子控制，起步时按下 EPB 电子按钮，系统直接指示 EPB 松开驻车制动，帮助驶离，从而实现坡道上自由起步。EPB 系统可以在发动机熄火后自动施加驻车制动。不同驾驶员的力量大小有别，手动驻车制动杆的驻车制动可能由此对制动力的实际作用不同，而对于 EPB，制动力量是固定的，不会因人而异，出现偏差。

第六节　制动力调节装置

汽车在地面上能产生的最大制动力 F_B 用下式表达：

$$F_B = F_\varphi = G \times \varphi$$

式中：F_φ 为车轮与路面间的附着力；G 为车轮对路面的垂直载荷；φ 为轮胎与路面间的附着系数。通过车轮与路面间的附着作用，路面对车轮作用一个向后的切向反力，即制动力 F_B。车轮上的制动力 F_B 一旦达到了附着力 F_φ 的数值，车轮即完全停止旋转（车轮被"抱死"），只是沿路面作纯滑移。这时，即使进一步加大制动系促动管路压力，以进一步加大制动器的制动力矩（此时表现为静摩擦力矩），制动力 F_B 也不会再随之增大。

车轮抱死滑移的后果是：第一，最大制动力变小，使制动效果下降；第二，使汽车失去操纵。如果只是前轮（转向轮）制动到抱死滑移而后轮（制动时也已成为从动轮）还在滚动，则汽车失去操纵；如果只是后轮制动到抱死滑移，而前轮还在滚动，则汽车在制动过程中，即使受到不大的侧向干扰力（例如侧向风力、路面凸起对车轮侧面的冲击力等），也会绕其垂直轴线旋转（甩尾），严重时甚至会转过 180°左右（掉头），从而使汽车失去稳定性。汽车失去稳定比失去操纵的危险更大，所以应当尽量避免制动时后轮先抱死滑移。

要使汽车能得到尽可能大的制动效果，又能保持制动时既不丧失转向操纵性，又不甩尾，就必须将前、后车轮制动到同步滑移。前后轮同步滑移的条件是，前后轮制动力之比等于前后轮对路面的垂直载荷之比，见图 24-74，即

$$\frac{F_{B1}}{F_{B2}} = \frac{G_1 \times \varphi}{G_2 \times \varphi} = \frac{G_1}{G_2}$$

式中：F_{B1} 和 F_{B2} 分别为前轮制动力和后轮制动力；G_1 和 G_2 分别为前轮对路面的垂直荷载和后轮对路面的垂直载荷。

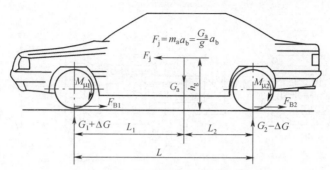

图 24-74 制动时作用在汽车上的力

m_a—汽车总质量；G_a—汽车总重量；$M_{\mu 1}$、$M_{\mu 2}$—前后轮制动力矩；F_{B1}、F_{B2}—前后轮地面制动力；F_j—制动时惯性力；a_b—制动加速度；h_g—质心高度；L—轴距；L_1、L_2—质心至前后轮中心线距离。

汽车在行驶过程中由于减速，作用在质心上的惯性力 F_j 使前轮垂直载荷增大、后轮垂直载荷减小，从而使前后轮同步滑移的制动力比值发生了变化，又由于制动力的大小只取决于促动管路压力。所以只有前后轮促动管路压力作相应理想的分配，才能满足前后轮制动力比值的要求。

目前制动力调节装置的类型很多，有限压阀、比例阀、感载阀和惯性阀等制动力分配阀，它们是机械式制动力调节装置，一般都是串联在后促动管路中，但也有的是串联在前促动管路中。制动力调节的最佳装置是制动防抱死系统，它可使前后促动管路压力的实际分配特性曲线更接近于相应的理想分配特性曲线。本节介绍机械式的制动力调节装置。

一、限压阀和比例阀

1. 限压阀

限压阀串联于液压或气压制动回路的后促动管路中。其作用是当前、后促动管路压力由零同步增长到一定值后，即自动将后促动管路压力限定在该值不变。液压限压阀的构造如图 24-75 所示。

轻踩刹车时，管路内压力不高，油液从制动主缸经限压阀到后轮如图 24-75（a）所示。当油压升高后，限压阀的活塞克服弹簧预紧力向左移动，最终关闭出油口，如图 24-75（b）所示，此后，即使再加重踩踏刹车踏板，前促动管路压力进一步升高，后促动管路压力保持不变。所以前、后促动管路压力变化特性曲线为折线 OAB。与不装任何制动力调节装置时的实际前后促动管路压力分配特性线 OK 相比，装用限压阀后的实际分配特性线 OAB 更为接近理想分配特性曲线。假定如图所示，折线 OAB 的折点 A 位于满载时的理想分配特性曲线 I 上，则装用限压阀后，也只是在汽车满载情况下，且 $p_1 = p_2 = p_s$ 时，前后轮才有可能被制动到同步抱死。在 $p_1 \neq p_2$ 的情况下制动时，前轮先抱死滑移，符合对汽车制动稳定性要求。限压阀用于重心高度与轴距的比值较大的轻型汽车更为适宜，因为这种汽车在制动时，其后轮垂直载荷向前轮转移的较多，其理想的促动压力分配特性曲线中段的斜率较小，与限压阀特性线 AB 相近。

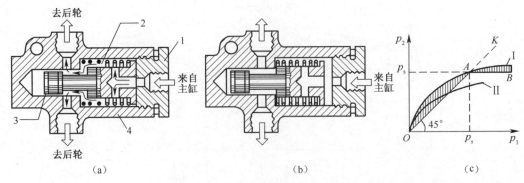

图 24-75 限压阀结构与工作原理
(a) 制动减速度小；(b) 制动减速度大；(c) 特性曲线。
1—阀盖；2—阀门；3—活塞；4—阀体；Ⅰ—满载理想特性；Ⅱ—空载理想特性。

2. 比例阀

比例阀（亦称 P 阀），其作用是当前后促动管路压力 p_1 与 p_2 同步增长到一定值 p_s 后，即自动对后促动管路压力 p_2 的增长加以节制，使 p_2 的增量小于 p_1 的增量。装用比例阀以后的实际促动管路压力分配特性线如图 24-76 所示，即为折线 OAB，比例阀静特性线 AB 的斜率小于 1，说明 p_2 的增量小于 p_1 的增量。安装比例阀可以使促动管路压力分配曲线比较接近于理想分配特性曲线。

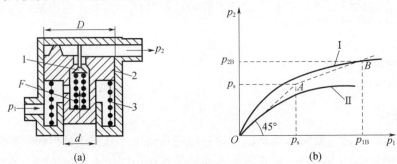

图 24-76 比例阀的结构原理
(a) 结构；(b) 特性曲线。
1—阀门；2—T 型活塞；3—弹簧；Ⅰ—满载理想特性；Ⅱ—空载理想特性。

比例阀与限压阀类似，不过比例阀改用两端承压面积不等的差径 T 型活塞 2 的结构。图 24-76（a）为其结构示意图。不工作时，差径活塞 2 在弹簧 3 的作用下处于上极限位置。此时阀门 1 保持开启，因而在输入控制压力 p_1 与输出压力 p_2 从零同步增长的初始阶段，总是 $p_1 = p_2$，但是压力 p_1 的作用面积为 $A_1 = \dfrac{\pi(D^2 - d^2)}{4}$，压力 p_2 的作用面积为 $A_2 = \dfrac{\pi D^2}{4}$，$A_2 > A_1$，故活塞上方液压作用力大于活塞下方的液压作用力。在 p_1、p_2 同步增长过程中，活塞上、下两端液压作用之差大于弹簧 3 的预紧力时，活塞便开始下移。当 p_1 和 p_2 增长到一定值 p_s 时，活塞内腔中的阀座与阀门接触，进油腔与出油腔即被隔绝，此即比例阀的平衡状态。若进一步提高 p_1，则活塞将回升，阀门再度开启,油液继续流入出油腔,使 p_2 也升高。但由于 $A_2 > A_2'$,上腔的油压 p_2 小于下腔的油压 p_1,活塞又下降到新的平衡位置。

二、感载阀

由于汽车的满载与空载下的理想促动管路压力分配特性曲线不一致,使得限压阀和比例阀的特性不可能设计成同时符合满载和空载时的要求。在汽车(特别是中、重型货车)总重力和重心位置变化较大的情况下,满载和空载下的理想促动管路压力分配特性曲线差距较大,采用一般的特性线不变的制动力调节装置已不能保证汽车制动性能符合法规要求,故有必要采用其特性能随汽车实际装载质量而改变的感载阀。

液压系统用的感载阀有感载限压阀和感载比例阀两类,它们分别在限压阀和比例阀基础上形成,其静特性如图 24 – 77 所示。设汽车满载时,感载阀特性线为 A_1B_1,而在空载时,感载阀的调节作用起始点自动改变为 A_2,使特性线变成 A_2B_2,但两特性线的斜率还是相等。这种变化应当是渐进的,即在实际装载量为任何值时,都有一根与之相应的特性线。在限压阀或比例阀的结构及其他参数一定的情况下,调节作用起始点的控制压力 p_s 值取决于限压阀或比例阀的活塞弹簧的预紧力。因此,只要使弹簧预紧力随汽车实际装载量而变化,便能实现感载调节。

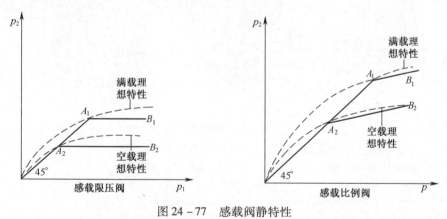

图 24 – 77 感载阀静特性

1. 感载限压阀

感载限压阀结构如图 24 – 78 所示,阀门 3、阀体 2 和限压弹簧 8 组成限压阀,弹簧 4 使限压阀成为感载限压阀。感载弹簧作用在阀门 3 上的预紧力大小随推杆 7 的行程而变化,推杆连在车架上,行程随汽车载荷的变化而变化,载荷小,感载弹簧 4 的预紧力也小,限压阀起作用的油压就低。

2. 感载比例阀

感载比例阀结构如图 24 – 79 所示,感载比例阀 2 安装在车身 1 上,感载弹簧 8 安装在与感载比例阀接触的摆臂 9 和后悬架控制臂 3 之间。当车载荷增加时,后悬架载荷也增加,因而后轮向车身移近,后悬架控制臂 3 便带动摆臂 9 转动一定的角度,将感载弹簧 8 进一步压缩,所以,作用在活塞上的推力便增大。

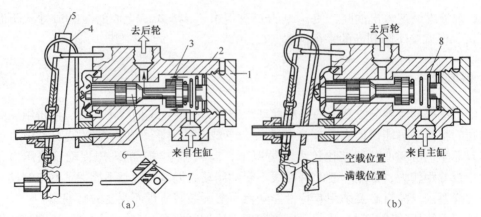

图 24-78 感载限压阀
(a) 载荷小；(b) 载荷大。
1—阀盖；2—阀体；3—阀门；4—预紧弹簧；5—作用杆；6—活塞；7—推杆；8—限压弹簧。

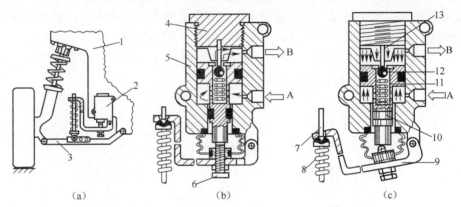

图 24-79 感载比例阀
(a) 感载比例阀安装位置；(b) 载荷增加；(c) 载荷一定。
1—车身；2—感载比例阀；3—后悬架控制臂；4—旋塞；5—阀体；6—调节螺钉；7—导向杆；8—感载弹簧；9—摆臂；10—活塞；11—比例阀弹簧；12—球阀；13—顶杆；A—进油口；B—出油口。

三、惯性阀

惯性阀（亦称 G 阀）是一种用于液压系统的制动力调节装置。其特性曲线形状与感载阀的相似，但其调节作用起始点的控制压力值 p_s 取决于汽车制动时作用在汽车重心上的惯性力，即 p_s 不仅与汽车总质量有关（或实际装载质量）有关，并且与汽车制动减速度有关，结构上一般当汽车减速度达到 $0.3g$（$g = 9.8 m/s^2$）时惯性阀即起到限压作用。惯性阀也分为惯性限压阀与惯性比例阀两类。

1. 惯性限压阀

惯性限压阀的构造如图 24-80 所示。阀内有一个惯性球 2，惯性球的支承面相对于水平面的倾角 θ 必须大于零，惯性阀方可起作用。汽车在水平路面上时，θ 应为 $10° \sim 13°$。只要 $\theta > 0$，惯性球即在其本身重力作用下处于下极限位置，并将阀 4 推到与阀盖 5 接触，使得阀门 3 与阀 4 之间保持一定间隙。此时，进油口 A 与出油口 B 连通。

在水平路面上制动时，来自主缸的压力油即由进油口 A 输入惯性阀，再从出油口 B 进入后促动管路。输出压力 p_2 即等于输入控制压力 p_1。当路面对车轮的制动力使汽车产生减速度时，惯性球也具有相同的减速度。在控制压力 p_1 较低、减速度较小、惯性球向前的惯性力沿支承面的分力不足以平衡球的重力沿支承面的分力时，阀门便仍然保持开启（图 24-80（a）），p_2 也依然等于 p_1。当 p_1 增高到一定值 p_s，使制动力和减速度增大到足以实现上述二力平衡时，阀门弹簧便通过阀门将球推向前上方，使阀门得以压靠阀座，切断液流通路（图 24-80（b））。此后 p_1 继续增高，球的惯性力使其滚到前上极限位置不动。阀门对阀座的压紧力也因 p_1 的增高而加大，故 p_2 就此保持 p_s 值不变。

汽车在上坡路上制动时，由于支承面仰角 θ 增大，惯性球重力沿支承面的分力也增大，使得惯性阀开始起作用所需的控制压力值 p_s 也更高。这正与汽车上坡时后轮附着力加大相适应。相反，在下坡路上制动时，后轮附着力减小，惯性阀所限定的 p_2 也正好相应地降低。

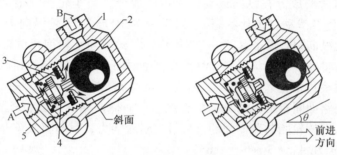

图 24-80 惯性限压阀
(a) 减速度小；(b) 减速度大。
1—阀体；2—惯性球；3—阀门；4—阀；5—阀盖；A—进油口；B—出油口。

2. 惯性比例阀

如图 24-81 所示，惯性比例阀的工作原理实际上结合了惯性球和 T 形活塞二者共同起作用。汽车不制动或制动时的减速度不大时，惯性球 6 在重力作用下滚向下方，制动主缸来的油液经出油口 B 进入后轮制动管路（图 24-81（a）），当制动时的减速度增大到某一值后，在惯性力的作用下，惯性球滚向前方，进入后轮制动管路的油道被堵死（图 24-81（b）），开始对后轮制动管路限压。减速度进一步加大，由于 T 型活塞起作用，后轮制动管路油压的增长小于前轮制动管路油压的增长（图 24-81（c））。

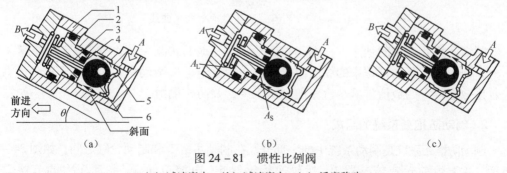

图 24-81 惯性比例阀
(a) 减速度小；(b) 减速度大；(c) 活塞移动。
1—阀体；2—T 形活塞；3—阀针；4—阀座；5—托盘；6—惯性球；A—进油口；B—出油口。

第七节　电控制动系统

电控制动系统是含有电子控制的制动系统，分为电控制动力调节系统、电子制动控制系统和线控制动系统等。电控制动力调节系统有制动防抱死系统、驱动防滑系统和汽车稳定性控制系统。

一、制动防抱死系统

1. 制动防抱死系统的功用

车在行驶过程中，车轮在地面上的纵向运动一般都包含滚动和滑动两种成分，通常用滑动率来表示滑动成分在纵向运动中所占的成分，当车轮作纯滚动时，滑动（移）率为 0；当车轮作纯滑动（抱死状态），滑动率为 100%，车轮纵向力和侧向力与法向载荷之比分别为纵向附着系数 φ_z 和侧向附着系数 φ_c。当车轮抱死滑移时，车轮与路面间的侧向附着力将完全消失。因此，汽车在制动时不希望车轮制动到抱死滑移，而是希望车轮制动到边滚边滑的滑动状态。因为由试验得知，汽车车轮的滑动率在 15% ~ 20% 时，轮胎与路面间有最大的纵向附着系数，而侧向附着系数也较大（图 24 – 82）。所以，为了充分发挥轮胎与路面间的这种潜在附着能力，目前在汽车上装备了防抱死制动系统（Antilock Braking System，ABS）。

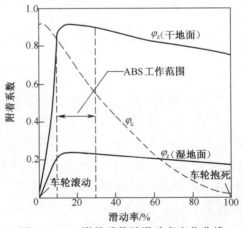

图 24 – 82　附着系数随滑动率变化曲线

制动防抱死系统的功用：根据车轮运动状况和地面状况，自动地调整制动系统工作压力，使车轮在制动过程中的纵向附着系数在峰值附近（滑动率为 15% ~ 20%），侧向附着系数有较大的数值，减小汽车的制动距离，并防止侧滑。

2. 制动防抱死系统的组成

制动防抱死系统是制动系统中的一部分，在制动主缸 7 和制动轮缸之间，如图 24 – 83 所示，主要由前轮速传感器 1、后轮速传感器 5、电控单元 3、制动压力调节器 2 等组成。

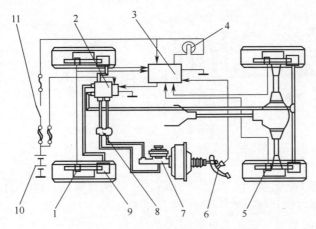

图 24 – 83　ABS 系统组成及控制原理

1—前轮速传感器；2—制动压力调节器；3—ABS 电控单元；4—ABS 警告灯；5—后轮速传感器；
6—停车灯开关；7—制动主缸；8—比例旁通阀；9—制动轮缸；10—蓄电池；11—点火开关。

1）轮速传感器

轮速传感器用于检测并适时向控制系统提供反映车轮转速信号。在车辆采用总线控制技术实行综合控制时，轮速传感器获得的信息可以为其他系统，如发动机系统、变速器系统和驱动防滑系统等共享。

轮速传感器的组成和工作原理如图 24 – 84 所示。它是由永久磁铁、感应线圈和齿圈等组成。齿圈安装在制动盘等随车轮一起转动的部件上，永久磁铁、感应线圈组成的传感器安装在制动底板等不随车轮一起转动的部件上。当齿圈随车轮转动时，齿顶与齿隙交替与磁极端部相对，则使磁路中的磁阻发生变化，使磁通量周期地增减，在线圈的两端产生正比于磁通量变化的交流感应电压，其频率与齿圈的齿数和车轮转速成正比，该交流感应电压经处理电路转变为数字脉冲信号，输送给电子控制器，电子控制器根据脉冲信号的频率变化来测量车轮速度及车速的变化。轮速传感器可以安装在车轮上，也可以安装在主减速器或变速器中，传感器因有电线，不转动，如图 24 – 85 所示。

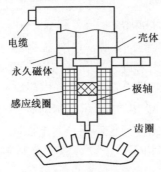

图 24 – 84　轮速传感器的组成和工作原理

2）电控单元

电控单元（ECU）接受轮速等传感器的信号，计算出轮速、车速、滑动率等，并将这些信号加以分析、判断、放大，由输出器件输出控制指令给制动压力调节器，控制

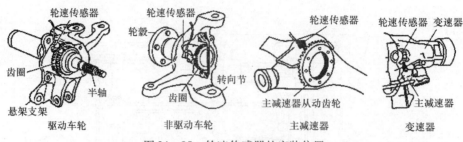

图 24-85　轮速传感器的安装位置

制动压力调节器的工作；此外，电控单元对其他部件有监控功能，当这些部件发生异常时，由警告灯或蜂鸣器报警。控制程序固化在 ECU 中。

3）制动压力调节器

制动压力调节器安装在发动机舱之内、制动主缸和制动轮缸之间，由电磁阀和液压泵组成液压单元，并与电控单元合为一体，液压泵由电机驱动，如图 24-86 所示。制动压力调节器接受 ECU 的指令，由电磁阀、液压泵和驱动电动机直接或间接地控制制动轮缸油压的增加、保持或降低，使车轮获得相应的滑移率。

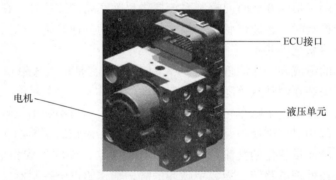

图 24-86　制动压力调节器

3. 制动防抱死系统的控制原理

制动防抱死系统的控制原理如图 24-87 所示。制动防抱死系统工作时，防抱死制动包括减压制动、保压制动、增压制动，ECU 控制这 3 个制动，使车轮的滑动率为 15%~20%。在制动防抱死系未进入工作状态时，进行常规制动。图 24-87 中，电动机 4、液压泵 5、储液器 6、线圈 7、柱塞 8 和电磁阀 9 组成制动压力调节器 3。

（1）常规制动。如图 24-87（a）所示，制动时，由轮速传感器测得的制动减速度达到设定阈值以前，ECU 不发出任何控制指令，电磁阀 9 不通电，柱塞 8 处于图示的最下方，主缸 2 与轮缸 10 的油路相通，主缸可随时控制制动油压的增减，ABS 未进入工作状态。

（2）轮缸减压制动。当 ECU 通过车速传感器检测到车轮有抱死现象或抱死趋势时，感应交流电压增大，电磁阀通入较大电流，柱塞移至如图 24-87（b）所示的最上方，主缸与轮缸的通路被截断，轮缸和储液器接通，轮缸压力下降，消除抱死现象或抱死趋势，车轮滑动率减小；与此同时，驱动电动机起动，带动液压泵工作，把流回储液器的

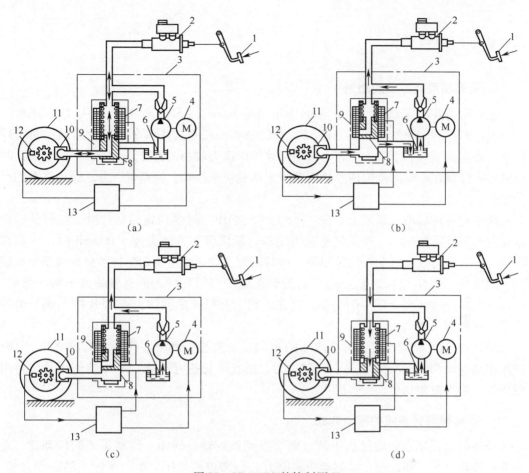

图 24-87 ABS 的控制原理
(a) 常规制动；(b) 减压制动；(c) 保压制动；(d) 增压制动。
1—踏板机构；2—制动主缸；3—制动压力调节器；4—电动机；5—液压泵；6—储液器；
7—线圈；8—柱塞；9—电磁阀；10—制动轮缸；11—车轮；12—轮速传感器；13—电控单元。

制动液加压后送入主缸，为下一制动过程做好准备。

(3) 轮缸保压制动。当 ECU 判断出车轮滑动率处于最佳范围时，向电磁阀通入较小的保持电流（约为最大电流的 1/2），柱塞降至中间的保压位置，所有油路被截断，保持制动轮缸中恒定的制动压力，如图 24-87 (c) 所示。

(4) 轮缸增压制动。当 ECU 判断出车轮滑动率趋于 0 时，ECU 使电磁阀断电，柱塞下降到初始位置，主缸与轮缸油路再次相通，主缸的高压制动液重新进入轮缸，使轮缸油压回升，车轮又趋于接近抱死状态，如图 24-87 (d) 所示。

控制轮缸减压制动、保压制动、增压制动，轮缸中的油压随之减小、保持、增加，车轮的转速相应地减小、保持、增加，即可实现防抱死制动，使车轮的滑动率维持在 15%～20% 之间。轮缸减压制动、保压制动、增压制动的压力调节是脉冲式的，其调节频率约为 4～10Hz。调节频率越高，防抱死制动的控制效果越好，有的 ABS 控制频率已达 20～40Hz，其控制效果更好。

二、驱动防滑转系统

1. 驱动防滑转系统的功用

驱动防滑控制系统（Acceleration Slip Regulation，ASR）也称为牵引力控制系统（Traction Force Control System，TFCS）。它的基本功用是防止汽车驱动轮在加速时出现打滑，特别是下雨、下雪、冰雹、路面结冰等摩擦力较小的特殊路面上，当汽车加速时将滑动率控制在一定的范围内，从而防止驱动轮快速滑动，提高牵引力，保持汽车的行驶稳定。

汽车行驶在易滑的路面上，没有 ASR 的汽车加速时驱动轮容易打滑，如果是后轮驱动的车辆则容易甩尾，如果是前轮驱动的车辆则容易方向失控。有 ASR 时，汽车在加速时就不会有或能够减轻这种现象。在转弯时，如果发生驱动轮打滑会导致整个车辆向一侧偏移，当有 ASR 时就会使车辆沿着正确的路线转向，最重要的是车辆转弯时，一旦驱动轮打滑就会全车一侧偏移，这在山路上是极度危险的，有 ASR 的车辆一般不会发生这种现象。

ASR 与 ABS 密切相关，都是汽车的主动安全装置，两个系统通常同时采用。ABS 的作用是自动调节（增大或减小）制动力，防止车轮抱死滑移；ASR 的作用是维持附着条件，增大总驱动力。

2. 驱动防滑转系统的控制方式

ASR 可以采用在驱动过程中通过调节发动机的输出转矩、传动系统的传动比、差速器的锁止系数、驱动轮主动制动等控制方式，来控制作用在驱动车轮上的驱动力矩，目前多采用发动机输出转矩调节与驱动轮主动制动控制相结合的控制方式，以对作用在驱动车轮上的驱动力矩进行调节，从而将驱动车轮的滑动率控制在较为理想的范围内，一般滑动率为 5% ~ 15% 较佳。

3. 驱动防滑转系统的组成

驱动防滑转系统的组成如图 24 - 88 所示，主要由传感器、电控单元和制动执行器三大部分组成，在制动主缸和制动轮缸之间，ASR 与 ABS 系统组合在一起。

1）ASR 传感器

ASR 传感器主要是轮速传感器、主节气门位置传感器、副节气门位置传感器和 ASR 切断开关。轮速传感器与 ABS 系统共享，而主节气门位置传感器则与发动机电控系统共享。

副节气门位置传感器向 ASR 电控单元传递副节气门的位置信息，ASR 切断开关是 ASR 专用的信号输入装置，将 ASR 切断开关关闭，ASR 就不起作用。

2）ASR 电控单元

ASR 电控单元也是以微处理器为核心，配以输入输出电路及电源等。ASR 和 ABS 的一些信号输入和处理都是相同的，为减少电子器件的应用数量，使结构紧凑，ASR 电控单元与 ABS 电控单元组合在一起。

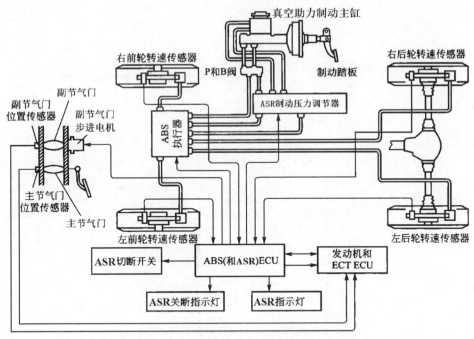

图 24-88 驱动防滑转系统的组成及控制原理

3) ASR 制动执行器

ASR 制动执行器包括 ASR 制动压力调节器和副节气门，制动压力调节器调节制动轮缸的制动压力，副节气门在 ASR 工作时调节节气门的开度。

(1) ASR 制动压力调节器。

图 24-89 为 ABS/ASR 组合制动压力调节器的工作原理图。制动总泵与非驱动轮和驱动轮的制动轮缸连接。在制动总泵与非驱动轮制动轮缸之间有 ABS 制动压力调节器，该 ABS 制动压力调节器仅在非驱动轮的制动防抱死中起作用。在制动总泵与驱动轮制动轮缸之间有 ABS/ARR 制动压力调节器 2，可在驱动轮的制动防抱死和驱动防滑转中起作用，分为 ASR 不起作用和 ASR 起作用时的工作状态。

ASR 不起作用的工作状态：在 ASR 不起作用时，电磁阀 3 不通电，汽车在制动过程中如果车轮出现抱死，ABS 起作用，通过控制电磁阀 8 和电磁阀 9 来调节驱动车轮制动器 10、11 的制动压力。

ASR 起作用时的工作状态：当驱动车轮出现滑转时，ASR 起作用，ASR 控制器使电磁阀 3 通电，阀 3 移至右位；电磁阀 8 和电磁阀 9 不通电，阀 8 和阀 9 在左位，于是，蓄能器的压力油流入驱动车轮制动器 10、11 的轮缸，制动压力增大，驱动车轮趋于抱死。当需要保持驱动车轮的制动压力时，ASR 控制器使电磁阀 3 半通电，阀 3 移至中位，隔断了蓄能器及制动主缸的通路，驱动车轮制动轮缸的制动压力即被保持不变，驱动车轮保持驱动状态。当需要减小驱动车轮的制动压力时，ASR 控制器使电磁阀 8 和电磁阀 9 通电，阀 8 和阀 9 移至右位，将驱动车轮制动轮缸与储液室 7 接通，于是，制动压力下降，驱动车轮增加转动。如果需要对左右驱动车轮的制动压力实施不同的控制，ASR 控制器则分别对电磁阀 8 和电磁阀 9 实行不同的控制，分别控制相应的驱动车

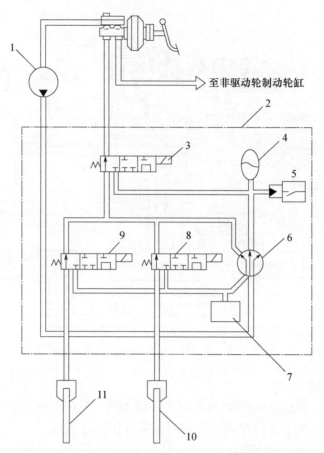

图 24-89 ABS/ASR 组合制动压力调节器的工作原理
1—液压泵；2—ABS/ARR 制动压力调节器；3、8、9—电磁阀；4—蓄能器；
5—压力开关；6—循环泵；7—储液室；10、11—驱动车轮制动器。

轮制动器 10、11。

(2) 副节气门执行器。

副节气门在主节气门上方，与主节气门的结构类似，由副节气门步进电机驱动，副节气门位置传感器与副节气门连接。

在 ASR 不起作用时，副节气门处于全开的位置。当需要减小发动机的驱动力来控制车轮滑转时，ASR 控制器就输出控制信号，使副节气门步进电机工作，改变副节气门的开度，从而达到控制发动机的输出功率，抑制驱动车轮滑转。

4. 驱动防滑转系统的控制原理

驱动防滑转系统的控制原理如图 24-88 所示。当驱动轮发生滑转时，轮速传感器将车轮转速转变为电信号传输给 ASR 的 ECU，ECU 则根据车轮转速计算驱动车轮的滑动率，如果滑动率超出了目标范围，ECU 再综合参考节气门开度信号、发动机转速信号以及转向信号等确定其控制方式，并向 ASR 制动压力调节器和副节气门步进电机发出指令使其动作，将驱动车轮的滑动率控制在目标范围之内。当驱动车轮单边滑转时，控制器输出控制信号，使制动压力调节器动作，对相应的滑转车轮施以制动力，使车轮的滑转率控制在目标范围之内。

三、汽车稳定性控制系统

1. 汽车稳定性控制系统的功用

汽车稳定性控制系统又被称作汽车电子稳定程序（Electronic Stability Program，ESP）。它的基本功用：当汽车转弯时，通过调整发动机的转速和车轮上的制动力分布，修正过度转向或转向不足；当汽车在湿滑的路面上行驶，其前轮或后轮发生侧滑时，自动调节各车轮的驱动力和制动力，确保汽车稳定行驶。

汽车稳定性控制系统是在防抱死制动系统 ABS 和防滑转控制系统 ASR 的基础上发展起来的一种汽车主动安全技术，包含防抱死刹车系统及驱动防滑转系统，不但控制驱动轮，而且可控制从动轮。

2. 汽车稳定性控制系统的组成和控制原理

汽车稳定性控制系统的组成如图 24-90 所示，主要由传感器、电控单元（ECU）和制动压力调节器三大部分组成，在制动主缸和制动器的制动轮缸之间。仪表盘上有 ESP 监视器/警示灯与驾驶员的沟通。

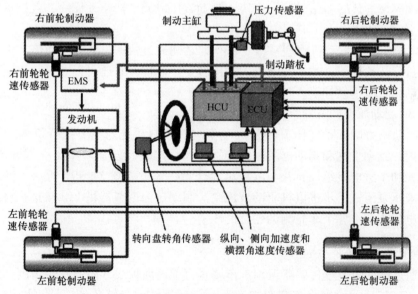

图 24-90 汽车稳定性控制系统的组成和控制原理

1）ESP 传感器

ESP 传感器主要是轮速传感器、转向盘转角传感器、纵向和侧向加速度传感器、横摆角速度传感器、节气门位置传感器、制动踏板传感器、制动主缸压力传感器等，这些传感器负责采集车身状态的数据，节气门位置传感器与发动机电控系统共享。

轮速度传感器用于检测轮速信号。它有电磁感应式和霍耳式两种。电磁感应式轮速传感器的低速响应比较差，而霍耳式传感器有较好的低速响应特性。

转向盘转角传感器用于测量转向盘的转角。它有光学编码器和电位计式两种。光学编码器式传感器的测量精度高，使用寿命长；它通常测量的是相对位置，因此，需要对零点进行识别。电位计可以直接测量绝对位置，使用寿命短。

纵向和侧向加速度传感器用以测量汽车纵向和侧向加速度。它有很多种，有利用压电石英谐振器的力—频特性进行加速度的测量，还有利用衰减弹簧质量系统进行加速度测量。

横摆角速度传感器主要用于测量汽车绕质心垂直轴的横摆角速度。它是一种振动陀螺仪，采用硅素超微精密环型传感元件设计，产生一个耐振动的高精度类比输出电压。

制动主缸压力传感器用于测量制动压力，其中应力测量和硅半导体测量是常用的两种。

2）ESP 电控单元

ESP 电控单元用于汽车稳定性控制系统的的控制。它将传感器采集到的数据进行计算，算出车身状态然后跟存储器里面预先设定的数据进行比对。当电脑计算数据超出存储器预存的数值，即汽车临近失控或者已经失控的时候，命令执行器工作，以保证汽车行驶状态能够尽量满足驾驶员的意图。

ESP 电子控制单元一般包括两个微处理器，一个与液压控制单元连接，另一个与液压控制单元分离。两个处理器通过内部总线相互交换信息。除了微处理器外，ECU 包括电源管理模块、传感器信号输入模块、制动液压力调节器驱动模块、各指示灯接口以及 CAN 总线通信接口。

ESP 电控单元与发动机管理系统（EMS）之间通过数据总线进行通信。由此可在驾驶员加速过猛的情况下，减小发动机的输出转矩。同样，它还可以对发动机输出转矩所引起的驱动轮打滑提供补偿。

3）ESP 制动压力调节器

ESP 制动压力调节器（HCU）是汽车稳定性控制系统的主要执行机构，安装在发动机舱之内、制动主缸和制动器的制动轮缸之间，其基本结构与 ASR 液压调节器相似，由液压单元和步进电机组成，并与电控单元合为一体，如图 24-91 所示，液压单元由电磁阀和液压泵组成，步进电机驱动液压泵。制动压力调节器将 ECU 的指令付诸实施，并且通过电磁阀调节各个车轮制动轮缸的压力。

3. 汽车稳定性控制系统的控制原理

ESP 通过横摆角速度传感器识别汽车绕垂直于地面轴线方向的旋转角度和方向，通过侧向加速度传感器识别汽车侧向加速度，及通过转向盘转角传感器识别汽车转弯半径。当汽车出现不足转向时，将制动内侧后轮，内侧后轮的制动力产生向内侧的横摆力矩，使汽车辆进一步沿驾驶员转弯方向偏转，从而稳定汽车转向，如图 24-92 所示；当汽车出现过度转向时，ESP 将制动外侧前轮，外侧前轮的制动力产生向外侧的横摆力矩，防止出现甩尾，并减弱过度转向趋势，稳定汽车转向，如图 24-93 所示。当汽车在湿滑的路面上行驶，其前轮或后轮发生侧滑时，汽车行驶方向改变，如同汽车紧急转向，控制原理相似。

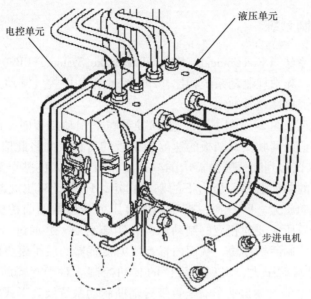

图 24-91 ESP 制动压力调节器（HCU）

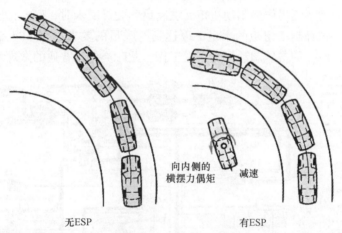

图 24-92 抑制不足转向

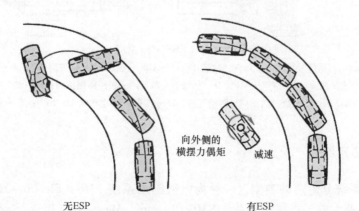

图 24-93 抑制过度转向

四、电子制动控制系统

电子制动控制系统(Electronically Controlled Brake System,EBS)通过电子信号控制相关的作动元件,和常规制动系统相比,EBS 完全采用电控气制动,消除了机械制动响应时间慢、制动舒适性差等缺点。

EBS 的工作原理如图 24 - 94 所示。当驾驶员踩下制动踏板时,制动信号传感器 2 内置的行程传感器记录驾驶员踩踏板的速度和踏板的行程,并将此信号输入中央 ECU,中央 ECU 根据输入信号判断驾驶员需求的减速度,根据输入的整车重量以及相应的每根轴的载荷和输入的制动器单位压力下的制动扭矩,ECU 计算出此减速度对应的每个制动气室需要的制动压力。ECU 通过控制内置有压力传感器的前桥比例继动阀和两个 ABS 电磁阀输出前桥所需要的相应的制动压力,实施制动。并通过 EBS 内部 CAN 总线系统发出相关指令控制后桥模块,从而内置有压力传感器的后桥模块根据驾驶员的减速度需求输出相应的制动压力,实现了后桥的制动控制。对于有辅助制动系统的车辆,EBS 系统通过 CAN 总线自动识别车辆是否带有辅助制动系统及其形式。如果带有辅助制动系统,在正常制动过程中 EBS 优先控制辅助制动系统提供制动扭矩达到驾驶员的减速度要求。当辅助制动系统提供的制动扭矩无法满足驾驶员需求时,EBS 将控制行车制动系统进行行车制动,弥补制动扭矩的不足,以达到驾驶员的要求。当 EBS 制动系统的电控回路出现故障时,EBS 的备压制动回路正常工作,此时类似于普通的常规制动。

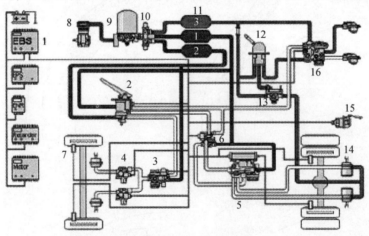

图 24 - 94　EBS 工作原理

1—ECU;2—制动信号传感器;3—比例继动阀;4—ABS 电磁阀;5—桥控调节器;6—备压阀;
7—轮速传感器;8—空气压缩机;9—空气干燥器;10—四回路保护阀;11—储气罐;
12—手制动阀;13—继动阀;14—制动气室;15—挂车 ABS 电源接头;16—挂车控制阀。

五、线控制动系统

线控制动系统分为两种类型,一种为电液制动系统 EHB(Electro - Hydraulic Brake System),另一种为电子机械制动系统 EMB(Electro - Mechanical Brake System)。由于采用电控,使线控系统具有良好的制动力控制和调节性能。

1. 电液制动系统

EHB 采用电子控制功能取代了传统制动系统中制动踏板与轮边制动器之间的机械及液压连接，即由电气控制元件及线路替代了原先的杆系及液压管路连接。

图 24-95 所示为博世公司的 EHB 系统，该系统带有踏板感觉模拟装置，一套采用液压伺服控制的行车制动系统和一套人力操纵的应急制动系统，其中，液压伺服系统控制 4 个车轮的压力，而人力应急制动系统只能控制 2 个前轮。系统共有 14 个电磁阀，均为二位二通阀。

正常的行车制动中，当制动灯开关被触发时，电控单元判定制动发生，由踏板行程传感器感知驾驶员制动意图，进而通电关闭隔离阀，在人力作用下从制动主缸输出的制动液进入踏板感觉模拟器，使驾驶员产生与操作传统制动系统时相同的感觉。

车轮制动所需的能源由动力源提供，经主供油管路送往各轮缸，轮缸进油阀和出油阀可以实现各轮缸压力控制。同轴两轮缸间各设有一个平衡阀，用于在常规制动时保持两侧车轮制动力的协调。

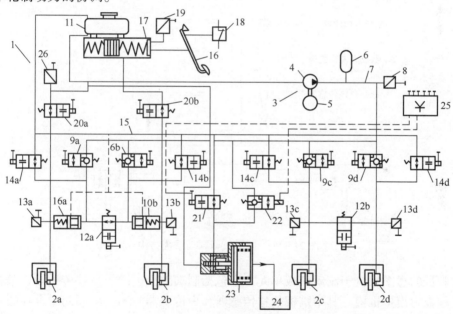

图 24-95 EHB 系统

1—液压调节装置；2—制动轮缸；3—动力源；4—泵；5—电机；6—高压蓄能器；7—主供油管路；8—主供油管压力传感器；9—轮缸进油阀（2/2）；10—液压隔离活塞；11—储液器；12—前、后轴平衡阀；13—轮缸压力传感器；14—轮缸出油阀（2/2）；15—回油管；16—制动踏板；17—制动主缸；18—制动灯开关；19—踏板行程传感器；20—隔离阀；21—模拟器泄油阀；22—模拟器进油阀；23—踏板感觉模拟器；24—气源；25—ECU；26—回油管压力传感器。

2. 电子机械制动系统

EMB 和 EHB 的最大区别就在于它不再需要制动液和液压部件，制动力矩完全是通过由电机驱动的执行机构产生，因此相应取消了制动缸、液压管路等，大大简化了制动系统的结构，便于布置、装配和维修。更为显著的是，随着制动液的取消，使环境得到很大程度的改善，大大减轻了系统的质量，便于对车辆底盘进行综合主动控制。

电子机械制动系统的结构如图 24-96 所示，它有 4 套制动执行机构，每一套执行机构都包括电机、制动器外壳和制动钳块。它们作为一个整体将制动力施加在制动盘上。每一个制动执行机构都有自己的动力控制单元，而动力控制单元所需的控制信号，如制动执行机构应该产生的力矩，由中心控制模块来提供。控制单元同样也从执行机构获得反馈回来的信号，如电机转子转角、实际产生的力矩，制动钳块和制动盘的触点压力等。中心模块通过不同的传感器，如制动力传感器、踏板位移传感器、轮速传感器等获取自己所需的变量参数，识别驾驶员的意图，经过处理后发送给每一个车轮，以此来控制制动效果。

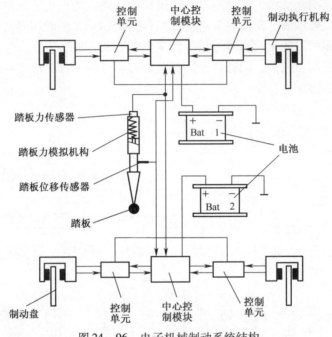

图 24-96　电子机械制动系统结构

驾驶员的意图来自于制动踏板单元，它包括制动踏板、踏板位移传感器、踏板力传感器、踏板力模拟机构。其中踏板位移传感器和力传感器并不是必须同时存在的。由图 24-96 可以看出整个系统分为前轴和后轴 2 套制动回路，每一套回路都有自己的中心控制模块和动力源，2 个中心控制模块相对独立工作，同时也通过双向的信号线互相通信，在这种结构下，可以做到某一套制动线路失灵时，另外一套线路可以照常工作，保证制动的安全性。图 24-96 带有箭头的线代表数据传输线，箭头表示了数据传输方向。

第八节　辅助制动系统

经常要下长坡汽车或者在行车密度很高、交通情况复杂的城市街道上行驶的汽车（如市内公共汽车），为避免交通事故，需要进行频繁的不同强度的制动。在这些情况下，单靠行车制动系统是难以完成这样的制动任务的，因为制动器长时间频繁地工作，温度很高，以致制动效能衰退甚至完全失效，所以在这种行驶条件下运行的汽车，往往增设辅助制动系统。根据产生缓速作用的原理不同,辅助制动系统有以下几种。

一、排气缓速式辅助制动系统

对行驶中的汽车发动机停止供给燃料,并将变速器挂入某一前进挡,使汽车得以通过驱动轮和传动系统带动发动机曲轴继续旋转。这样,本来是汽车动力源的发动机,就变成消费汽车动能,从而对汽车起缓速作用的空气压缩机。为了强化发动机缓速作用,可以采取阻塞进气或排气通道,或改变进、排气门启闭时刻等措施,以增加发动机内的进气、排气、压缩等方面的功率损失,其中应用最广的措施是在发动机排气管中设置可以阻塞排气通道的排气节流阀,这种发动机缓速法可称为排气缓速。

图24-97为排气缓速式辅助制动系统的结构原理图,当需要缓速时,开关1接通电源,电磁促动器2的电磁力克服回位弹簧3的作用力,从而使排气阻风门4关闭,同时通过燃油切断开关6及电控单元7切断电磁阀10的电源,使喷油器11停止喷油。发动机的排气阻力增加,从而实现缓速制动的目的。

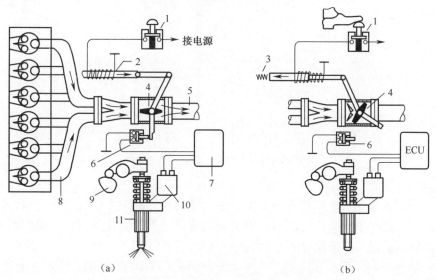

图24-97 发动机排气制动工作原理
(a) 正常行驶;(b) 缓速制动。
1—脚控制开关;2—电磁促动器;3—回位弹簧;4—排气阻风门;5—排气下游管;6—燃油切断开关;
7—电控单元;8—排气歧管;9—凸轮轴;10—电磁阀;11—喷油器。

二、液力缓速器

液力缓速器是涡轮固定的液力耦合器,其工作原理如图24-98所示,缓速器转子随变速箱输出轴转动,而定子不动。当缓速器内充有油时,随输出轴转动的转子作用于油液一个动量矩,带动油液绕轴旋转,同时,油液沿叶片运动作内循环圆旋转,甩向定子,油液甩向定子时,对定子叶片产生冲击作用,将转子作用于油液的动量矩传递到定子叶片上。同时,固定的定子叶片也对油液产生一个反向作用的动量矩。油液流出定子再流入转子时,同样将反向作用的动量矩传递到转子上,形成对转子的阻力矩,阻碍转子的转动,从而实现对车辆的减速作用。转子转动的能量经油液的阻尼作用转变成热量,通过散热器散发到空气中。

缓速器内的变速器油平时储藏在储能器中,当司机踩下制动踏板时,制动灯开关给 ECU 一个信号,使 ECU 的缓速器控制处于待命状态。在制动管路的气压达到 0.15MPa 时,经 ECU 的控制,变速器油压进缓速器内,缓速器起作用,此时进入缓速器的油量较少,减速能力为最大值的 1/3。制动踏板继续下踩,气压升高至 0.3MPa 时,ECU 控制储能器增大供油量给缓速器,减速能力达最大值的 2/3。当气压升高到 0.5MPa 以上时,控制进入缓速器的油量最多,减速能力达到 100%。车辆解除制动时,电磁阀在 ECU 信号的作用下,关闭压缩空气,并排出储能器内的压缩空气,油液流回到储能器内,缓速器转为空转状态。

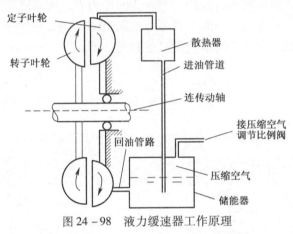

图 24-98　液力缓速器工作原理

液力缓速器有以下几个主要优点:

(1) 适用于高速、大功率车辆。由于液力缓速器的制动力矩与车辆传动轴转速的平方成正比,因而在车辆高速行驶时,液力缓速器能比其他减速制动方式提供更大的制动力矩,并且制动器本身的尺寸较小,安装时更加灵活方便。

(2) 适用于长时间的连续制动。液力缓速器采用液力制动方式,元件无机械磨损,且有循环冷却装置可以将油液产生的热量带走,因此能长时间为车辆提供制动力,尤其是当车辆在长坡道下行时,是其他制动方式如机械摩擦制动难以做到的。车辆由坡顶下行至坡底需低速行驶,因此制动时间越长,刹车片积聚的能量越多,摩擦因数降低和衬面磨损加剧,制动能力下降,使得用摩擦制动的刹车极难控制。因此,汽车运行过程中需以水管连续向制动鼓淋水降温,否则会因制动鼓过热而丧失制动能力,造成重大灾难事故,而使用液力缓速器的车辆能很好地克服上述缺点,确保行车安全。

(3) 提高下坡行驶速度。由于液力缓速器能提供长时间的恒定制动力矩,因此使用液力缓速器能使车辆以匀速下坡行驶,而匀速下行的速度大小可由其充液量来控制。相关资料表明,使用液力缓速器的车辆比在相同情况下使用其他制动器的车辆提高下坡速度约 20%。

(4) 减少机械制动器磨损。液力缓速器在工作时机械磨损小,其寿命之长远非摩擦式制动器等可比,它可提供车辆高速行驶时的全部制动力及 80% 以上的制动力矩,从而辅助机械摩擦制动，使摩擦制动只在车辆低速行驶阶段起制动作用，减少机械制动器的磨损，提高其使用寿命。据统计，使用液力缓速器作辅助制动装置的车辆比只使用机械摩擦制动装置的车辆制动器的使用寿命高35倍，从而大大节约了车辆的维修费用。

三、电涡流缓速器

1. 结构和工作原理

电涡流缓速器应用在高级大中型客车和部分货车上营运客车和货车装备了电涡流缓速器后，大大地提高了车辆的安全性、经济性和舒适性。电涡流缓速器外形如图24-99所示。

图24-99 电涡流缓速器外形

电涡流缓速器的工作原理如图24-100所示，当驾驶员推动缓速器的手挡开关，或踩下制动踏板给缓速器的定子线圈通入直流电时，电涡流缓速器固定在传动轴上的金属盘转子受轴的带动而旋转，由于转盘工作面与磁极之间存在着一定的间隙，由电磁感应原理可知，在由相邻铁芯、磁极板、气隙、转子之间形成的磁回路中，当转子和定子之间存在相对运动的时候，这种运动就相当于导体在切割磁力线，这时候在导体内部会产生感生电流，同时感生电流会激发出电磁力。这个力的方向正好与转子的旋转方向相反，由于作用力的方向永远是阻碍导体运动的方向，故导致转子减速，这就是缓速器制动力矩的来源。由于转子很大，在转子上产生的感应电流是以涡电流的形式存在的，所以这种形式的缓速器被称为电涡流缓速器。从能量守恒的角度上来说，当缓速器起制动作用时，是把汽车运动的动能转化为涡电流的电能进而以热量的形式被消耗掉，因此，电涡流缓速器在工作时会产生巨大的热量。转子的散热能力和控制转子热变形的方向成为转子结构设计的关键，也是电涡流缓速器的核心技术之一，而保持散热表面的清洁也成为缓速器保养的重要项目。图24-100中，定子线圈固定，金属盘转子上有风扇，用于散热。

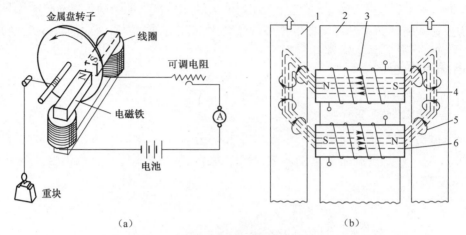

图 24-100 电涡流缓速器工作原理
(a) 结构简图；(b) 工作原理。
1—转子；2—定子；3—电磁线圈；4—磁场；5—电涡流；6—电涡流拖动力。

电涡流缓速器的工作过程如图 24-101 所示，手控开关位于转向盘下方，当拨动手控开关后，控制器控制向缓速器定子通电，则缓速器处于工作状态；拨回手控开关，定子断电，缓速器不工作，定子的电流来自蓄电池。

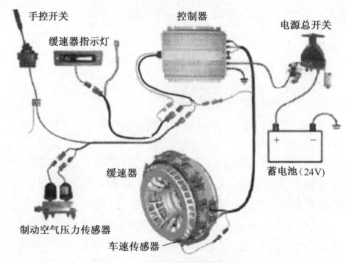

图 24-101 电涡流缓速器控制电路

2. 优越性

汽车上安装电涡流缓速器具有很大的优越性，主要体现在：

1) 安全性提高

电涡流缓速器能够在一个相当宽的转速范围内提供强劲的制动力矩，而且低速性能良好。车速在 10km/h，就能提供缓速制动；车速达到 20km/h，就产生最大制动力矩。电涡流缓速器是一个相对独立的反应灵敏的辅助制动系统，采用电流直接驱动，没有中间环节，操纵响应时间短，仅有 40ms，比液力缓速器的响应时间快 20 倍。

2）故障率和维修费用低

由于电涡流缓速器的定子和转子之间没有接触，不存在磨损，因而故障率极低，平时除了做好例行检查、保持清洁以外，其他工作很少，所以维修费用极低。据统计，使用电涡流缓速器的车辆，其车轮制动器使用寿命至少可以延长 4~7 倍，节省了维修材料和人工费用，降低了轮胎消耗。

3）更加环保

电涡流缓速器能够承担车轮制动器大部分的负荷，能大大减少车轮制动器制动产生的粉尘对环境带来的影响。

思考题

24-1 何谓汽车制动？以简图说明制动系统的工作原理。

24-2 制动系统有哪些类型？每辆汽车上必须有哪些制动系统？

24-3 鼓式制动器有几种形式？它们各具有什么特点？

24-4 何谓领蹄和从蹄？它们各有什么特点？

24-5 与鼓式制动器相比，盘式制动器有哪些优缺点？

24-6 何谓制动踏板的自由行程？它超出规定范围将产生什么后果？

24-7 画简图说明浮钳盘式和定钳盘式制动器的工作原理。

24-8 画出串列双腔制动主缸的结构简图，并说明其工作原理。

24-9 简述东风 EQ1090E 型汽车气压制动回路。

24-10 试述气压制动系统供能装置中的空气压缩机、调压阀、安全阀、进气滤清器、排气滤清器、管道滤器、防尘器以及多回路压力保护阀等装置的功用。

24-11 试述串列双腔活塞式制动阀或并列双腔膜片式制动阀的随动作用。

24-12 简述盘式复合驻车制动器的结构和工作原理。

24-13 试述 ABS 和 ASR 系统的组成及工作原理。

24-14 试述 ESP 系统的组成及工作原理。

24-15 试述电涡流缓速器的结构和工作原理。

第二十五章 汽车车身

第一节 概 述

一、汽车车身的功用

汽车车身的主要功能是一个容纳空间，它既是驾驶员的工作场所，也是容纳乘客和货物的场所。车身作为独立于汽车底盘之外的一个专门系统，提高了汽车驾驶的舒适性、方便性和安全性，是现代汽车必不可少的重要部分。

二、汽车车身分类

按照车身壳体受力范围和程度的大小可分为非承载式、半承载式和承载式3种。车身壳体通常是指主要承力元件（纵梁、横梁、立柱和支架等）以及与它们相联的板件（又称车身覆盖件）共同组成的刚性空间结构。客车车身多数具有明显的骨架，而轿车车身和货车驾驶室则没有明显的骨架。车身壳体通常还包括在其上敷设的隔热、隔声、减振、密封、防腐等材料和涂层。

非承载式车身的结构特点是车身通过橡胶软垫或弹簧与车架作柔性连接。车架是承受着在其上所安装的各个总成的各种载荷。车身只承受自身和所装载的人员和货物的质量及其在汽车行驶时的惯性力和空气阻力。

半承载式车身的结构特点是车身通过焊接、铆接或螺钉与车架刚性连接，车架是承受各个总成载荷的主要构件，车身在一定程度上有助于加固车架，分担车架所承受的一部分载荷。

承载式车身的结构特点是汽车没有车架，车身就作为发动机和底盘各总成的安装基体，车身兼有车架的作用并承受全部载荷。

三、汽车车身的组成

对于轿车和客车而言，车身一般由本体（白车身）、外饰件、内饰件及电气附件组成。对于货车和专用汽车，还包括货厢和其他专用设备。

（1）车身本体是一切车身部件的安装基础，通常由纵梁、横梁、立柱和加强板等车身结构件焊接或铆接成为可以承载的框架结构。框架外表面再包覆一层车身覆盖件，形成较完整的车身容纳空间。另外，还有进行活动连接的发动机罩、翼子板、车门和行李厢盖等。

（2）车身外饰件是指车身外部起保护或装饰作用的一些部件，以及实现某种功能的车外附件。主要包括前后保险杠、外部装饰条、密封条、车外后视镜、散热器罩、轮罩、车标、天窗及其附件、车门附件和空气导流罩（或扰流板）等。

（3）车身内饰件是指车内对人体起保护作用或内装饰作用的部件，以及实现某种功能的车内附件，主要包括仪表板、座椅及其安全装置、安全气囊、遮阳板、车内后视镜、车门内饰、地板内饰以及车内其他内饰件等。

（4）车身电气附件一般指除用于发动机和底盘以外的所有电气及电子装置，主要包括各种仪表及开关、各种照明设备灯、灯光信号装置、影音装置、空调装置、风窗刮水器和洗涤器、除霜装置、防盗装置以及全球定位系统（GPS）等。

第二节　车身壳体、车门及其附件

一、车身壳体

1. 轿车车身壳体

为了省去笨重的车架而使汽车轻量化，大多数轿车车身都采用承载式结构。其特点是车身没有明显的单独骨架，车身是由外部覆盖件和内部结构件焊合而成的空间结构。

图25-1所示为奥迪A6轿车车身结构分解图，是比较典型的轿车承载式车身壳体结构。其纵向承力构件有前纵梁、门槛、地板通道、后纵梁、前挡泥板加强撑和门框等；横向承力构件有前横梁、前座椅横梁、地板后横梁、前风窗框上横梁、前风窗框下横梁、后风窗框上横梁、后风窗框下横梁、后风窗台板和后横梁等；垂直承力构件有前立柱（A柱）、中立柱（B柱）、后立柱（C柱）等。这些承力构件焊接（或铆接）在一起，就形成了一个刚性的空间架构。在这个架构上再焊接上前围板、后围板、地板、顶盖、左右侧围板、翼子板，并且再组装上其他结构附件，就形成了一个完整的承载式车身。发动机舱盖板、行李厢盖和前后车门则通过铰接的方式和车身活动连接，一般不起承载作用。地板通道除了具有承力的功能外，还是底盘前部和后部连接的通道。用来容纳传动轴、汽车线束、油管和手制动拉索等。前、中、后3个立柱除了要承受垂直载荷外，还起到安装支撑车门的门框作用。

2. 载货汽车驾驶室壳体

绝大多数货车驾驶室都是非承载式的结构，驾驶室没有明显的骨架，由外部覆盖件

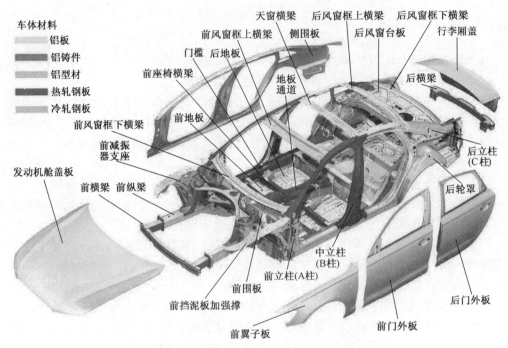

图 25–1 奥迪 A6 轿车车身结构分解图

和内部板件焊合成壳体。

图 25–2 是典型的平头货车驾驶室壳体结构。其纵向承力构件有左门槛 13 和上边

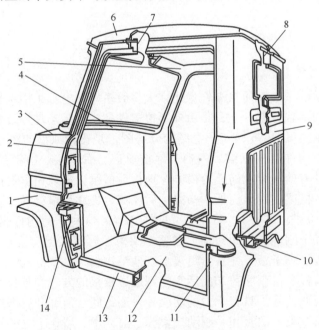

图 25–2 解放 CA1092 型货车驾驶室壳体
1—前围左侧盖板；2—前围板；3—前围上盖板；4—前风窗框下横梁；
5—前风窗框上横梁；6—顶盖；7—上边梁；8—后围上横梁；9—后围板；
10—地板后横梁；11—左后立柱；12—地板；13—左门槛；14—左前立柱。

梁7；横向承力构件有前风窗框上横梁5、前风窗框下横梁4、后围上横梁8和地板后横梁10；垂直承力构件有左前立柱14和左后立柱11。驾驶室主要板件有地板12、前围板2、前围上盖板3、前围左侧盖板1、顶盖6和后围板9等。驾驶室壳体各个零件按顺序分组点焊连接，最后由地板总成、后围总成、前围总成和顶盖等拼装焊合。

3. 客车车身壳体

客车车身通常采用规则的厢式形状，故多数具有完整的骨架。早期的客车采用非承载式车身，导致汽车质量过大，乘员人数偏少。现代客车多采用半承载式和承载式车身。

1）半承载式车身的壳体结构

这种结构的特点是在客车专用底盘的车架上增加车架顶横梁和立柱等，并与车架纵梁焊接，使顶横梁和立柱等车身骨架也分担车架的一部分载荷。许多国产大、中型客车车身采用这种结构形式。图25-3所示为奇瑞公司威麟H5轻型客车的半承载式车身骨架结构图。

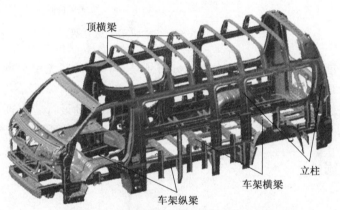

图25-3 奇瑞威麟H5轻型客车车身骨架

2）承载式车身的壳体结构

图25-4所示是奔驰公司承载式客车车身骨架结构，其底架采用若干薄钢板和型钢制成的底架纵格栅和横格栅，以取代笨重的车架。其地板较高，只能布置坐席而不能布置立位，但座位下方有高大的空间可用作行李厢，故该结构适用于大型长途客车。车身骨架（包括立柱、横梁、边梁、搁梁和斜撑等）整体焊接后是一个完整的桁架结构，承载能力较大。其内外金属蒙皮通过预拉紧的方式和骨架焊接，具有预应力，可随骨架参与承载。这种车身经过精心设计计算，使各构件承载时相互牵连和协调，可充分发挥材料的最大潜力，使车身质量最小而强度和刚度最大。

由于承载式车身没有传统意义上车架的纵横梁结构，而是由前、后、左、右、顶盖骨架和底架纵、横格栅构成一种整体框架式车身结构，因此，在承受载荷时，使整个车身壳体达到稳定平衡状态。这种框架式结构具有较大的抗扭刚性，在其上配置发动机、变速器和前后桥等总成，可有效保证各总成相对位置关系。经过有限元优化设计的这种结构，强度是普通客车的3~6倍。承载式车身通过各节点，利用立柱、纵梁、斜撑、横梁、弯梁或各种板件使整车骨架前后贯通，上下相联，左右相接，骨架梁形成有效封

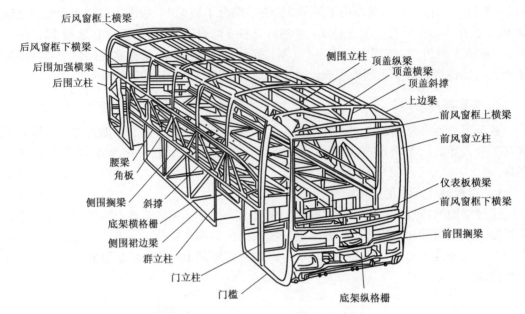

图 25-4 奔驰客车的承载式车身骨架

闭的力环结构,能在受力时迅速将力均匀分解到整车各处,避免单点承受外力,在受撞击时保证车厢变形最小,确保乘客的人身安全。

承载式车身结构复杂,其设计计算通常采用计算机辅助设计,再通过有限元软件进行受力分析。需要经过很多次的反复计算、试验和改进,才能得到一个合理的结构。

二、车门及其附件

1. 车门

图 25-5 为桑塔纳轿车的右前车门结构图（少玻璃升降机构和内饰盖板），主要由壳体、附件和内饰盖板 3 部分组成。车门壳体由厚度 0.8~1.0mm 的薄钢板冲压、组焊而成,包括外门板、内门板、窗框、加强横梁和加强板等。车门附件包括门锁机构、门铰链、车门限位器、玻璃升降机构等。内饰盖板通常用非金属板制成,用于遮盖车门内部工作部件。其外表面包裹一层柔软的物体,起到保护乘员的作用。高级轿车车门还会包含一些电控装置、音响喇叭和门窗气囊等附件。车门与窗玻璃、车身之间需采用橡胶密封条密封。

2. 车门附件

（1）车门铰链。车门铰链是实现车门旋转运动的部件,用于支承车门,保证车门的顺利开启和关闭。为了使车身具有良好的外观和减少空气阻力,现代轿车大多采用隐藏式铰链,安装于车门内部。如果车门下落导致关闭不严时,会影响乘员的人身安全,所以铰链必须具有良好的刚度和耐用性。

（2）车门限位器。车门限位器用于限制车门的最大开度并可使开启的车门保持在某个位置不动。

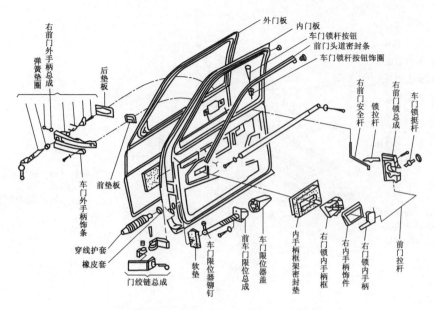

图 25－5 桑塔纳轿车的右前车门结构图

（3）车门锁。车门锁用于可靠锁止关闭的车门。为保证可靠性，汽车门锁通常采用翻转式锁舌（普通锁多为伸缩式锁舌），当锁舌碰到门框上的门闩时，会自动翻转，钩住门闩，此时无法推开车门，必须用车门内外的门锁拉手或钥匙才能开锁。中高档汽车还会采用电控门锁。

（4）门窗密封条。门窗密封条主要应用在车门门扇门框、侧面车窗、前后风挡玻璃、发动机盖和行李厢盖上，起到防水、防尘、隔音、隔温、减振和装饰的作用。一般由橡胶和金属骨架复合而成，坚固耐用，利于安装。橡胶材料要求具有良好弹性，且抗压缩变形、耐老化、耐臭氧、耐油和较宽的使用温度范围（$-40 \sim +120$℃），多采用三元乙丙橡胶。其截面呈中空形状，柔软的弹性使它具有填塞间隙大小不一的空间的作用。其长度可以无限长，安装时根据需要截断。中间的金属骨架也具有一定的变形能力，以保证和弧线形车身的良好装配。

（5）玻璃升降机构。现代轿车为配合其流线形外壳，广泛采用圆柱面的车门升降玻璃，其升降轨道也是圆弧形的。通常采用齿轮齿扇交叉臂式（图 25－6）和钢丝绳式（图 25－7）两种玻璃升降器。这两种都是既可以用手摇机构，也可以用电动机构。使用玻璃升降机构的目的是方便乘员在不下车、不开车门的情况下可以完成某些事情。

对于齿轮齿扇交叉臂式，当摇动手柄时，会带动升降器中的齿轮和齿扇转动。齿扇是固定在交叉臂末端的，因此，交叉臂也随之摆动（另 3 个端点未固定，可在水平导轨内滑动），由交叉臂形成的两个曲柄滑块机构带动玻璃托盘高度位置发生变化，实现玻璃升降。

对于钢丝绳式，转动手柄可驱动软尺条滑移，带动与之相联的钢丝绳在弧形轨道中移动，进而带动玻璃托槽高度位置发生变化，实现玻璃升降。

在升降器中，有一个涡卷弹簧来平衡玻璃的质量，使升降操作变轻松。还有一个制动机构，可以使玻璃停在任何高度不因重力而下滑。

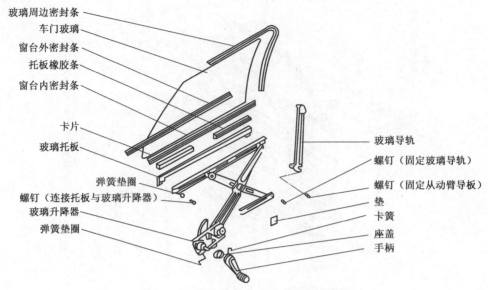

图 25-6 齿轮齿扇交叉臂式玻璃升降器

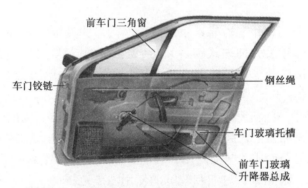

图 25-7 桑塔纳轿车前门钢丝绳式玻璃升降机构

3. 车窗

（1）风窗。汽车的前、后风窗通常采用有利于视野而又美观的曲面玻璃，轿车的前后风窗又称前后挡风玻璃。为防止发生事故时玻璃碎片对乘员造成伤害，汽车玻璃必须使用安全玻璃，主要有钢化玻璃和夹层玻璃两种。

（2）三角通风窗。为便于自然通风，某些汽车在车门上设有三角通风窗，三角通风窗可绕垂直轴旋转，窗的前部向车内转动而后部向车外转动，使空气在其附近形成涡流并绕车窗循环流动。

（3）客车的侧窗。客车的侧窗可设计成上下开启式或水平移动式。具有完善的冷气、暖气、通风及空调设备的高级客车常常将侧窗设计成不可开启式，以提高车身的密封性。

（4）天窗。天窗安装于车身顶部，开启时可使汽车车厢内与外界连通，接近敞篷车的性能，以便乘员在风和日丽的季节里充分享受新鲜的空气或明媚的阳光。天窗在客车和轿车上都常用到。客车的天窗有时还兼有逃生安全门的作用。轿车的天窗又称为遮阳顶窗，不但可以增加室内的光照度，而且也是一种较有效的自然通风装置。根据不同的需要，可把遮阳顶窗部分或全部关闭，这样就形成了功能优异的全天候式车身结构。

第三节　货　厢

一、栏板式货厢

1. 三面开栏板式货厢

图 25-8 所示为三面开栏板式货厢。这种货厢应用最为广泛，一般由 1 块底板和 4 块高度为 300~500mm 的栏板组成，栏板包括前板、后板以及左、右边板。后板和左、右边板通常都可以打开翻下，便于装卸货物。货厢的底板、边板和后板用钢板冲压成瓦楞状，既提高支撑刚度，又减小质量。车厢周围通常有绳钩用于辅助捆绑固定货物。

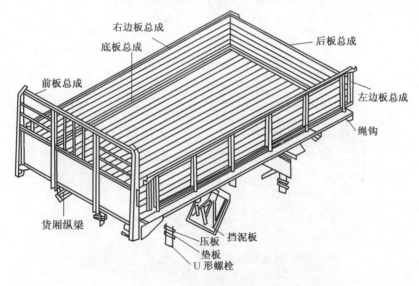

图 25-8　三面开栏板式货厢

2. 一面开栏板式货厢

某些轻型货车和大多数皮卡采用低底板的一面开栏板式货厢，如图 25-9 所示，其底板离地高度较小，左右后轮罩凸入底板内并与左、右边板连接，仅后板可打开，以供运载小件零散货物。这种货厢两侧造型与前部驾驶室的形状和线条连贯，形体优美。

3. 万能式货厢

万能式货厢（图 25-10）也称高栏板式货厢，其特点是四周栏板的高度比普通货厢高，且栏板高度具有可调性，可运载各种货物。农用或军用货车常采用这种结构。万能式货厢还可以外裹防雨篷布，从而将敞开式货厢转变为封闭或半封闭式货厢。

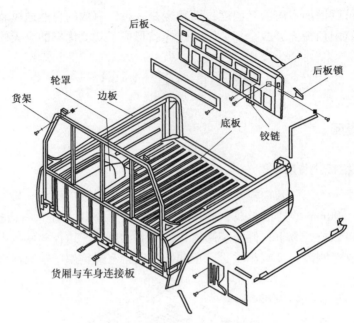

图 25-9　一面开栏板式货厢

图 25-10　汽车后部万能式货厢

二、专用货厢

图 25-11 所示为普通闭式货厢，通常用来运输日用百货或食品等易污染物品。

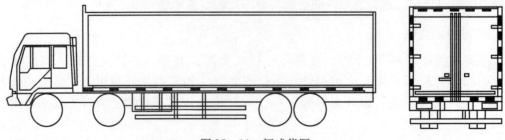

图 25-11　闭式货厢

后倾卸式货厢（图25-12）适于运输砂土、矿石类货物。自卸汽车具备举倾机构，可使货厢倾斜成卸货需要的角度，车厢挡板可自动打开，利用货物重力实现自动卸货。根据货厢倾斜的方向，可分为后倾式和侧倾式。

图25-12　后倾卸式货厢

第四节　汽车空调系统

汽车空调是通过人为的方式在车内创造一个对人体适宜的气候环境，即对车内空气的湿度、温度、流动速度和清洁度进行人工调节。

一、自然通风

自然通风是不依靠风机而利用汽车行驶的迎面气流进行车内空气交换。在汽车行驶过程中，既要保证通风，又要避免急速的穿堂风，以免乘员着凉。自然通风可依靠车身上的进、出风口以及打开的侧窗、顶窗、车门上的升降玻璃和三角通风窗实现。图25-13所示为利用三角通风窗进行自然通风。当汽车门窗全部关闭时，进、出风口依然可以实现小流量的自然通风，以减轻密闭空间内空气污浊的状况。进风口通常布置于前风窗玻璃下沿前方或车身前围两侧，出风口通常布置于车身侧面向后部的拐角处。

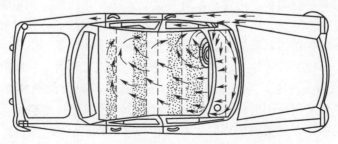

图25-13　利用三角通风窗进行自然通风

二、汽车空调系统

1. 轿车空调系统

图 25-14 所示为典型的轿车空调系统，是通风、暖气和制冷的联合系统，可实现温度、湿度和气流方向的调节，从而达到舒适性的要求。它由通风系统、暖气系统和制冷系统组成，空调厢总成内装有暖风芯体、风扇、空调风道。空调风道是连接空调厢总成和各个出风口的塑料管道。

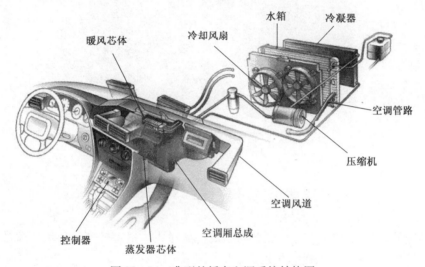

图 25-14 典型的轿车空调系统结构图

通风系统中有风扇和风门，向车内强制送风并循实现空气循环。一般每个出风口的栅格处都配有调节装置，可独立调节该出风口的风向和风量。

暖气系统的暖风芯体由铝制的扁管、水室和翅片等焊接而成，并通过管道与发动机冷却液相联。控制器使暖风芯体中流过发动机冷却液时，暖风芯体变热，流过暖风芯体的空气成暖风，风扇将暖风从送风栅格送入车厢内供暖。在寒冷的季节，汽车行驶时车内外温差较大，玻璃上容易形成水雾甚至结霜，影响驾驶员的视线。因此，暖气系统还要实现除霜的功能，即将暖气吹到前风窗玻璃上，不停地烘干水雾。

制冷系统由压缩机、冷凝器、蒸发器芯体、空调管路等组成。压缩机安装在发动机上，通过传动带和电磁离合器由发动机直接驱动。冷凝器由铝制的集液器、扁管和翅片焊接而成，布置在水箱前，由冷却风扇进行风冷，并利用汽车行驶时迎面风增加冷却效果。蒸发器芯体布置在控制器的上方。空调管路由一系列铝管等组成，用于连接制冷系统的各个部件，形成制冷回路。通过控制器使制冷系统工作时，压缩机将气态的工作介质（制冷剂）压缩为液体，并送至冷凝器散热。温度降低后的液体在蒸发器中可自行汽化，并吸收了蒸发器周围的热量。汽化后的工作介质又被压缩机再次压缩至冷凝器中散热，如此反复循环，就实现了热量从蒸发器向冷凝器的转移。当空气流过蒸发器时，热量就被吸走，流向车内的是冷空气，实现车内降温。

控制器是决定空调状态的控制部件,有手动、电动和自动等控制类型,一般装在汽车仪表板总成上。

2. 客车空调系统

图 25-15 所示为轻型客车空调系统。压缩机 7 安装在发动机的压缩机支架上,由发动机 6 驱动。蒸发器 2 和 3 分为两组安装在车厢内顶两侧,向车厢内直吹冷风。冷暖器也分为两组布置在车体两侧中间裙部。压缩机的排气首先进入冷凝器 5,经过冷凝后再进入冷凝器 9 冷凝,高压液体流入储液干燥器,再经节流降压分别进入蒸发器 2、3,由风口 1、4 吹出冷风至车厢内。此种空调系统布置形式省去了风道,使结构形式更简单,但送风均匀性差。

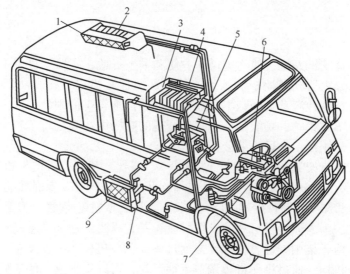

图 25-15　轻型客车空调系统
1、4—出风口；2、3—蒸发器；5、9—冷凝器；6—发动机；7—压缩机；8—冷凝器风扇。

图 25-16 所示为大客车空调系统。分体顶置式的蒸发器和冷凝器安装在车顶外面,室外的冷风通过车内风道从车顶吹入车厢,回风可全部从车内吸入,也可从车

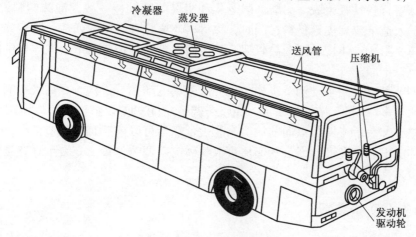

图 25-16　大客车空调系统

外吸入部分新鲜空气。为了更好地冷却冷凝器，一般将冷凝器机组置于汽车前部，蒸发器机组位于汽车后部。蒸发器机组和冷凝器机组可合装在一个箱体，中间用隔板分开，也有的将蒸发器机组和冷凝器机组分装在两个箱体，前后紧靠，用管路连接在一起。空调机组在车顶的安装位置由汽车质量分布及车顶骨架结构而定。顶置式空调器具有不占用车内有效空间、冷凝效果好和安装维修方便等优点，因此被广泛应用在大客车上。其弱点是凸出在车顶外面，削弱了车身造型的整体协调性，而且车顶易渗漏雨水和冷凝水。

第五节　汽车座椅和车身安全防护装置

一、汽车座椅

座椅的作用是支承人体，使驾驶操作方便和乘坐舒适，座椅本身也是一个主动安全部件。汽车座椅分为驾驶员座椅和乘客座椅。这两种座椅在结构和功能上有明显的区别。驾驶员座椅在各种汽车上的基本功能是一样的；乘客座椅则种类繁多，在各种汽车上外形和功能都不尽相同；功能复杂、乘坐舒适的座椅用在高级轿车和豪华长途大客车上，最简单的座椅用在短途运输的公交车上。

驾驶员座椅由骨架7和10、座垫3、靠背2、头枕1和调节机构8和9等部分组成，如图25-17所示。在多数轿车上，乘员座椅除了调节机构外，其他部分与驾驶员座椅基本通用。座垫骨架7、靠背骨架10等座椅骨架常用型材（钢管、型钢）制造或用钢板冲压焊接而成，为人体提供可靠的支撑强度，并且承受加速和紧急制动时的附加载荷而不致破坏，座椅骨架用螺栓直接固定或通过座椅调节机构与车身连接。驾驶员座垫骨架底部装有调节机构，通过操作行程调节手柄5等，可以实现座椅的前后、高低和角度旋转等动作。底座和靠背之间一般采用铰接的方式，在铰接部位装上靠背角度调节器9，通过操作调节手柄8，可以实现靠背相对底座的角度变化。座垫和靠背的形状与人体相适应，以使人体与座椅接触的压力合理分布。座垫和靠背中部常常略为凹陷，其表面制成凹入的格线，以提高人体的附着性能且改善透气性。座垫和靠背用柔软的材料进行包覆，这些材料具有美观、耐磨、耐老化和阻燃等特性，一般用泡沫塑料发泡成型，外包织物、人造革或真皮等材料；同时，该材料还要具有合适的弹性，既柔软又可提供足够的支撑，阻止人体接触到金属骨架。其表面包裹的织物或皮革为人体提供良好的触感且易于擦拭干净。

座椅调节可以采用手动调节机构，也可以采用电动调节机构。在高级车辆上，座椅调节功能比较多。图25-18列举了一些座椅调节功能。①表示头枕可以实现上下调整和角度调整。②表示座椅可以向前放倒。③表示靠背可以前后翻转调节角度。④表示座椅可以整体上下调节高度。⑤表示座椅可以整体前后调节位置。⑥表示靠背腰侧可以调节支撑宽度来支撑人体。

二、车身安全防护装置

安全防护装置的功用是在发生汽车碰撞事故时，能有效地减轻事故的后果和人员的

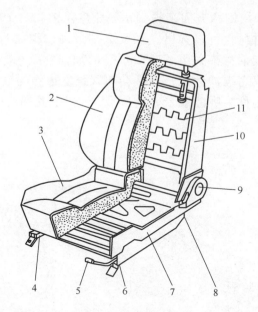

图 25-17 驾驶员座椅

1—头枕；2—靠背芯子及蒙皮；3—座垫芯子及蒙皮；4—右滑轨；5—行程调节手柄；6—左滑轨；7—座垫骨架；8—调节手柄；9—靠背角度调节器；10—靠背骨架；11—S 形弹簧。

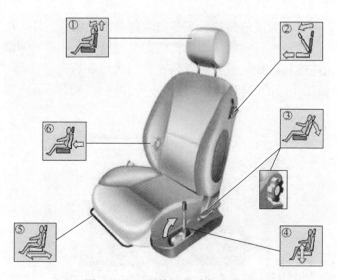

图 25-18 座椅调节功能示意图

伤亡。汽车通过车身防护装置、车内防护装置提高汽车的安全性。

1. 车身防护装置

1）车身壳体结构防护措施

车身安全首要考虑的是车内人员的安全。根据这个要求，车身壳体的正确结构应该是：使乘员舱具有较大的刚度，以便在碰撞时尽量减少变形，同时使车身的头部、尾部等其他离乘员较远部位的刚度相对较小，在碰撞时产生较大的变形而吸收撞击能量。

现代汽车从材料和结构两方面来提高车身刚度。图 25-19 所示为沃尔沃 XC60 越野车车身骨架及其材料。可以看出，强度级别最高的钢材都用在了乘员舱周围。在结构上，这些高强度钢材都采用了凹凸不平的加强筋结构，使刚度进一步提高。在车头和车尾，为了提高缓冲性能，通常会布置强度最弱的横梁，碰撞时最先变形吸收能量，这样的结构称为吸能装置，如图 25-19 中的铝合金横梁，图 25-1 中的前、后横梁。

图 25-19 沃尔沃 XC60 越野车车身骨架材料示意图

为了对乘员提供侧面撞击的保护，车身门槛通常比较粗大，并且用横梁将左右门槛连接起来共同受力。立柱也有较强的支撑作用。车门通常是最薄弱的部位，所以车门内部应设置高强度防撞杆和吸能装置。前者阻止车门内陷伤害乘员，后者吸收撞击能量。图 25-20 所示为轿车车门的安全防护装置。A 零件和 C 零件都是防撞杆，B 零件是吸能装置。

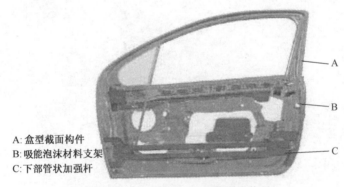

图 25-20 轿车车门安全防护装置

车身外部一般用很薄的金属板覆盖。这些薄板在被撞击时容易变形，一方面可以吸收撞击能量，另一方面可以保护被撞击的行人。

2) 保险杠及护条

汽车最前端和最后端都有保险杠，许多轿车左右两侧还有纵贯前后的护条。保险杠和护条的安装高度和位置应保证汽车发生碰撞时保险杠或护条能首先接触。也就是说，保险杠和护条都要凸出于车身壳体的最外缘。

保险杠的防护结构应包括两部分：首先是减少行人受伤的保险杠软表层，由弹性较大的泡沫塑料制成；其次是可吸收一部分撞击能量的装置，有金属构架、全塑料装置、半硬质橡胶缓冲结构、液压或气压装置等许多种类，这些装置在撞击时是最先发生变形的结构，变形量越大，可以吸收的撞击能量就越多。另外，保险杠的塑料部分在撞击碎裂时，其飞出车身的碎片也可以带走一部分能量。图25-21所示为丰田凯美瑞轿车前保险杠采用的吸能式支撑结构，横截面为槽形和礼帽形阶梯组合结构，可提高碰撞时变形和碎裂吸能的能力。

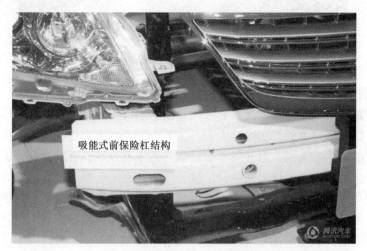

图25-21　丰田凯美瑞轿车前保险杠采用的吸能式支撑结构

车身侧面的护条以防止汽车相互刮擦为主，与行人接触的概率较小，一般由半硬质塑料或橡胶制成。

3）汽车其他外部安全构件

除了保险杠外，经常使行人受伤的构件主要有前翼板、前照灯、发动机罩、前轮、风窗玻璃等。这些构件不应尖锐和坚硬，最好是平滑又富有弹性。有些轿车的整个正面都用大块聚氨酯泡沫塑料制成，并将发动机罩顶面用软材料包垫，以提高安全性。图25-22所示为丰田凯美瑞轿车发动机盖的吸能式支撑结构，舱盖开孔减小质量；冲压向下凸起的肋，前部焊接一层加强板，提高抗碰撞和变形吸能的能力。

2. 车内防护装置

汽车碰撞时，其速度迅速下降，但车内乘员的身体由于惯性的作用仍以较大的速度向前冲，有可能撞到转向盘、仪表板、风窗玻璃上，甚至飞出车外，引起伤亡。安全带和安全气囊是能够有效避免上述后果的两种常用的防护装置。

1）安全带

安全带的作用：当汽车遇到意外情况紧急制动时，它可以将驾驶员和乘客束缚在座椅上，以免前冲，从而保护驾驶员和乘客免受二次冲撞造成伤害。

汽车上最常用的是三点式安全带（图25-23）。带子由高强度的合成纤维织成，包括斜跨前胸的肩带和绕过人体胯部的腰带两部分。在座椅外侧和内侧的地板上各有一个固定

图 25-22　丰田凯美瑞轿车发动机舱盖的吸能式支撑结构

点，第三个固定点位于座椅外侧支柱上方，并且末端有一个收卷器。这个固定方式符合人体工程学，可以用最简单的方法同时固定人体的上半身和下半身。座椅内侧的固定点连接着一个锁扣，便于乘客使用或解开安全带。收卷器中有弹簧，可以自动将多余的安全带收卷起来，使安全带始终和人体紧密贴合。收卷器中还有一个紧急锁止机构，在正常情况下不起作用，乘员可以自由地收拉安全带；当汽车发生减速度过大或车身过于倾斜时，锁止机构可以快速锁止安全带，使安全带无法被拉伸，从而将乘员牢牢地束缚在座椅上。当汽车恢复正常状态时，锁止机构松开，安全带又可以伸缩，便于乘员解开安全带。

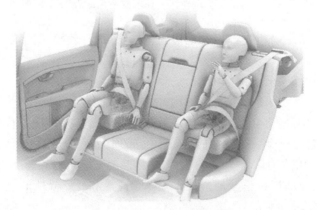

图 25-23　三点式安全带

2）安全气囊

汽车的安全气囊系统（SRS）是安全带的辅助系统，必须和安全带一起使用。这是因为安全气囊弹开充气的速度可高达 320km/h，碰撞时如果乘员的乘坐姿势不正确，将可能给乘员带来严重的伤害。安全气囊的作用是当汽车碰撞后，乘员与车内构件尚未发生"二次碰撞"前迅速在两者之间打开一个充满气体的气垫，使乘员因惯性而移动时"扑在气垫上"，从而缓和乘员受到的冲击并吸收碰撞能量，减轻乘员的伤害程度。

图 25-24 所示为安全气囊系统的电控原理。安全气囊系统主要包括碰撞传感器、

ECU、系统指示灯、气囊组件以及连接线路。系统中有加速度等多种传感器。在系统全部正常的情况下，ECU 主要根据碰撞传感器提供的信号，判断是否需要打开气囊对乘员进行保护。气囊组件主要包括气囊、气体发生器以及点火器等。气囊采用尼龙制成，内层涂有聚氯丁二烯，用以密封气体。气囊静止时被折叠成包，安放在气体发生器上部和气囊饰盖之间，气囊饰盖表面模压有浅印，以便气囊充气爆开时撕裂饰盖，并减小冲出饰盖的阻力。气囊背面或顶部设置有排气孔，当驾驶员压在气囊上时，气囊受压后便从排气孔排气。汽车的安全气囊内有叠氮化钠或硝酸铵等物质，点燃后会产生大量氮气，快速充满气囊，使之膨胀。安全气囊系统有 2 个电源，即汽车电源（蓄电池和发电机）和备用电源，备用电源电路由电源控制电路和若干电容器组成。当汽车发生碰撞导致蓄电池和发电机与气囊系统断开时，备用电源在一定时间内（一般为 6s）可以维持气囊系统供电。

安全气囊平时折叠在转向盘毂内或仪表板内。当传感器感受汽车碰撞强度并将其传给控制器，安全气囊的 ECU 接收与处理传感器的信号，当 ECU 判断有必要打开气囊时，立即发出点火信号触发气体发生器，气体发生器点火后迅速产生大量气体并快速向气囊充满气（气囊的充气过程大约需要 30ms），气囊呈球形将挡在人体前，以达到乘员和气囊软接触保护乘员的生命安全的目的。

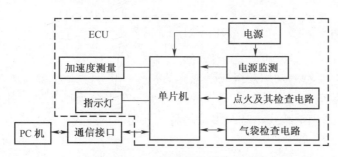

图 25-24　安全气囊的电控原理

现代汽车可以在多个位置安装安全气囊，对人体实现多方位的保护。图 25-25 所示为本田思域轿车的安全气囊系统。前排双安全气囊可以在正面碰撞中最大限度保护驾乘者的头部和胸部。车门上安装了侧安全气囊，保护乘员的腰部。车窗部位安装了安全气帘，可以保护乘员的头部和颈部。

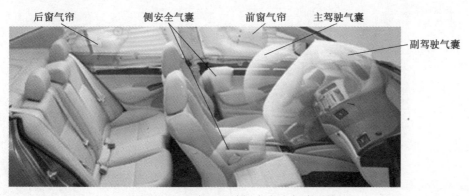

图 25-25　本田思域轿车安全气囊系统

3）头枕

头枕也是座椅的一部分，是汽车后部受撞击时限制人的头部向后甩动的安全装置，头枕可降低颈椎受伤的可能性。使用前安全气囊也必须使用头枕，否则气囊的反弹力有可能使乘员的头部向后甩动而折伤颈部。

4）安全玻璃

普通玻璃碎裂后容易划伤人体，用在汽车上发生事故时会对乘员造成二次伤害。所以汽车上必须使用安全玻璃。目前在汽车上广泛应用的安全玻璃有钢化玻璃和夹层玻璃两种。钢化玻璃受冲击损坏时，整块玻璃出现网状裂纹，脱落后分成许多无锐边的碎片。夹层玻璃受冲击损坏时，内、外层玻璃碎片仍黏附在中间层上。中间层韧性较好，在承受撞击时拱起从而吸收一部分冲击能量，起缓冲作用。大量事故调查表明，夹层玻璃的安全性优于钢化玻璃。

5）车身内部其他构件

车身内部一切可能受人体撞击的构件都不应有尖角、突棱或小圆弧过渡的形状，而且车身室内广泛采用软材料包垫。室内软化不仅是为了满足舒适性的要求，更重要的还是为了满足安全性的要求。所以，在现代汽车室内几乎看不到金属零部件。

思考题

25-1 汽车车身的功用及组成是怎样的？

25-2 按照车身壳体受力范围和程度大小，车身分为哪几种？各有何特点？为什么现在多数轿车采用承载式车身，多数越野车采用非承载式车身？大客车适合采用哪种形式的车身？

25-3 简述图25-1所示的奥迪A6轿车车身结构。

25-4 以轿车为例说明汽车空调系统的组成和工作原理。

25-5 为什么说驾驶员座椅是汽车上最高级的座椅？其基本构成是什么？

25-6 试述安全气囊系统的工作原理。

25-7 观察自己周围5种以上的汽车，列举它们车身中的安全防护措施。

第二十六章 汽车仪表、照明及附属装置

第一节 汽车仪表

汽车仪表的功用是显示车速、燃油量、水温、机油压力、汽车行驶的里程等,让驾驶员能够随时掌握汽车各系统的工作情况。

汽车上一般装有电流表、水温表、燃油表、机油压力表、车速里程表和发动机转速表等。各种指示仪表及报警装置都装在汽车驾驶室的仪表板上,如图 26 - 1 所示。

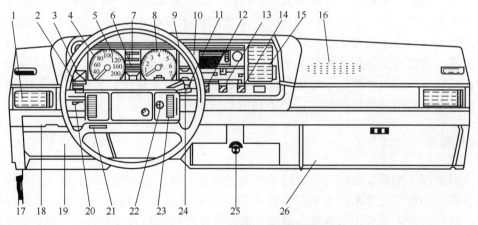

图 26 - 1 上海桑塔纳轿车仪表板

1、15—出风口;2—灯光开关;3—阻风门与制动信号灯;4—车速里程表;
5—电子钟;6—报警灯;7—水温表;8—带有燃油表的发动机转速表;9—暖风及通风控制杆;
10—收音机;11—空格;12—雾灯开关;13—后风窗加热开关;14—紧急灯开关;16—喇叭放音口;
17—发动机盖锁钩脱开手柄;18—小杂物盒;19—熔断器保护壳;20—转向信号及变光灯拨杆开关;
21—阻风门拉手;22—转向器锁与点火开关;23—喇叭按钮;24—风窗刮水器及风窗洗涤器拨杆;
25—点烟器;26—杂物箱。

一、电流表

电流表串联在发电机充电电路中,用来指示蓄电池充电或放电的电流值,故电流表多为双向工作方式。刻度盘上中间位置为"0",两边各标有"+"、"-"符号,当指针向"+"偏转,表示向蓄电池充电;当指针向"-"偏转时,表示蓄电池放电。其充电和放电指示范围分别为:-20~+20A;或-30~+30 A 等。

图 26-2 所示为动磁式电流表。黄铜导电板固定在绝缘底板上,两端与接线柱 1 和 2 相联,中间装有磁轭,指针和永磁转子总成(称磁钢指针)的针轴安装在导电板上。

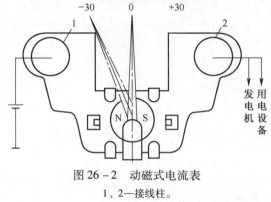

图 26-2 动磁式电流表
1、2—接线柱。

无电流通过电流表时,永磁转子通过磁轭构成磁回路,使指针保持在中间位置,示值为零。当蓄电池处于放电状态时,电流由接线柱 1 经导电板流向接线柱 2,此时导电板周围产生磁场,使安装在针轴上的永磁转子带动指针向"-"指示值方向偏转一定角度,指示出放电电流值。电流越大,永磁转子偏转角度越大,则读数越大。当蓄电池处于充电状态时,由于电流方向相反,所以永磁转子带动指针向"+"指示值方向偏转一定的角度,指示出充电电流的大小。电流表的接线应以发电机为准。对于负极搭铁的发电机,发电机正极应接电流表的"+"接线柱,电流表的"-"接线柱应与蓄电池的正极相接,此时电路充电电流的大小在表上反映出来是指针转向"+"方向的数值;而放电电流则是指针指向"-"方向的数值。

二、水温表

水温表用于指示发动机冷却液的工作温度是否正常,它由装在仪表板上的温度指示表和装在发动机气缸盖水套上的温度传感器(俗称感温塞)两部分组成,两者用导线相联。常用温度表可分为电热式和电磁式两种,水温传感器有双金属片式和热敏电阻式两种。

1. 双线圈式水温表

双线圈式水温表如图 26-3 所示,指示表内有线圈 C(主线圈)和 H(副线圈),传感器为负温度系数热敏电阻式,其阻值随温度升高而变小,反之随温度的降低而变大。线圈 H 与传感器并联,蓄电池的电流经点火开关、线圈 C 流入线圈 H 和传感器。

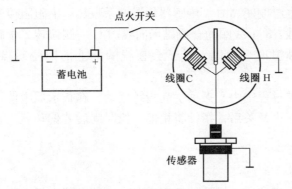

图 26-3 双线圈式水温表

当发动机水温较低时,热敏电阻阻值较大,则通过线圈 C 的电流减小,而通过 H 的电流相对增大,因此电流经过线圈 C 和线圈 H 所产生的合成磁通使指针偏向左侧(低温区);当发动机温度升高时,由于热敏电阻的阻值减小,则通过线圈 C 的电流增大,而通过线圈 H 的电流减小,故电流通过线圈 C 和线圈 H 的合成磁通使指针偏向右侧(高温区)。

一些进口汽车的水温表上无数字显示而涂有 3 种颜色表示:绿色(正常)为 80~90℃,红色(危险)为 90~100℃,黄色(注意)为 75℃ 以下。

2. 三线圈式水温表

三线圈式水温表如图 26-4 所示,它与负温度系数热敏电阻式水温传感器配套。温度表内有一矩形塑料架,框架中安装永磁转子 2、转轴与指针 4 的旋转组合件。框架上绕有 3 个环绕永磁转子的线圈 7。线圈 C(冷)与线圈 H(热)通电后产生磁场,其方向呈 90°夹角。线圈 B(补偿)与线圈 C 串联,磁场方向一致。3 个线圈的合成磁场决定永磁转子的偏转角度以及指针的指向。

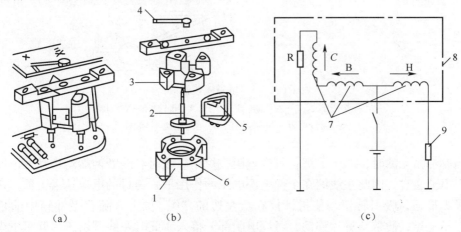

图 26-4 三线圈式水温表
(a) 外形;(b) 分解图;(c) 电路图。
1—回位磁点;2—转子;3—上盖;4—指针;5—绕组;
6—下盖;7—线圈;8—水温表;9—传感器。

当发动机冷却水温度变高时，传感器负温度系数热敏电阻阻值变小，温度表线圈 H 电流增大，磁场增强，3 个线圈的合成磁场向线圈 H 一侧偏转，永磁转子随之偏转，指针指示高温区。切断温度表电路，转子会在线圈架上的回位磁点作用下，缓缓退回零位。

为防止车辆行驶过程中由于振动引起指针摆动，在指示器中使用了硅酮阻尼油，因此，当接通或断开点火开关后，指针将稍停一段时间后才偏转。

三、燃油表

燃油表用来指示燃油箱内燃油的储存量。它由装在仪表板上的燃油指示表和装在燃油箱内的传感器两部分组成。

1. 电磁式燃油表

电磁式燃油表如图 26-5 所示。指示表中有左右两只铁芯，铁芯上分别绕有左线圈 2 和右线圈 5，中间置有转子 3，转子上连有指针 4。浮子 8 的一端连接可变电阻 6，为可变电阻式传感器。线圈 5 和可变电阻 6 并联，蓄电池的电流经点火开关、线圈 2 流入线圈 5 和可变电阻。

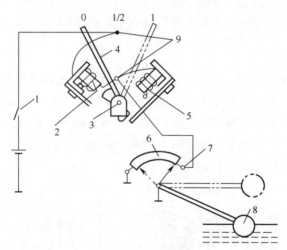

图 26-5 电磁式燃油表
1—点火开关；2—左线圈；3—转子；4—指针；5—右线圈；
6—可变电阻；7—接线柱；8—浮子；9—接线柱。

当燃油箱无油时，浮子下沉，可变电阻被短路。此时右线圈两端均搭铁，电路被短路，无电流通过，因此左线圈在全部电源电压的作用下，通过的电流达最大值，产生的电磁吸力最强，吸引转子，使指针停在最左边的"0"位上。随着燃油箱中油量的增加，浮子上浮，便带动滑片移动，可变电阻部分接入，此时左线圈由于串联了电阻，线圈内电流相应减小，使左线圈电磁吸力减弱，而右线圈中有电流通过产生磁场。转子带动指针在合成磁场的作用下向右偏转，使燃油量指示值增大。当燃油箱油满时，指针指在"1"位置。

2. 电子燃油表

电子燃油表电路如图 26-6 所示。电路由两块 IC 电压比较器及相关电路、发光二极管显示器、浮筒传感器三大部分组成。R_X 是传感器的可变电阻，电阻 R_{15} 和二极管 VD_8 组成稳压电路，给 IC_1、IC_2 两块电压比较器反相输入端提供基准电压信号。电容 C 和电阻 R_{16} 组成延时电路，接到电压比较器的同向输入端，R_X 产生的变化电压信号经延时后与基准电压信号进行比较放大。

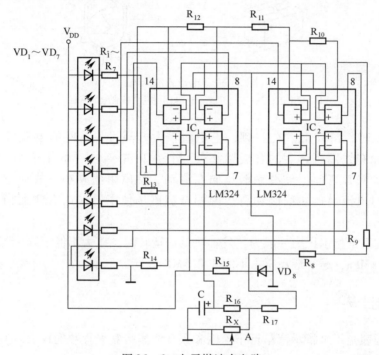

图 26-6 电子燃油表电路

当燃油箱内燃油加满时，R_X 阻值最小，A 点电位最低，IC_1、IC_2 两块电压比较器输出为低电平，6 只绿色发光二极管全部点亮，而红色发光二极管 VD_1 熄灭，表示燃油箱已满。当燃油箱内的燃油量逐渐减少时，R_X 阻值逐渐增大，A 点电位逐渐增高，绿色发光二极管 VD_7、VD_6、VD_5、…、VD_2 依次熄灭。燃油量越少，绿色发光二极管亮的个数越少。

当燃油箱内燃油用完时，R_X 的阻值最大，A 点电位最高，IC_1、IC_2 两块电压比较器输出为高电平，6 只绿色发光二极管全部熄灭，而红色发光二极管 VD_1 亮，表示燃油箱无油。

四、油压表

油压表（机油压力表）用来指示发动机机油压力的大小和发动机润滑系统的工作情况，它由装在仪表板上的油压指示表和装在发动机主油道中或粗滤器上的传感器两部分组成，两者用导线相联。

电磁式油压表的结构如图 26-7 所示，它包括指示表 3 和传感器 4 两部分。指示表内有左线圈和右线圈及指针，传感器利用油压推动滑片臂改变可变电阻阻值。

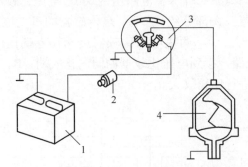

图 26-7 电磁式油压表
1—蓄电池；2—点火开关；3—指示表；4—油压传感器。

当无油压时，滑动触点在右侧，电阻值较大，流过主线圈的电流较小，故电流通过左线圈和右线圈所产生的合成磁场使指针偏向左侧处（低压区）；当油压增高时，油压推动膜片弯曲，使滑动触点向左滑动，使电阻值减小，故通过左线圈的电流增大，这时电流通过左线圈和右线圈的合成磁场使指针偏向右侧而指示一定的油压值。

油压表的正常指示压力一般为：发动机低速运转时，压力不低于 0.15MPa，正常压力为 0.2~0.4MPa，通常最高压力不大于 0.5MPa。

五、车速里程表

车速里程表是用来指示汽车行车速度和累计汽车行驶里程数的仪表。它由车速表和里程表两部分组成。

1. 电子式车速里程表

电子式车速里程表是用设在变速器上的传感器获取车速信号，并通过导线传输信号的。电子式车速里程表具有精度高、指示平稳和寿命长等优点。因此，现代汽车，特别是小轿车普遍采用了电子式车速里程表。

电子式车速里程表如图 26-8 所示，主要由车速传感器、电子电路、车速表和里程表 4 部分组成，既能指示汽车行驶速度，又能记录行驶里程（包括累计里程和单程里程），并具有复零功能。

车速传感器一般采用舌簧开关式或磁感应式传感器，由变速器驱动，能够产生与汽车行驶速度成正比的电信号。奥迪 100 型轿车采用舌簧开关式传感器，由一个舌簧开关和一个具有 4 对磁极的转子组成。转子每转一周，舌簧开关中的触点闭合 8 次，产生 8 个脉冲信号，汽车每行驶 1km，车速传感器将输出 4127 个脉冲信号。

电子电路的作用是将车速传感器输入的与车速成正比的频率信号，经过整形、触发，输出一个与车速成正比的电流信号。电子电路主要包括稳压电路、单稳态触发电路、恒流源驱动电路、64 分频电路和功率放大电路，如图 26-9 所示。

第二十六章 汽车仪表、照明及附属装置

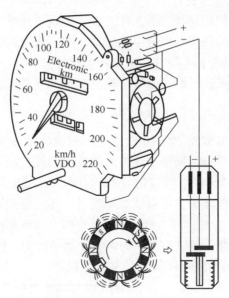

图 26 – 8　电子式车速里程表

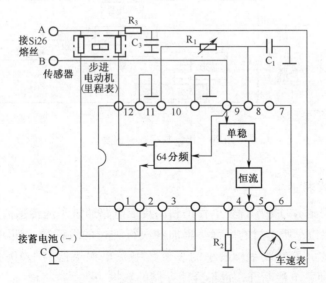

图 26 – 9　电子车速里程表电子电路框图

R_1、C_1—调整输出脉冲宽度（决定仪表精度）的电阻和电容；
R_2—调整仪表初始工作电流的电阻；R_3—电源滤波电阻；C_3—电容；
A—接 12V 直流电源正极；B—接电子车速里程表传感器；C—接 12V 直流电源负极。

　　车速表实际上是一个磁电式电流表：当汽车以不同车速行驶时，从电子电路接线端子 6 输入与车速成正比的电流信号，使驱动车速表指针偏转，从而指示相应的车速。在车速表刻度盘上 50～130km/h 的区域标有红色标记，表示经济车速区域。

　　里程表由一个步进电动机及 6 位数字的十进位齿轮计数器组成。步进电动机是一种利用电磁铁的作用原理将脉冲信号转换为线位移或角位移的微型电动机。车速传感器输出的频率信号经过 64 分频后，再经功率放大器放大到具有足够的功率去驱动步进电动机,带动 6 位数字的十进位齿轮计数器工作,从而记录累计里程和日程里程。

累计里程和日程里程的任何一位数字轮转动一圈,进位齿轮就会使其左边的相邻计数轮转动 1/10 圈。车速里程表上设有一个单程里程计复位杆,当需要清除单程里程时,只需按一下复位杆,单程里程计的 4 个数字轮就会全部复位为零。

2. 数字式车速表

数字式车速表系统构成如图 26 - 10 所示。车载微机随时接收车速表传感器送出的电压脉冲信号,并计算在单位时间里车速传感器发出的脉冲信号次数,再根据计时器提供的时间参考值,经计算处理可得到汽车行驶速度,并通过微机指令让显示器显示出来。无论前进还是倒退,汽车的速度都能显示出来。速度单位通常可由驾驶员用按钮选择,即显示 km/h(千米/小时)或 MPH(英里/小时)。车速信号还可传送到制动防抱死系统(ABS)和巡航控制系统(CCS)的电子控制单元中,用于它们的控制(备用信号)。当车速超过某极限值时还可向驾驶员发出警报。

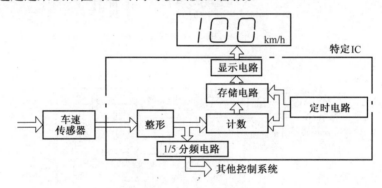

图 26 - 10 数字式车速表

3. 数字式里程表

数字式里程表显示的每次行驶里程是利用集成电路通过车速传感器所产生的脉冲信号,来计算并存储汽车所走过的里程。累加各次行驶过的里程数,便可得到总里程数。通常这种里程表显示 7 位数字,最小的一位数字是里程单位的 1/10。一般采用 EEPROM 存储器,即使蓄电池断开,也不会使存储的数据丢失。

采用集成电路的里程表,如果集成电路坏了,有的制造厂能提供替换的芯片。不过新的芯片要进行程序化处理,以显示里程表最后的读数。大多数替换的芯片会显示一个 X、S 或 *,表示该里程表已经换过了。集成电路里程表回零是不可能的。通常集成电路里程表读数的校正,只能在新车初驶的 10km 内进行。

六、发动机转速表

1. 汽油机用电子式转速表

汽油机用电子式转速表实际上是一个毫安表,传感信号取自点火系统一次电路的脉冲电压,其电路如图 26 - 11 所示。发动机工作时,分电器的触点不断地开闭,控制点火线圈一次电路的通断,当一次电路被切断时,一次电流迅速下降到零,由于自感的作用,在一次绕组中产生一个正向的脉冲信号(自感电动势),作用于分压器 R_1、R_2 的两端,并经电阻 R_3 和二极管 VD_1 作用于三极管 VT_1 的基极,使 VT_1 饱和导通,串联在 VT_1 集电极电路中的发动机转速指示表 5 中流过一定的电流。VT_1 导通时集电极电位的负跳变,通过电容器 C_2 作用于三极管 VT_2 的基极,使 VT_2 截止。VT_2 截止时集电极电位跃升到接近电源电位,并经正反馈电阻 R_5 作用于三极管 VT_1 的基极,使 VT_1 更可靠地导通。VT_1 导通时,电源经电阻 R_4、R_6、R_{10} 向电容器 C_2 充电,当 C_2 充电后电压达到 VT_2 的门限电压时,VT_2 导通。VT_2 导通时集电极电位降低的信号,也经正反馈电阻 R_5 作用于三极管 $VT1$ 的基极,使 VT_1 截止,转速表中的电流中断,电路恢复到原始状态。当下一个点火脉冲到来时,转速表中又有一个脉冲电流通过,触点反复开闭,重复以上过程。触点的开闭次数与发动机转速成正比,而通过转速表中的电流平均值只与触点的开闭频率成正比,因此转速指示表的读数可以直接反映出发动机的转速。

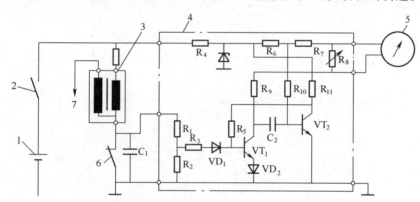

图 26 – 11 汽油机用电子式转速表电路
1—蓄电池;2—点火开关;3—点火线圈;4—信号处理电路;
5—转速指示表;6—断电器;7—至点火电路。

2. 柴油机用电子式转速表

柴油机用电子转速表也是一个毫安表,传感信号取自安装在飞轮上的传感器。它由装在发动机飞轮壳上的转速传感器和装在仪表板上的车速表组成。转速传感器有磁感应式、霍耳式、光电式等不同形式,其中磁感应式、霍耳式应用较多。

电磁感应式电子转速传感器的结构如图 26 – 12 所示,主要由永久磁铁、感应线圈等组成。永久磁铁下端靠近发动机飞轮齿圈的齿顶,保持一定的空气隙(1 ± 0.3mm)。当发动机运转时,通过线圈的磁感应强度发生变化,线圈感应出交变电压信号,其频率与发动机转速成正比。

转速表电路如图 26 – 13 所示。转速传感器的输入信号经 R_9、VD_1、VT_1 整形放大,输出一近似矩形波。再经过 C_2、R_8、R_4、R_3,组成的微分电路,送至晶体管 VT_2,信息经放大后,输出具有一定幅值和宽度的矩形波,用来驱动毫安表。

当转速升高时,频率升高,幅值增大,使流过毫安表的平均电流增大,指针摆动角相应增大,转速表指示相应的高转速。

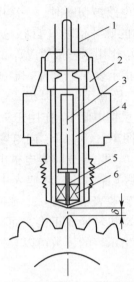

图 26-12 磁感应式电子转速传感器

1—接线端子；2—外壳；3—永久磁铁；4—连接线；5—磁极；6—感应线圈。

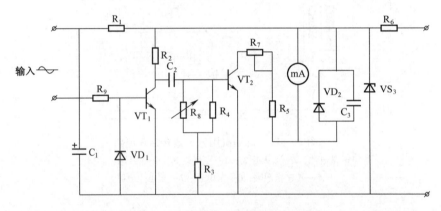

图 26-13 柴油机用电子转速表原理图

第二节 照明及信号装置

汽车照明设备和灯光信号装置总称为汽车灯具，其功用是保证汽车正常行驶和在夜间或雾中行驶的安全，已经成为汽车上不可缺少的一部分。

一、照明设备

1. 外部照明设备

汽车外部照明装置由前照灯、雾灯、示廓灯及牌照灯等组成。

1) 前照灯

前照灯也称大灯或头灯，对汽车夜间行车安全影响很大，光学要求较高。前照灯由灯泡 2、反射镜 3 和配光镜 1 等组成，如图 26-14 所示。

灯泡是前照灯的光源，常见的前照灯灯泡有充气灯泡和卤钨灯泡。现代汽车的前大灯都采用双灯丝，远光灯丝位于反射镜的焦点上，近光灯丝位于反射镜焦点的前上方。

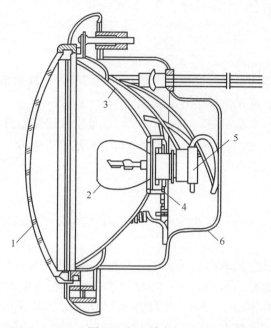

图 26-14 前大灯
1—配光镜；2—灯泡；3—反射镜；4—灯座；5—接线器；6—灯壳。

反射镜使灯泡的光线聚合，并导向前方，将前照灯的光亮度增强至几百倍甚至上千倍。无反射镜的灯泡，其光度只能照清周围 6m 左右的距离，而配备反射镜后，其照距可增至 150m 以上。反射镜有少量的散射光线，其中朝上的完全无用，朝下的散射光线则有助于照明近距离路面和路缘。

配光镜也称散光玻璃，由透明玻璃压制而成。配光镜的外表面平滑，内侧则是凸透镜和棱镜的组合体。加散光玻璃的作用是将反射镜反射出光束进行折射，以扩大光照的范围，使前照灯 100m 以内的路面和路缘有均匀的照明，以提高行车安全。

2）雾灯

在有雾、下雪、暴雨或尘埃弥漫等情况下，雾灯用来改善道路的照明情况。每车安装一只或两只雾灯，安装位置一般离地面约 50cm，射出的光线倾斜度大，光色为黄色或橙色（黄色光波较长，透雾性能好）。

3）示廓灯和牌照灯

安装在汽车前后、左右的示廓灯亮起表示汽车轮廓。示廓灯透光面边缘距车身不得大于 400mm，示廓灯灯光在前方 100m 以外应能看得清楚，在汽车的其他各个方向，能看清示廓灯灯光的距离不应小于 30m。

牌照灯对牌照照明，能让其他行驶车辆驾驶员、行人和检查人员看清车辆的牌号，以便于安全管理。

2. 内部照明设备

车身内部的照明灯特别要求造型美观、光线柔和悦目。内部照明设备一般由顶灯、仪表灯、车门灯、阅读灯、车厢灯、踏步灯和工作灯等组成,主要是为驾驶员、乘客提供方便。灯光光色为白色,灯泡功率在 2~20W。

二、信号装置

汽车信号装置的作用是产生特定的声响和灯光信号,向其他车辆的驾驶员和行人发出警告,以引起注意,确保汽车的行驶安全。

灯光信号装置由转向信号灯(前、中、后)、危险报警信号灯、示宽灯、尾灯(后灯)、制动灯、倒车灯、组合式前(后)信号灯、指示灯等组成。声响信号装置有气喇叭、电喇叭和倒车蜂鸣器等。

1. 灯光信号装置

灯光信号包括转向信号、制动信号、危险警告信号及示廓信号等。

1) 转向信号

转向信号由安装在左侧或右侧转向灯的闪烁表示。为使转向信号醒目可靠,要求转向灯的颜色为红色或橙色,橙色居多;在灯轴线右偏5°至左偏5°的视角范围内,无论是白天黑夜,能见距离不小于 35m,在右偏 30°至左偏 30°的视角范围内,能见距离不小于 10m;转向灯的闪光频率应在 50~110 次/min 范围内,一般取 60~95 次/min。

图 26-15 所示为一种无触点电子转向信号闪光器。其工作原理如下:接通转向灯开关,VT_1 因有正向偏压而饱和导通,而 VT_2、VT_3 截止。由于 VT_1 的发射极电流很小,故转向灯较暗。同时,电源通过 R_1 对 C 充电,使得 VT_1 的基极电位下降,当低于其导通所需正向偏置电压时,VT_1 截止。VT_1 截止后,VT_2 通过 R_3 得到正向偏压而导通,VT_3 也随之饱和导通,转向灯变亮。此时,C 经 R_1、R_2 放电,使 VT_1 仍保持截止,转向信号灯继续发亮。随着 C 放电电流减小,VT_1 基极电位又逐渐升高,当高于其正向导通电压时,VT_1 又导通,VT_2、VT_3 又截止,转向信号灯又变暗。随着电容器的充电、放电,VT_3 不断地导通、截止,如此循环,使转向灯闪烁。

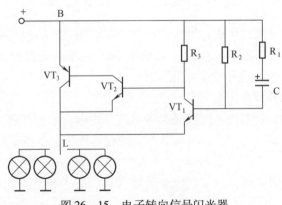

图 26-15 电子转向信号闪光器

2）制动信号

由制动灯的亮起表示。制动灯要求采用红色，制动灯的安装位置应与汽车纵轴线在同一高度；制动灯的红色灯光应保证夜间 100m 以外能够看清；其光束角度在水平面内应为灯轴线左右各 45°，在铅垂面内应为灯轴线上下各 15°范围。

液压式制动信号灯开关的结构如图 26-16 所示。当驾驶员踩下制动踏板时，液压管路中的压力增加，迫使膜片 5 上拱，将开关的触点接通，使制动信号灯发亮。气压式制动信号灯开关的作用原理与此类似。

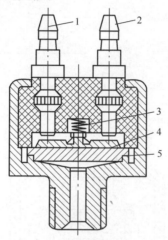

图 26-16 液压式制动信号灯开关
1、2—接线柱；3—回位弹簧；4—触点；5—膜片。

有些汽车制动信号灯开关安装在制动踏板处，驾驶员踩下踏板，制动信号灯亮，比液压或气压打开制动信号灯时间短，制动报警更及时。

有些使用气压制动系统的汽车，在驾驶室仪表板上往往还装有用以指示制动回路中气压的气压表和供能管路低气压报警灯。

3）倒车信号灯及倒车报警器

倒车信号灯和倒车报警器电路如图 26-17 所示，其中倒车信号开关 2 如图 26-18 所示，装在变速器上。当变速器处于空挡或挂前进挡时，钢球 1 被倒挡换挡拨叉轴压到假想线所示位置上，固连在推杆 10 上的金属盘 9 被推离固定触点 4，倒车信号灯及报警器的电路均断开。当变速杆被拨到倒挡位置时，倒挡换挡拨叉轴上的凹槽对准钢球，两个并联弹簧 5 将推杆连同钢球推至下极限位置，使固定触点闭合。于是，倒车信号灯发亮，用灯光警告车后的行人和车辆驾驶员；同时有电流通过倒车报警器的电喇叭线圈，使电喇叭 5 发出声响（如：倒车！请注意！……），用声响警告车后的行人和车辆驾驶员。这时线圈 L_1 和 L_2 中均有电流通过，流经 L_2 的电流同时向电容器 6 充电。由于线圈 L_1 和 L_2 中的电流方向相反，产生的合成磁场很弱，因此继电器触点 4 得以保持闭合。随着电容器充电量的提高，线圈 L_2 中的电流及其磁场渐趋消失。当合成磁场增强到足以将继电器触点分开时，电喇叭断电而停止发声。在继电器触点分开后，电容器经线圈 L_1 和 L_2 放电，此时两线圈产生很强的合成磁场，使得触点继续分开，直到电容器放电电流基本消失，继电器触点又重新闭合而电喇叭重又发声。如此反复，倒车报警器的电喇叭便发出断续的声响。

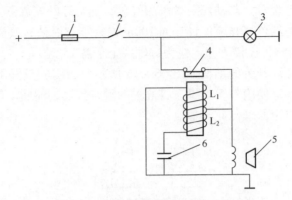

图 26-17 倒车信号灯和倒车报警器电路
1—熔断器；2—倒车信号开关；3—倒车信号灯；4—继电器触点；5—电喇叭；6—电容器。

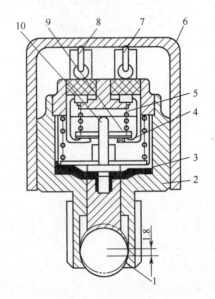

图 26-18 倒车信号灯开关
1—钢球；2—壳体；3—膜片；4—固定触点；5—弹簧；6—保护罩；
7、8—导线；9—金属盘；10—推杆。

4）危险警告信号

危险警告信号电路如图 26-19 所示，由左右转向灯同时闪烁表示，与转向信号有相同的要求。一般该电路特点为：电路信号不受点火开关控制，与转向电路共用一个闪光器 2。

2. 声响信号装置

喇叭声响用以引起行人和其他车辆的注意，保证行车安全的装置。声响信号装置有电喇叭和气喇叭。

第二十六章 汽车仪表、照明及附属装置　433

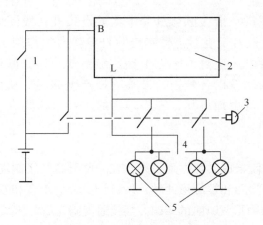

图 26-19　危险警告信号电路
1—点火开关；2—闪光器；3—危险警告开关；4—转向开关；5—转向灯及指示灯。

1) 盆型电喇叭

电喇叭是用电磁控制金属膜片振动而发声的装置，有螺旋形（蜗牛形）、筒形和盆形等不同的结构形式。由于盆形电喇叭具有结构简单、尺寸小、质量小、声束的指向性好等特点，因此在汽车上普遍采用。

盆形电喇叭的基本结构如图 26-20 所示。电喇叭下铁芯 9 可以旋入或旋出，用以改变电喇叭磁阻，调整电喇叭音调。线圈 2 用来产生磁场，其一端搭铁，另一端接活动触点臂。固定触点臂经导线接喇叭的继电器。喇叭触点的开闭由铁芯控制，铁芯与活动触点臂之间由绝缘垫片隔开，以防止活动触点臂搭铁。共鸣板 5、膜片 4、衔铁 6、上铁芯 3 刚性相联为一体。调整螺钉 8 用来调整触点间的接触压力，即调整喇叭的音量。

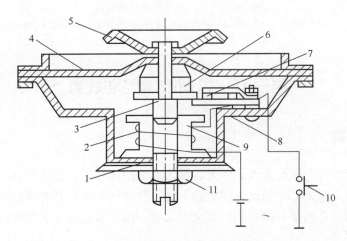

图 26-20　盆形电喇叭
1—下铁芯；2—线圈；3—上铁芯；4—膜片；5—共鸣板；6—衔铁；7—触点；
8—调整螺钉；9—铁芯；10—按钮；11—锁紧螺母。

盆型电喇叭的工作原理：按下喇叭按钮 10，喇叭电路接通，电流从蓄电池正极—线圈—触点—喇叭按钮—搭铁—蓄电池负极。线圈通电后产生磁力，吸动上铁芯及衔铁下移，使膜片下拱。衔铁下移过程中将触点顶开，线圈电路被切断，其磁力消失，上铁芯、衔铁及膜片又在触点臂和膜片自身弹力的作用下复位，触点又闭合。触点闭合后，线圈又通电产生磁力吸下上铁芯和衔铁。如此循环，触点以一定的频率开、闭，膜片不断振动发出音响，通过共鸣板产生共鸣，从而产生音量适中、和谐悦耳的声音。为了获得更加悦耳、容易辨别的声音，有些汽车上装有两个不同音调（高、低）的电喇叭。

2）气喇叭

气喇叭是利用气流使金属膜片振动发声，在一些装备气压制动的汽车上装用。按结构形状，气喇叭分为长筒形和螺旋形两种，按音调又分为单音和双音两种。

图26-21所示为长筒形气喇叭的结构。当接通气阀3后，压缩空气进入喇叭气室1，使膜片7和筒颈5组成的振动系统发生振动，并按其固有频率周期性地排出气体，经扬声筒4共鸣辐射向外传播出强大的声波。它的声响强度和指向性都比电喇叭强，并有一定的余韵，有利于山区的安全行车。我国禁止在城市使用气喇叭。

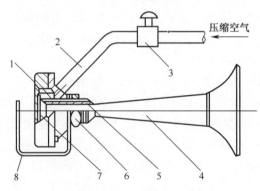

图26-21 长筒形气喇叭的结构
1—气室；2—耐压胶管；3—气阀；4—扬声筒；5—筒颈；6—螺母；7—膜片；8—安装支架。

第三节 风窗附属电动装置

一、风窗刮水器

驾驶员在行车时，遇有雨天、雪天、雾天或扬沙天气时，会造成视线不良，给驾驶员的安全行车带来隐患。为了保证在上述不良天气时驾驶员仍具有良好的视线，汽车上都安装有刮水器。有的车上还安装后风窗刮水器。刮水器有电动式和气动式。

1. 电动风窗刮水器

1）电动风窗刮水器的结构

电动风窗刮水器通常由电动机12、蜗杆传动机构、控制装置、刮水片6和10等组成。如图26-22所示，直流电动机旋转时，带动蜗杆1和蜗轮2转动，与蜗轮相联的连杆3将旋转运动转换为摆杆7的往复摆动，并通过连杆4和8带动刮水片往复摆动，橡皮刷便可刷去风窗玻璃上的雨水、雪和尘土。

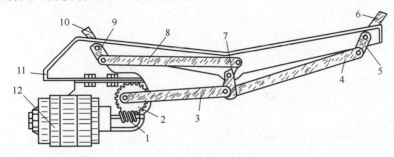

图 26-22 电动风窗刮水器
1—蜗杆；2—蜗轮；3、4、8—连杆；5、7、9—摆杆；6、10—刮水片；11—底板；12—电动机。

2) 刮水器调速

刮水器电动机有线绕式和永磁式两种。永磁式电动机具有体积小、质量小、构造简单等优点，因此被广泛采用。一般电动刮水器有高速、低速两种速度。永磁式电动机采用改变正负电刷间串联绕组匝数的方式调速，永磁式电动机刮水器调速原理如图 26-23 所示。

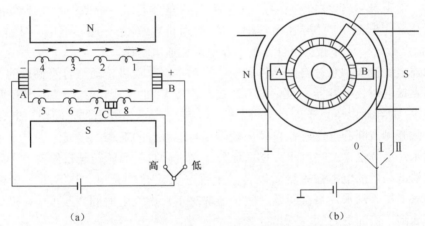

图 26-23 永磁式电动机刮水器调速原理
(a) 双速电动机原理；(b) 双速电动机控制。

当刮水器开关处于Ⅰ挡时，电流流经 A、B 两电刷，这时，电枢内部形成两条对称的支路，一条经绕组 1、2、3、4，另一条经绕组 5、6、7、8，串联的电枢绕组数有 4 个，匝数多，电动机以较低的转速运转，使刮水片慢速摆动。当刮水器开关处于Ⅱ挡时，电流流经 A、C 两电刷，这时电枢内部形成两条不对称的支路，一条经绕组 8、1、2、3、4，另一条经绕组 5、6、7，绕组 8 所产生的反电动势与绕组 1、2、3、4 的相互抵消，此时实际串联的电枢绕组数只有 3 个，匝数较少，因此，电动机在较高的转速下运转，使刮水片快速摆动。

3) 刮水片的间歇控制

汽车在小雨或雾天中行驶时，刮水器快速反复刮动不但没有必要，反而影响驾驶员的视线，因而增设了间歇刮水功能，使刮水器每刮刷一次后停歇 3~6s。间歇刮水控制电路如图 26-24 所示。

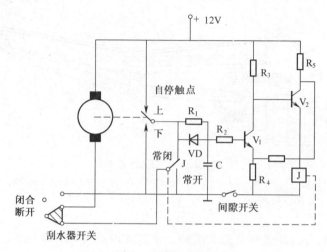

图 26-24 间隙刮水控制电路

当刮水器开关在断开位置（0 挡）、间歇开关接通时，电源向电容器 C 充电，充电电流从蓄电池正极→自停触点上触点→电阻 R_1→电容器 C→搭铁→蓄电池负极形成回路。当 C 电压上升到 V_1 的导通电压时，V_1 导通，V_2 随之导通，继电器 J 线圈通电，J 的常闭触点断开，常开触点闭合，刮水器电动机通电工作。

刮水器电动机与刮水片自停凸轮联动，当刮水器电动机转动至自停触点的上触点断开、下触点接通时，电容器 C 便通过 VD 放电，使 V_1 的基极电位下降。当 C 两端的电压下降至 V_1 的导通电压以下时，V_1 截止，V_2 随之截止，继电器 J 断电，其常闭触点又闭合，常开触点断开。此时，自停凸轮转至自停触点的下触点接通，因此电动机仍然通电，刮水片继续摆动。当刮水片摆回原位，刮水片自停凸轮转至自停触点上触点接通时，刮水器电动机的电枢被短路而停转。接着电源又对 C 充电，进入下一个循环，使刮水器间歇工作。刮水片每次间歇时间长短取决于 C 的充电时间，改变 R_1 和 C 的参数值即可改变刮水器间歇时间。

4) 刮水片的自动复位

当关闭刮水器开关使刮水片停止摆动时，若刮水片没有正好停在风窗玻璃的下边缘，将会影响驾驶员的视野，为此，电动刮水器都设有自动复位机构，无论关闭刮水器开关时刮水片在什么位置，自动复位机构都将刮水片自动停在指定位置。

永磁式电动机刮水器使用自动复位机构，其电路原理如图 26-25 所示。由触点 6、7 和随电枢转动的铜环组成自动复位开关。断开刮水器开关时如果刮水片不在风窗玻璃下缘位置，铜环使触点 6 和触点 7 处于连接状态，这时电动机仍然通电转动，其电流通路为蓄电池正极→触点 6→铜环→触点 7→刮水器开关→B_2→B_1→搭铁→电池负极。当水片转到指定位置时，铜环的缺口转到触点处，使触点 6 与触点 7 不连接，电动机与源断开。这时，在铜环内圆周上的凸块使触点 7 与触点 8 联接，将电枢绕组搭铁，使机电枢在停转前产生短路电流，形成制动转矩而使电动机迅速停转，确保刮水片停确。

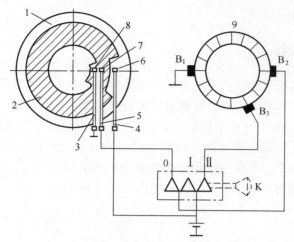

图 26-25 自动停位机构
1—蜗轮；2—铜环；3、4、5—触点臂；6、7、8—触点；9—换向器。

2. 气动风窗刮水器

图 26-26 所示为国产东风 EQ1090 型汽车的气压风窗刮水器，主要由刮水器本体 5、大活塞 1、换向阀体 2、换向活塞 3、进气量调节手柄 4 等组成。刮水器本体内腔由大活塞分成左、右两腔。

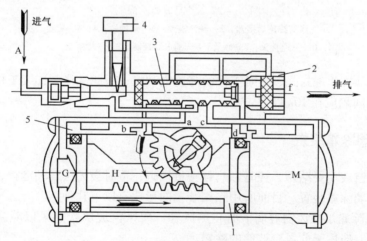

图 26-26 气压风窗刮水器
1—大活塞；2—换向阀体；3—换向活塞；4—进气量调节手柄；5—刮水器本体。

当刮水器开始工作时，压缩空气 A 经进气量调节手柄 4 的针阀进入换向阀体 2，由进气孔 a 到达刮水器本体 5 的 G 腔，推动大活塞 1 向右运动，通过齿条驱动齿扇按图中箭头方向转动，使刮水片的摆杆总成摆动，实施刮水。此时，M 腔中的残余空气则经孔 c 进入换向阀体，通过排气节流孔 f 排出。当大活塞向右行至换向孔 b 使其露出时，压缩空气进入换向阀体的左端，将换向活塞 3 推向右端，使压缩空气经进气孔 c 进入刮水器本体的 M 腔中，推动大活塞向左移动，通过齿条驱动齿扇按图中箭头的反向转动，而使刮水片的摆杆总成反向摆动，实施刮水。刮水器摆杆总成的摆动速度，可由进气量调节手柄通过针阀进行调整。

二、风窗玻璃洗涤器

风窗玻璃洗涤器用于清洁汽车前后风窗玻璃的尘土和污物，以使驾驶员有良好的视野，避免在刮水器工作时因有脏物而加速风窗玻璃及刮水器的磨损。

风窗玻璃洗涤器如图 26-27 所示，由洗涤液泵、储液缸、洗涤液喷嘴、三通接头、连接软管等组成。洗涤泵通常由微型永磁电动机和离心泵组成。当风窗玻璃需要洗涤时，首先起动洗涤液泵，使洗涤液从喷嘴喷到刮水器的刮水片上，浸软尘土和污物后，再开启刮水器，把玻璃上的尘土、污物及洗涤液一起刮干净。

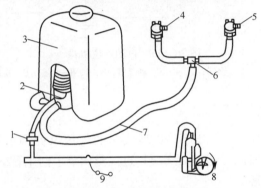

图 26-27 风窗玻璃洗涤器
1—洗涤器线路插接器；2—洗涤液泵；3—储液缸；4、5—喷嘴；
6—三通接头；7—软管；8—刮水器控制盒；9—熔断器。

洗涤泵电动机为密封式、短时工作的高速电动机，因此洗涤泵连续工作的时间不应超过5s，使用间隔应在10s以上。

三、风窗玻璃除霜装置

冬天，风窗玻璃要结霜，轻时影响驾驶员视野，重时会无法驾驶运行，所以汽车必须装有风窗玻璃除霜装置。目前所用除霜装置的形式有以下几种：

（1）热风除霜。在风窗玻璃下面装热风管，向风窗玻璃吹热风以除霜，并防止结霜。这种形式一般用于前风窗玻璃的除霜。

（2）电加热除霜。①将电阻丝（镍铬丝）紧贴在风窗玻璃车厢内的表面，需要除霜时，通电加热即可。这种除霜热线形式一般用于后风窗玻璃。②在风窗玻璃制造过程中，将含银陶瓷电网嵌加在玻璃内，或采用在中间夹有电阻丝的双层风窗玻璃，通电后都有除霜功能。③在风窗玻璃上镀一层透明导电薄膜（一般为氧化铟、氧化铈、氧化镁），和电阻丝一样，通电后产生热量起到除霜的作用。

图 26-28 所示为后风窗电加热除霜装置的工作原理，主要由除霜开关 2、自动除霜传感器 6、控制电路 3 以及除霜热线 5 等组成。自动除霜传感器安装在后风窗玻璃上，其作用是将后风窗玻璃上是否结霜、结霜层的厚度告知控制电路，结霜层厚度越大，传感器的电阻越小。

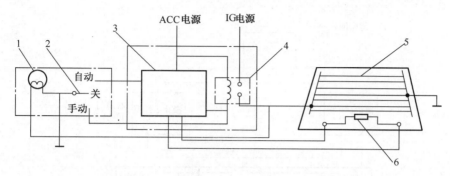

图 26-28 后风窗电加热除霜装置的工作原理
1—指示灯；2—除霜开关；3—控制电路；4—继电器；5—除霜热线；6—自动除霜传感器。

控制方式分手动和自动两种。当除霜开关置于"自动"位置时，如果霜层凝结到一定厚度，自动除霜传感器电阻值减小到某一设定值以下，控制器便可使继电器4的触点闭合。由点火开关 IG 端子来的电源电压经继电器到除霜热线构成回路，同时点亮仪表板上的除霜指示灯1，表示除霜热线正在进行除霜。当后风窗玻璃上的结霜层逐渐减少至消失后，自动除霜传感器的电阻增大，控制电路便切断继电器的搭铁回路，除霜指示灯电路被切断，除霜热线停止工作，指示灯熄灭。

当除霜开关置于"手动"位置时，继电器磁化线圈可经由手动触点搭铁，继电器触点闭合，使除霜热线和指示灯通电工作。当除霜开关置于"关"的位置时，控制电路不能接通除霜热线和指示灯电路，除霜热线和指示灯均不能工作。

第四节 门锁附属电控装置

汽车门锁是汽车安全的重要部件。现代轿车多数都安装了中央门锁控制系统（简称中控门锁），对4个车门的锁闭和开启实行集中控制。

一、电动门锁的控制电路

电动门锁通过中央控制门锁开关和钥匙控制开关实施门锁的开或关。中央控制门锁开关安装在左前内侧扶手上，用来在车内控制全车车门的开启和锁止。钥匙控制开关安装在左前门和右前门的外侧门锁上。从车外用车门钥匙开车门或锁车门时，便使全车车门同时开启或锁止；同时，车门钥匙也是点火开关、燃油箱、行李厢等全车设置锁的地方共用的钥匙。各车门内侧扶手上有实施自己车门锁开的把手。电动门锁的控制电路如图 26-29 所示，一般都由门锁主开关、门锁开关、门锁继电器及门锁电动机等组成。

二、电动门锁执行器

1. 中央门锁操纵机构

直流电动机式中央门锁的操纵机构如图 26-30 所示，主要由双向门锁电动机 4、导线、继电器、门锁开关及连杆操纵机构组成。

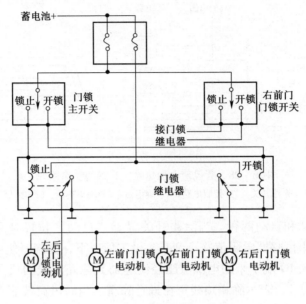

图 26-29 电动门锁的控制电路

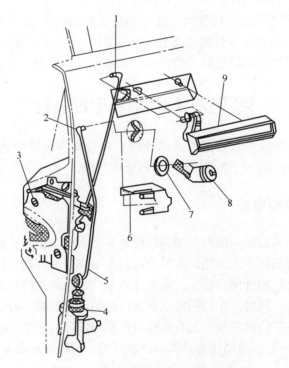

图 26-30 中控门锁连杆操纵机构

1—外门锁手把至门锁连杆；2—锁芯至门锁连杆；3—门锁总成；4—门锁电动机；
5—电动机至门锁连杆；6—锁芯定位架；7—垫圈；8—锁芯；9—外门锁手把。

　　直流电动机式中央门锁利用控制直流电动机的正反转来实现门锁的开、关动作。当门锁电动机 4 运转时，通过电动机至门锁连杆 5 操纵门锁动作，而电动机的旋转方向由经过电动机电枢的电流方向决定。钥匙转动锁芯 8 锁门时,电动机电枢流通的是正向电流;开锁时,电动机电枢流通的为反向电流,电动机即反向旋转。这样利用电动机的正转或反转,就可完成车门的闭锁和开锁动作。

2. 门锁执行器

门锁执行器通常使用电磁线圈、直流电动机或永磁型旋转电动机,它的任务都是通过改变极性转换其运动方向来完成开、关动作的。

(1) 双线圈门锁执行器。图 26-31 所示是双线圈门锁执行器。它有两个电磁线圈,一个是锁门线圈 4,另一个是开门线圈 3,与门锁操纵机械相联的柱塞 1,能在两线圈中自由移动。当锁门线圈通电后,柱塞在电磁力的作用下左移,将门锁锁定;当开门线圈通电后,柱塞右移,将门锁开启。

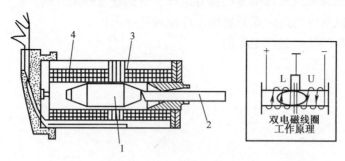

图 26-31 双线圈门锁执行器
1—柱塞;2—操纵杆;3—开门线圈;4—锁门线圈。

(2) 电动机式门锁执行器。电动机式门锁执行器如图 26-32 所示,钥匙 5 或把手 8 转动时,由门锁电机口带动蜗轮蜗杆,进而驱动锁体总成,实现锁紧或开启车门。

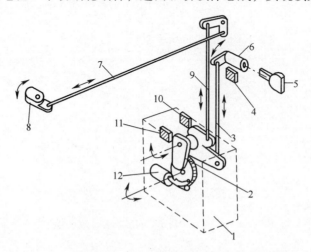

图 26-32 电动机式门锁执行器
1—门锁部件;2—锁杆;3、7、9—连杆;4—钥匙开关;5—钥匙;6—钥匙孔座;
8—把手(室内);10—门锁开关;11—限位开关;12—门锁电机。

思考题

26-1 试述动磁式电流表的功用、组成及工作原理。

26-2 试述电子式车速里程表的功用、组成及工作原理。

26-3 电磁式油压表是如何工作的？

26-4 电容式闪光器的电路原理是什么？

26-5 倒车信号灯及倒车报警器的工作原理是什么？

26-6 试述盆形电喇叭的结构与工作原理。

26-7 电动风窗刮水器由哪些部分组成？它们是怎样工作的？

26-8 后风窗电加热除霜装置的工作原理是什么？

26-9 中控门锁是怎样工作的？

参 考 文 献

[1] 陈家瑞．汽车构造（下册）[M]．3版．北京：机械工业出版社，2010．
[2] 史文库，姚为民．汽车构造（下册）[M]．6版．北京：人民交通出版社，2013．
[3] 关文达．汽车构造[M]．3版．北京：清华大学出版社，2012．
[4] 吴铁庄．电动车辆及使用维修[M]．北京：人民邮电出版社，2002．
[5] 王正键．现代汽车构造[M]．广州：华南理工大学出版社，2006．
[6] 臧杰，阎岩．汽车构造（下册）[M]．2版．北京：机械工业出版社，2011．
[7] 肖生发，赵树朋，等．汽车构造[M]．2版．北京：北京大学出版社，2012．
[8] 王遂双．汽车电子控制系统的原理与检修[M]．北京：电子工业出版社，2002．
[9] 纪常伟，冯能莲．汽车构造—底盘篇[M]．北京：机械工业出版社，2006．
[10] 常明．汽车底盘构造[M]．北京：国防工业出版社，2005．
[11] 王树凤．汽车构造[M]．北京：国防工业出版社，2009．
[12] 徐石安．汽车构造—底盘工程[M]．北京：清华大学出版社，2008．
[13] 肖文光．汽车构造与维修（底盘部分）[M]．北京：北京理工大学出版社，2009．
[14] 吴文琳．图解汽车底盘构造手册[M]．北京：化学工业出版社，2007．
[15] 李兴虎．混合动力汽车结构与原理[M]．北京：人民交通出版社，2009．
[16] 王贵明，王金懿．电动汽车及其性能优化[M]．北京：机械工业出版社，2010．
[17] 徐石安，江发潮．汽车离合器[M]．北京：清华大学出版社，2005．
[18] Thomas D G．车辆动力学基础[M]．北京：清华大学出版社，2006．
[19] 约森·赖姆佩尔．悬架元件及底盘力学[M]．王瑄，译．长春：吉林科学技术出版社，1992．
[20] 冯渊．汽车电器与电子控制技术[M]．北京：高等教育出版社，2009．
[21] 迟瑞娟，李世雄．汽车电子技术[M]．北京：国防工业出版社，2008．
[22] 程乃士．汽车金属带式无级变速器—CVT原理和设计[M]．北京：机械工业出版社，2008．
[23] 刘岩东．汽车自动变速器构造与原理解析[M]．北京：机械工业出版社，2010．
[24] 过学迅．汽车自动变速器—结构．原理[M]．北京：机械工业出版社，2002．
[25] 冯崇毅，鲁植雄，何丹娅．汽车电子控制技术[M]．北京：人民交通出版社，2005．
[26] 李建秋，赵六奇，韩晓东，等．汽车电子学教程[M]．北京：清华大学出版社，2011．
[27] 王军，郑益红，刘秋菊，等．电动大客车电控气压制动系统性能仿真分析[J]．系统仿真学报，2011，23（2）：404－408．

[28] 程伟涛,陈丰. EBS 电子制动控制系统 [J]. 汽车与配件,2010,43:64-65.
[29] 曹红兵. 现代汽车电子控制技术 [M]. 北京:机械工业出版社,2012.
[30] 王玉群,林向阳,杨清林. 汽车电子机械制动器(EMB)的发展研究 [J],轻型汽车技术,2009(9):20-23.
[31] 陈新亚. 汽车为什么会"跑"图解汽车构造与原理 [M]. 北京:机械工业出版社,2009.
[32] 庄野欣司. 四轮驱动汽车构造图解 [M]. 长春:吉林科学技术出版社,1995.
[33] 王宏雁,刘忠铁. 汽车车身造型与结构设计 [M]. 上海:同济大学出版社,1996.
[34] 谷正气. 汽车车身现代技术 [M]. 北京:机械工业出版社,2009.
[35] 张宏春. 汽车车身、底盘构造与维修 [M]. 北京:北京大学出版社,2006.
[36] 王若平. 汽车空调 [M]. 北京:机械工业出版社,2007.
[37] 汽车百科全书编纂委员会. 汽车百科全书 [M]. 北京:中国大百科全书出版社,2010.